航空类专业职业教育系列教材

BOYIN 737NG FEIJI DONGLI ZHUANGZHI

# 波音 737NG 飞机动力装置

## （CFM56 - 7B ＆APU）

宋静波　刘熊　田巍　编著

U0382427

西北工业大学出版社

西安

**【内容简介】** 本书内容包括波音737NG飞机上安装的主动力装置——CFM56-7B发动机和辅助动力装置——AlliedSignal 131-9(B),重点分析 CFM56-7B 发动机的结构、发动机各系统和主要部件以及相关发动机系统的故障案例,简要分析 AlliedSignal 131-9(B)辅助动力装置的结构和系统。

本书可作为高等学校民航飞机、发动机地面维修专业(典型发动机系统方向)的专业教材,也可作为飞机电子、电气等其他航空专业典型发动机系统课程的参考教材,还可用于航空公司维修单位典型发动机培训的参考书。

## 图书在版编目 (CIP) 数据

波音737NG飞机动力装置:FM56-7B & APU) / 宋静波,刘熊,田巍编著. —西安:西北工业大学出版社,2018.5(2021.8 重印)
ISBN 978-7-5612-5995-5

Ⅰ.①波… Ⅱ.①宋… ②刘… ③田… Ⅲ.①旅客机—动力装置 Ⅳ.①V271.1

中国版本图书馆 CIP 数据核字(2018)第 105143 号

策划编辑:华一瑾
责任编辑:华一瑾

出版发行:西北工业大学出版社
通信地址:西安市友谊西路 127 号    邮编:710072
电　　话:(029)88493844　88491757
网　　址:www.nwpup.com
印 刷 者:兴平市博闻印务有限公司
开　　本:787 mm×1 092 mm    1/16
印　　张:26
字　　数:633 千字
版　　次:2018 年 5 月第 1 版　2021 年 8 月第 2 次印刷
定　　价:68.00 元

# 前　言

中国各大航空公司大多拥有波音 737NG 机队,也有大量的地面维护人员从事 CFM56 -7B 发动机的维护工作。熟悉和掌握发动机的结构和系统对于从事发动机维护工作至关重要。本书主要根据波音 737NG 飞机维护手册以及 CFM56－7B 发动机培训手册,对其中的维护项目和内容进行设计、整合和分析,从中提取出与实际维护工作密切相关的知识点,内容包括发动机总体介绍、构造、孔探,发动机操纵、启动和点火、燃油、FADEC、滑油、空气和排气系统,以及辅助动力装置。其中补充和完善了发动机各部件的拆装程序和拆装工具、发动机孔探检查、发动机冷转操作、发动机勤务(滑油箱的灌充和油样的采集)、FADEC 系统、发动机识别塞等内容。通过本书的学习,读者可以掌握整台发动机的各主单元体的结构、发动机各系统的组成和工作原理、各发动机部件的位置和识别以及基本的维护工作和程序。

本书根据民用航空飞机发动机维修专业、机电专业典型发动机系统教学大纲编写,共分为12章:第1章绪论,第2章 CFM56－7B 发动机构造,第3章发动机孔探检查,第4章发动机操纵系统,第5章发动机启动和点火系统,第6章发动机燃油系统,第7章全权限数字式发动机控制(FADEC)系统,第8章发动机滑油系统,第9章发动机空气系统,第10章发动机指示系统,第11章发动机排气系统和第12章辅助动力装置(APU)。

本书对全权限数字式发动机控制(FADEC)系统进行了详细地描述和分析,使用者可以根据培训学时选择其中的一部分或全部进行学习。本书对发动机结构各部件的连接进行了更加详细的分析,选取了更加清晰的图片,有利于理解发动机单元体,内部组件以及各部件之间的连接关系。本书在一定范围内扩充了发动机孔探检查的内容,补充完善了发动机部件检查区域、损伤的类型和损伤限制。本书补充完善了发动机空气系统的内容,详细分析了发动机内部部件的冷却。完善了冷却空气来源、冷却通道,轴承腔增压,高压涡轮护罩及第1级低压涡轮导向叶片的冷却。对于燃油、滑油分配系统和点火系统,引入了发动机外部结构图片,与分配系统原理图对应,指示对应系统的分配管路和部件,有利于识别发动机部件,掌握部件的位置及管路的走向,导线的分布。本书引入了部分实际发动机维护工作中的故障案例及故障排除程序。

本书可作为高等学校民航飞机发动机地面维修专业(典型发动机系统方向)的专业教材,也可作为飞机电子、电气等其他航空专业典型发动机系统课程的参考教材,同时也可用于航空公司维修单位典型发动机培训的参考用书。本书根据知识点划分成各个章节,读者可选择学习其中的任何一个部分或全部。

本书在编写过程中,曾参阅了相关文献资料,在此谨对相关文献的作者深表谢意。

在本书编写过程遇到很多问题,这些问题在通常的培训资料中没有详尽地描述,山东航空公司的方占平解决了编写过程中遇到的大部分疑难问题,在此深表谢意。另外,还要感谢在全国各航空公司维修单位从事发动机维修工作的工程师和一线机务维修员工,他们发表于"机务在线"平台上的发动机维修经验的帖子给予本书编者很多的启示与提升。东方航空公司河北分公司阮幼能编写的"B737NG 发动机维修经验"系列资料,南方航空广西分公司的"B737NG飞机反推系统及反推灯 MEL 保留操作程序",以及各航空公司培训部门编写的各种发动机培训资料,都为本书的编写提供了相当完善的专业素材。这些在维修一线工作的工程师和维修人员,具有丰富的发动机维修经验,本书中引入的一些故障案例和故障排除分析很多都是来自于其维修经验,在此一并表示感谢。

由于水平有限,书中难免存在错误和不妥之处,恳请读者批评指正。

编　者

2018 年 2 月

# 目　　录

# 第1章 绪 论

## 1.1 动力装置

波音737NG飞机由两台吊装在机翼下部的CFM56－7B型涡轮风扇发动机产生推进动力。飞机上的动力装置为飞机提供飞行所需的推力和飞机地面减速的反推力,也为飞机空调、增压和防冰等系统提供增压空气,还可以通过附件齿轮箱(AGB)驱动飞机和发动机附件。

CFM56－7B发动机是双转子、轴流式、高涵道比和高压缩比的涡轮风扇发动机。该发动机是由美国通用电器公司和法国的斯奈克玛公司合作生产的。根据飞机型号所选择的发动机,在海平面静态下能产生约19 500～27 300 lb[①]推力。

如图1－1所示,发动机安装在机翼下部,两侧机翼各装一台,固定在飞机机翼的吊架上。发动机的操纵和指示部分在驾驶舱内的中央操纵台和前仪表板上。发动机整流罩上设置有检查口。

动力装置包含以下部件。

(1)发动机安装节。

(2)发动机整流罩。

(3)电缆。

(4)发动机排放。

图1－1 动力装置

## 1.2 发动机规范

### 1.2.1 发动机铭牌

在风扇机匣右侧、滑油箱后部,有发动机铭牌,其上标有CFM56－7B发动机的一般发动

---

① 1 lb=4.448 2 N。

机信息。在发动机铭牌上显示以下项目(见图 1－2)。

(1)管理机构信息。

(2)发动机制造厂家信息。

(3)发动机性能信息。

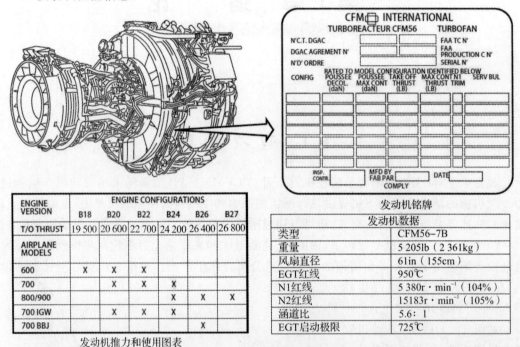

发动机推力和使用图表

发动机铭牌

| ENGINE VERSION | ENGINE CONFIGURATIONS | | | | | |
|---|---|---|---|---|---|---|
| | B18 | B20 | B22 | B24 | B26 | B27 |
| T/O THRUST | 19 500 | 20 600 | 22 700 | 24 200 | 26 400 | 26 800 |
| AIRPLANE MODELS | | | | | | |
| 600 | X | X | X | | | |
| 700 | | X | X | X | | |
| 800/900 | | | | X | X | X |
| 700 IGW | | X | X | X | | |
| 700 BBJ | | | | | X | |

| 发动机数据 | |
|---|---|
| 类型 | CFM56-7B |
| 重量 | 5 205lb(2 361kg) |
| 风扇直径 | 61in(155cm) |
| EGT红线 | 950℃ |
| N1红线 | 5 380r·min⁻¹(104%) |
| N2红线 | 15183r·min⁻¹(105%) |
| 涵道比 | 5.6:1 |
| EGT启动极限 | 725℃ |

图 1－2 发动机铭牌信息

管理机构信息方框用于标明发动机的组装地。G. E. (美国通用电器公司)组装的发动机使用右上部的两个方框。SNECMA(法国斯奈克玛公司)组装的发动机使用左上部的两个方框。每次都填上序列号。

第 1 行的 7 个方框在组装厂填写,在 CONFIG 格内是发动机型号。第 2 和第 3 方框以公制十牛(daN)为单位标明起飞和最大连续推力的推力等级,第 4 和第 5 方框以磅(lb)为单位标明起飞推力和最大连续推力,第 6 方框标明适用于该发动机的 $N_1$ 配平值,最后的方框是适用于此发动机的服务通告。

下面的 3 个方框表示制造厂家信息,第 2 方框显示发动机的制造厂家,对于通用电气(G. E. )装配的发动机,方框标明通用电气公司(G. E. CO)。SNECMA 装配的发动机,方框标明 SNECMA。

其余的 6 行是用来显示发动机的更改。可以更改 6 次发动机推力等级,超过 6 次以后,必须更换铭牌。

### 1.2.2 发动机推力等级和机型的运用

适用于 737NG 机型发动机共有 6 个发动机推力等级构型。飞机的重量和升降舵/方向舵操纵极限决定了不同的发动机推力等级。较长机身的波音 737－800 和波音 737－900 型能够在 CFM56－7B 的最大推力容量下运行。同样的,最小的推力等级对波音 737－700、波音737－

800 和波音 737 - 900 来说,则是不足的。图 1 - 2 中的发动机推力和使用图表标明发动机推力等级与机型的关系。

### 1.2.3　飞机型号

普通的波音 737NG 的型号是波音 737 - 600,700,800 和 900。一些其他的改型可以是波音 737 - 700IGW(增大的总重)和波音 737 - 700BBJ(波音公务喷气机)。

# 1.3　危　险　区

运转着的发动机是危险的。发动机周围的危险包括发动机进口吸力、排气热量、排气速度和噪声。

必须掌握动力装置的危险区,以便采取相应的措施,防止伤害人员及损坏设备。CFM 56 - 7B是高流量比的涡轮风扇发动机。当发动机工作时,进气具有巨大的吸力,能把大的物体(包括人在内)吸入进气道;排气具有较高的温度和速度,在起飞推力时,靠近机尾的排气速度能把人吹跑,甚至能吹翻车辆和工作台;高速的排气会造成噪声,损害维修人员的听力。如图 1 - 3 所示。

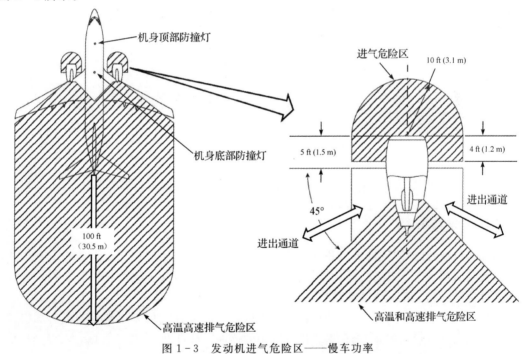

图 1 - 3　发动机进气危险区——慢车功率

### 1.3.1　进气危险区

发动机运转时,在进气道处有足够大的吸力将人吸入发动机进气道,可能发生致命伤害。进气道附近的吸力会吸入帽子、眼镜、松动的衣服和口袋中的其他多余物品。在动力装置工作之前,必须清除周围所有松散物品,这些物品会损坏设备。

所有人员必须待在危险区域之外,该区域在进气道的前部和侧部。当发动机运转时,在进口形成低压区域,该低压区域使大量空气从进气道前部区域流入发动机。靠近进气道的空气比远离进口的空气有更高的运动速度。当接近进气道时,发动机吸力不会缓慢和持续地增加。走向进气道时,一开始吸力较小,到接近进气道后,吸力会突然增加。

发动机进口吸力可以将人员和大物体吸入发动机。如图 1-3 所示,在慢车功率下,进气危险区域是发动机进口中心周围 10 ft[①](3.1 m)半径的区域。如果风速超过 25 kn,则将进口危险区域增加 20%。

在起飞推力下,进气危险区域范围进一步扩大(见图 1-4),发动机进口周围 14 ft(4.2 m)半径的区域。图示仅显示了左发动机的危险区域,右发动机的危险区域有相同的尺寸。当两台发动机都运转时,危险区域是左、右发动机危险区域的总和。

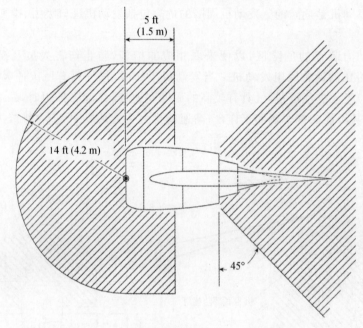

图 1-4　发动机进气危险区——起飞推力

### 1.3.2　排气危险区

当发动机运转时,须远离风扇和发动机排气区域。高温高速的排气会伤害人员和损坏设备。在慢车功率状况下发动机涡轮排气和风扇排气速度很快,发动机的排气流会将松散的石块和其他物体吹起。在起飞功率状态下,排气速度更快,甚至能吹翻车辆和工作台。

在慢车和起飞功率情况下,发动机排气温度很高。高温排气可喷射到发动机后部很长一段距离。当发动机启动时,积聚在涡轮排气管中的燃油会被点燃,长长的火焰会从发动机排气管中喷出。排出的气体对呼吸道有害,刺激人体肺部器官,也会对眼睛造成伤害。

当发动机处于慢车功率时,排气危险区从飞机尾部向后延伸至 100 ft(30.5 m),如图 1-3 所示。而当发动机工作于起飞推力状态,排气危险区从飞机尾部向后延伸至 1 900 ft(579 m),如图 1-5 所示。

---

①　1 ft=0.304 8 m。

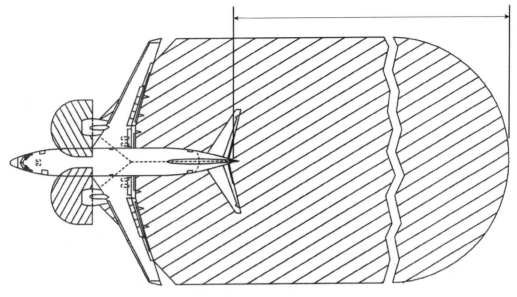

图1-5 发动机排气危险区——起飞推力

### 1.3.3 发动机进出安全通道

发动机进出安全通道在进气危险区域和排气危险区域之间，可以从发动机内侧或外侧接近发动机。要靠近运转的发动机，必须具备以下条件：①发动机处于慢车转速；②可以与驾驶舱内人员进行通话。当发动机运转时，一定要系上安全索以确保安全。

当发动机运转超过最小慢车时，不得接近发动机，此时发动机周围区域都不安全，会使人员受到伤害和设备损坏。如有必要在发动机运转期间接近发动机，使用安全通道进出风扇机匣区域。使用安全索时，要将安全索连接到风扇机匣正确的连接点上，如图1-6和图1-7所示。

### 1.3.4 发动机噪声

发动机工作时会产生噪声，这是由于气流进入发动机和流过发动机的各部件所造成的。它包括进气道、压气机、涡轮和排气流。运转的发动机所产生的噪声，特别在高功率时，会损害人的听力。不论何时，当接近超过84 dB的噪声时，所有人员都应该佩戴批准使用的安全护耳设备，这有助于防止人员听觉器官受到伤害。

喷气式发动机造成的噪声足以损害听力。短时间接受高音量的噪声，可能会对听觉器官造成暂时损伤，使耳朵对声音变得不太敏感。长时间接受高音量的噪声，则可能会对听觉器官造成永久性损伤，最终导致无法听见声音。在运转的发动机附近时，确保使用护耳设备以减小传到耳朵中的音量。

当发动机工作于起飞推力状态时，如果在运转中的发动机进口中心30 ft(10 m)范围内停留超过6 min，即使佩戴了护耳设备，也会对听觉器官造成伤害，如图1-8所示。

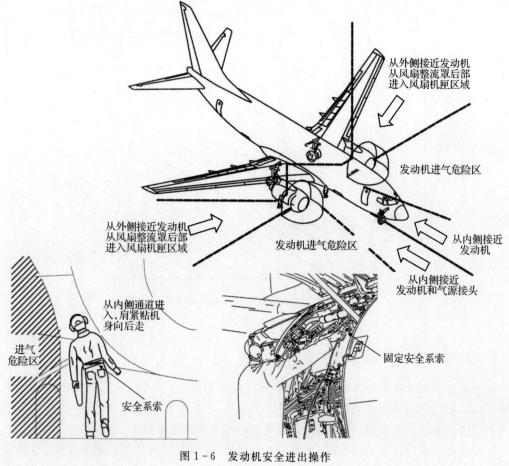

从外侧接近发动机
从风扇整流罩后部
进入风扇机匣区域

发动机进气危险区

从外侧接近发动机
从风扇整流罩后部
进入风扇机匣区域

发动机进气危险区

从内侧接近
发动机

从内侧接近
发动机和气源接头

从内侧通道进
入,肩紧贴机
身向后走

进气
危险区

安全系索

固定安全系索

图 1-6　发动机安全进出操作

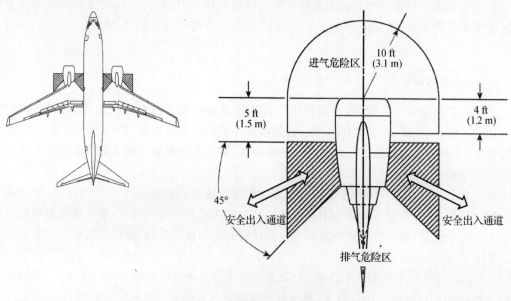

进气危险区

10 ft
(3.1 m)

5 ft
(1.5 m)

4 ft
(1.2 m)

45°

安全出入通道

安全出入通道

排气危险区

图 1-7　发动机安全进出通道

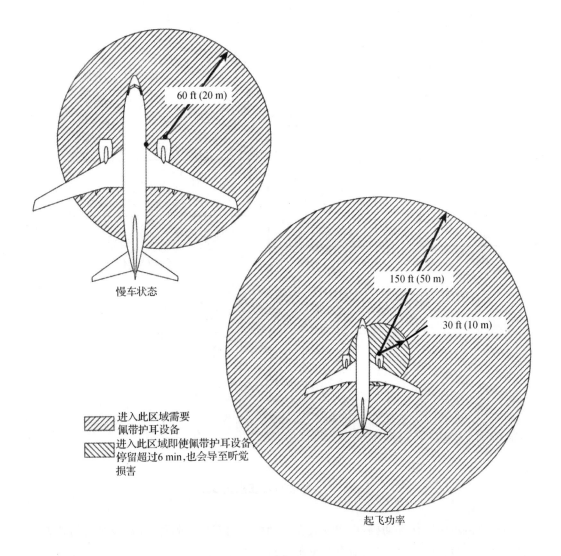

慢车状态

60 ft (20 m)

150 ft (50 m)

30 ft (10 m)

进入此区域需要
佩带护耳设备

进入此区域即使佩带护耳设备
停留超过6 min,也会导至听觉
损害

起飞功率

图 1-8　动力装置噪声区

## 1.4　发动机警告标牌

　　发动机工作时,危险区用警告标牌标明。警告标牌位于每侧发动机整流罩上。警告内容包括一个标明进气、排气危险区的发动机外形图、一个国际通用的"禁止人员入内"的标牌和文字警告内容。警告标牌内的颜色是红色与黑色,如图 1-9 所示。

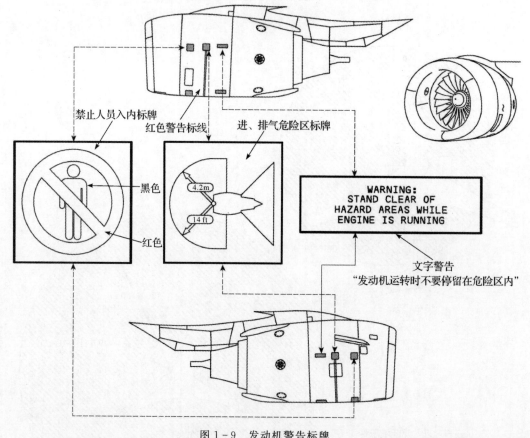

禁止人员入内标牌

红色警告标线

进、排气危险区标牌

黑色

红色

4.2m

14 ft

WARNING:
STAND CLEAR OF
HAZARD AREAS WHILE
ENGINE IS RUNNING

文字警告
"发动机运转时不要停留在危险区内"

图 1-9　发动机警告标牌

# 1.5　发动机整流罩

　　发动机整流罩包围住发动机,保护安装在发动机上的部件和附件,并形成光滑的外表面。

　　整流罩由进口整流罩、风扇整流罩和反推整流罩组成,如图 1-10 所示。打开或拆卸风扇和反推整流罩,可接近发动机的各个部件。在每台发动机的内侧风扇整流罩上固定有涡流控制装置(VCD)。

　　进口整流罩、左和右风扇整流罩和反推整流罩围绕风扇和核心发动机固定。进口整流罩不是安装在发动机吊架上,而是安装在发动机上。当内侧的风扇整流罩和内侧、外侧的反推整流罩都打开时,前缘襟翼和缝翼不能放出。

### 1.5.1　进口整流罩

　　进口整流罩以最小的气动阻力为发动机进入最佳的工作状态提供了合适的气流通道。进口整流罩通过 24 个螺栓连接到发动机风扇机匣,如图 1-11 所示。

　　1.进口整流罩拆卸基本程序(采用悬挂式起重机和吊挂设备)

　　(1) 打开风扇整流罩。

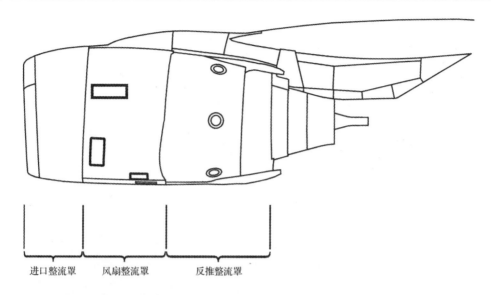

进口整流罩　　风扇整流罩　　反推整流罩

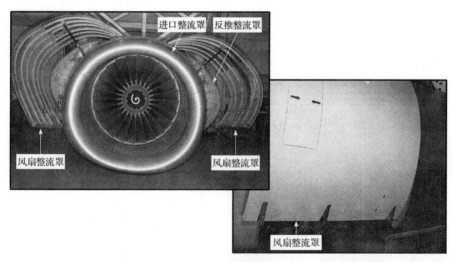

图 1-10　发动机整流罩

（2）拆开连接管线。

1）拆开进气道上的 T12 导线（需要打开 T12 接近门），如图 1-12 所示。

2）拆卸接地线。

3）拆开 EEC 冷却软管。

4）拆开发动机进口整流罩热防冰管路。

（3）安装进口整流罩拆卸设备。

如图 1-13 所示，连接起重机到进口整流罩吊带；使用 4 个吊挂销将 4 根吊带连接到进口整流罩；将手摇起重机和前吊带连接到横梁；调节手摇起重机以使吊带消除松驰。

**注意：**调节吊带使其仅承载进口整流罩重量，力过大时可能会损坏进气道。

（4）拆卸进口整流罩。

1）拆卸连接进口整流罩与风扇机匣的 24 个螺栓、垫圈和螺帽。

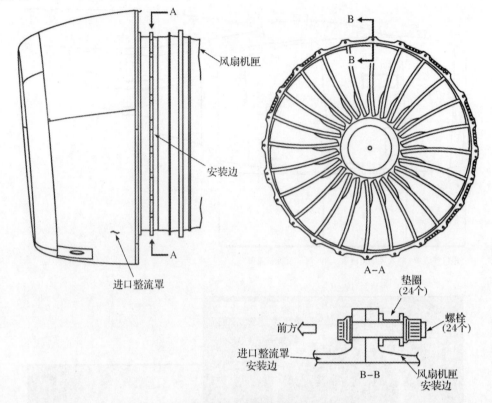

图 1-11　进口整流罩

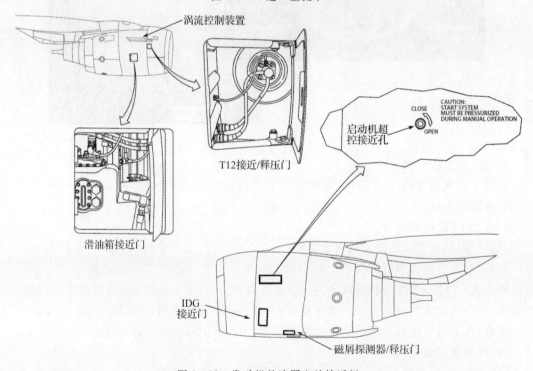

图 1-12　发动机整流罩上的接近门

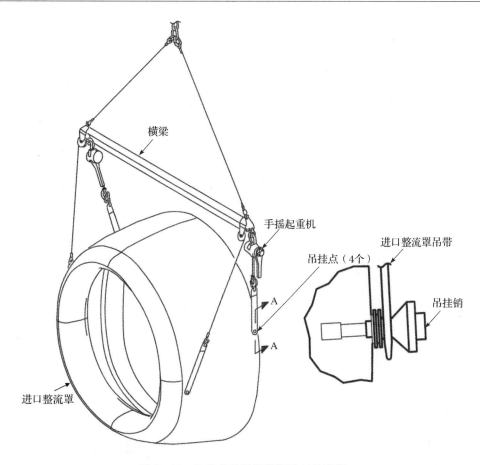

图 1-13  悬挂式起重机拆装进口整流罩

2)向前拉进口整流罩,直到在风扇机匣安装边上露出剪切销(剪切销位于风扇机匣安装边 3:00 和 9:00 位置)。

3)向前移动进口整流罩,并移离风扇机匣安装边。

4)摇动起重机手柄(见图 1-13),转动进口整流罩直到进口整流罩安装边表面向下,并且进口整流罩前缘表面向上。

5)将进口整流罩安装在台架或者其他适配表面上。

2.使用台车拆卸进口整流罩(见图 1-14)

有些程序与采用悬挂式起重机和吊挂设备拆卸程序相同,现在只介绍不同的部分。

(1)将台车移动到发动机进口整流罩的下部。

(2)作动台车上的手动千斤顶,升起台车直到它接触到进口整流罩。

(3)调节手动千斤顶,使台车上所有三个橡胶支架接触进口整流罩。

(4)将发动机整流罩固定带环绕进口整流罩,并连接到台车上的两个接头。

**注意:**仅施加能将进气道固定到台车上所需要的力量,力过大可能会损坏进气道。

(5)拉紧发动机整流罩固定带,使进气道牢固地固定到台车上。

3.使用托举式起重机拆卸进口整流罩(见图 1-14)

有些程序与采用悬挂式起重机和吊挂设备拆卸程序相同,现在只介绍不同的部分。

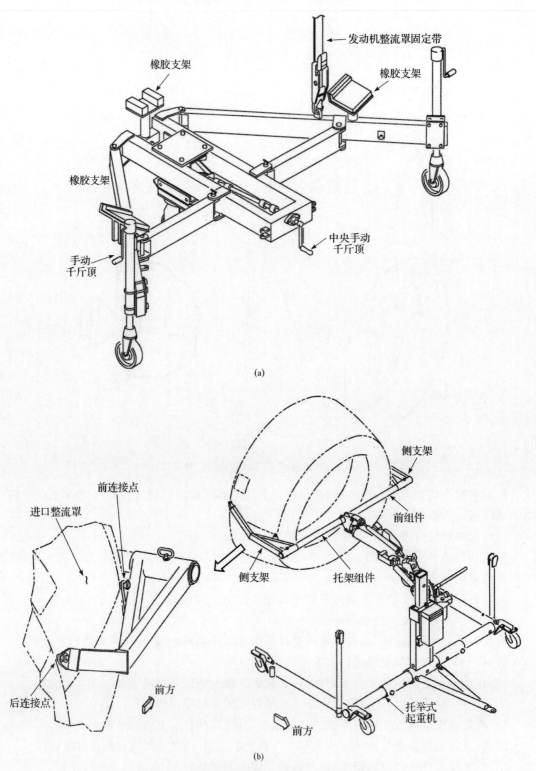

发动机整流罩固定带

橡胶支架

橡胶支架

橡胶支架

中央手动
千斤顶

手动
千斤顶

(a)

侧支架

前连接点

前组件

进口整流罩

侧支架

托架组件

后连接点

前方

前方

托举式
起重机

(b)

图 1-14　进口整流罩拆装设备(台车式和托举式)
(a)台车式起重设备；(b)托举式起重设备

（1）在 4 个 GSE 连接点处，用销钉将托架组件安装到进口整流罩上。

（2）调节起重机，使托架组件上的孔与与起重机上的转接器对齐。

（3）用两个锁销将起重机连接到托架组件。

### 1.5.2　风扇整流罩

风扇整流罩使飞机飞行时气动阻力减到最小，并保护和接近安装在风扇机匣上的部件和附件。风扇整流罩采用 Kevlar 石墨复合结构材料，其内侧有一层铝箔，是用来减小电磁干扰的。在左侧风扇整流罩上，有整体驱动交流发电机（IDG）接近门；在右风扇整流罩上，有滑油箱接近门，是用来给发动机滑油箱和 IDG 做勤务工作的。涡流控制装置（VCD）固定在内侧的风扇整流罩上，在风扇整流罩上部的后端，靠近顶部。VCD 是一个大的涡流发生器，它的作用是在低速下稳定流向机翼的气流。

如图 1-15 所示，每台发动机有两个风扇整流罩。用 3 个锁扣把左右风扇整流罩固定在一起，所有锁扣都是沿着风扇整流罩的底部，如图 1-16 所示。每个风扇整流罩的上部用 3 个铰链连接至发动机吊架，风扇整流罩 U 形叉头在风扇整流罩上，所有吊架凸耳都是在吊架上，快卸销方便拆下风扇整流罩。

如图 1-15 所示，打开的整流罩用打开撑杆支撑。风扇整流罩打开撑杆一杆连接到风扇整流罩。当风扇整流罩关闭时，另一端也连接到风扇整流罩。整流罩不打开时，撑杆收在整流罩内。当风扇整流罩打开时，撑杆的另一端连接到发动机上的接收器。打开撑杆是可以伸缩的。撑杆上有一个套筒，可以将撑杆锁定位置。当风扇整流罩打开撑杆在锁定位置时，会显示一个黄色指示环，如图 1-17 所示。

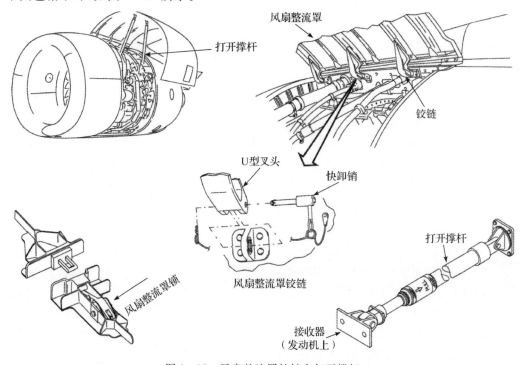

图 1-15　风扇整流罩铰链和打开撑杆

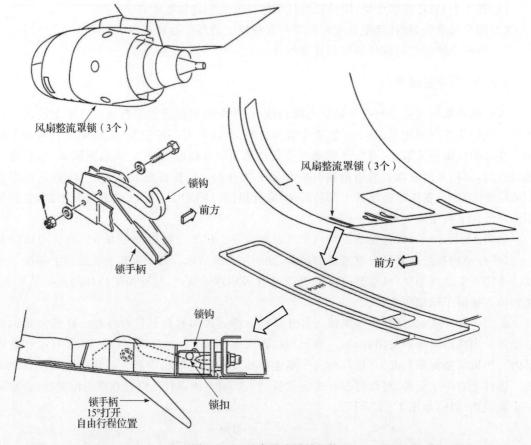

图 1-16　风扇整流罩锁机构

　　在发动机运转期间不得打开风扇整流罩锁,因为前锁是在发动机进气危险区。如果进入危险区域,会被吸入发动机,导致伤害。在强风或超过 40 节的阵风情况下,不得打开风扇整流罩。

　　打开内侧风扇整流罩时,要收进前缘襟翼,并完成解除程序。

　　1. 打开风扇整流罩

　　(1)释放风扇整流罩接合边上的 3 个锁(见图 1-16),按压"PUSH"位置,释放安全机构,拉起锁手柄以释放锁机构。

　　(2)用手握住风扇整流罩并将其移离发动机,直到可以接近打开撑杆。

　　1)在打开撑杆的接收器端缩回套筒,并压缩杆使其与接收器脱开。

　　2)撑杆将伸出并卡入第一个位置,使风扇整流罩固定在 28°打开位置。

　　3)将打开撑杆支撑在发动机上固定的接收器上,如图 1-15 所示。

　　(3)将风扇整流罩打开至 55°位置。

　　1)固定风扇整流罩。

　　2)沿箭头方向移动 TURN/PULL 套筒,以使打开撑杆开锁,如图 1-17 所示。

　　3)将风扇整流罩抬起,直到打开撑杆伸出并卡入全开位。

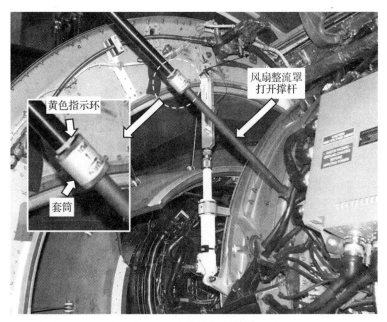

图 1-17　风扇整流罩打开撑杆

2. 人力拆卸风扇整流罩

左右风扇整流罩通过 3 个锁扣锁定。每个风扇整流罩的顶部用 3 个铰链连接至发动机吊架。要拆卸风扇整流罩,首先要解锁打开风扇整流罩,然后拆除顶部的铰链,解除整流罩与发动机吊架的连接。

确保至少安排四个人拆卸风扇整流罩。需要三人托住整流罩,一人从吊架凸耳脱开风扇整流罩 U 形叉头。左风扇整流罩重约 80 lb(36 kg),右风扇整流罩重约 96 lb(44 kg)。如果不采用最小人员数量,则可能会损坏风扇整流罩、吊架、进口和反推装置。

风扇整流罩的拆卸基本程序如下。

(1)释放风扇整流罩接合边上的 3 个锁扣(见图 1-15)。

(2)需要三个人保持托起风扇整流罩将其打开。

(3)第四个人脱开快卸销。

(4)将风扇整流罩移离发动机。

(5)将风扇整流罩放在台架上或其他适配表面上。

3. 使用吊挂设备拆卸风扇整流罩

使用吊挂设备拆卸风扇整流罩基本拆卸程序如下。

(1)释放风扇整流罩接合边上的 3 个锁。

(2)使用起重机和吊挂,打开风扇整流罩。

(3)拆卸快卸销。调节风扇整流罩的位置,直到能轻松拆卸。

(4)将风扇整流罩移离发动机。

(5)将风扇整流罩放在台架或其他合适的表面上。

### 1.5.3　反推整流罩

反推整流罩提供光滑的气动表面,并围住发动机部件和附件,以及反推力部件。

　　反推整流罩由在顶部用铰链连接、底部用锁扣固定在一起的两个半环结构组成。内、外套筒之间的空间为风扇排气提供了流动通道。

　　当反推工作时,移动整流罩(移动套筒)向后移动,打开格栅通道,阻流门和格栅叶片引导风扇排气流向斜前方喷射,产生反推力。

　　每台发动机上装有两个移动整流罩,两个移动整流罩之间无机械联系。移动整流罩内装有吸音材料,用来减低噪声。移动整流罩由液压作动筒作动。当移动整流罩移动时,导轨和滑块不仅能使整流罩移动,同时也提供了结构支承。当反推装置收进时,移动整流罩遮住格栅组件,使内外套筒之间形成平滑的气流通道,减小了风扇排气的流动阻力。

　　如图 1-18 所示,反推整流罩可由打开作动筒打开,作动筒外筒安装在发动机结构上,作动筒的活塞杆安装于反推整流罩结构上,可使用手摇泵为作动筒提供打开压力。手摇泵由控制阀、装有与发动机滑油相同的油箱和带有快速拆卸接头的软管组成。使用手摇泵,每次只能打开一侧的整流罩。为防止损坏装备,在打开反推整流罩之前,必须收回机翼前缘襟翼。在打开反推整流罩之前要先打开风扇整流罩。

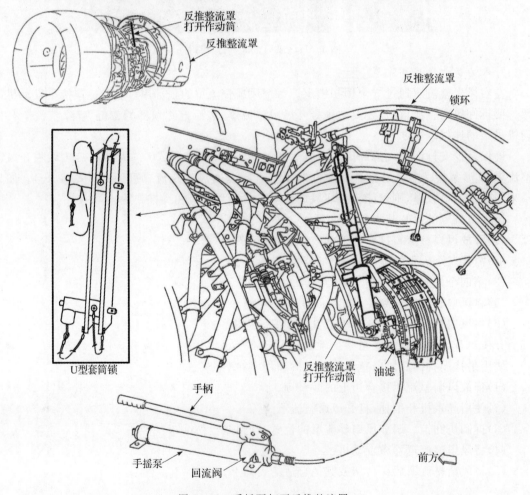

图 1-18　手摇泵打开反推整流罩

　　如图 1-19 所示,每个反推力装置有 6 个张力锁扣。用数字编号识别每个锁扣。1 号锁扣是最前面的锁扣。6 号锁扣是最后的锁扣。所有锁扣都是可以互换的。所有锁扣都是在反推整流罩半环的底部。锁扣手柄和机构都是在反推整流罩左半部上。锁扣卡销都是在反推整流罩右半部上。按次序打开锁扣从后（6 号）到前（1 号）。总是按次序关闭锁扣从前（1 号）到后（6 号）。

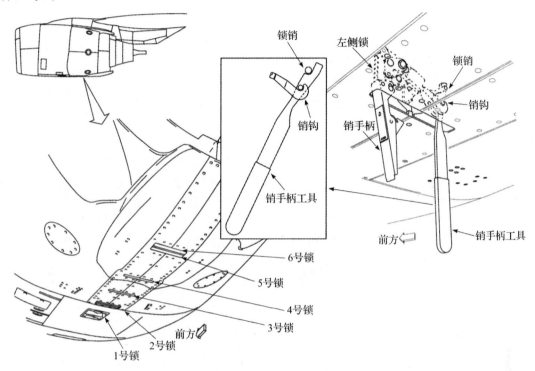

图 1-19　反推整流罩锁机构

1. 反推整流罩打开程序（使用反推打开作动筒）

在打开发动机左或右反推整流罩前，必须收进前缘襟翼和缝翼并执行解除程序。如果不遵守，会造成人员伤害和设备损坏。风扇整流罩有 28°和 55°两个打开位置，要打开反推整流罩必须首先打开风扇整流罩，确保与要打开的反推整流罩同侧的风扇整流罩在 55°全开位置，这将避免损坏风扇整流罩和反推装置。注意事项如下。

（1）不要在大风，突风或风速超过 40 节时，打开反推整流罩。

（2）不要进入或将身体的一部分置于发动机和反推整流罩之间，除非在安装打开作动筒保险锁时。

（3）打开反推装置时，身体的任何部分不要处于反推整流罩移动路径中。如果反推装置突然关闭，会造成人员受伤或设备损坏。

（4）在反推整流罩打开时，不要动力展开反推移动套筒。

反推整流罩打开程序如下。

（1）打开风扇整流罩到 55°全开位置。

（2）打开反推整流罩。

沿着反推整流罩底部中心线打开 6 个锁扣，从 6 号后锁到 1 号前锁按顺序打开锁扣。注意事项如下。

1)拆下作动筒和手摇泵打开系统的进口接头防尘帽(见图 1-20)。

2)确保手摇泵打开系统充满滑油。

3)关闭手摇泵上的回流阀。

4)将手摇泵软管连接到打开作动筒的进口接头。

5)摇动手摇泵手柄将滑油供向打开作动筒来升起反推整流罩。

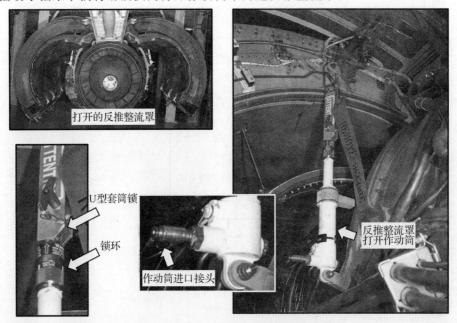

图 1-20 反推力整流罩打开作动筒

当反推整流罩在全开位置,打开作动筒锁定时,有如下指示。

1)听锁环有无卡嗒声。

2)在延伸活塞杆底部显露出"LOCKED"字样。

3)在作动筒活塞杆上看到红色指示环,如图 1-20 所示。

(3)将作动筒保险组件安装在伸出的活塞杆上。

(4)打开手摇泵上的回流阀,使反推作动筒的重力完全作用在锁定的作动筒上。

(5)在反推整流罩落下且其重量由锁定的作动筒支撑后,立即关闭手摇泵上的回流阀。

确保用锁定的打开作动筒支撑反推装置时,关闭手摇泵上的回流阀。如果回流阀保持在打开位置,则发动机滑油会继续从作动筒排放到手摇泵内。减少了发动机滑油会在随后关闭反推整流罩时,导致整流罩快速关闭,使人员受伤或设备损坏。

当手摇泵软管从打开作动筒断开,应小心。喷溅的滑油可能来自软管。发动机滑油有毒并会造成人员伤害。

2.人力打开反推整流罩

建议使用手摇泵程序。只有当打开作动筒不工作或手摇泵不可利用时,才使用手动程序。

人力打开反推装置时要小心。需要大约 210 lb(95 kg)的力来抬起反推整流罩。至少安排两个人将反推装置从前端慢慢抬起到完全打开位置。如果不小心的话,会造成人员伤害或设备损坏。不要过快打开反推装置,这会在打开作动筒内造成真空,不仅迟滞作动筒运动,而且当关闭工序时作动锁解锁时,反推整流罩会突然关闭,这会伤害人员和损坏设备。

3.反推整流罩65°打开支撑设备

65°打开支撑设备可将反推整流罩支撑到发动机吊架上。即使是在更换发动机时,支撑设备也可以使反推整流罩保持在65°打开位置,可以实现不拆卸反推整流罩更换发动机。

65°打开支撑设备由吊架连接横梁、摇臂支架、梁组件、定位销和锁销组成,如图1-21和图1-22所示。

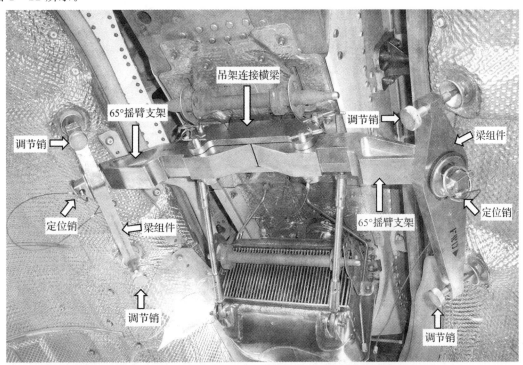

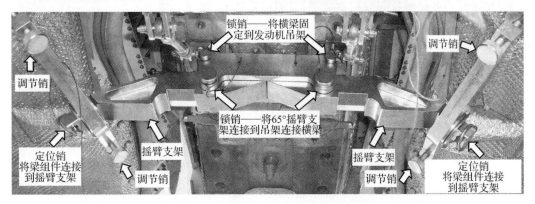

图1-21　反推整流罩65°撑开设备1

两个锁销可将横梁连接到发动机吊架上的两个U形叉头支架上。两个锁销将两个65°摇臂支架连接到吊架连接横梁,定位销将梁组件连接到摇臂支架。

65°打开支撑设备的连接关系:梁组件→(两个定位销)→摇臂支架→(两个锁销)→横梁→(两个锁销)→发动机吊架。

基本操作程序如下。

(1)打开内侧和外侧反推整流罩。

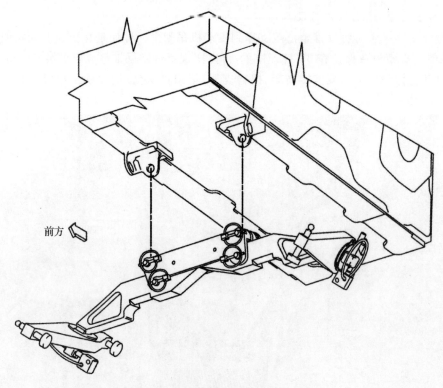

前方

图 1-22　反推整流罩 65°撑开设备 2

(2)将吊挂设备安装到外侧反推整流罩连接点。

(3)拆开外侧反推整流罩上的打开作动筒。

(4)连接安装 65°打开支撑设备。

1)用吊挂设备缓慢拉起反推整流罩,直到可安装 65°摇臂支架。

2)用两个锁销将 65°摇臂支架连接到发动机吊架连接横梁上。

3)在 65°摇臂支架上用止动销安装梁组件,梁组件较长的一侧朝前。

(5)操作起重设备,缓慢放下反推整流罩直到由 65°撑开设备支撑所有反推整流罩的重量。

反推整流罩完全由支撑设备保持在打开状态。

# 1.6　发动机安装节

发动机安装节把发动机连接和固定到吊架上,最终连接到飞机结构上。安装节还把发动机推力、垂直的和侧向的载荷及扭矩传到飞机结构。前安装节连接至风扇框架;后安装节连接至涡轮框架,发动机前安装节位于风扇框架外部壳体 12:00 位置,如图 1-23 和图 1-24 所示。

悬挂接头通过 3 个螺纹爪销固定到风扇机匣接头上,风扇机匣接头通过中央的 4 个螺栓和外部的 6 个螺栓固定在风扇机匣上。

推力连杆安装在风扇框架和发动机后安装节之间,如图 1-25~图 1-27 所示。

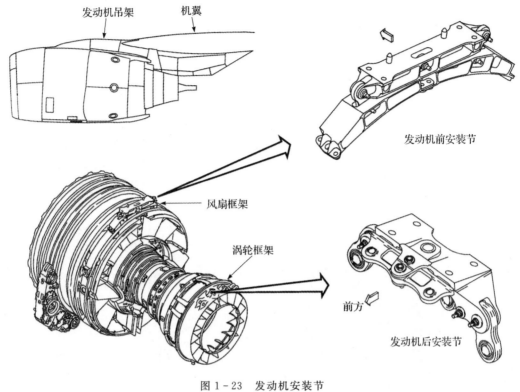

图 1 - 23　发动机安装节

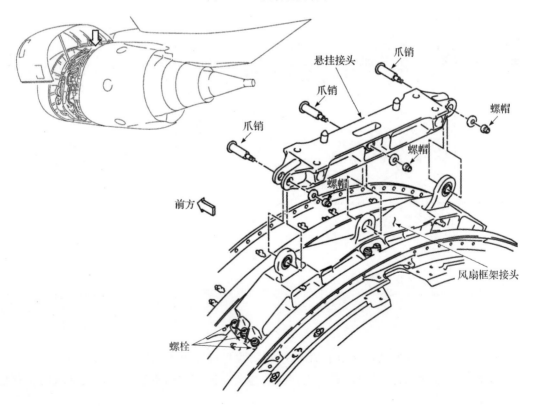

图 1 - 24　发动机前安装节

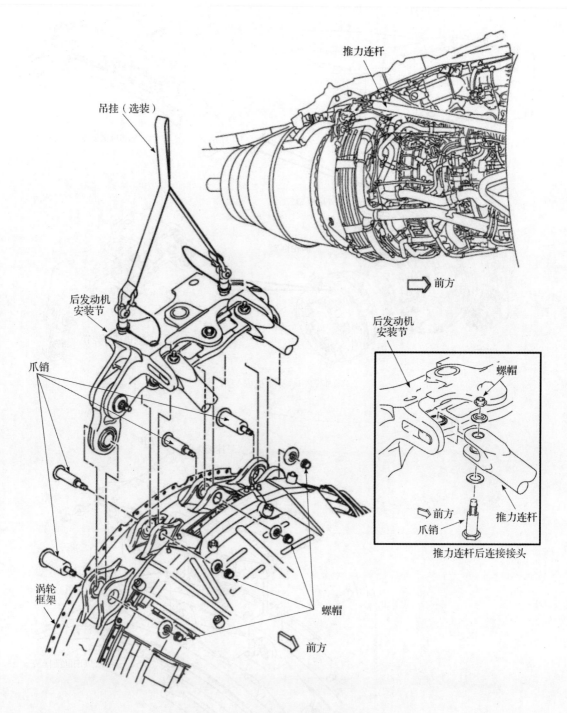

推力连杆

吊挂（选装）

后发动机
安装节

爪销

涡轮
框架

螺帽

前方

后发动机
安装节

螺帽

前方

爪销

推力连杆

推力连杆后连接接头

图 1-25　发动机后安装节的结构

在动力装置安装在发动机吊架上的情况下，每次只可拆卸和安装一个推力连杆。

不得同时拆下两根推力连杆，发动机会向后移动并损坏发动机整流罩。发动机的位移也会使其难以重新安装爪销。

发动机后安装节位于涡轮框架 12：00 位置。在拆卸发动机后安装节之前，必须从发动机吊架拆下发动机,如图 1-25 和图 1-26 所示,发动机后安装节重约 60 lb。

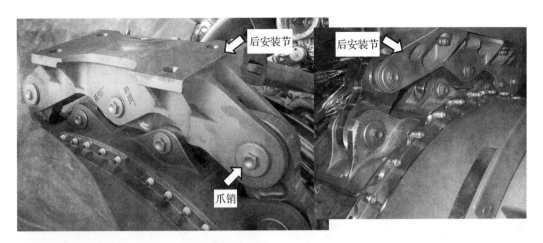

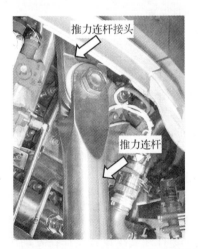

图 1-26　发动机推力连杆和后安装节

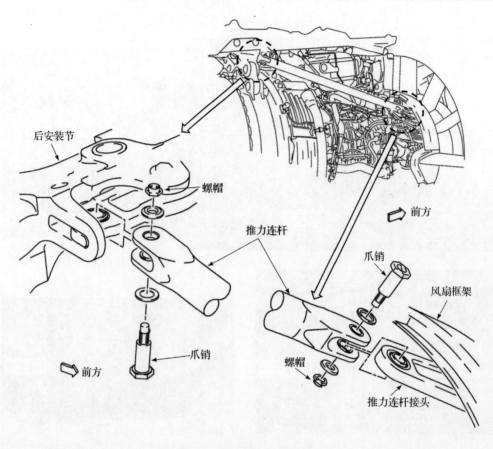

图 1-27 推力连杆安装

# 1.7 使用自举吊架设备拆卸发动机

自举设备指将吊架设备连接到飞机结构上,不使用高架吊挂或其他外部吊装设备吊运发动机。

自举设备包括前吊架组件、后吊架组件、前后吊装接头。

自举设备要与发动机托车配合使用,托车是发动机拆卸后的地面移动支撑设备。

拆卸前的准备工作包括飞机调平、接地、驾驶舱手柄、电门、跳开关等的设置,脱开燃油、液压油、空气管路接头和电接头等。反推整流罩通过 65°打开支撑设备支撑在发动机吊架上。

从飞机上拆下发动机之前,必须拆开和堵好所有的电气、液压、气压、燃油和机械接头。将自举设备安装到发动机吊架和动力装置上。按照维修手册规定的细则进行检查。摇动升降机,缓慢地降低动力装置进入发动机托车内,慢慢地移动并对准托车支架并固定。在操作过程中,必须严格执行各种安全条例、维修程序和规章制度,防止伤害人员和损伤设备。

四人拆卸发动机程序见表 1-1。

表 1 - 1　拆卸发动机程序

| 步 骤 | 建议人数 | 内 容 |
| --- | --- | --- |
| 1 | 4 | 飞机调整水平状态,断开相关跳开关 |
| 2 | 4 | 拆卸风扇整流罩 |
| 3 | 1 | 打开反推整流罩,断开核心区域右侧接头 |
| | 1 | 打开反推整流罩(第二个人),断开核心区域左侧接头 |
| | 1 | 断开风扇机械右侧接头,安装地面支持设备 |
| | 1 | 断开风扇机械右侧接头,安装地面支持设备(第二个人) |
| 4 | 4 | 拆卸发动机 |

### 1.7.1　安装前吊架组件

打开前整流罩上的 7 个锁扣,拆卸前整流罩,露出两个安装接头,如图 1 - 28 所示。

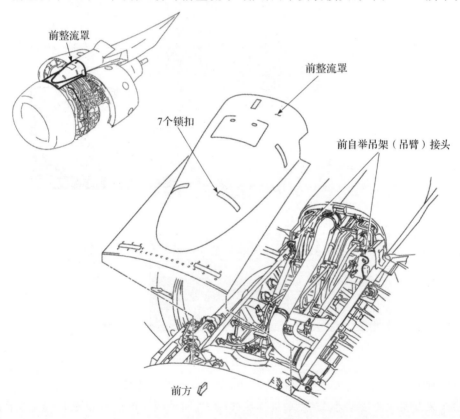

图 1 - 28　前整流罩与吊架接头

前吊架组件包括外臂和内臂、两个撑杆、两个测力计和两个手摇升降机,如图 1 - 29 所示。安装前吊架组件的基本程序如下。

(1) 用锁销将内臂和外臂安装到对应发动机吊架接头上,并将内臂和外臂用锁销连接在一起。

(2) 两个撑杆的后端分别连接到内臂、外臂,撑杆的前端安装到发动机吊架上。

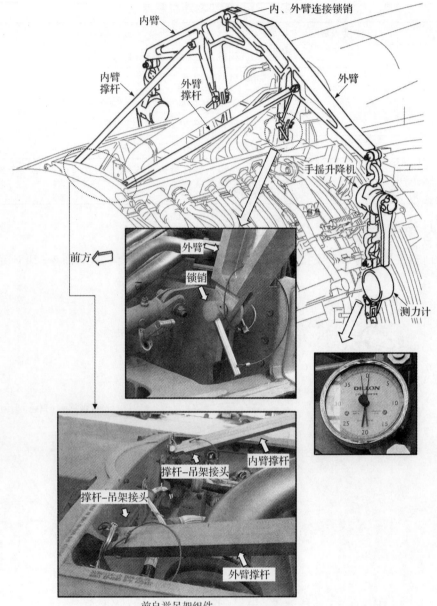

前自举吊架组件

图 1-29　前自举吊架组件

（3）内臂和外臂两端各安装一手摇升降机，每一个升降机上安装一测力计。

（4）在风扇机匣上安装小车/发动机连接架（通过四个螺栓连接），如图 1-30 所示。

（5）连接前测力计到小车/发动机连接架。

### 1.7.2　安装后吊架组件

后吊架组件包括两个支架、一个支撑梁、一个测力计和一个手摇升降机。后吊架组件只能在外侧安装手摇升降机和测力计，如图 1-31 所示。

（1）将两个支架连接到位于发动机吊架底部的自举设备连接架，连接一个支架到吊架底部两个连接架的前侧,连接另一个支架到吊架底部两个连接架的后侧。两个支架必须将长臂指向发动机外侧安装,在发动机吊架内侧用锁销将两个支架连接在一起。

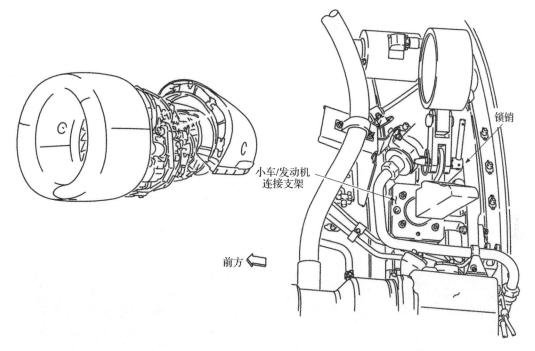

图 1-30　小车/发动机连接支架

(2)连接支撑梁到两个支架上。

(3)在支撑梁的端头安装手摇升降机。

(4)将测力计连接到升降机。

(5)连接发动机连接架到两个发动机安装边支架上。

(6)将测力计连接到发动机连接架上。

### 1.7.3　拆卸发动机

(1)准备好发动机托车上的连接机构。

(2)将小车安放在发动机下部区域,调整小车位置。

(3)摇动升降机,使每一个测力计上的读数为如下。

1)前内测测力计读数:3 700 ±100 lb(1 682±45 kg)。

2)前外侧测力计读数:3 200 ±100 lb(1 454±45 kg)。

3)后测力计读数:1 100 ±100 lb(500±45 kg)。

(4)脱开发动机前安装节。

(5)脱开发动机后安装节。

(6)用升降机缓慢放下发动机到小车上,调整位置对正并固定托车上的支撑机构,如图1-32所示。

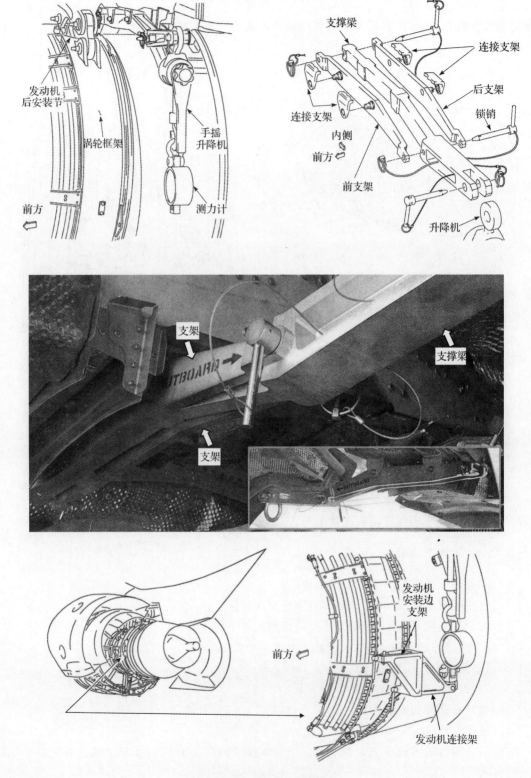

图 1-31　后自举吊架组件

图 1-32 发动机拆卸

## 1.8 发动机排放系统

发动机排放系统的作用是将从发动机附件、附件传动齿轮箱基座、油槽等泄漏出的燃油、滑油和液压油等排出机外,防止油液聚集引起着火。也可将整流罩内的积水排出机外,防止水分在整流罩内积聚。

来自以下部件的余油通过右侧风扇整流罩内的启动机排气口排放(见图 1-33)。

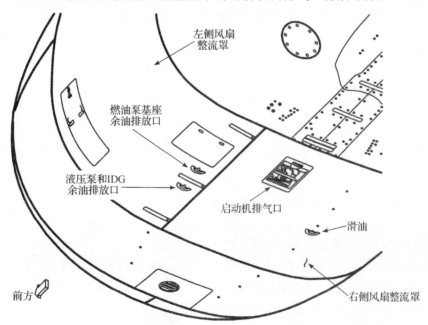

图 1-33 发动机排放系统

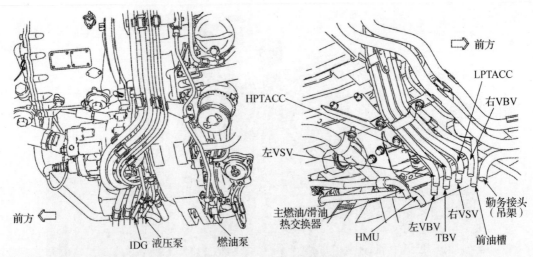

续图 1-33　发动机排放系统

（1）发动机吊架。

（2）主燃油/滑油热交换器。

（3）液压机械装置（HMU）。

（4）高压涡轮主动间隙控制（HPTACC）阀。

（5）低压涡轮主动间隙控制（LPTACC）阀。

（6）左、右侧可调静子叶片（VSV）作动筒。

（7）左、右侧可调放气阀（VBV）作动筒。

（8）瞬时放气阀（TBV）。

来自以下部件的余油通过左侧风扇整流罩上的排放孔排出。

（1）燃油泵。

（2）整体驱动发电机（IDG）。

（3）液压泵。

滑油箱的余油通过右侧风扇整流罩上的排放孔排出。

# 思　考　题

1. CFM56-7B 发动机是什么类型的发动机？

2. 发动机铭牌安装在什么位置？主要包括哪些信息？

3. 什么是发动机的危险区？发动机功率变化时危险区域如何变化？

4. 如何进、出发动机危险区域？有哪些注意事项？

5. 在什么情况下，即使佩戴了护耳设备，进入某些区域的停留时间仍会受到限制？

6. 发动机危险区警告标志主要包括哪些内容？

7. 发动机风扇整流罩上主要有哪些勤务接近门？

8. 描述进口整流罩的拆装设备。

9. 如何打开风扇整流罩？

10. 如何打开反推整流罩？

11.说明发动机是如何吊装在飞机结构上的。

12.如何安装自举吊架设备？

13.反推整流罩65°撑开设备的作用是什么？

14.拆卸发动机之前,需要先拆卸推力连杆吗？为什么？

15.发动机排放系统的作用是什么？

# 第 2 章　CFM56－7B 发动机构造

## 2.1　概　　述

CFM56－7B 发动机是高涵道比、双转子、轴流式的涡轮风扇发动机,为飞机提供推力,同时提供电源、液压和气源,如图 2－1 所示。发动机风扇直径为 61 in[①](1.55 m)。

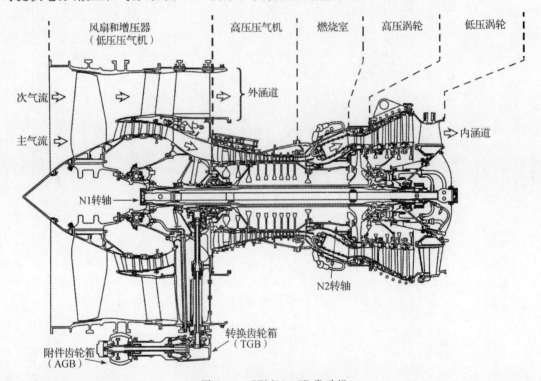

图 2－1　CFM56－7B 发动机

发动机主要组成部件包括进气道、风扇和增压器(低压压气机)、高压压气机、燃烧室、高压涡轮、低压涡轮和尾喷管。发动机风扇和增压器共有 4 级转子叶片,由低压涡轮(LPT)驱动,低压涡轮有 4 级转子叶片。高压压气机(HPC)共有 9 级转子叶片,由高压涡轮(HPT)驱动,高压涡轮有 1 级转子叶片。高、低压转子在机械上是互相独立的,它们之间只有气动联系没有

---

①　1 in＝2.54 cm。

机械联系。进入发动机的空气被分为两路,进入内涵道的气流称为主气流,进入外涵道的气流称为次气流。主气流流经低压压气机和高压压气机并被压缩,压力提高,进入环形燃烧室被加热,温度提高,气体快速膨胀并以极快的速度排出燃烧室去驱动高压涡轮和低压涡轮,并通过附件传动齿轮箱驱动发动机和飞机附件,附件传动齿轮箱是由高压转子(N2)驱动的。高速向后喷出的内涵气流和外涵气流产生了向前的推进力量,在静起飞推力下,外涵喷气产生的推力大约占整个发动机推力的80%。

### 2.1.1　发动机性能参数

发动机性能参数见表 2－1。

**表 2－1　CFM56－7B 发动机简介**

| 项　目 | 说　明 | |
| --- | --- | --- |
| 类型 | 双转子、轴流式涡轮风扇发动机 | |
| 转动方向 | 顺时针(从后往前看) | |
| 压气机类型 | 低压压气机(风扇和增压器):4 级 | |
| | 高压压气机:9 级 | |
| 燃烧室类型 | 环形燃烧室 SAC(选项 DAC) | |
| 涡轮类型 | 高压涡轮:1 级 | |
| | 低压涡轮:4 级 | |
| 发动机重量 | 净重(近似值):2 384 kg(5 257 lb) | |
| 总体尺寸 | 长:2.51 m(98.72 in) | |
| | 高:1.83 m(72.00 in) | |
| | 宽:2.12 m(83.40 in) | |
| 发动机应用 | 波音 737－600 | CFM56－7B18(起飞推力:19 500 lb) |
| | | CFM56－7B20(起飞推力:20 600 lb) |
| | | CFM56－7B22(起飞推力:22 700 lb) |
| | 波音 737－700 | CFM56－7B20(起飞推力:20 600 lb) |
| | | CFM56－7B22(起飞推力:22 700 lb) |
| | | CFM56－7B24(起飞推力:24 200 lb) |
| | 波音 737－800 | CFM56－7B24(起飞推力:24 200 lb) |
| | | CFM56－7B26(起飞推力:26 300 lb) |
| | | CFM56－7B27(起飞推力:27 300 lb) |
| | 波音 737－900 | CFM56－7B24(起飞推力:24 200 lb) |
| | | CFM56－7B26(起飞推力:26 300 lb) |
| | | CFM56－7B27(起飞推力:27 300 lb) |
| | 波音 737－BBJ | CFM56－7B26(起飞推力:26 300 lb) |
| 涵道比 | 5.1：1~5.5：1 | |

**续表**

| 项　目 | 说　明 |
|---|---|
| EGT 红线 | 950℃ |
| $N_1$ - 低压转子转速 | 5 175 r/min—100％ |
| | $N_1$ 转速极限—104％ |
| $N_2$ - 高压转子转速 | 14 460 r/min—100％ |
| | $N_2$ 转速极限—105％ |

### 2.1.2　发动机主轴承

CFM56-7B 发动机包含有两个独立的旋转系统:低压旋转系统(用 N1 表示)和高压旋转系统(用 N2 表示)。高、低压转子在机械上是互相独立的,它们之间没有机械联系。发动机两个转子由 1~5 号轴承共 5 个支承点,如图 2-2 所示。这些轴承都包含在由风扇框架和涡轮框架形成的两个干槽腔室内。

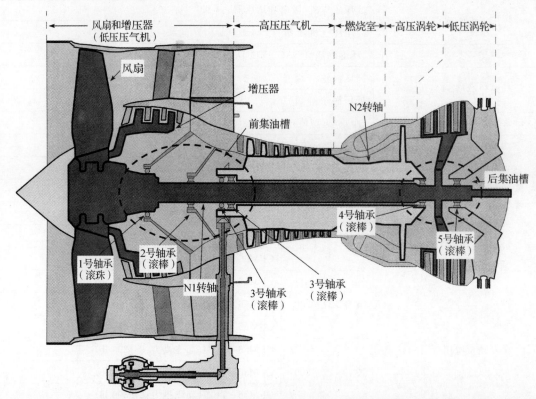

图 2-2　发动机主轴承

发动机主轴承位于前、后两个油槽内,1 号 2 号和 3 号轴承位于前油槽,4 号和 5 号轴承位于后油槽。1 号和 2 号轴承支撑低压轴的前部;3 号轴承由一个滚珠轴承和一个滚棒轴承组成,用于支撑高压轴前部;4 号轴承支撑高压轴后部;5 号轴承支撑低压轴后部。

有两种类型的轴承:滚珠轴承和滚棒轴承。滚珠轴承可以吸收轴向和径向载荷;而滚棒轴承只能吸收径向载荷。发动机轴承需要永久滑油润滑,因此这些轴承都位于两个干槽腔室内,轴承腔采用压力封严。

### 2.1.3　发动机单元体

CFM56 – 7B 是一种单元体化设计发动机,可以使得具有有限维修能力的车间完成维修任务,从而降低了维修成本,能使发动机的整体寿命延长。单元体的维修包括更换单元体组件和部件等。CFM56 – 7B 发动机是由 4 个主单元体组成的,分别是风扇主单元体、核心机主单元体、低压涡轮主单元体和附件驱动主单元体,如图 2 – 3 所示,这 4 个主单元体中包含有 17 个不同的组件。

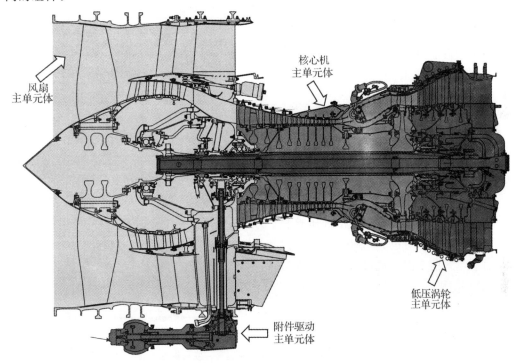

图 2 – 3　发动机主单元体

## 2.2　风扇主单元体

### 2.2.1　风扇主单元体的功用

风扇主单元体位于发动机的前部区域,其主要作用如下。

(1)产生大约 80% 发动机推力。

(2)提供发动机/吊架的前部连接。

(3)包容风扇级和低压压气机级。

(4)提供发动机前段的结构刚度。

(5)降低风扇段的噪声。

(6)附件齿轮箱和整流罩设备的连接。

(7)提供核心发动机的连接。

### 2.2.2 风扇主单元体的组成

风扇主单元体包括风扇转子、风扇出口导向叶片、增压器转子和静子、1号和2号轴承、进口齿轮箱和3号轴承、风扇机匣和风扇框架。这些部件可组成4个可维护的组件，如图2-4所示，具体如下。

（1）风扇和增压器组件。

（2）1号、2号轴承组件。

（3）风扇框架组件。

（4）进口齿轮箱（IGB）和3号轴承组件。

### 2.2.3 风扇和增压器组件

风扇和增压器组件的主要作用：①为流进外涵道的气流加速，产生推力；②增加空气压力，并将其引到高压压气机（HPC）。风扇和增压器组件由低压涡轮驱动。气流进入发动机进气道后，流过风扇，增加了空气的动能。流过风扇后的气流分成两股（见图2-5），大部分气流经过发动机外涵道，排出机外，发动机总推力的80%都是由外涵排气产生的。其余的气流进入内涵道，流过增压器，在增压器内部被压缩，然后流向高压压气机。

风扇和增压器组件是由整流锥、单级风扇转子和三级安装于风扇盘后的轴流式增压器组成的。它的主要部件有风扇前整流锥、风扇后整流锥、风扇盘、风扇叶片、增压器转子及增压器静子组件，如图2-6所示。

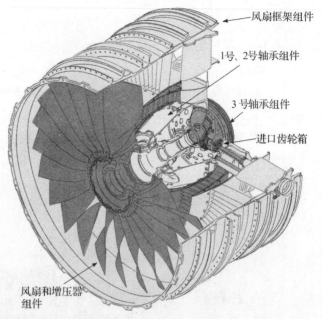

图 2-4 风扇主单元体

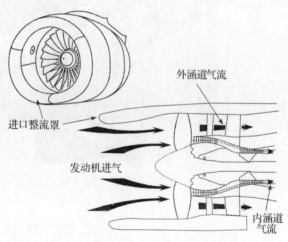

图 2-5 发动机内涵道和外涵道气流

**1. 风扇进口整流锥**

风扇进口整流锥由前整流锥和后整流锥组成。前整流锥通过6个螺栓安装到后整流锥的前安装边上。后整流锥后安装边使用12个螺栓通过固定环安装到风扇盘上，前安装边与前整流锥连接，如图2-7和图2-8所示。

前整流锥由黑色的硫酸阳极化铝合金制成，可以最大限度地降低冰的积聚。前整流锥位于发动机前部，是空心锥形结构。前锥的后安装边连接到后锥上，连接属于过盈配合。

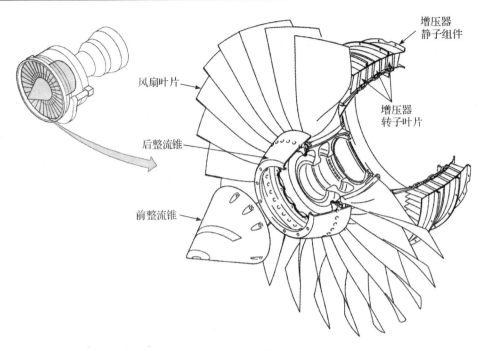

图 2 - 6　风扇和增压器组件

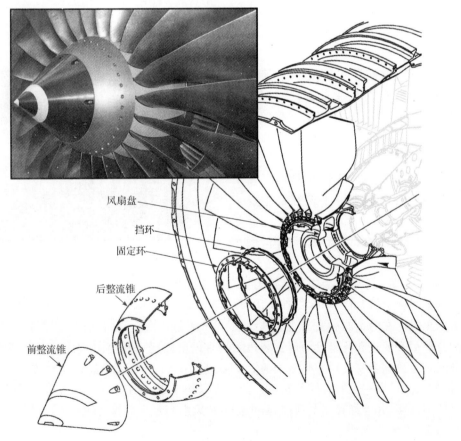

图 2 - 7　前整流锥螺栓和拧丝的分布

如图 2-7 所示,前整流锥共有 9 个孔,其中 6 个孔通过 6 个螺栓将前整流锥安装到后整流锥的前表面。另外还有 3 个螺纹塞孔,沿圆周方向 120°分布。螺纹塞孔用于安装拧丝,方便拆卸前整流锥。拆卸前整流锥时,首先拆下 6 个螺栓,然后旋入 3 个拧丝,直到它们接触到后锥的前安装边。按指定顺序拧紧拧丝,使前锥与后锥脱离,然后拆卸前锥。

有一个带有识别标记的偏心孔用来确保前锥准确定位到后锥的前安装边。

后整流锥可以使气流平滑的流入发动机,并且阻止风扇挡圈的转动。后锥包含有风扇固定环和平衡螺钉,平衡螺钉可用于风扇配平和静平衡调整。如图 2-9 和图 2-10 所示。

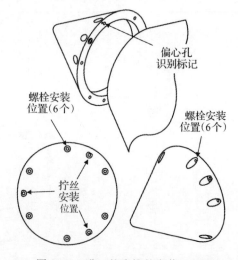

图 2-8 进口整流锥的安装

后锥通过过盈配合与前锥和风扇盘连接,如图 2-10 所示。后锥由铝合金制成,后锥前安装边有 6 个航线可更换的自锁螺帽。后部内侧安装边有 12 个螺栓孔,用于将后锥安装到风扇盘上,风扇固定环安装到后部内侧安装边。有 6 个螺纹孔可安装拧丝,在必要时可用于拆卸风扇固定环。

后整流锥前、后安装边都有一个偏置孔,以确保安装正确,可以通过识别标记定位。后整流锥的前安装边,识别标记在偏置孔的附近,另一个识别标记位于后锥的外缘,正对一号风扇叶片。

安装在后整流锥内的不同重量的平衡螺钉可用于风扇平衡调整。平衡螺钉主要应用于以下两种情况。

(1)更换风扇叶片后的风扇静平衡(例如外来物损伤后)。

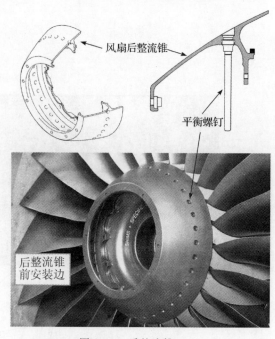

图 2-9 后整流锥

(2)发动机振动水平高于极限值后进行风扇平衡配平。

现有两套平衡螺钉,每一套螺钉都采用 P01~P07,或 P08~P14 标识。刻在螺钉头上的数字指示各个重量。在后锥的后安装边的外缘共有 36 个螺纹塞孔,可容纳平衡螺钉。

在后锥的后安装边和风扇盘的前安装边之间有风扇固定环和挡圈,如图 2-10 所示。风扇固定环通过过盈配合安装到后整流锥的后安装边。有 24 个螺纹销通过螺纹连接到它的外缘,螺纹销伸入到风扇平台前表面的孔内。销子可以防止平台的轴向和径向运动。挡圈安装在风扇盘的前表面,其外缘有一个锁槽,防止挡圈和风扇固定环的相对转动。

2.风扇盘

风扇盘由钛合金锻造,前部外侧安装边连接到后整流锥和固定环,如图 2-10 所示。风扇盘的外缘有 24 个固定风扇叶片的燕尾槽,风扇盘还有一个用于安装风扇叶片平台的安装边。风扇盘后部有内、外侧两个安装边,其中内安装边连接到风扇轴,而外安装边通过螺栓连接到增压器转子,如图 2-11 所示。

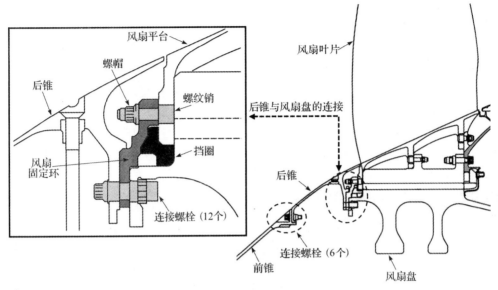

图 2-10　后整流锥与风扇盘的连接

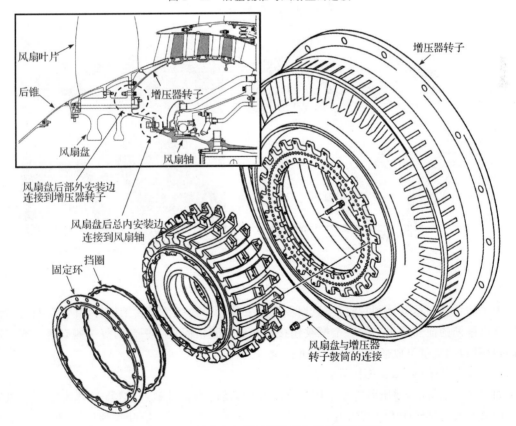

图 2-11　风扇盘与增压器转子和风扇轴的连接

3. 风扇叶片(低压压气机第 1 级)

风扇叶片形成低压压气机的第 1 级。风扇可以加速进入进气道的空气。共有 24 个钛合金、宽弦风扇叶片,风扇叶片的底部为燕尾形结构,可以滑入风扇盘外缘的燕尾槽内。风扇叶片有 20.67 in(0.52 m)长。在风扇叶片根部后端加工有一个凸缘,紧密贴合到低压压气鼓筒的前表面,限制其轴向运动。每一个叶片底部都安装有一个垫块,限制每一个叶片的径向运动,如图 2-12 所示。

每一个风扇叶片在叶根底部都刻有特定的指示文字,包括零件号、序列号、动量重量及厂家代码。在安装到风扇盘上之前,采用固态钼基润滑剂润滑,使叶根的润滑性得到进一步改善。

垫块安装在风扇盘的燕尾槽内,风扇叶片根部的下部。垫块用于限制风扇叶片的径向运动,24 个风扇叶片垫块由钛合金和橡胶条制成,24 个铝合金锻造的叶片平台(见图 2-12)安装在相邻两个叶片之间。叶片平台有 3 个凸肩,每一个凸肩上都有一个中心孔。前凸肩与风扇固定环上的螺纹销接合,防止轴向运动。

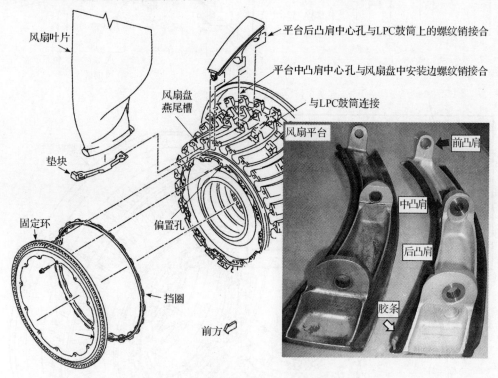

图 2-12　风扇叶片在风扇盘上的安装

为了防止径向运动,中间凸肩与风扇盘中部安装边上的一个螺纹销接合,并且后凸肩与低压压气机鼓筒的前安装边上的一个螺纹销接合。橡胶胶条固定在平台的每一侧以避免气流回流,并且平台的重量可以通过安装胶条进行调节。

4. 增压器转子(低压压气机第 2,3,4 级)

如图 2-13 所示,增压器转子采用鼓筒式结构,鼓筒由钛合锻造成型,悬臂式安装于风扇盘的后部。增压器转子有 3 级叶片,编号为 2~4,低压压气机第 1 级叶片为风扇,第 2 级有 74 个钛合金叶片,第 3 级有 78 个钛合金叶片,第 4 级有 74 个钛合金叶片。鼓筒的外表面上加工有旋转空气封严件,位于每一级之间。

　　增压器转子叶片大约 3.30~3.81 in(84~97 mm)长,安装在鼓筒周向的燕尾槽内,每一级都有一个负荷槽和两个较小的槽用于定位锁块。叶片根部的燕尾结构装入负荷槽,并且周向移动,直到充满这一级。叶片中有 4 个带有缺口来容纳锁块,锁块用于确保叶片固定,防止在环槽内转动,每一级之间的锁块都偏移 120°以确保增压器的初始静平衡。校正重量可以安装在第 4 级的槽内,叶片平台的下部,用于增压器转子的平衡。

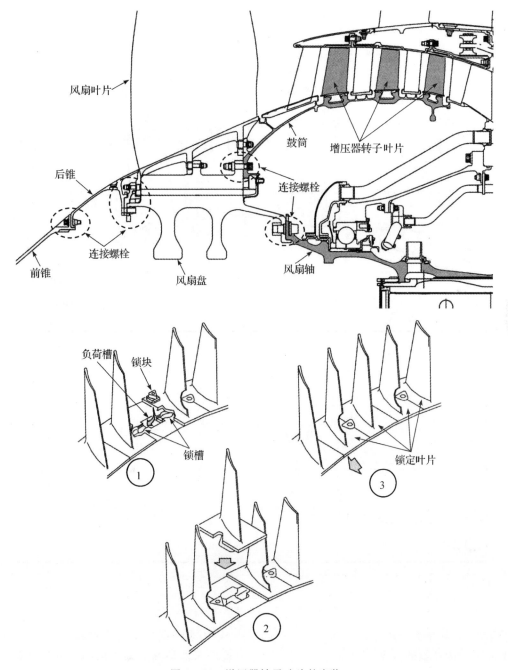

图 2－13　增压器转子叶片的安装

5. 增压器静子组件

如图 2-14 所示,增压器静子组件悬壁式安装于风扇框架的前安装表面。组件由 4 级静子环组成,静子环之间通过螺栓连接。它包括静子叶片和内、外护罩。外护罩根据其位置的不同,与这一端的安装边连接。分流环(见图 2-14 和图 2-15)安装在第 1 级外护罩上,用于分离内涵道和外涵道气流。第 4 级静子环的外护罩后安装边通过螺栓连接到风扇框架的前表面,内护罩后凸边紧压在风扇框架的安装边上。

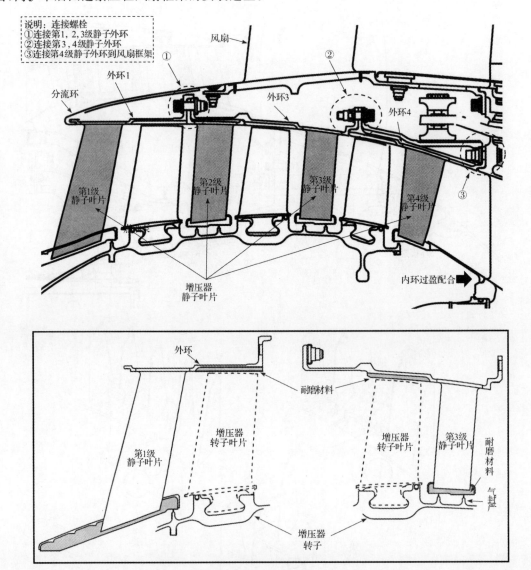

图 2-14  增压器静子组件

第 1~4 级静子叶片是焊接到外护罩上的,外护罩内表面附着有耐磨材料,正对着转子叶片的叶尖。内护罩的内表面覆盖有耐磨材料,正对着增压器鼓筒上加工出的空气封严件。第 1 级静子叶片共有 108 个叶片,第 2,3,4 级各有 136 个叶片。

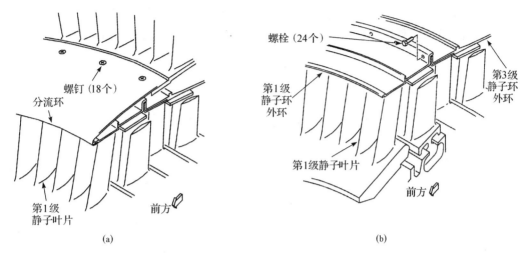

(a)　　　　　　　　　　　　　　(b)

图 2-15　分流环和增压器静子环的安装

(a)分流环的安装;(b)增压器第 1 级和第 2 级静子环的连接

### 2.2.4　1,2 号轴承组件

1. 1,2 号轴承组件的功用

1,2 号轴承组件属于风扇主单元体,其功用如下。

(1)支撑风扇增压器转子。

(2)形成前油槽前部腔室。

(3)支撑一个振动传感器。

(4)前油槽通气。

(5)提供风扇转速指示($N_1$ 转速传感器)。

(6)轴承润滑。

2. 1,2 号轴承组件的组成部件

1,2 号轴承组件承受来自风扇和增压器转子的载荷,如图 2-16所示,它包括以下几部分。

(1)1 号轴承支架。

(2)1 号滚珠轴承。

(3)2 号轴承支架。

(4)2 号滚棒轴承。

(5)风扇轴。

(6)滑油总管组件。

(7)5 个外部管路。

3. 1 号轴承支架

如图 2-17 所示,1 号轴承支架由钛合金制成,支架的前端

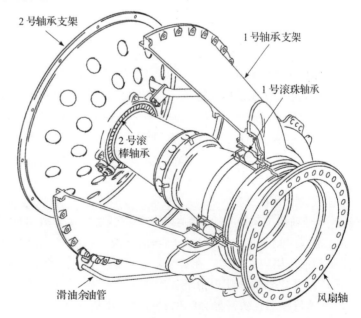

图 2-16　1,2 号轴承支架组件

支撑 1 号滚珠轴承,支架的后外侧安装边用螺栓安装到风扇框架中心毂上。支架前端还提供
1 号轴承静油/气封严件的连接。在底部有一系列的小孔,使滑油流入风扇框架中心毂内的前
油槽滑油收集室。支架后侧底部有一些小孔,使滑油可以流入风扇框架中心毂内的前油槽排
油收集室。有一些小孔可以将余油通过一个连接套筒流到排油收集室。轴承支架的前端有通
油孔,可使滑油流到静油/气封严结构的底部空间。在 6:00 位置有一根滑油排油管,可以将油
室的前端连接到风扇框架中心毂内的前油槽排油收集室。滑油排油管在飞机处于低头姿态
时,或者高滑油流量时,可防止滑油聚集。

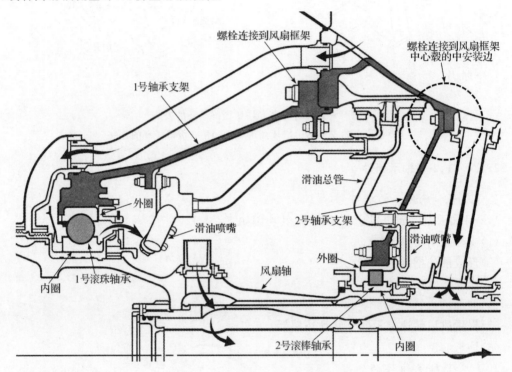

图 2-17　发动机 1,2 号轴承

**4. 1 号滚珠轴承**

1 号滚珠轴承是推力轴承,可承受低压转子的轴向和径向载荷。如图 2-18 所示,1 号滚
珠轴承的外圈是整体式结构,安装于 1 号轴承支架上。它的内圈由两个半圈组成,固定到轴承
套筒上。轴承套筒向前的延伸部分形成了前油槽的前部油/气蓖齿封严件。轴承套筒的前端
内部有定位槽,可将套筒锁定到风扇轴上。1 号轴承的前部有一个滑油挡圈,利用离心力的作
用,防止滑油涌到前油槽油封严件。

**5. 2 号轴承支架**

2 号轴承支架由钛合金制成,其外安装边连接到风扇框架中心毂中安装边,如图 2-17 所
示。前部内侧安装边支撑 2 号轴承的外圈。如图 2-19 所示,在 2 号轴承支架上有多个孔,用
于平衡前油槽内部压力。在 2 号轴承支架上还有一个孔,用于安装 2 号轴承腔滑油喷嘴(见图
2-17),向 2 号轴承喷射滑油。2 号轴承支架 4:00 位置有一个导套(见图 2-19),用于安装
$N_1$ 转速传感器探头。导套的位置可以使用垫片调整。

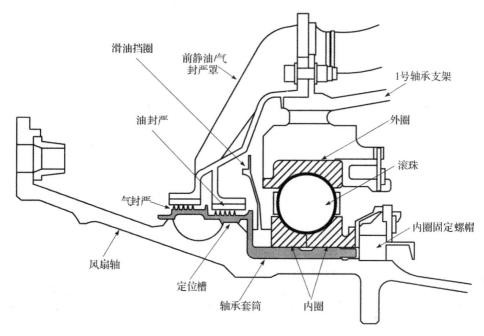

图 2-18　1 号滚珠轴承

6. 2 号滚棒轴承

2 号滚棒轴承承受来自风扇和增压器的径向载荷，它的外圈通过螺栓连接到 2 号轴承支架，内圈安装在风扇轴上。2 号轴承内圈也支撑 $N_1$ 转速传感器的齿环，使其在风扇轴上定位。齿环是脉冲发生器转子，与传感器探头共同工作，测量 $N_1$ 转速。如图 2-17 和图 2-19 所示。

7. 风扇轴

风扇轴是由钢合金锻造的，它由 1 号和 2 号轴承支撑。风扇轴的前安装边安装到风扇盘上。风扇轴通过内花键与低压涡轮轴相连。风扇轴上安装有一个油气分离器，位于 1 号和 2 号轴承之间，如图 2-20 所示。

油气分离器利用转动离心力从空气中分离出滑油，而空气流入油气分离器，通过中央通气管道，最后从排气尾锥中央通气孔排出机外。

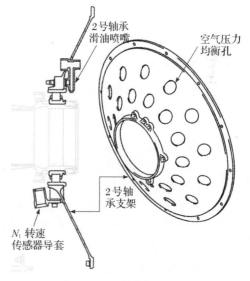

图 2-19　2 号轴承支架

8. 外部管路

外部管路包括安装在 1 号轴承支架外部的 5 根管路，如图 2-21 所示，它们的作用：①油槽增压；②余油排放；③滑油排放。

(1)油槽增压。有三根管路将增压器出口的空气引到静油/气封严装置的空腔内。这些管路位于大约 3：30，8：30 和 11：30 的位置。在空气进口有限流器，以降低空气流量。

(2)余油排放。余油管路连接到油/气封严之间的腔室的最低点。任何从油槽通过封严件漏出的滑油都会被收集排放到机外。余油管位于大约 5:00 位置。

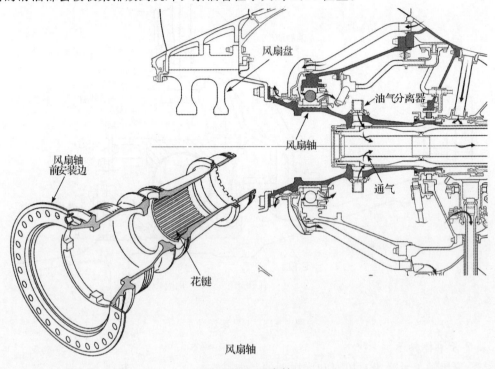

风扇轴

图 2-20  风扇轴

（3）滑油排放。滑油排油管连接到静油/气封严结构的底部腔室。排油管将此腔室与 1 号轴承后部油槽排油收集室连通。滑油排油管位于大约 6:00 位置。

### 2.2.5  风扇框架组件

1. 风扇框架组件的作用

风扇框架组件是发动机的前部结构，其主要作用如下。

（1）提供主气流和次级气流管道。

（2）将动力装置的推力传送到飞机。

（3）通过 1 号和 2 号轴承支撑低压压气机转子。

（4）通过 3 号轴承支撑高压压气机转子的前端。

（5）它包容风扇和增压器。

（6）支撑发动机附件。

（7）降低风扇区域噪声水平。

（8）提供发动机前部安装，吊挂点。

（9）支撑风扇进气整流罩。

（10）提供附件齿轮箱和核心发动机转子的连接。

2. 风扇框架组件的组成

如图 2-22 所示，风扇框架组件包括下列主要组件。

（1）进气机匣。

（2）出口导向叶片（OGV）组件。

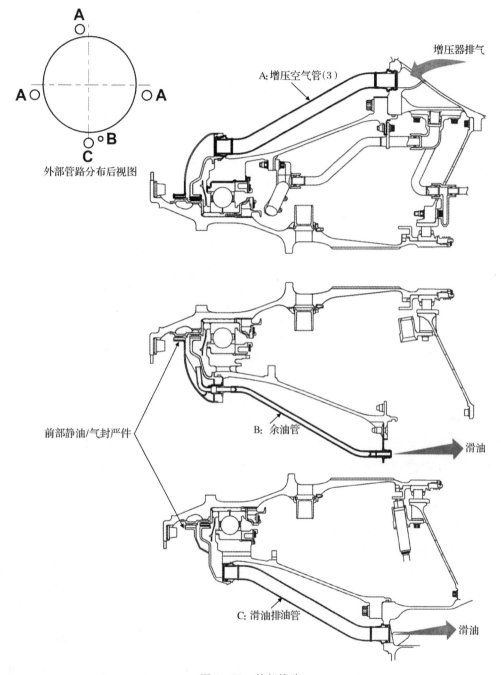

图 2 - 21 外部管路

(3)风扇框架。

(4)径向驱动轴套管。

3.进气机匣

进气机匣的主要作用:①连接发动机进口整流罩,支撑和传送连接载荷到风扇框架外机匣;②包含风扇叶片;③包含风扇叶片叶尖正对的耐磨层;④提供风扇出口导向叶片的外连接点;⑤提供 AGB/TGB 安装接头。

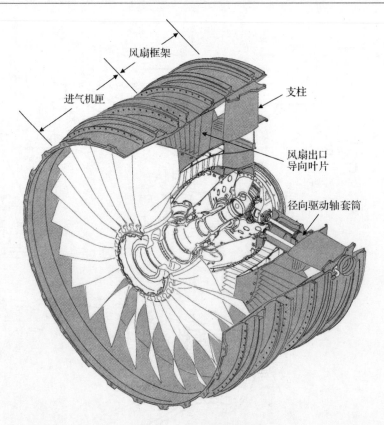

图 2-22　风扇框架组件

进气机匣是由铝合金制成的整体结构。它的后部外侧安装边通过螺栓连接到风扇框架外机匣的前安装边。进气机匣的外表面有安装边和加强肋可以加强机匣结构强度，它们还可提供设备支架的连接。进气机匣在 2:00 和10:00 位置有两个吊挂点。发动机进口整流罩通过螺栓连接到进气机匣的前安装边，如图 2-22 和图2-23 所示。

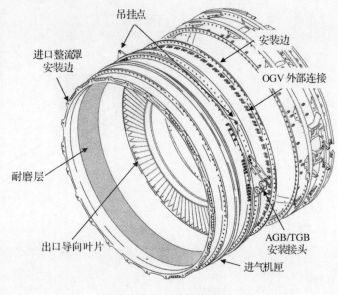

图 2-23　进气机匣

进气机匣的内表面包含有耐磨护罩材料，沿径向与风扇转子叶片叶尖相对。风扇出口导向叶片的外端通过螺栓连接到进气机匣。

4. 出口导向叶片组件

出口导向叶片(OGV)组件位于进气机匣的后部。其作用是引导外涵道气流，使其以最小的流动损失平稳地流动，提升发动机推力效率。组件包括内罩环和 76 个叶片，由铝合金制成。

　　OGV 的内罩环的后侧安装边通过螺栓连接到支柱轮毂的前表面外侧,其前部外表面有 76 个开口,包含有密封件,可包容 OGV 内平台,并且使其轴向定位。OGV 外平台通过螺栓连接到进气机匣。分流环通过螺栓连接到 OGV 内罩环的前安装边,如图 2-24 和图 2-25 所示。

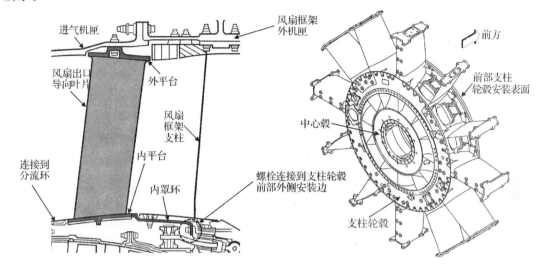

图 2-24　风扇出口导向叶片的安装

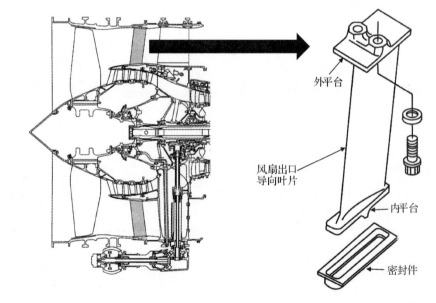

图 2-25　风扇出口导向叶片组件

**5.风扇框架**

　　(1)风扇框架的组成部件。风扇框架是发动机前部的主要结构,如图 2-26 所示,风扇框架包括以下几部分。

　　1)风扇框架外机匣。

　　2)径向支柱。

　　3)中介盒结构。

4）中心毂。

5）径向驱动轴套管。

次级气流（外涵道气流）在风扇框架外机匣和中介盒结构之间流动。来自增压器出口的主气流（内涵道气流）在中心毂和中介盒结构之间流动。

（2）风扇框架的作用。风扇框架主要有以下作用。

1）提供到核心发动机的进口气流。

2）承受通过 1,2 号轴承支架传送的风扇和增压器组件的载荷。

3）提供高压压气机的安装，并且承受通过 3 号轴承支架传送的载荷。

4）承受反推装置的载荷。

5）提供增压器的安装（前安装边）。

6）提供各种管路和设备的通道。

（3）风扇框架外机匣。风扇框架外机匣由铝合金制成。它与通过 12 个螺栓连接的支柱与轮毂相连。风扇框架外机匣表面包括两个地面操作连接点、转换齿轮箱安装座（9:00 位置）和发动机信息标牌（3:00 位置）。外机匣的前部外侧安装边连接到风扇进气机匣，如图 2-27 所示。

外机匣的内表面形成外涵道气流的内壁，分布有消音板。

支柱轮毂由钛合金制成，径向支柱的外平台连接到风扇框架外机匣的内表面。支柱为风扇框架提供结构强度。

（4）径向支柱。风扇框架共有 12 个支柱，用 1~12 顺时针方向（从后向前看）进行编号，1 号支柱位于 12:00 位置。在外涵道通道中，垂直和水平支柱（1,4,7,10 号支柱）有较宽的截面，所有其他的支柱都是窄截面支柱，有利于降低阻力。

在内涵道通道中，除了 4 号和 10 号支柱横截面积稍大之外，所有支柱都是窄截面支柱。径向支柱都是空心的，可以为下列设备提供通道，如图 2-28 和图 2-29 所示。

1）4 号支柱：1 号轴承振动传感器电缆和滑油通气管。

2）5 号支柱：$N_1$ 转速传感器。

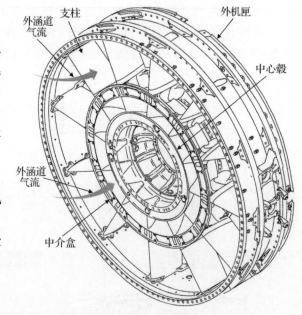

图 2-26　风扇框架

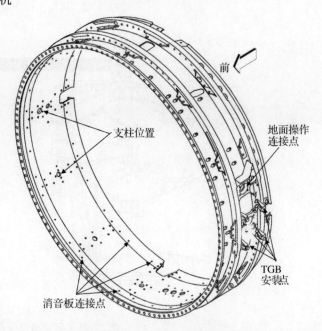

图 2-27　风扇框架外机匣

3）6 号支柱：前油槽余油管。

4）7 号支柱：前油槽排油管（回油到滑油回油泵的进口管路）。

5）10 号支柱：径向驱动轴和前油槽滑油供油管。

（5）中介盒结构。中介盒结构位于主气流（内涵道气流）和次级气流（外涵道气流）之间的区域。结构包含有 12 个支柱，一直延伸到中心毂的外表面，如图 2 - 28 所示。在两个相邻支柱之间形成的空间内包含有 12 个 VBV（可调放气阀）阀门。VBV 由两个作动筒驱动，作动筒安装在中介盒结构的后表面，如图 2 - 29 所示，分别位于 4 号和 5 号支柱之间，10 号和 11 号支柱之间。后表面还有 LPTACC 阀门的安装座，在 5 号和 6 号支柱之间有一个进气斗，可以将风扇空气引到 LPTACC 阀。

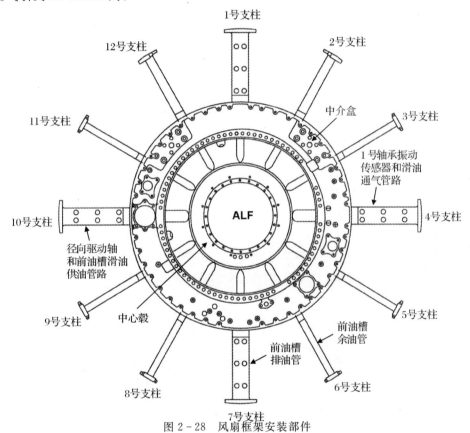

图 2 - 28　风扇框架安装部件

中介盒的前表面连接增压器静子组件的后安装边和 OGV 组件的内罩环，后表面连接高压压气机前静子机匣。

当 VBV 阀门打开时，主气流流过支柱之间的风扇通道盖板，盖板上有导流片，引导主气流（内涵道气流）进入次级气流（外涵道气流），如图 2 - 29 所示。当 VBV 关闭时，主气流在中介盒结构和中心毂之间的通道流动。

（6）中心毂。中心毂的前安装边有螺纹孔，可通过螺栓连接 1 号轴承支架。2 号轴承支架通过螺栓连接到中心毂的中安装边。中心毂后安装边的前表面连接进口齿轮箱（包括 3 号轴承组件），静止油/气封严件。后表面连接后静止油/气封严件。后静止油/气封严件也形成了前油槽的后部壳体，如图 2 - 30 所示。

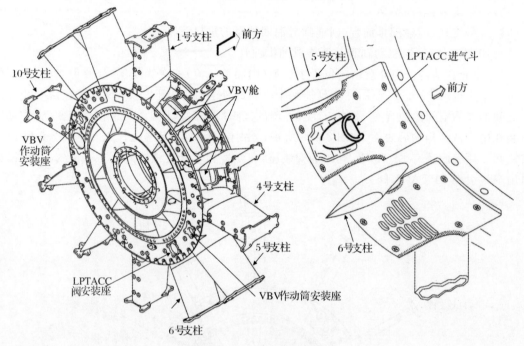

图 2 - 29　风扇框架支柱

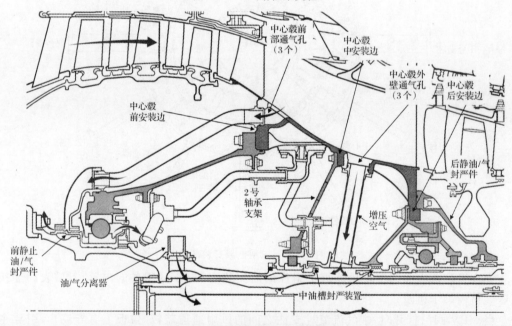

图 2 - 30　风扇框架中心毂安装边

中心毂上有各种孔,提供空气流动通道。其前表面有 3 个通气孔,可将增压器排气引到前部静止油/气封严件的增压管路。中心毂的外壁,有 3 个通气孔,可将增压器排气引到中油槽封严装置。

(7)径向驱动轴套管。在风扇框架 10 号支柱(9:00 位置),包含有前油槽供油管路和径向驱动轴套管。套管分内、外两段,内套管连接到支柱,内、外套管相互连接,有 O 型密封圈封严。径向驱动轴连接进口齿轮箱(IGB)和转换齿轮箱(TGB),在驱动轴的中段有一个滚珠轴承,轴承的外圈通过螺栓固定在外套管的内侧,如图 2 - 31 所示。

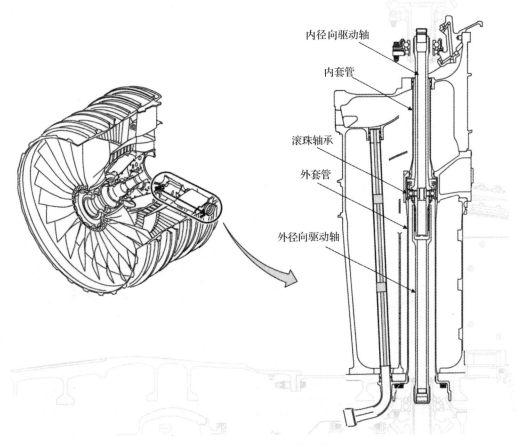

内径向驱动轴

内套管

滚珠轴承

外套管

外径向驱动轴

图 2 - 31　径向驱动轴套管

## 2.3　核心发动机主单元体

　　核心发动机是高压、高速燃气发生器,它产生驱动发动机的动力。风扇排气在高压压气机(HPC)内被压缩,在燃烧室内被加热、膨胀。然后燃气经过高压涡轮进口导向器流到高压涡轮转子。未被高压涡轮提取的燃气能量驱动低压涡轮,低压涡轮同轴驱动风扇和增压器转子。核心机的前端由位于风扇框架内的 3 号滚珠滚棒轴承支撑。核心机的后端由高压涡轮转子后轴内的 4 号滚棒轴承支撑。

　　核心发动机单元体由以下 8 个可维护的组件组成,如图 2 - 32 所示。

　　(1)高压压气机转子。

　　(2)高压压气机前静子。

　　(3)高压压气机后静子。

　　(4)燃烧室机匣。

　　(5)燃烧室环形火焰筒。

（6）高压涡轮进口导向器。

（7）高压涡轮转子。

（8）高压涡轮护罩和第一级低压涡轮静子。

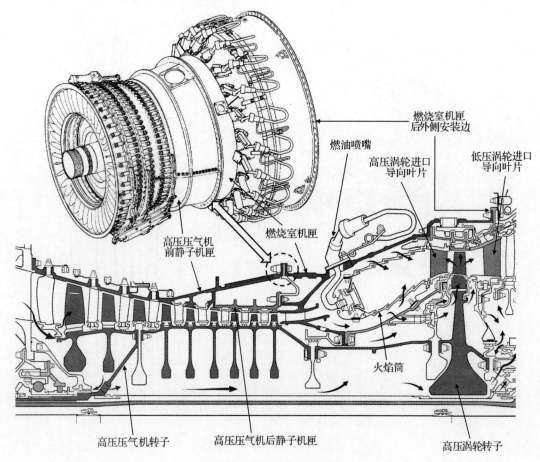

图 2-32　发动机核心机主单元体

### 2.3.1　高压压气机转子

高压压气机（HPC）转子共有 9 级转子叶片，采用鼓盘式结构。它主要包括下列组成部件：前轴、第 1 级和第 2 级转子、第 3 级转子、第 4 级到第 9 级转子、高压压气机（HPC）后部旋转气体封严件。前轴、第 1 级和第 2 级鼓筒、第 3 级盘和第 4~9 级鼓筒之间通过螺栓连接，如图 2-33 所示。

1. 前轴

前轴是 HPC 转子的前支撑点。前轴采用花键连接到进口齿轮箱（IGB）水平斜齿轮（通过一个连接螺帽），IGB 内部包含核心发动机的推力轴承。前轴由钛合金材料制成。

前轴的后部有通气孔，增压器的排气可以流过通气孔，提供内部冷却。

2. 第 1,2 级转子

第 1,2 级鼓筒悬壁式安装于 HPC 前轴的前表面。鼓筒采用钛合金锻造，并采用惰性气体焊接而成。在鼓筒的外表面加工有蓖齿封严。在鼓筒上有轴向槽，用于安装转子叶片。第

1 级有 38 个叶片,第 2 级有 53 个叶片。

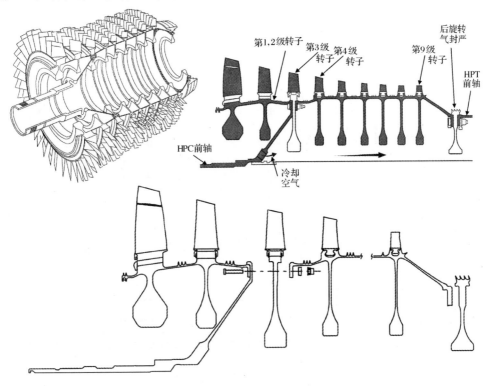

图 2 - 33　高压压气机转子

3.第 3 级转子

第 3 级转子盘与前轴接合,并且支撑第 4 ~9 级鼓筒。它由钛合金制成,外缘有轴向燕尾槽安装叶片,第 3 级转子有 60 个叶片。

4.第 4 ~9 级转子

第 4 ~9 级转子的鼓筒通过螺栓连接到第 3 级盘的后表面。它的后安装边连接后旋转气封严盘。转子由镍合金锻造,在鼓筒外表面相邻级之间,分布有蓖齿式封严件。

在第 4 ~9 级转子鼓筒的外表面有 6 个周向燕尾槽,用于安装叶片。每一个周向槽都有一个安装叶片的负荷槽和两个锁槽。锁槽用于安装锁块,固定叶片。

为了平衡,相邻两级的锁块是错开的。第 4,5 级相差 180°;第 5,6 级相差 60°;第 6,7 级相差 180°;第 7,8 级相差 60°;第 8,9 级相差 180°。

5.HPC 转子叶片

第 4 级转子有 68 个叶片,第 5 级转子有 75 个叶片,第 6,7 级转子有 82 个叶片,第 8 级转子有 80 个叶片,第 9 级转子有 76 个叶片。

第 1 ~3 级转子叶片由钛合金制成,第 4 ~9 转子叶片由镍合金制成。在叶片根部结合面有铝铜(Al—Br)涂层。

6.后旋转空气封严件

后旋转(CDP)空气封严件是由镍合金锻制的整体结构,封严蓖齿采用耐磨保护涂层。HPC 转子后鼓筒安装边、封严盘和高压涡轮(HPT)前轴安装边通过螺栓固定。

### 2.3.2　高压压气机前静子组件

高压气机(HPC)前静子机匣由两个半环组成,由钢锻造件经过机加工制成,如图 2-34 和图 2-35 所示。

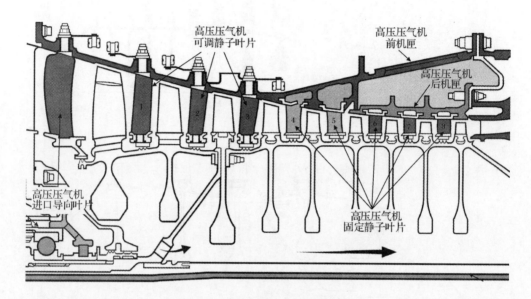

图 2-34　高压压气机前静子机匣

HPC 前静子由上、下机匣组成,前静子组件包括以下几部分。

(1)静子机匣半环。

(2)进口导向叶片(IGV)。

(3)可调静子叶片(VSV):第 1,2,3 级。

(4)固定静子叶片:第 4 级和第 5 级。

(5)VSV 作动系统。HPC 前静子上、下机匣由螺栓连接,前静子机匣上有第 4 和第 5 级引气口,用于向发动机和飞机提供引气。来自 HPC 第 4 级的引气可用于高压涡轮冷却和间隙控制,也可以用于低压涡轮冷却。

机匣外部有多个孔探孔堵头,可用于转子叶片孔探检查。

HPC 进口导向叶片(IGV)和第 1,2,3 级可调静子叶片(VSV)安装在前机匣,叶片由钢合金制成。

IGV 和 VSV 叶片的外侧耳轴穿过外机匣上的孔,内侧耳轴支撑在内罩环上。外侧耳轴与作动臂连接,当作驱动外侧耳轴转动时,IGV 和 VSV 叶片可以绕内、外侧耳轴形成的转轴运动,如图 2-35 所示。

如图 2-36 所示,在前静子机匣内部加工有两个周向环槽,用于安装 HPC 第 4,5 级固定静子叶片。由多个叶片形成扇形叶片组,第 4 级叶片组有 9 个叶片,第 5 级叶片组有 8 个叶片,叶片由钢合金制成。

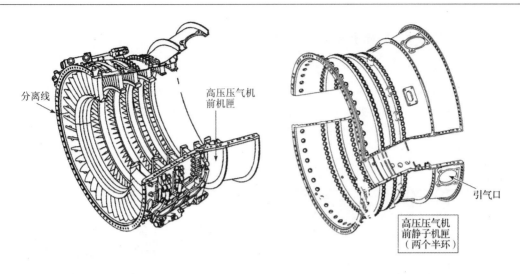

分离线

高压压气机
前机匣

引气口

高压压气机
前静子机匣
（两个半环）

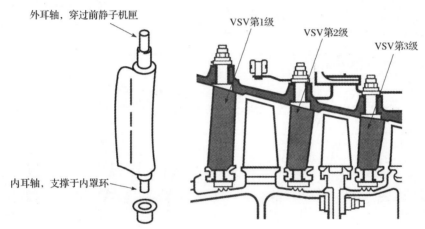

外耳轴，穿过前静子机匣

VSV第1级　VSV第2级　VSV第3级

内耳轴，支撑于内罩环

图 2 - 35　IGV 和 VSV 的安装

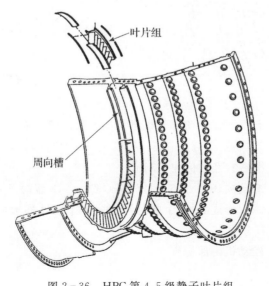

叶片组

周向槽

图 2 - 36　HPC 第 4,5 级静子叶片组

### 2.3.3 高压压气机后静子组件

高压压气机(HPC)后静子由后静子机匣、三级静子叶片和静子叶片内环组成。后静子机匣悬臂式安装于后静子支架的内侧安装边上。后静子支架的外侧安装边安装于前静子机匣与燃烧室机匣之间。在后静子机匣的内壁上,加工有周向环槽,用于固定第 6,7,8 级静子叶片。HPC 第 9 级静子叶片是燃烧室机匣的一部分,如图 2-37 和图 2-38 所示。

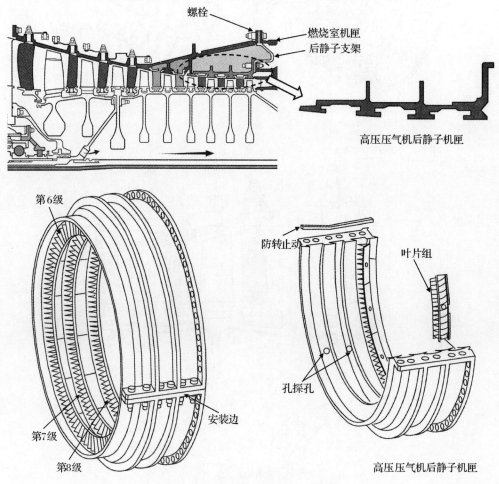

图 2-37 高压压气机后静子机匣

后静子机匣的前端沿径向支撑于前静子机匣内部。这确保了前后静子机匣的同心安装。

后静子机匣由两个半环组成,分离边在 3:00 和 9:00 位置。两半环通过螺栓连接。后静子机匣采用锌-镍-钴合金锻造并经过机加工制成。

后静子机匣内部加工有周向环槽,用于固定 HPC 第 6,7,8 级静子叶片。第 6,7,8 级静子叶片都是由叶片组装配在一起形成的,几个叶片制造成一个整体即形成一个叶片组。每一级有 10 个叶片组,如图 2-37 所示。

机匣上有孔探孔用于发动机内部检查。

### 2.3.4 燃烧室

燃烧室位于高压压气机(HPC)和高压涡轮(HPT)之间。来自高压压气机的空气在燃烧室内与燃油混合,燃油由 20 个燃油喷嘴提供。在燃烧室机匣上安装有两个点火嘴,分别位于4:00 和 8:00 位置。燃烧室机匣上有 HPC 第 9 级引气孔,可以向飞机和发动机提供第 9 级引气。有两种类型的燃烧室:单环燃烧室(SAC)和双环燃烧室(DAC),如图 2 - 38 所示。

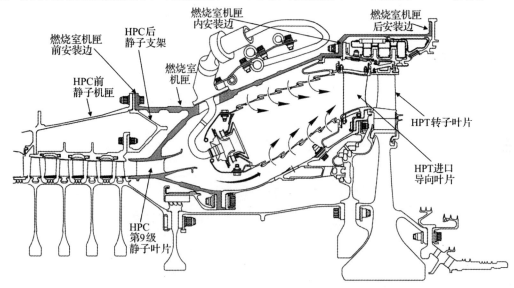

图 2 - 38　燃烧室

燃烧室的前表面安装到 HPC的后部,后表面通过螺栓连接到低压涡轮(LPT)组件的前安装边。燃烧室机匣的后部包容高压涡轮(HPT)组件和第 1 级 LPT 进口导向器。燃烧室包括燃烧室机匣和燃烧室环形火焰筒。

1. 燃烧室机匣

燃烧室机匣(见图 2 - 39)是焊接结构,它可以提供 HPC、燃烧室和 LPT 之间的结构连接。燃烧室还可以传递发动机的轴向载荷。它可以为发动机和飞机系统提供HPC 第 9 级引气。燃烧室机匣上安装有高压压气机出口导向叶片(OGV)和扩散器,扩散器可降低进入燃烧室的气流的流速,从而改善燃烧效率。

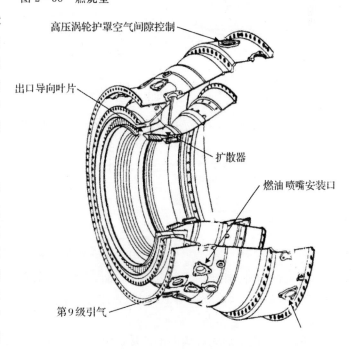

图 2 - 39　燃烧室机匣

围绕燃烧室机匣外部分布有 20 个燃油喷嘴和两个点火嘴。燃油喷嘴由 1 个燃油 Y 形供油总管和 4 个总管半环供应燃油。

在燃烧室机匣上还有以下几部分。

(1)6 个孔探孔。

(2)4 个引气口,气源系统引气。

(3)4 个 LPT 第 1 级冷却空气引气口。

(4)3 个 HPT 间隙控制空气引气口。

(5)2 个启动引气口。

**2. 环形火焰筒**

CFM—7B 发动机火焰筒采用短环形结构,它包含在燃烧室机匣内,安装在 HPC 第 9 级静子和 HPT 进口导向器之间。它包括旋流燃油喷嘴和导流器(头部),内、外整流罩和内、外火焰筒,如图 2-40 所示。

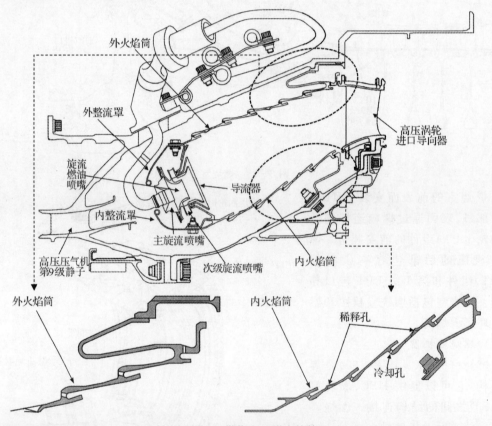

图 2-40　燃烧室环形火焰筒

头部的内外端用螺栓固定火焰筒和整流罩,头部支撑 20 个主旋流喷嘴,20 个次级旋流喷嘴、套筒和导流器,旋流喷嘴、套筒和导流器使油气混合。头部的表面由来自 HPC 排气流的气膜冷却。

内、外整流罩形成火焰筒的前端,其设计用来提供恒定和稳定的气流到燃烧室,整流罩由镍铬合金制成,内、外整流罩通过 80 个螺栓连接于内、外火焰筒和头部的前端。

内、外火焰筒采用整体结构设计,悬板内包含冷却空气孔,可实现火焰筒内壁的气膜冷却。

火焰筒上的稀释孔用于提供额外的掺混冷却空气,降低涡轮进口燃气温度。

内、外火焰筒的内表面都有隔热涂层,内、外火焰筒的后缘支撑在 HPT 出口导向器上,内火焰筒的后安装边通过螺栓固定 HPT 进口导向器前(内侧)支架上。外火焰筒的后缘呈 S 形,结构压入 HPT 进口导向器叶片外平台和燃烧室外机匣之间,此设计允许燃烧室膨胀。

### 2.3.5　高压涡轮组件

高压涡轮(HPT)将来自燃烧室的燃气的动能转换成转矩驱动高压压气机。高压涡轮包容在燃烧室机匣内,它是单级气冷却式组件。

如图 2－41 所示,高压涡轮组件包括以下几部分。

(1)高压涡轮进口导向器。

(2)高压涡轮转子。

(3)高压涡轮护罩和第 1 级低压涡轮进口导向器。

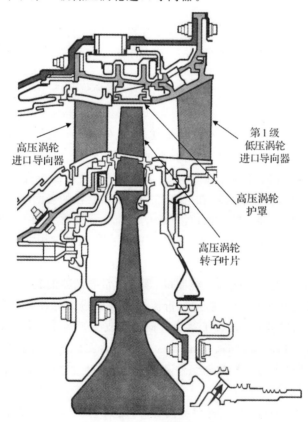

图 2－41　高压涡轮组件

1.高压涡轮进口导向器

高压涡轮进口导向器引导来自燃烧室的燃气流,以合适的角度进入高压涡轮转子叶片。高压涡轮进口导向器包括以下几部分,如图 2－42 所示。

(1)21 个叶片组,每个叶片组有 2 个叶片。

(2)前支架和后支架(内侧)。

(3)后静止封严件。

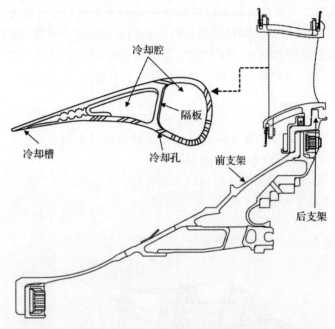

图 2 - 42　高压涡轮进口导向叶片

2. 叶片组

HPT 进口导向器叶片组是由两个叶片焊接到内、外平台上的组合件。每一个导向器叶片都是空心的,由其内部的一个隔板分割成前、后两个冷却腔室。高压压气机的排气可通过叶片两端的进气口进入到叶片内部的前和后腔室,从叶片前、后缘的小孔流出,冷却导向器叶片。叶片和平台由高强度镍基合金制成。在叶型和平台流动路径的表面上有保护层。导向叶片的内、外平台侧边有金属封严件。叶片内、外平台的前部封严件紧压在内、外火焰筒的后缘。叶片外平台后部封严件紧压在 HPT 护罩支架上。叶片内平台后部由前、后内支架支撑。

3. 内支架

HPT 进口导向器内支架由镍基合金制成,承受大量导向器的载荷。前支架前部内安装边通过螺栓连接于火焰筒内筒的后安装边。折流板使气流进入导流器,同时防止污染物进入。前支架后安装边通过螺栓连接到 HPT 进口导向器后支架。后支架前安装边的后表面通过螺栓安装于前支架后安装边的前表面。导向叶片的内平台在燃气压力作用下紧压在后支架上。一个 W 形的压力封严件可防止导向器组件和 HPT 转子叶片之间的冷却空气泄漏。

4. 高压涡轮转子

来自燃烧室的燃气,通过 HPT 进口导向叶片,流到 HPT 转子叶片。HPT 进口导向叶片和转子将燃气的动能转换成转矩驱动高压压气机。HPT 转子是单级组件,由高压压气机排气(CDP)冷却,包含在燃烧室机匣内。如图 2 - 43 所示,它包括前轴、前旋转空气封严件、涡轮盘、叶片和后轴。

(1)前轴。前轴形成 HPC 转子与 HPT 转子的结构连接,它也支撑 HPC 转子的后端。前轴由镍铬合金制成。前轴的前安装边通过螺栓连接到 CDP 旋转空气封严件和 HPC 第 4 ~9 级转子鼓筒的后安装边。在前轴的内表面有一个缓冲套筒可以改变振动频率。可以安装配重进行平衡调整。

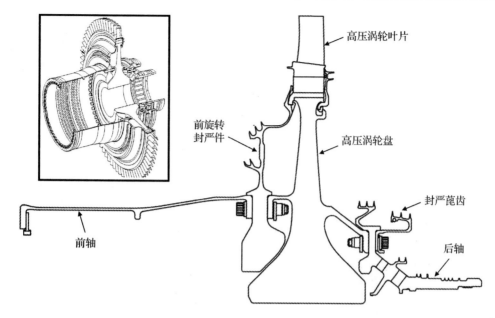

图 2 - 43　高压涡轮转子

（2）前旋转封严件。前旋转封严件提供一个封闭的腔室引导 CDP 空气流向涡轮盘，然后通过涡轮转子叶片流出，对涡轮转子叶片进行冷却。封严件通过螺栓安装于前轴和盘之间。

（3）涡轮盘。HPT 盘是锻造机加工件，在其外缘上加工有轴向燕尾槽，以安装叶片。涡轮盘的前安装边通过螺栓与前旋转空气封严件连接，后安装边与后轴连接。

（4）叶片。HPT 转子叶片安装于涡轮盘上的燕尾槽内。叶片前端依靠前旋转空气封严件固定，后端通过固定环和密封环固定。

高压涡轮转子由高温单晶镍合金制成，具有极高的强度重量比。HPT 有 80 个单个可更换的叶片。4 个叶片在凸面一侧加工有槽口，用于在孔探检查时指示磨损水平。叶片为空心叶片，内部由 CDP 空气冷却。

叶片根部有燕尾形结构，可以装入涡轮盘内。

（5）后轴。后轴提供 HPT 转子的后部支撑，它安装在风扇盘的后侧，由 4 号滚棒轴承支撑。4 号轴承支撑在低压涡轮轴的后部。滑油可以流过 36 个径向和轴向孔以冷却 4 号轴承外圈。后轴上还有通气孔，增压器的排气可流过通气孔以冷却低压涡轮和增压后油槽。

**5. 高压涡轮护罩和第 1 级低压涡轮进口导向器**

高压涡轮（HPT）护罩和第 1 级低压涡轮（LPT）进口导向器（IGV）形成核心机与 LPT 组件的连接，它的前安装边用螺栓连接于燃烧室机匣的内安装表面，组件的后安装边用螺栓连接到燃烧室机匣的后安装边和低压涡轮机匣的前安装边之间，如图 2 - 44 所示。

高压涡轮（HPT）护罩和第 1 级低压涡轮（LPT）进口导向器（IGV）有两个主要功能：①HPT 护罩是 HPT 间隙控制机构的一个部分，在整个飞行过程中，使用 HPC 的引气以保持 HPT 转子叶片的紧密间隙；②第 1 级 LPT 进口导向器引导核心机排气到第 1 级 LPT 转子叶片，组件前安装边通过螺栓连接到燃烧室机匣的内表面。

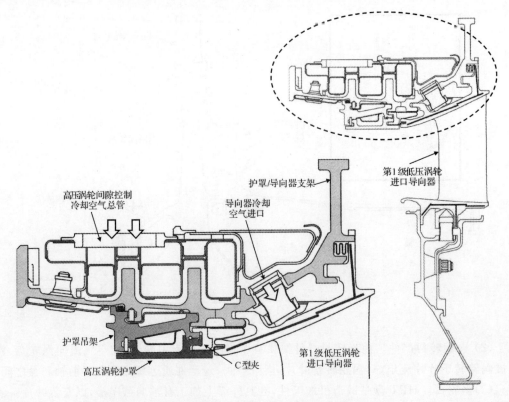

图 2-44　高压涡轮护罩,支架和第 1 级低压涡轮进口导向器

(1)空气喷射总管。空气冲击总管循环高压压气机第 4 级和第 9 级引气用于高压涡轮间隙控制和低压涡轮进口导向器的冷却。

(2)护罩/导向器支架。护罩/导向器支架形成 HPT 护罩和第 1 级 LPT 导向器组件的外壳。其外表面提供安放喷射管的空间,也可以支撑 HPT 护罩和 LPT 导向器叶片组件外平台。支架的前安装边通过螺栓固定到燃烧室机匣的内安装边。其后安装边紧压在燃烧室机匣后安装边和 LPT 静子机匣前安装边。在支架的后部,有 96 个孔,可引入 HPT 第 4 级引气来冷却 LPT 进口导向叶片。

(3)HPT 护罩吊架。护罩吊架用于安装 HPT 护罩,它也可以提供叶片组和护罩/导向器支架之间的冷却空间,它共有 14 个吊架,每一个吊架可以安装 3 个护罩。

(4)HPT 护罩。高压涡轮护罩有一个光滑的耐磨表面,可承受 HPT 叶片尖端的摩擦,防止高温燃气的侵蚀。护罩由(Rene N5)材料制成,它共有 42 个单个更换的护罩,由 C 形夹固定在吊架的槽内。

(5)第 1 级 LPT 进口导向器组件。第 1 级 LPT 进口导向器将来自 HPT 转子的高速燃气引导到第 1 级低压涡轮转子叶片。组件共有 24 个叶片组,每个叶片组有 4 个静子叶片,叶片组内、外定位凸缘可以机械锁定到护罩/导向器支架,凸缘前部可以防止 HPT 护罩固定夹的轴向运动。内空气封严和静子空气封严件由螺栓连接在一起,并且定位在 LPT 导向器的内平台上。HPC 第 4 级引气可以对导向器叶片进行冷却。

# 2.4　低压涡轮主单元体

1. 功能

低压涡轮主单元体的功能如下。

(1)将来自 HPT 的燃气的压力和速度转换成机械能以驱动风扇和增压器。

(2)提供高压和低压转子的后部支撑。

(3)提供发动机的后部安装。

2. 组成

低压涡轮主单元体位于发动机后部,如图 2 - 45 所示,它包括以下几部分。

(1)低压涡轮转子/静子组件。

(2)低压涡轮轴组件。

(3)低压涡轮框架组件。

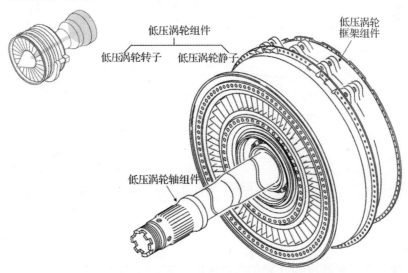

图 2 - 45　低压涡轮主单元体

## 2.4.1　低压涡轮转子组件

低压涡轮(LPT)转子组件包含在 LPT 机匣内,共有 4 级,主要部件包括第 1~4 级盘、第 1~4 级转子叶片、转子支架,如图 2 - 46 所示。

1. 第 1~4 级盘

LPT 盘由镍合金制成,其外缘加工有燕尾槽,可以安装转子叶片。各级之间的槽的数量是变化的。第 1~3 级盘的后安装边有螺栓孔,用于安装后一级盘。

2. 第 1~4 级转子叶片

LPT 转子叶片都带有叶冠,由镍合金制成。第 1 级转子有 162 个叶片,第 2 级和 3 级转子各有 150 个叶片,第 4 级转子有 134 个叶片。每一个叶片都有燕尾形的叶根,可以装入涡轮盘外缘的燕尾槽内。

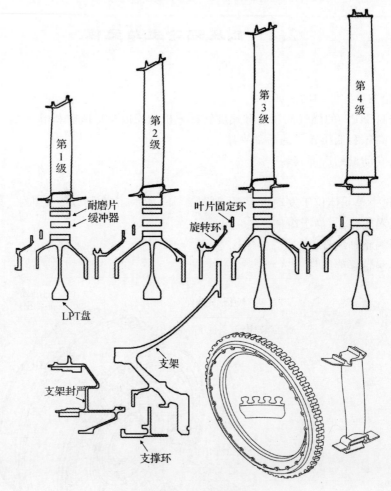

图 2-46　低压涡轮转子

### 3.转子支架

转子支架提供涡轮盘和 LPT 轴的机械连接,它将转子封闭于两个单独的腔室。转子支架由镍合金制成,有通气孔用于循环冷却和增压空气。支架的外侧安装边安装于第 3 级旋转环和第 3 级盘之间,支架的后安装边通过螺栓连接到 LPT 轴毂盘的前表面。

### 2.4.2　低压涡轮静子组件

低压涡轮(LPT)静子组件包括 LPT 机匣、冷却空气管和第 2~4 级进口导向器组件,如图 2-47 所示。

### 1.低压涡轮机匣

低压涡轮机匣支撑静子组件,它由镍铬合金制成。其前安装边使用螺栓,通过 HPT 护罩/导向器支架安装边安装到燃烧室机匣后安装边,机匣后安装边连接到涡轮框架的前部外侧安装边。

LPT 机匣的外表面安装有空气冷却管和冷却总管,还有 8 个热电偶安装座用于 EGT 测量,在 5:00 位置有 3 个孔探孔。

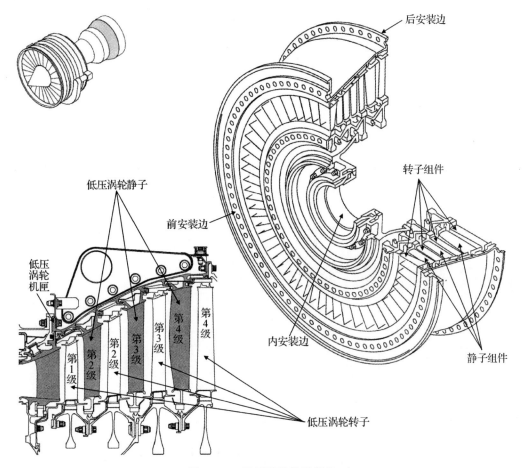

图 2－47　低压涡轮静子组件

### 2.冷却空气管

环绕 LPT 机匣外表面有两个冷却空气总管和 6 个上下半环的喷气管。风扇排气被引到冷却空气总管,然后分配到喷气管,将冷却空气喷射到 LPT 机匣的外表面。

### 3.LPT 进口导向器组件

所有的导向器级都是由镍合金制成的。第 2 级导向器有 18 个叶片组,每个叶片组有 6 个静子叶片。这 18 个叶片组中的 8 个包含有热电偶,用于测量排气温度。

第 3 级导向器有 20 个叶片组,每个叶片包含 7 个静子叶片。第 4 组导向器有 22 个叶片组,每个叶片组包含 6 个静子叶片。

## 2.4.3　低压涡轮轴组件

低压涡轮轴组件包括低压涡轮轴、中央通气管、4 号滚棒轴承和 5 号滚棒轴承,如图2－48所示。

### 1.低压涡轮轴

低压涡轮轴由钢合金制成,它将低压涡轮的转矩传送到风扇和增压器组件。低压涡轮轴同心安装在高压转子系统的内部,低压涡轮轴前端的外花键连接到风扇轴的内花键。4 号和 5号轴承安装于 LPT 轴的后端、毂盘的两侧。毂盘的前表面安装有 LPT 支架。毂盘的后表面支撑旋转油/气封严件。封严件控制通过 LPT 转子空气的循环，以及通过与滑油收集器和 5 号轴承支架匹配的篦齿控制后油槽的增压。

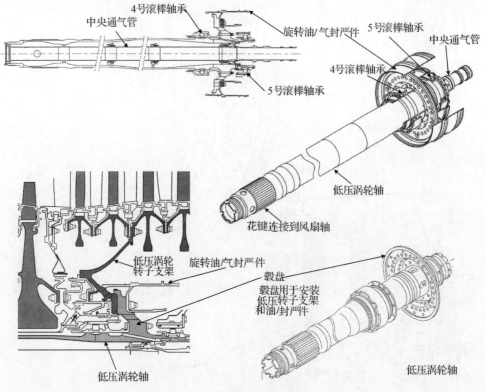

图 2-48　低压涡轮轴组件

**2. 中央通气管**

中央通气管提供发动机前、后油槽的机外通气。通气管由钛合金制成，同心安装在 LPT 轴内部。通气管包括两个部分：中央通气管和后通气管。中央通气管后端从 LPT 轴的前部插入。在轴的内部由一个凸缘和两个膨胀支架固定。中央通气管的后端由 LPT 轴毂盘支撑。

后通气管的前端连接到中央通气管的后端内部。一个离心式油/气分离器安装在延伸管的后部。它从后油槽增压空气中分离滑油蒸汽，并将分离出的滑油传送到 4 号和 5 号轴承，如图 2-49 所示。

**3. 4 号滚棒轴承**

4 号轴承承受高压涡轮转子产生的径向载荷，4 号轴承位于高压涡轮后轴和低压涡轮轴之间。轴承的外圈安装在 HPT 后轴内部，内圈通过螺栓固定于 LPT 轴毂盘的前表面。轴承内圈的前端有封严篦齿。

**4. 5 号滚棒轴承**

5 号轴承支撑 LPT 转子后端，承受 LPT 产生的径向载荷。轴承的外圈安装在 LPT 框架内侧的调节套筒内，内圈安装于 LPT 轴的后端，5 号轴承通过前部的固定环和后部固定螺帽定位。

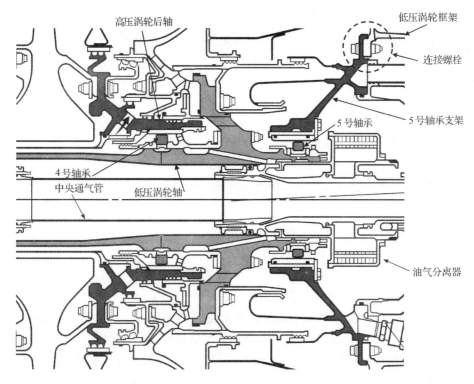

图 2 - 49　4 号和 5 号轴承

### 2.4.4　低压涡轮框架组件

低压涡轮(LPT)框架位于发动机的后部。其前端通过螺栓连接到 LPT 机匣的后安装边,其后端安装排气管和排气尾锥。LPT 框架组件包括 LPT 框架和 5 号滚珠轴承支架,如图 2 - 50所示。

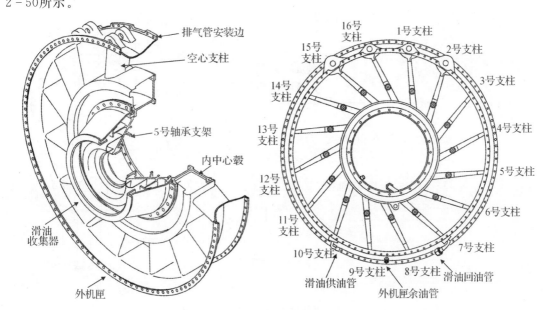

图 2 - 50　涡轮框架

1．涡轮框架

涡轮框架的外机匣有发动机后安装节。涡轮框架中心毂承受通过 5 号轴承支架传送的 LPT 转子的后部载荷。涡轮框架由镍合金制成。涡轮框架组件有中心毂和多角形外机匣，外机匣和中心毂之间由 16 个斜支柱连接。斜支柱(或称切向支柱)设计可将热应力减小到最小，因为热膨胀会使中心毂轻微转动，以减弱热应力。

2．涡轮框架支柱

涡轮框架共有 16 个支柱，按顺时针方向(从后向前看)从 1 开始编号，直到 16 号。有些支柱内包含有滑油管路(见图 2 - 50)。

(1)10 号支柱内有 4 号和 5 号轴承的滑油供油管路。

(2)7 号支柱内有滑油排油管。

(3)在 8 号和 9 号支柱之间分布有外机匣余油管。

(4)5 号轴承余油管分布在 7 号和 8 号支柱之间。

3．涡轮框架中心毂

(1)涡轮框架中心毂的前部。

1)中心毂内安装边连接 5 号轴承支架的外安装边，5 号轴承支架由钢合金制成。支架内侧有一个调节套筒，它可以固定 5 号轴承外圈。支架前部有一个内、外壁，可与位于 LPT 轴后部的旋转油/气封严件后封严蓖齿匹配，从而提供封严和后油槽增压。5 号轴承支架上加工有通道：使增压空气→滑油进口盖，油槽空气→中央通气管，滑油→排油管，滑油→轴承外圈，如图 2 - 51 所示。

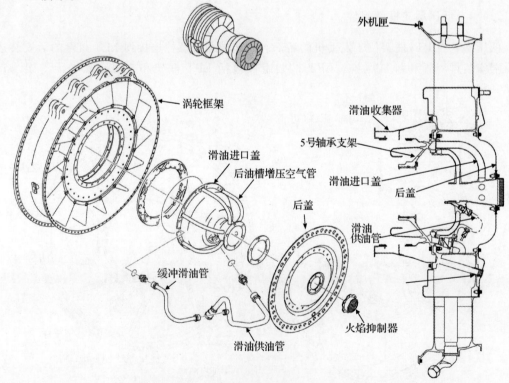

图 2 - 51　涡轮框架中心毂前、后安装面

2)中心毂外安装边连接滑油收集器。滑油收集器由钢合金制成,它包容后油槽。其前安装边内侧分布有耐磨材料,与旋转油/气封严蓖齿匹配,提供油槽封严和油槽增压。

(2)LPT 中心毂后部。

滑油进口盖由钢合金制成,它形成了后油槽的后部边界。滑油进口盖支撑 4 号和 5 号轴承的滑油供油管路,其外部管路可以传送增压器排气以增压后油槽后封严件。滑油进口盖的后安装边连接到一个火焰抑制器,如图 2 - 51 所示。

中心毂后部外安装边连接排气尾锥,内安装边连接后盖。后盖由镍合金制成,它封闭了发动机的后部。后盖的中心有火焰抑制器,下部提供外机匣余油管路的通道。

## 2.5　附件驱动主单元体

在发动机启动时,附件驱动系统将气动启动机的动力传送到核心发动机。当发动机运转时,附件驱动系统提取核心发动机的动力,并通过齿轮箱和传动轴驱动发动机和飞机附件。维护时可通过附件齿轮箱,人工驱动高压转子转动。

附件驱动系统的部件包括进口齿轮箱(IGB)、径向驱动轴(RDS)、转换齿轮箱(TGB)、水平驱动轴(HDS)和附件齿轮箱(AGB),如图 2 - 52 所示。

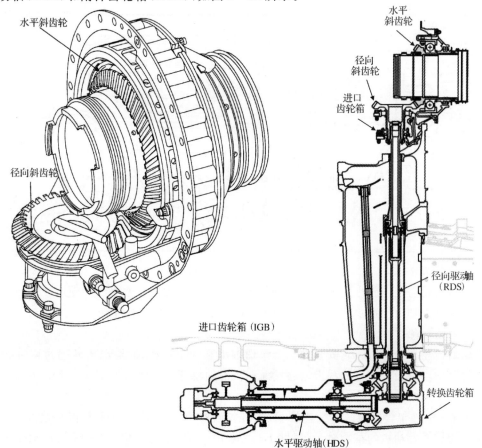

图 2 - 52　附件驱动主单元体

### 2.5.1 进口齿轮箱

进口齿轮箱(IGB)在 HPT 前轴和径向驱动轴之间传递扭矩,它也支撑核心发动机的前端。IGB 位于风扇框架油槽内,通过螺栓连接到风扇框架后安装边前侧。IGB 部件包括水平斜齿轮、径向斜齿轮、3 号轴承(滚珠和滚棒)以及旋转油/气封严件,如图 2-53 所示。

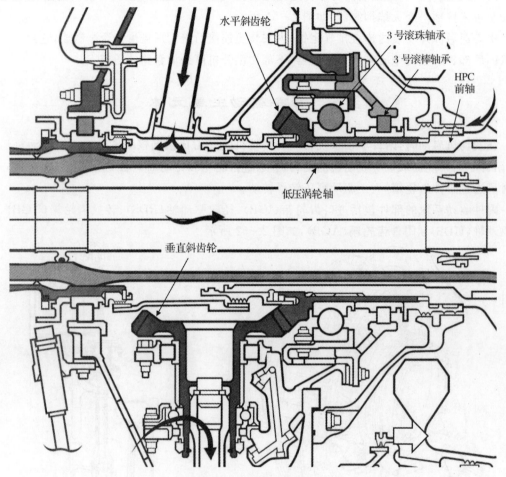

图 2-53 进口齿轮箱

1. 水平斜齿轮

水平斜齿轮与径向斜齿轮相互啮合,向 TGB 提供旋转力矩。水平斜齿轮有 47 个齿,它通过花键连接到 HPC 的前轴。水平斜齿轮的外轴上安装有 3 号轴承内圈。

2. 径向斜齿轮

径向斜齿轮有 35 个齿,它安装在 1 个滚珠轴承和两个滚棒轴承上,齿轮通过内部花键连接到径向驱动轴(RDS)。轴承和齿轮通过前油槽滑油总管提供的滑油实现润滑和冷却。

3. 3 号轴承组件

3 号轴承组件包含有滚珠和滚棒轴承,组件安装在 IGB 壳体和水平斜齿轮之间。3 号滚珠轴承作为核心发动机的推力轴承,提供 HPC 转子前端的轴向定位。3 号滚棒轴承位于滚珠轴承的后部,提供核心发动机转子的径向定位。轴承和齿轮通过前油槽滑油总管提供的滑油实现润滑和冷却,如图 2 - 53 所示。

4．旋转油/气封严件

旋转油/气封严件提供前后端的封严,并且作为 3 号轴承的锁定螺帽。

### 2.5.2　径向驱动轴(RDS)

RDS 在 IGB 和 TGB 之间传递动力。RDS 安装在风扇框架 10 号支柱内部。RDS 组件包括内驱动轴和壳体、中段轴承、外驱动轴和壳体。内、外 RDS 是空心的,由钢合金制成。外 RDS 一端内花键连接到内 RDS 的外花键。内、外 RDS 组件的两端通过外花键,将 IGB 齿轮和 TGB 齿轮连接在一起,如图 2 - 52 所示。

### 2.5.3　转换齿轮箱(TGB)

转换齿轮箱包括 TGB 壳体、输入斜齿轮和水平斜齿轮,如图 2 - 54 所示。

1．齿轮箱壳体

齿轮箱壳体是双层壁铝合金铸造件,TGB 壳体有 3 个滑油喷嘴,用于齿轮和轴承的润滑。

2．输入斜齿轮

输入齿轮有 31 个齿,通过花键与外 RDS 相连。

3．水平斜齿轮

水平斜齿轮有 32 个齿,通过花键与水平驱动轴相连。

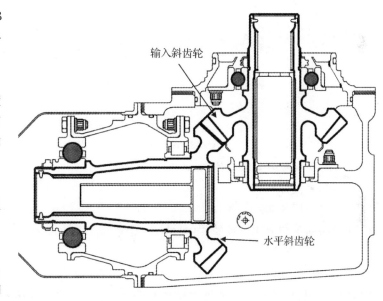

图 2 - 54　转换齿轮箱(TGB)

### 2.5.4　水平驱动轴(HDS)

HDS 提供 TGB 和 AGB 之间的动力传输。HDS 由钢合金制成,通过花键与 AGB 和 TGB 相连,如图 2 - 52 所示。

### 2.5.5　附件齿轮箱(AGB)

附件齿轮箱用于支撑和驱动飞机和发动机附件。AGB 安装在风扇框架左侧 9∶00 位置。其壳体由铝合金铸造。AGB 内部包含有齿轮系,可以改变旋转速度以满足每一个部件的驱动需求。

1．AGB 前表面安装部件(见图 2 - 55(a))

(1)液压泵。

(2)整体驱动发电机。

(3)启动机。

（4）手摇驱动装置。

（5）控制发电机（FADEC 供电）。

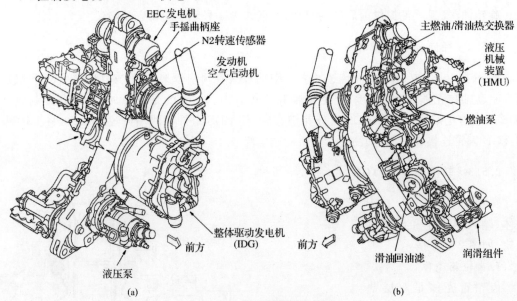

图 2-55 附件齿轮箱（AGB）

（a）AGB 前表面安装部件；（b）AGB 后表面安装部件

2．AGB 后表面安装部件（见图 2-55（b））

（1）润滑组件。

（2）滑油回油滤。

（3）燃油泵和液压机械装置（HMU）。

3．动力传输路径

高压压气机的转动通过前轴→（花键）→IGB 水平斜齿轮→IGB 径向斜齿轮→（花键）→径向传动轴（RDS），RDS 沿径向穿过风扇框架 10 号支柱，连接到风扇框架左侧转换齿轮箱（TGB），从而将高压转子的动力从发动机内部传送到外部。TGB 将 RDS 的径向转动转换成 HDS 的水平方向转动，最后传送到附件齿轮箱（AGB）。

# 2.6　发动机站位和安装边

## 2.6.1　发动机站位

在气流通道中，把特征截面处的气动参数表示出来，这些截面就称为发动机的站位。建立发动机站位，有利于对发动机的性能进行评估和监控，判断发动机所处的工作状态是否正常，便于飞行员或地勤维修人员正确使用和维护发动机。

CFM56-7B 或 CFM56-7 在下列 5 个空气动力站位有探头或传感器（见图 2-56）。

（1）站位 0：环境大气。

（2）站位 12：风扇进气口。

（3）站位 25：高压压气机进口。

（4）站位 30：高压压气机排气口。

（5）站位 49.5：第 2 级低压涡轮进口导向器。

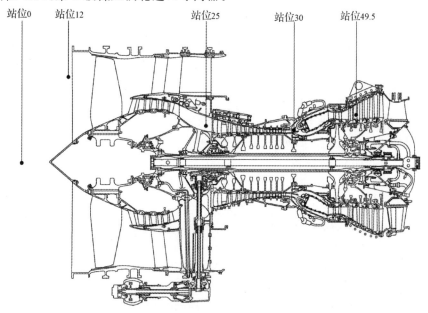

图 2 - 56　空气动力站位

### 2.6.2　发动机安装边

发动机外机匣共有 16 个凸缘（A1，A6，B1～B14，安装边），通过字母数字识别。这些凸缘用于固定各种附件和组件。使用字母数字指示以查找发动机上的部件位置（见图 2 - 57）。

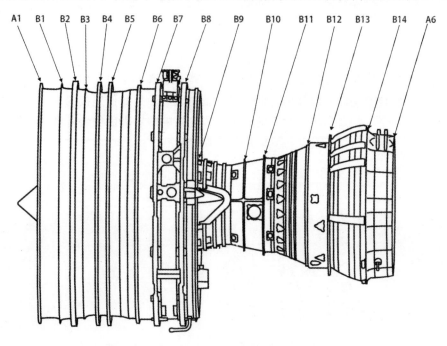

图 2 - 57　发动机安装边

# 思 考 题

1. 什么是双转子发动机?

2. 涵道比的定义是什么?

3. 什么是主气流和次级气流?

4. 发动机的推力是如何产生的?

5. CFM56－7B 发动机采用什么类型的燃烧室?

6. 发动机转子的转动方向如何(从后向前看)?

7. 100%$N_1$,100%$N_2$ 转速相当于多少 r/min?

8. CFM56－7B 发动机共有几个主轴承? 是什么类型?

9. 发动机共有几个主单元体? 包括哪些组件?

10. 风扇进口整流锥、风扇转子和增压器是如何连接的?

11. 风扇进口整流锥上的配平螺钉的作用是什么?

12. 增压器静子组件是如何组装的? 分流环的作用是什么?

13. 1 号、2 号轴承是如何安装的?

14. 什么是风扇轴? 风扇与哪些部件连接? 其作用是什么?

15. 1 号轴承支架外部 5 根管路的作用是什么?

16. 风扇框架的组成和作用是什么?

17. 风扇框架中心毂外壁表面 3 个通气孔的作用是什么?

18. 核心机主单元体由哪些部件组成?

19. 高压压气机转子有由哪几个部件组成? 采用什么型式?

20. 高压压气机前、后静子机匣是如何安装的?

21. 燃烧室由哪几个部分组成? 火焰筒是如何固定的?

22. 高压涡轮进口导向器是如何固定的?

23. 高压涡轮护罩和第 1 级低压涡轮进口导向器属于哪个主单元体? 如何固定的?

24. 低压涡轮转子是如何组装的? 低压涡轮轴与风扇轴是如何连接的?

25. 附件驱动系统是如何传递动力的? 附件齿轮箱的前后表面安装有哪些部件?

26. 什么是发动机站位? 发动机安装边的作用是什么?

# 第 3 章 发动机孔探检查

## 3.1 发动机状态监控

CFM56－7B 发动机采用"视情维修"的概念。这意味着发动机没有定期的维修计划,可以保持在翼下工作直到某些重要的事情发生,或者限寿件到达时限。因此,为监控和保持发动机的良好状态,CFM56－7B 发动机采用了不同的监控方式,如图 3－1 所示。

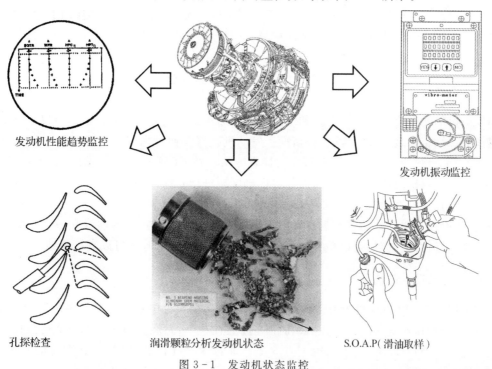

发动机性能趋势监控

发动机振动监控

孔探检查　　　　　润滑颗粒分析发动机状态　　　　　S.O.A.P(滑油取样)

图 3－1　发动机状态监控

### 3.1.1 发动机性能趋势监控

发动机性能趋势监控是评估发动机经过一段时间的使用,其性能退化的状况。这是通过监控发动机参数实现的。例如记录发动机使用过程中的排气温度,并将记录的温度与发动机刚安装到飞机上时的参数进行比较。

### 3.1.2　孔探检查

孔探检查是在不将发动机分解的情况下,检查发动机内部零件状况的重要方法。当零件难于接近时,使用孔探设备,通过分布在发动机外部机匣上的孔探孔,深入到发动机内部目视检查发动机内部零件。

### 3.1.3　润滑颗粒分析

发动机滑油系统为发动机关键部件提供润滑,滑油都要经过过滤。油滤和磁屑探测器可以收集发动机运转时磨损产生的颗粒,大于 10 $\mu$m 颗粒人裸眼可以识别。目视检查这些收集的颗粒并进行分析,可以了解发动机内部零件的工作状况。

光谱滑油分析计划(S. O. A. P.)可以对人裸眼不能识别的微小颗粒进行检查分析。通过在滑油箱中对滑油提取油样,然后对油样中的微小(小于 10 $\mu$m)金属颗粒进行分析。金属的特征和集中度可以指示最初的零件损伤。

### 3.1.4　发动机振动监控系统

位于发动机各位置的传感器,传送振动数据到机载振动监控系统。当振动值过大时,数据被记录下来。记录的数据可以用作平衡恢复。

## 3.2　发动机孔探检查

发动机的孔探检查是目前监控和维护发动机的重要方法之一,通过孔探,可以了解发动机各内部部件是否有裂痕、腐蚀等各种情况。发动机孔探是通过内窥镜在显视器上显示发动机内部部件,可目视检查发动机内部部件的检查方法。在 CFM56 - 7B 发动机上,可对风扇,增压器,高压压气机,燃烧室,高、低压涡轮各内部区域进行孔探检查。

要进行孔探检查,必须打开孔探口盖,插入孔探内窥镜并转动发动机转子,检查每一片叶片的情况,以便查明叶片是否有裂痕、损伤、腐蚀等情况。风扇叶片的前缘和最后一级涡轮叶片的后缘不必使用孔探就可以检查叶片的情况,因为这两处的叶片可以直接看到。

### 3.2.1　孔探孔的位置

在 CFM56 - 7B 发动机上有 19 个孔探孔,加上两个点火电嘴安装口 ,共有 21 个孔探孔,它们的分布:低压压气机上有 1 个,高压压气机上有 9 个,燃烧室有 6 个(4 个孔探孔加上两个点火电嘴安装口),高、低压涡轮上有 5 个。通过这些孔探孔,可检查各部件的状况,如图 3 - 2 和图 3 - 3 所示。

### 3.2.2　发动机转子及静子叶片数量

发动机转子和静子数量见表 3 - 1。

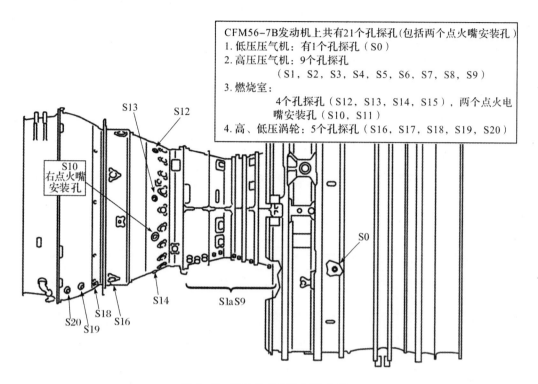

CFM56-7B发动机上共有21个孔探孔(包括两个点火嘴安装孔)
1. 低压压气机：有1个孔探孔（S0）
2. 高压压气机：9个孔探孔
　　　　（S1，S2，S3，S4，S5，S6，S7，S8，S9）
3. 燃烧室：
　　　　4个孔探孔（S12，S13，S14，S15），两个点火电
　　　　嘴安装孔（S10，S11）
4. 高、低压涡轮：5个孔探孔（S16，S17，S18，S19，S20）

图 3 - 2　发动机右侧孔探孔分布

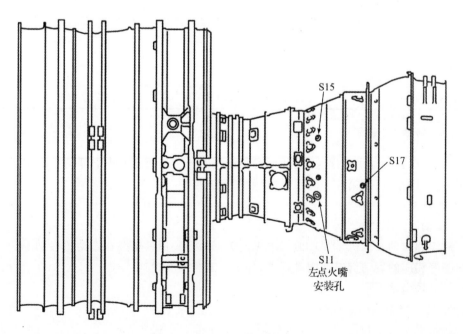

图 3 - 3　发动机左侧孔探孔分布

表 3-1 发动机转子和静子叶片数量

| 检查项目 | 级 数 | 转子叶片 | 静子叶片 |
|---|---|---|---|
| 低压压气机（风扇和增压器） | 1 | 24 | 108 |
| | 2 | 74 | 136 |
| | 3 | 78 | 136 |
| | 4 | 74 | 136 |
| 出口导向叶片（风扇） | | | 76 |
| 风扇框架 | | | 12 |
| 高压压气机（HPC） | 1 | 38 | 42 |
| | 2 | 53 | 82 |
| | 3 | 60 | 84 |
| | 4 | 68 | 72 |
| | 5 | 75 | 100 |
| | 6 | 82 | 96 |
| | 7 | 82 | 110 |
| | 8 | 80 | 120 |
| | 9 | 76 | 110 |
| 出口导向叶片（燃烧室机匣） | | | 86 |
| 高压涡轮（HPT） | | 80 | 42 |
| 低压涡轮（LPT） | 1 | 163 | 96 |
| | 2 | 150 | 108 |
| | 3 | 150 | 140 |
| | 4 | 134 | 132 |
| 涡轮框架 | | | 16 |

### 3.2.3 转动 N2 转子

使用孔探检查压气机和涡轮叶片时，需转动核心机。检查 N1 转子可用手转动风扇叶片，N2 转子可通过附件齿轮箱前面的手摇曲柄座转动（见图 3-4）。

1. 人工转动 N2 转子

人工转动 N2 转子的基本程序如下。

（1）对于相应的发动机，将 DO-NOT-OPERATE 标签粘贴在发动机启动手柄上。

（2）断开相应的发动机启动阀跳开关，并挂上安全标签。

（3）打开风扇整流罩。

（4）拆卸 N2 转子驱动座盖板。

（5）将带有 2 ft 加长杆的 3/4 in 方形驱动工具连接至驱动座。

（6）逆时针方向转动工具手柄（从后向前看），发动机 N2 转子顺时针方向转动（从后向前看）。

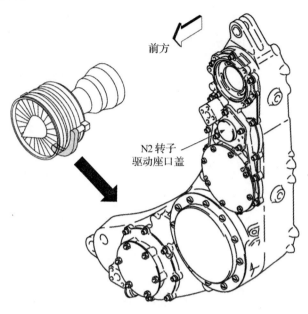

图 3-4 人工转动 N2 转子

2. 用驱动马达转动 N2 转子

用驱动马达转动 N2 转子的基本程序如下。

(1)将驱动马达安装到齿轮箱驱动座上,如图 3-5 所示。

(2)连接空气软管到快卸口。

(3)将供气管连接到 60 ~105 psi① 的干燥过滤压缩调节气源。

(4)将供气压力调至 90 psi。

不得使用气动马达作为止动以停止发动机运转。发动机转动时驱动电动机的反转会剪断驱动力矩限制装置。使用制造厂说明脚控或手控操作,从后部看逆时针转动驱动马达,带动发动机顺时针方向转动。

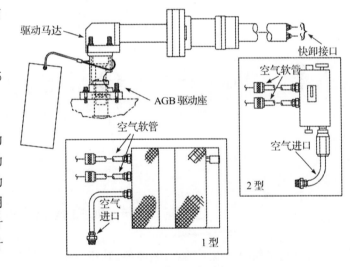

图 3-5 核心机驱动马达

### 3.2.4 确定 N2 转子零位标记

确定 N2 转子零位标记的程序如下。

(1)刚性内窥镜连接到直角加长杆,垂直视角 90°,水平视角 60°。

(2)拆卸 S4 孔探孔堵头,插入内窥镜探头。堵头位于 HPC 机匣 4:00—5:00 之间。

(3)转动 N2 转子,直到看到第一个叶片槽的锁块。

---

① 1 psi=6.895 kPa

（4）继续转动会看到第二个锁块，第二个锁块后紧跟的叶片是 HPC 第 4 级 1 号转子叶片。

（5）将 1 号转子叶片前缘对准第 4 级静子叶片前缘，这是 N2 转子零位标记，如图 3－6 所示。

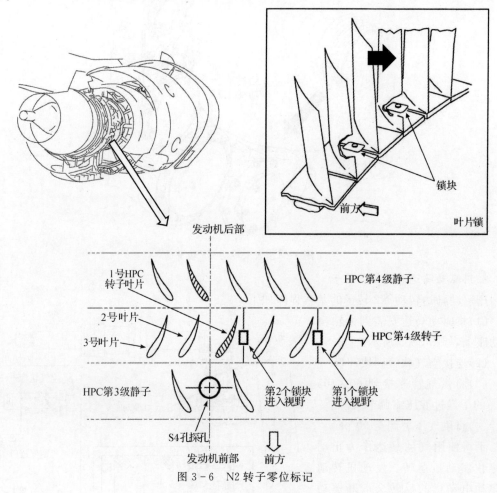

图 3－6　N2 转子零位标记

## 3.3　发动机损伤的基本类型

发动机损伤包括以下几点：①刻痕、缺口（Nick）：V 字型；②凹坑（Dent）：U 字型，压坑周围有变形；③擦伤、刮伤（Scratch）；④裂纹（Crack）；⑤烧蚀（Burn）；⑥腐蚀（Eeosion）；⑦变形（Distortion）；⑧材料缺损（Missing Material）；⑨烧穿（Burned Through），如图 3－7 所示。

1.裂纹

裂纹可分为轴向裂纹、径向裂纹和周向裂纹。检查裂纹的重要参数是裂纹的长度。裂纹不随灯光亮度的强弱而改变。

2.凹坑

凹坑形状多为"U"形，检查凹坑的重要参数是凹坑的深度，凹坑会随灯光的强弱而变化。

3.烧蚀

烧蚀多发生在 HPT 进口导向器或燃烧室内，检查烧蚀的重要参数是烧蚀的面积。

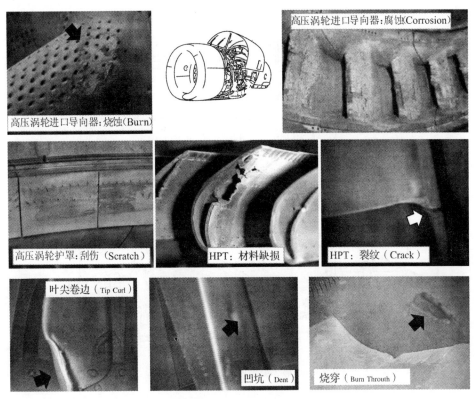

图 3-7　发动机损伤

**4.叶尖卷边**

叶尖卷边发生在叶片尖部,检查叶尖卷边的重要参数是长度,叶尖卷边形成的原因可能是由于外来物击伤或叶尖和外护罩之间的摩擦。

**5.材料缺损**

材料缺损的原因可能是外来物损伤或超温。检查材料缺损的重要参数是材料缺损区域的长度和深度。

**6.烧穿**

烧穿形成的原因可能是磨损、外来物损伤或超温。

# 3.4　低压压气机孔探检查

低压压气机孔探检查包括第 1 级风扇叶片、第 1～4 级静子叶片和第 2～4 级增压器转子(低压压气机第 1 级是风扇,第 2,3,4 级是增压器)叶片的检查。

以下增压器转子叶片是可以观察到的。

(1)第 2 级转子叶片前缘:通过主气流进口或增压器进口(见图 3-8)。

(2)第 3 级转子叶片后缘:通过 S0 孔探孔。

(3)第 4 级转子叶片前缘:通过 S0 孔探孔。

第 2～4 级静子叶片:通过进口和 S0 孔探孔观察到有限区域,两个风扇出口导向叶片之间,有一孔探口 S0(见图 3-9),在风扇涵道内壁 3:30 位置。S0 孔通到增压器第三级静子叶

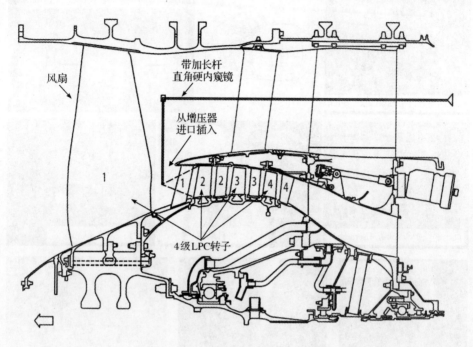

图 3-8    第 2 级增压器转子叶片孔探检查

片,通过此口可检查第 3 级增压器转子叶片的后缘和第 4 级增压器转子叶片的前缘(见图 3-10)。对于第 2,3 ,4 级增压器转子叶片,可使用加长延伸杆和具有水平视角 60°、垂直视角 90°的硬内窥镜,从发动机前面手动转动风扇叶片,逐片检查转子叶片的情况,如图 3-8 所示。注意:此处低压压气机转子包括 1 级风扇和 3 级增压器转子叶片。第 1 级叶片指风扇叶片,第 2,3,4 级是增压器转子。

不推荐在温度超过 150°F①(65.6 ℃)时进行内窥镜检查。可干冷转发动机冷却发动机。

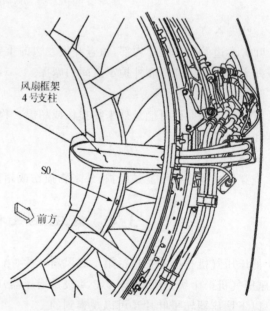

图 3-9    S0 孔探孔

---

①  1°F=1.8 ℃+32。

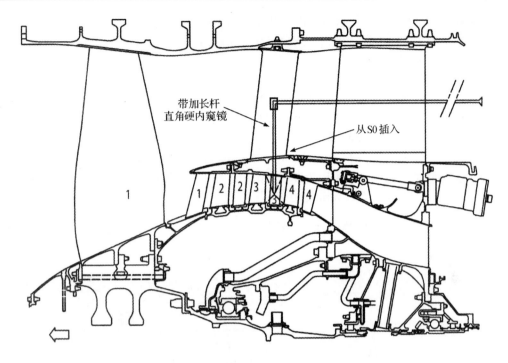

图 3 - 10　第 3,4 级增压器转子和静子叶片孔探检查

### 3.4.1　第 2 级增压器转子叶片孔探检查项目

如果发现外来物损伤(FOD)或材料缺损,必须检查所有的下游增压器转子叶片和静子叶片以及高压压气机。如果已拆下风扇叶片,则在没有内窥镜设备的情况下,可看见第 2 级增压器转子叶片的前缘。

第 2 级增压器转子叶片检查项目包括以下几项。

(1)G 区和前后缘叶尖拐角区域材料缺损(见图 3 - 11)。

(2)G 区内的裂纹或撕裂。

(3)前、后缘叶尖拐角处的磨损或局部变形。

(4)E 区叶型表面上的刻痕、凹坑和刮痕。

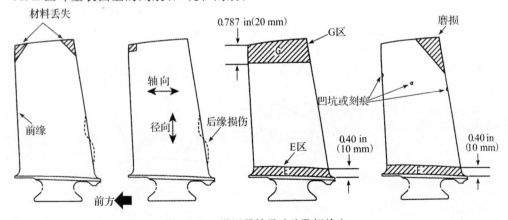

图 3 - 11　增压器转子叶片孔探检查

（5）不在 E 区内并且不在前、后缘内的叶型表面上的刻痕、凹坑和刮痕。

（6）不在 E 区内的，在前、后缘上的刻痕、凹坑和刮痕。

（7）不在 E 区内的前、后缘变形。

（8）沉积物和腐蚀。

在维护手册中都给出了损伤的限制（或无限制）：轴向尺寸和径向尺寸限制、数量限制、损伤程度和使用限制。手册中的图示部件都划分了区域，不同的损伤区域，其限制值也可能不同。

例如：区域 G 内的裂纹或撕裂：

（1）如果径向和轴向尺寸小于 0.256 in(6.5 mm)，则无限制。

（2）在这些情况下继续使用极限为 50 次循环或 75 h：①径向长度小于 0.787 in(20 mm)；②轴向尺寸小于 0.492 in(12.5 mm)。

### 3.4.2 第 2~4 级增压器静子叶片孔探检查项目

（1）材料缺损（见图 3-12）。

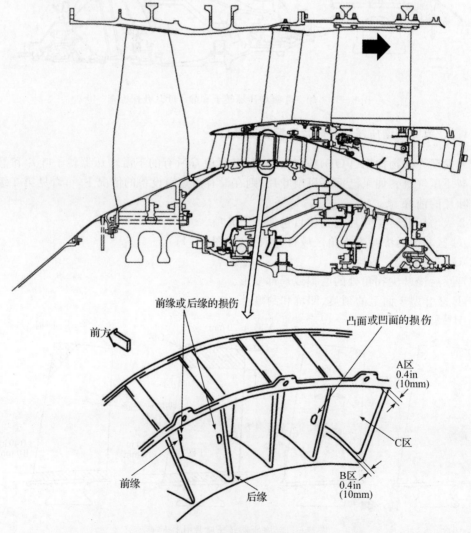

图 3-12 增压器静子叶片孔探检查

（2）裂纹或撕裂。

（3）凸、凹面内 A 区和 B 区内的刻痕、凹坑和刮痕。

（4）C 区内的刻痕、凹坑和刮痕。

（5）前、后缘上的刻痕、凹坑和刮痕。

（6）前、后缘的变形。

（7）外罩可耐磨材料的分离、剥落或材料缺损（仅对 3 级和 4 级增压器叶片）。

（8）表面氧化层、腐蚀斑或腐蚀痕迹。

### 3.4.3　第 3,4 级增压器转子叶片检查

检查第 3 级叶片后缘和第 4 级叶片前缘。将内窥镜放入孔 S0，该孔探孔位于风扇出口导向叶片之间 3:30 位置。手动转动风扇转子时，检查第 3 级叶片后缘和 4 级叶片前缘。使用第 2 级叶片给出的相同损伤限制。

# 3.5　高压压气机孔探检查

高压压气机（HPC）有 9 个孔探孔（编号 S1～S9，见表 3-2），如图 3-13 所示，位于高压压气机静子机匣 4:00—5:00 位置，通过这些孔探孔，可检查 1～9 级 HPC 转子叶片和部分进口导向叶片。假如在检查中发现有任一叶片损坏，必须对所有余下的其他叶片进行检查。

**表 3-2　高压压气机转子叶片孔探孔**

| 级　　数 | 叶片数量 | 前缘检查口 | 后缘检查口 |
|---|---|---|---|
| 1 | 38 | S1 | S2 |
| 2 | 53 | S2 | S3 |
| 3 | 60 | S3 | S4 |
| 4 | 68 | S4 | S5 |
| 5 | 75 | S5 | S6 |
| 6 | 82 | S6 | S7 |
| 7 | 82 | S7 | S8 |
| 8 | 80 | S8 | S9 |
| 9 | 76 | S9 | — |

### 3.5.1　内窥镜

高压压气机（HPC）孔探检查通常采用硬内窥镜，可使用加长延伸杆和具有水平视角 60°、垂直视角 90°的硬内窥镜，如图 3-13 所示。

当检查第 6～9 级 HPC 转子叶片，而叶片组移动并遮挡住了孔探孔时，执行下列程序。

（1）如果孔探孔直径超过 0.24 in（6.1 mm），使用 0.24 in（6.1 mm）柔性内窥镜。

（2）如果孔探孔直径小于 0.24 in（6.1 mm），则执行下列步骤。

1）将校准杆放置在叶片组的孔内。

2）在杆端轻轻施加向下的力将叶片向上移入机匣。

铝杆（校准杆）直径为 0.375 in（9.52 mm），长度为 18 in（457 mm）。一端有 4 in（102 mm）的锥体。由于具有锥度，杆端直径降到 0.062 in（1.57 mm）。

3）如果 HPC 第 7 级孔探孔被覆盖，则通过第 8 级或第 6 级孔探孔检查。

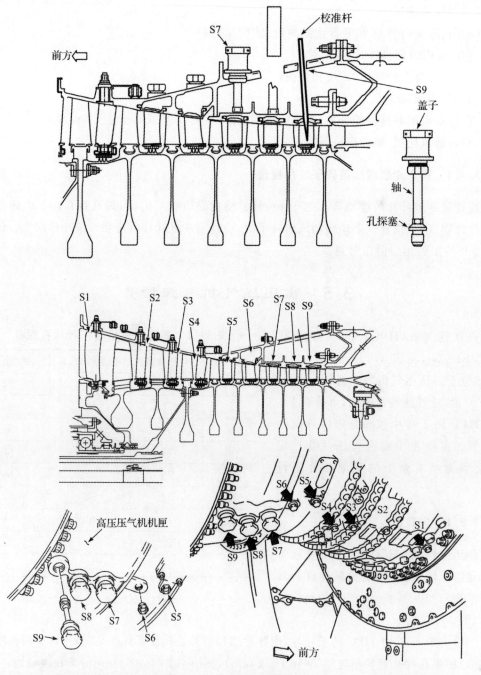

图 3-13　高压压气机孔探孔

### 3.5.2　孔探检查

将内窥镜插入适当的孔探内,通过附件齿轮箱前表面的 N2 转子驱动座转动高压转子,停转 N2 转子,对每个 HPC 叶片进行全面检查。

1. 第 1～4 级

HPC 第 1～4 级转子叶片的裂纹不可用,除非符合下列情况。

（1）在前缘或后缘 0.30 in(7.6 mm)内长度达 0.25 in(6.4 mm)的任何数量的径向裂纹都可用。

如果损坏长度超过 0.25 in(6.4 mm)，但小于 0.40 in(10.2 mm)，则允许 10 次循环或 25 h 最大使用延时，如图 3-14 所示。

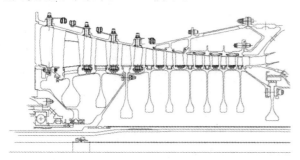

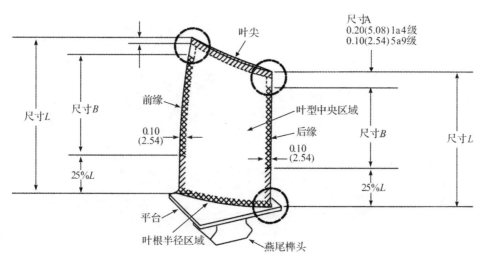

图 3-14　高压压气机转子叶片孔探检查

（2）离前缘或后缘超过 0.30 in(7.6 mm)长度达 0.10 in(2.5 mm)的任何数量径向裂纹都可用。

（3）离叶尖达 0.30 in(7.6 mm)，长度达 0.20 in(5.1 mm)的任何数量弦向裂纹都可用。

如果裂纹长度超过 0.20 in(5.1 mm)，但小于 0.30 in(7.6 mm)，则允许 10 次循环或 25 h 最大使用延时。

2. 第 5~9 级

HPC 第 5~9 级转子叶片的裂纹不可用，除非符合下列情况。

（1）第 5~9 级最多 25 个叶片可带有距离前或后缘不超过 0.20 in(5.1 mm)的径向叶尖裂纹。裂纹长度可达 0.15 in(3.8 mm)且可以使用。

（2）如果损坏长度超过 0.15 in(3.8 mm)，但小于 0.20 in(5.1 mm)，则允许 10 次循环或 25 h 最大使用延时。

（3）距离前或后缘超过 0.20 in(5.1 mm)的径向翼尖裂纹不可用。

（4）HPC 第 5~9 级最多 25 个叶片可带有距离叶尖不超过 0.20 in(5.1 mm)的弦向裂纹。裂纹长度可达 0.15 in(3.8 mm)，且可以使用。如果裂纹长度超过 0.15 in(3.8 mm)，但小于 0.20 in(5.1 mm)，则允许 10 次循环或 25 h 最大使用延时。

如果在下列区域检查到损伤：①HPC 第 1~9 级转子叶片根部撕裂；②HPC 第 1~9 级转子叶片前、后缘(25%$L$ 区域)半径内的撕裂；③第 HPC 第 1~4 级转子叶片 $B$ 区内的撕裂；④叶片平台材料产生裂纹。这些都属于不能继续使用的损伤。

## 3.6 燃烧室孔探检查

燃烧室的孔探检查只限于可见区域的检查，可通过孔探孔和点火嘴安装座，使用刚性的或柔性的内窥镜进行检查。在燃烧室机匣上有四个孔探孔(见图 3-15)，分别位于燃油总管前的 1:00,3:00,6:00 和 10:00 位置，再加上两个点火嘴安装孔(S10,S11)，可检查燃烧室和高压涡轮的情况。S10 位于 4:00 位置，S11 位于 8:00 位置。

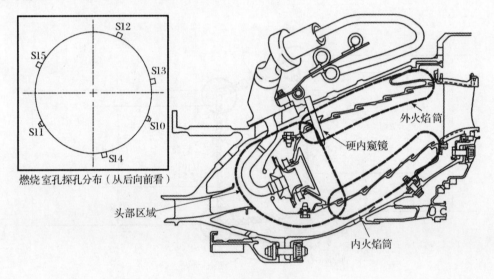

图 3-15　燃烧室孔探检查

### 3.6.1　内窥镜

正常情况下，只使用 S13 和 S15 进行初步检查。先拆去 S13 和 S15 孔探口盖，插入硬内窥镜，360°转动内窥镜去检查火焰筒头部区域，火焰筒内、外筒，如没有发现损伤，则结束检查。如发现有损伤，则必须检查所有的其他四个孔探孔的燃烧室和高压涡轮区域，如图 3-16 所示。

使用纤维内窥镜可以检查外火焰筒的外侧区域，如图 3-17 所示。

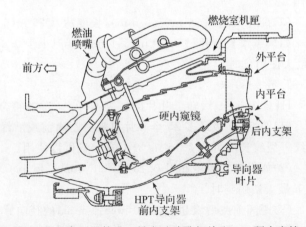

图 3-16　高压涡轮进口导向叶片孔探检查——硬内窥镜

### 3.6.2　燃烧室检查项目

燃烧室孔探检查区域包括火焰筒头部区域、内火焰筒和外火焰筒区域。

火焰筒内部使用硬内窥镜检查,而外火焰筒的外部区域需要使用纤维内窥镜(柔性内窥镜)检查。

1.所有表面

(1)变色。

(2)积碳。

(3)热防护涂层的缺损、碎片。

2.火焰筒头部区域

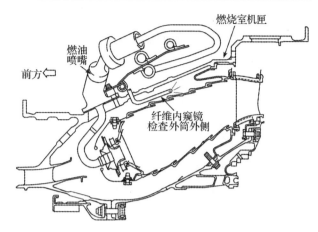

图 3-17　燃烧室火焰筒外筒外侧孔探检查——纤维内窥镜

(1)裂纹。此区域的裂纹包括周向裂纹、径向裂纹、连接裂纹和缺损区裂纹。连接裂纹指裂纹之间交汇在一起。缺损区裂纹指多道裂纹连接到缺损区域,如图 3-18 所示。

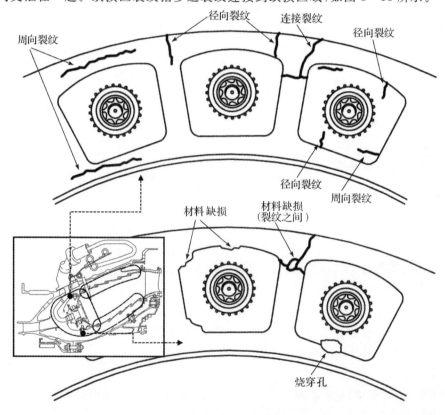

图 3-18　火焰筒头部区域孔探检查

(2)材料缺损。

(3)烧穿孔。检查裂纹的参数包括裂纹的数量、长度、深度和裂纹之间的距离,检查烧穿孔的参数包括烧穿孔的面积和区域数。

3.火焰筒外筒检查

(1)最多允许有 4 条裂纹贯穿 1 块以上衬板，但不得贯穿超过 3 块衬板。

(2)如果裂纹长度超过 3 块衬板，则要进行外火焰筒冷边的孔探检查。

**注意：**只有当不超过 3 条裂纹的长度超过 3 块面板时，才作冷侧检查。3 条以上比 3 块衬板长的裂纹是不允许的。

(3)在下列状况下，继续使用极限为 100 次循环。

1)穿过 1 块板以上的裂纹不超过 5 条。

2)裂纹不能连续穿过 5 块衬板。

4.内火焰筒冷边裂纹检查（见图 3-19）

(1)贯穿 1 块板以上的裂纹不超过 4 条。

(2)仅有一条裂纹横穿 3 块以上的衬板，且符合下列状况。

1)裂纹没有横跨超过 4 块板。

2)裂纹连接到由烧穿或材料缺损形成的孔，且孔的尺寸不超过稀释孔尺寸 3 倍。

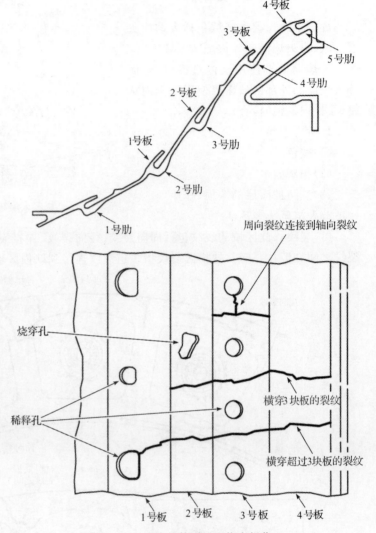

图 3-19　内火焰筒裂纹和烧穿损伤

3)裂纹没有与长度超过 0.50 in(12.7 mm)的环形裂纹连接。

4)每 750 次循环后再次进行该检查。

5.外火焰筒上的轴向裂纹检查（见图 3-20）

只有当热边检查期间发现不超过 3 个裂纹穿透 3 块板时才检查冷边。3 条以上比 3 块衬板长的裂纹是不允许的。

(1)裂纹必须不能贯穿最后 3 个冷却肋（4 号、5 号、或 6 号冷却肋）中的 1 个。

(2)1 号冷却肋不得有裂纹穿过。

6.内、外火焰筒的周向裂纹检查

下列情况周向裂纹的数量没有限制（见图 3-19 和图 3-20）。

（1）裂纹长度不超过两个稀释孔距。

（2）只有不超过两个相邻裂纹在稀释孔距内。

（3）裂纹最小间隔为无裂纹的 3 个稀释孔的孔距。

如果裂纹在限制范围内，只允许一个轴向裂纹和一个周向裂纹连接。

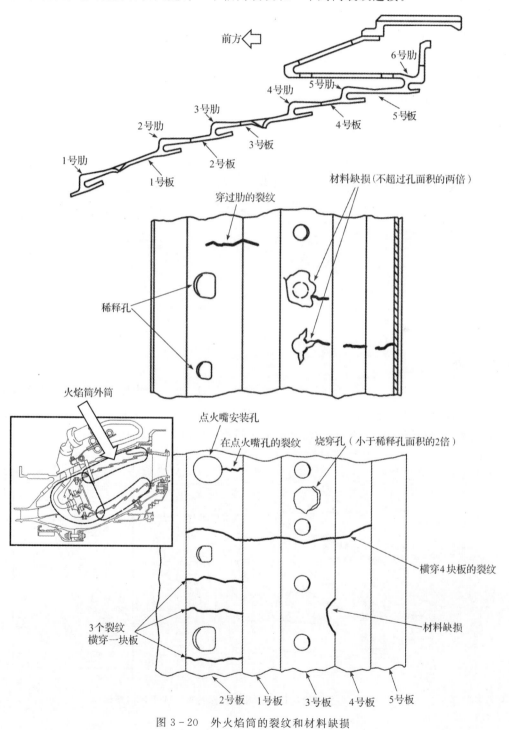

图 3 - 20　外火焰筒的裂纹和材料缺损

# 3.7 高压涡轮进口导向叶片孔探检查

高压涡轮进口导向叶片孔探检查可通过燃烧室孔探孔和点火嘴安装孔，使用刚性的或柔性的内窥镜进行检查（见图 3-15）。在燃烧室机匣上有 4 个孔探孔，分别位于燃油总管前的 1:00,3:00,6:00 和 10:00 位置，再加上两个点火嘴安装孔（S10,S11）。S10 位于 4:00 位置，S11 位于 8:00 位置。

初步检查只需要通过 S13 和 S15 孔探孔使用硬内窥镜进行检查，如图 3-21 所示。如果发现损伤，则必须拆卸两个点火嘴，通过 S10,S11 和其他孔探孔（S12,S14）进行完整检查。

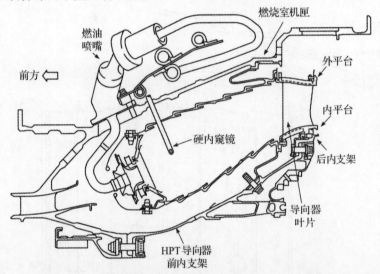

图 3-21　高压涡轮进口导向叶片孔探检查——硬内窥镜

只有在使用硬内窥镜检查发现进口导向叶片凸边上有损伤痕迹时，才有必要进行凸面检查。使用柔性内窥镜对叶片前缘、凹面和凸面进行检查，如图 3-22 所示。

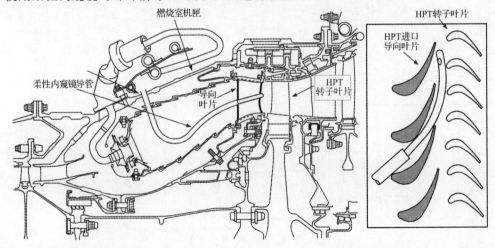

图 3-22　高压涡轮进口导向叶片孔探检查——柔性内窥镜

HPT 进口导向叶片检查区域包括叶片的前缘、凹面、凸面、前缘和内外平台等。其主要损伤检查项目包括烧蚀、裂纹、材料缺损等。

## 3.8　高压涡轮转子叶片孔探检查

初步检查只需要通过 S16 和 S17 孔探孔使用硬内窥镜从 HPT 叶片后侧进行检查。如果发现损伤,则必须拆卸两个点火嘴,通过 S10,S11 点火嘴安装孔,使用柔性内窥镜从前侧检查 HPT 叶片。需要通过附件齿轮箱前表面的 N2 转子驱动座转动 N2 转子,以检查所有高压涡轮转子(80 个)叶片,如图 3-23 所示。

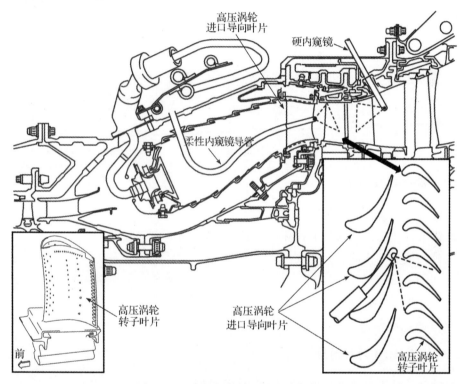

图 3-23　高压涡轮转子叶片孔探检查

### 3.8.1　检查 HPT 叶片后缘

HPT 叶片后缘主要检查项目包括以下几项(见图 3-24 和图 3-25)。
(1)裂纹。
(2)叶尖和 A 区域内的材料缺损、烧蚀或孔洞。
(3)叶片变形,烧损或熔化的痕迹。
(4)材料缺损。
(5)空气孔堵塞(A,B,C 区域)。
(6)热防护涂层缺损。

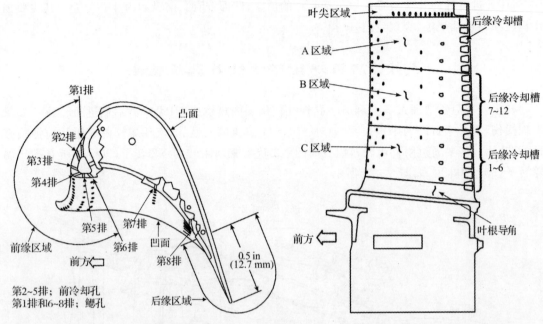

图 3-24　高压涡轮转子叶片俯视图　　　　　　图 3-25　高压涡轮转子叶片孔探检查区域

### 3.8.2　检查 HPT 叶尖

HPT 叶尖主要检查项目包括以下几项。

(1)暴露叶片内部冷却通道的损坏,不允许暴露内部冷却通道。

(2)叶片凸面和凹面的径向裂纹。

(3)弯曲、卷边或材料缺损。

(4)叶片变形、烧损或熔化的痕迹。

(5)热防护涂层缺损。

### 3.8.3　检查 HPT 叶片前缘

HPT 叶片前缘主要检查项目包括以下几项(见图 3-24 和图 3-25)。

(1)轴向和径向裂纹。

**注意**:对裂纹长度及连接冷却空气孔数量的限制,A 区域裂纹不能连接两个以上的空气孔。

(2)材料缺损。

不允许 C 区域(靠近叶根区域)出现材料缺损。

(3)叶片变形、烧损或熔化的痕迹。

## 3.9　低压涡轮转子叶片孔探检查

低压涡轮转子叶片检查使用 S16,S17,S18,S19 和 S20 孔探孔,见表 3-3。S16 和 S17 孔探孔分别位于燃烧室后安装边前部 5:30 和 8:30 位置。S18,S19 和 S20 孔探孔位于低压涡轮机匣大约 5:00 位置。检查时需要转动低压转子,使用硬内窥镜以检查所有低压涡轮转子叶片,如图 3-26 和图 3-27 所示。

**表 3-3　低压涡轮转子叶片孔探检查**

| 级　数 | 数　量 | 前缘检查口 | 后缘检查口 |
|:---:|:---:|:---:|:---:|
| 1 | 162 | S16~S17 | S18 |
| 2 | 150 | S18 | S19 |
| 3 | 150 | S19 | S20 |
| 4 | 134 | S20 | — |

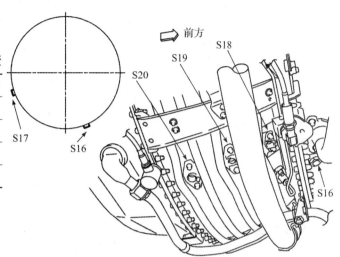

图 3-26　低压涡轮孔探孔

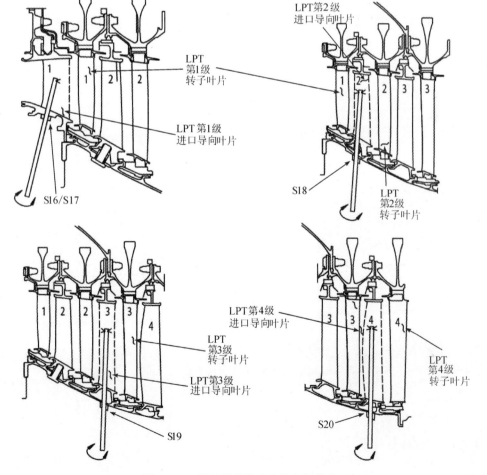

图 3-27　低压涡轮转子叶片孔探检查

# 思 考 题

1.什么是视情维修？发动机状态监控主要包含哪几方面？

2.CFM56－7B 发动机上有多少个孔探孔？位置如何？

3.发动机孔探检查时，为什么有时需要转动发动机转子？如何人工转动 N2 转子？

4.发动机损伤有哪些基本类型？

5.如何孔探检查增压器转子叶片？

6.如何孔探检查高压压气机转子叶片？

7.燃烧室共有几个孔探孔？

8.燃烧室进行孔探检查时，正常情况下使用哪两个孔探孔进行初步检查？如果发现损伤，如何处置？

9.如何检查燃烧室火焰筒头部区域的裂纹？

10.裂纹主要有哪几种类型？如何描述燃烧室火焰筒的裂纹？

11.如何对燃烧室火焰筒外筒外侧进行孔探检查？

12.如何对高压涡轮转子叶片进行初步检查和完整检查？

13.如何对高压涡轮进口导向叶片进行孔探检查？使用什么类型的内窥镜？

# 第4章 发动机操纵系统

发动机操纵系统用于发动机的启动和停车、正推力和反推力操纵。每一台发动机的操纵系统分成三个子系统:正推力操纵系统、反推力操纵系统和启动操纵系统。

启动操纵系统用于发动机的启动以及冷转发动机。

正推力操纵系统通过调节发动机燃油流量以控制发动机正推力。驾驶舱内共有两个正推力操纵手柄,每一台发动机一个,位于中央操纵台上,如图4-1所示。

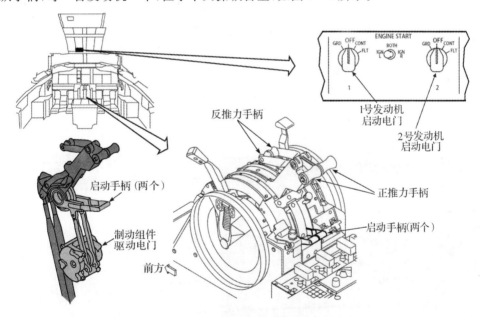

图4-1 启动操纵系统

反推力操纵系统也是通过调节发动机燃油流量以控制反推力,但在增加反推力之前,系统首先操纵反推移动套筒"展开",反推力手柄安装于每一个发动机正推力手柄上。

发动机操纵系统提供大部分信号以控制发动机推力。它也向其他飞机系统提供发动机操纵状态信息。发动机操纵系统包括以下部件。

(1)推力手柄(正推力和反推力)。

(2)推力手柄解算器。

(3)发动机启动手柄和电门。

(4)推力手柄联锁电磁线圈。

# 4.1 启动操纵系统

启动操纵系统主要包括启动手柄、制动组件、驱动电门和启动电门。

## 4.1.1 启动手柄组件

如图 4-2 所示,启动手柄组件位于中央操纵台。中央操纵台上共有两个启动手柄,分别对应 1 号和 2 号发动机。启动手柄有两个位置,关断(CUTOFF)和慢车(IDLE)位置,内部止动装置可将启动手柄保持在每一个卡位。必须拉出启动手柄才将其移动到另一个位置。在发动机启动程序中,提起启动手柄,将其从关断(停车)位移动到慢车位。启动手柄也可用于发动机停车操纵,当将启动手柄从慢车位压下到关断(停车)位,供往发动机燃烧室的燃油被切断,发动机停止运转。启动手柄通过机械操纵连杆连接到一个摩擦制动器,提供摩擦制动力。

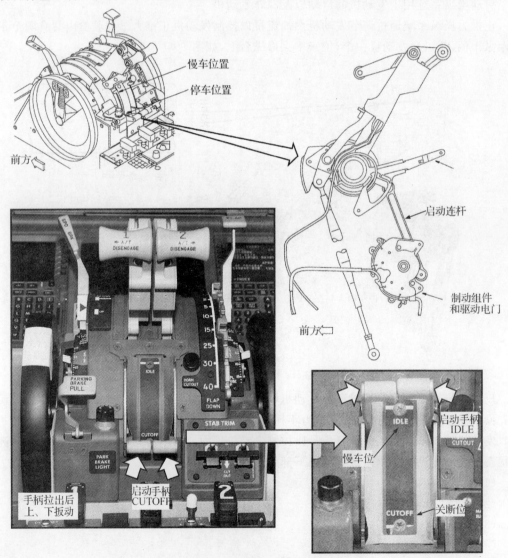

图 4-2 启动手柄组件

每个发动机启动手柄作动 6 个电门,每个电门有 CUTOFF 和 IDLE 两个位置。这些电门位于发动机启动手柄制动组件内。启动手柄作动电门可提供信号到不同的飞机和发动机系统以及部件。其中两个电门发送信号至 EEC,两个电门与发动机点火系统连接,另外两个电门发送信号至发动机燃油供油系统中的燃油关断阀(梁阀)和液压机械装置(HMU)内的高压关断阀(HPSOV),如图 4-3 所示。

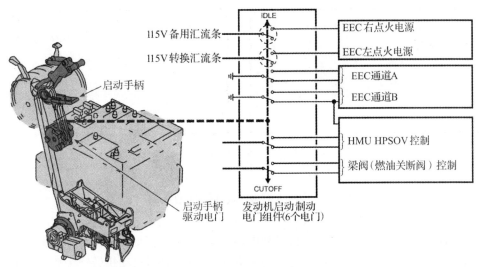

图 4-3 启动手柄驱动电门

(1)当移动启动手柄至慢车卡位,启动手柄驱动电门被作动到 IDLE(慢车)位时,将发生下列情况。

1)燃油控制面板接收到一个启动手柄位置的输入信号作为指示逻辑。

2)电力打开发动机燃油翼梁阀,使燃油箱的燃油可以供往发动机。

3)点火电源(115 V 交流电)输送到 EEC。

4)两个发动机启动手柄继电器移动至慢车位置。

5)整体驱动发电机(IDG)人工断开电路预位。

6)飞行数据采集组件(FDAU)获知启动手柄在慢车(发动机运转)位置。

7)两个公共显示系统/显示电子组件(CDS/DEU)获知启动手柄在慢车(发动机运转)位置。

(2)当移动启动手柄至关断位置时,电门作动到 CUTOFF(关断)位置,将发生下列情况。

1)燃油控制面板接收一个启动手柄位置输入信号。

2)电力关闭发动机燃油翼梁阀。

3)从 EEC 断开点火电源。

4)两个发动机启动手柄继电器移至关断位置。

5)电力关闭在液压机械装置(HMU)内的高压关断阀(HPSOV)。

6)EEC 的通道 A 和通道 B 复位。

### 4.1.2 发动机启动电门

发动机启动电门位于驾驶舱 P5 板。如图 4-4 所示,共有两个启动电门,每一台发动机对应一个启动电门。发动机启动电门是旋钮式电门,共有四个位置,有两种不同的配置:一种是"GRD(地面)""OFF(关断)""CONT(连续)"和"FLT(飞行)"四个电门位置;另一种是作为选装项目,有"GRD(地面)""AUTO＊""CONT(连续)"和"FLT(飞行)"位。"GRD(地面)"位用于地面或空中启动,"FLT"用于空中风车启动,此时启动活门关闭,飞机飞行中的气动力驱动发动机转子转动,只需点火和供油。

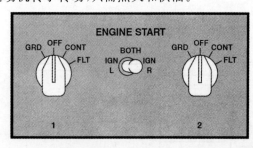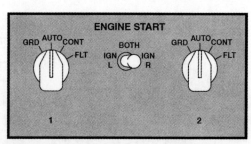

图 4－4　发动机启动电门

## 4.2　启动操纵系统的工作

地面启动发动机时,首先将发动机启动电门旋转到 GRD(地面)位,此时会使启动阀内的电磁线圈导通,启动阀打开。气源系统的增压空气通向启动机,启动机转动。启动机的转动力矩→附件传动齿轮箱(AGB)→水平驱动轴→转换齿轮箱(TGB)→径向驱动轴→进口齿轮箱(IGB)→高压转子转动,如图 4－5 所示。

当 $N_2 \geqslant 25\%$ 时,提起启动手柄。启动手柄作动 6 个电门。其中的两个电门将电信号供往飞机燃油关断阀(梁阀)和液压机械装置(HMU)内的 HPSOV 电磁阀。梁阀的打开使飞机燃油箱内的燃油可以供往发动机,而 HPSOV 的打开,最终将计量燃油输送到 20 个燃油喷嘴。另外的两个启动手柄驱动电门可以将 115 V 交流电通过 EEC 分别供往两个点火激励器。点火激励器将 115 V 交流电转换成高压直流电,输送到点火嘴。点火嘴产生电火花点燃燃烧室内的油/气混合气。

综上所述,发动机启动过程中,将启动电门旋到 GRD 位置,由启动机带动发动机 N2 转子转动。提起启动手柄从 CUTOFF 到 IDLE 位,可以实现点火和喷油。

## 4.3　发动机冷转

发动机冷转是指不点燃发动机内的油气混合气,由启动机带动发动机转子转动的人工启动过程。在整个冷转过程中,点火系统被切断,发动机不作为热机转动,燃烧室处于"冷状态"。发动机冷转有干冷转和湿冷转两种型式。干冷转是在冷转过程中不向燃烧室输送燃油;而湿冷转是在 $N_2$ 至少达到 20% 时短时间向燃烧室输送燃油。CFM56－7B 发动机是通过断开发动机点火跳开关来切断点火系统的。

### 4.3.1　发动机干冷转

发动机干冷转程序主要有以下特点。

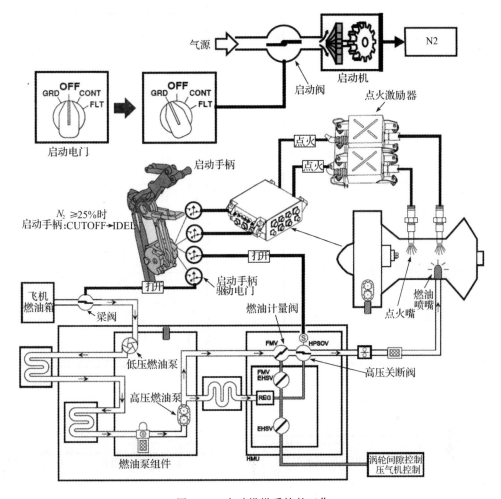

图 4 - 5　启动操纵系统的工作

（1）用启动机启动发动机,但没有将燃油输送到燃烧室。

（2）干转发动机可用于清除发动机湿转后没有燃烧的燃油。排气尾锥中滑油污迹是常见的,发动机干或湿转后,排气尾锥中有大量的滑油污迹是正常的。

（3）在必要时对所有维护工作使用干转程序来运转发动机(除非指定采用湿转程序)。

（4）干转发动机可以打开风扇整流罩和反推整流罩。

### 4.3.2　干冷转准备程序

（1）设置电门位置(见图 4 - 6～图 4 - 8)。

1)P5 板上 L PACK 和 R PACK 电门处于 OFF 位。

2)P5 板上 WING ANTI - ICE,ENG 1 ANTI - ICE 和 ENG 2 ANTI - ICE 电门处于 OFF 位。

3)P5 板上引气隔离阀电门处于 OPEN 位。

4)P5 板上 BLEED 1 和 BLEED 2 电门处于 OFF 位。

5)P5 板上 ENG 1 和 ENG 2 EEC 电门显示为 ON。

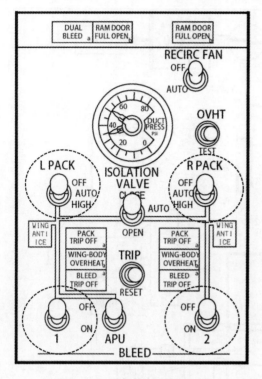

图 4-6 引气控制面板（P5）

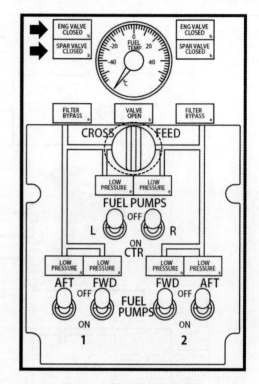

图 4-7 燃油控制面板（P5）

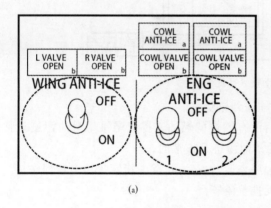

(a)

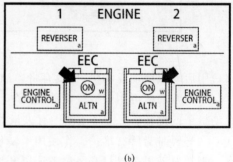

(b)

图 4-8 防冰和发动机控制面板（P5）

(a)防冰控制面板；(b)发动机控制面板（P5）

6)P2 板上两个振动指示为零。

(2)断开对应发动机的点火跳开关。对于 1 号发动机，断开 P18-2 面板上的两个点火跳开关并挂上安全标签："ENGINE 1 IGNITION RIGHT"和"ENGINE 1 IGNITION LEFT"。

对于 2 号发动机，断开 P6-2 面板上的两个点火跳开关并挂上安全标签："ENGINE 2 IGNITION RIGHT"和"ENGINE 2 IGNITION LEFT"。

(3)将燃油增压泵压力供到发动机燃油泵进口。燃油泵和液压机械装置（HMU）需要燃油润滑，只有燃油增压泵向燃油泵进口提供燃油时才能冷转发动机。

1)确认对应发动机的梁阀跳开关闭合。

对于 1 号发动机,P6 - 3 板上的"FUEL SPAR VALVE ENG 1"跳开关闭合。

对于 2 号发动机,P6 - 3 板上的"FUEL SPAR VALVE ENG 2"跳开关闭合。

2)将对应发动机启动手柄移至 IDLE(慢车)位置。

3)确认 P5 顶板上对应的"SPAR VALVE CLOSED"灯明亮(BRIGHT),然后灯熄灭。此灯明亮指示梁阀在转换过程或梁阀实际位置与指令位置不一致。灯灭表示梁阀打开。

4)对应的"ENG VALVE CLOSED"灯明亮显示,并且不会熄灭,表明 HPSOV 处于关闭状态。这是因为液压机械装置(HMU)内的 HPSOV 是燃油压力作动的阀门,只有在 N2 转动,发动机燃油泵输出压力时才能打开。

(4)断开对应发动机的梁阀跳开关并挂上安全标签。

1)对于 1 号发动机,断开 P6 - 3 板上的"FUEL SPAR VALVE ENG 1"跳开关。

2)对于 2 号发动机,断开 P6 - 3 板上的"FUEL SPAR VALVE ENG 2"跳开关。

(5)将对应发动机启动手柄移到 CUTOFF 位。

(6)将对应发动机燃油增压泵电门作动到 ON 位。

(7)确保 P5 板上的燃油交输供油电门处于关闭位。

### 4.3.3　干冷转操纵程序

将对应发动机启动电门旋到 GRD 位,应确保下列情况发生。

(1)在中央 DU 上,START VLV OPEN 信息显示。

(2)如果地面气源车或其他发动机供气源,则可观察到引气总管压力降低。

(3)如果 APU 提供气源,则会看见引气总管压力增加,这是由于 APU 进入主发动机启动(MES)模式,其提供增强的气流和压力。

(4)在中央 DU 上观察到 N1 和 N2 转子的指示。

(5)地面人员观察到 N1 转子逆时针方向开始转动。

(6)当发动机转动时,确保观察到正的滑油压力指示。

(7)在中央 DU 上,确保 $N_2$ 速度稳定在 24%~32%。

随着启动阀的打开,启动机工作压力约为 25 ~55 psi(173 ~380 kPa)。

在发动机冷转时,启动机前二次工作持续工作时间不能超过 15 min,在启动机二次工作时间间隔至少 2 min。在这两次工作完成之后,随后的启动机工作时间不能超过 5 min,而且至少要等待 10 min 才能进行下一次工作。

### 4.3.4　发动机湿冷转

发动机湿冷转程序主要有以下特点。

(1)启动机启动发动机,并将燃油供到燃烧室,但没有点火。

(2)仅对所有要求湿运转发动机的维护工作使用此程序。

(3)发动机干或湿转后,排气尾锥中有大量的滑油污迹是正常的。

(4)湿冷转发动机可以打开风扇整流罩和反推整流罩。

### 4.3.5  湿冷转准备程序

(1)设置电门位置。

1)P5 板上 L PACK 和 R PACK 电门处于 OFF 位。

2)P5 板上 WING ANTI - ICE,ENG 1 ANTI - ICE 和 ENG 2 ANTI - ICE 电门处于 OFF 位。

3)P5 板上引气隔离阀电门处于 OPEN 位。

4)P5 板上 BLEED 1 和 BLEED 2 电门处于 OFF 位。

5)P5 板上 ENG 1 和 ENG 2 EEC 电门显示为 ON。

6)P2 板上两个振动指示为零。对于 1 号发动机,执行下列步骤。

(2)断开对应发动机的点火跳开关。

1)对于 1 号发动机,断开 P18 - 2 面板上的两个点火跳开关并挂上安全标签:"ENGINE 1 IGNITION RIGHT"和"ENGINE 1 IGNITION LEFT"。

2)对于 2 号发动机,断开 P6 - 2 面板上的两个点火跳开关并挂上安全标签:"ENGINE 2 IGNITION RIGHT"和"ENGINE 2 IGNITION LEFT"。

(3)将对应发动机的燃油增压泵电门作动到 ON 位。

(4)确保燃油交输供油电门处于关闭位。

### 4.3.6  湿冷转操纵程序

(1)将对应发动机启动电门旋到 GRD 位,确保下列情况发生。

1)在中央 DU 上,START VLV OPEN 信息显示。

2)如果地面气源车或其他发动机供气源,则可观察到引气总管压力降低。

3)如果 APU 提供气源,则会看见引气总管压力增加。这是由于 APU 进入主发动机启动(MES)模式,其提供增强的气流和压力。

4)在中央 DU 上观察到 N1 和 N2 转子的指示。

5)地面人员观察到 N1 转子逆时针方向开始转动。

6)确保没有发现排气温度上升。这是发动机内部或尾喷管失火的迹象。如果该情况发生,则将启动手柄作动到 OFF(关断)位,并干转发动机灭火。

(2)当 $N_2 \geqslant 20\%$ 时,将对应发动机的启动手柄扳到 IDLE(慢车)位置,确保下列情况发生。

1)P5 顶部板上的 ENG VALVE CLOSED 和 SPAR VALVE CLOSED 灯明亮(活门转换时或者活门与指令位置不一致时),然后熄灭(活门打开)。

2)观察到正的滑油压力和正的燃油流量指示。

3)冷转发动机最多 15 s 或直到看见主燃油喷嘴的燃油蒸气。

(3)将对应发动机启动手柄放置到 CUTOFF 位,停止湿转程序。继续冷转发动机 60 s 以清除所有的残余燃油。在中央 DU 上,确保燃油流量指示降为零。

(4)将相应发动机启动电门放置到 OFF 位。

在中央 DU 上,确保 START VLV OPEN 信息消失。

(5)对应发动机的燃油增压泵电门扳到 OFF 位。

(6)去掉安全标签并闭合跳点火开关。

1)对于 1 号发动机:P18 - 2 ENGINE 1 IGNITION RIGHT 和 ENGINE 1 IGNITION LEFT 跳开关闭合。

2)对于 2 号发动机:P6 - 2 ENGINE 2 IGNITION RIGHT 和 ENGINE 2 IGNITION LEFT 跳开关闭合。

## 4.4　正推力操纵系统

### 4.4.1　推力手柄组件

可使用推力手柄为发动机操纵系统提供手动输入。共有两个推力手柄组件,每台发动机有一个。每台发动机都有一个正推力手柄和一个反推力手柄。反推力手柄安装于正推力手柄上,如图 4 - 9 和图4 - 10 所示。

下列推力手柄组件中的部件可将推力指令传送到解算器。

(1)正推力手柄。

(2)反推力手柄。

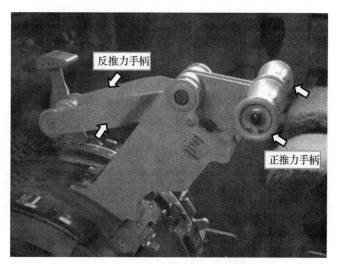

图 4 - 9　正推力和反推力手柄

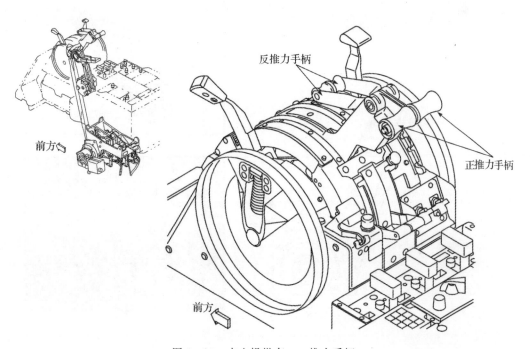

图 4 - 10　中央操纵台——推力手柄

（3）操纵连杆。

（4）摇臂。

（5）推力连杆。

以下这些部件操纵摇臂。

（1）正推力手柄。

（2）反推力手柄。

（3）操纵连杆。

正推力手柄和摇臂在同一根轴上，但它们的运动相互独立。当操纵推力手柄时，机械信号传递路径是正推力手柄→操纵连杆→摇臂→推力连杆→摩擦制动装置→解算器，如图4-11所示。

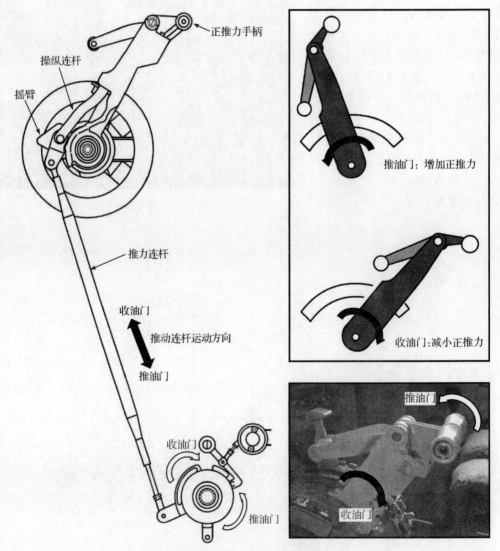

图 4-11　推力手柄组件

当向前推正推力手柄（推油门）时，反推力手柄的位置将操纵连杆锁定在正推力手柄上，操纵力通过操纵连杆传到摇臂,摇臂通过推力连杆与离合器组件和自动油门组件内的解算器连接。

当向后拉正推力手柄(收油门)时,操纵连杆向上移动,操纵力通过操纵连杆传到摇臂,摇臂通过推力连杆与离合器组件和自动油门组件内的解算器连接。

调节推力连杆的长度,可以改变推力手柄位置与解算器位置之间的相互关系。

测量移动推力杆的摩擦力,确保摩擦力是在限制范围之内。

### 4.4.2　推力手柄解算器(Resolver)

1. LVDT 和 RVDT

LVDT(Linear Variable Differential Transformer)是线性可变差动变压器的缩写,用来测量线性位移。如图 4-12 所示,LVDT 是由同心分布在线圈支架上的一个初级线圈和两个次级线圈组成,线圈组件内有一个可自由移动的杆状磁芯(铁芯),铁芯一端与被测物体连接。当被测物体移动时,铁芯被带动在线圈内移动,从而改变了该空间的磁场分布,进而改变了初级、次级线圈之间的感应电动势。当初级线圈供给一定频率的交变电压时,次级线圈就产生了感应电动势。铁芯的位置不同,次级线圈产生的感应电动势也不同。当铁芯处于中间位置时,两个次级线圈产生的感应电动势相等,这样输出电压为 0。当铁芯在线圈内部移动并偏离中心位置时,两个次级线圈产生的感应电动势不相等,有电压输出,其电压的大小取决于位移量的大小。为了提高传感器的灵敏度,改善传感器的线性度,增大传感器的线性范围,设计时将两个线圈反串相接,两个次级线圈的电压极性相反,LVDT 输出的电压是两个次级线圈的电压之差(V1-V2),这个输出的电压值与铁芯的位移量成线性关系。

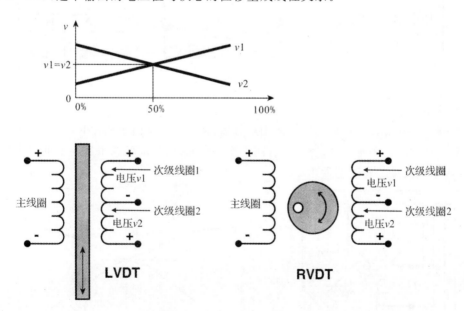

图 4-12　线性可变差动变压器(LVDT)/旋转可变差动变压器(RVDT)

RVDT(Rotary Variable Differential Transformer)是旋转可变差动变压器的缩写,属于角位移传感器,可以用于探测旋转部件的角位移传感器。它采用与 LVDT 相同的差动变压器原理,即把机械部件的旋转传递到角位移传感器的轴上,带动与之相连的铁芯,改变线圈中的感应电压,输出与旋转角度成比例的电压信号,如图 4-12 所示。

　　RVDT/LVDT 属于非接触传感器,理论上具有无限分辨率,使用寿命长,精度高。在 CFM56-7B 发动机系统中,LVDT 应用于直线运动部件的位置传感器。如 VBV(可调放气阀)、VSV(可调静子叶片)、TBV(瞬时放气阀)、HPTACC(高压涡轮主动间隙控制)阀作动筒位置传感器。在反推移动套筒每一个半环上的机械锁作动筒也安装有 LVDT,以感受反推移动套筒的位置。在液压机械装置内的 FMV(燃油计量阀)的位置传感器则采用了解算器,如图 4-13 所示。

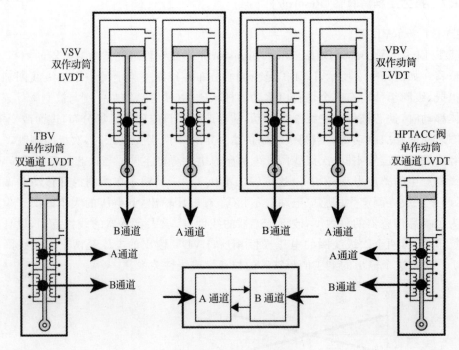

图 4-13　LVDT 的应用

### 2. 解算器(Resolver)

　　解算器是一种旋转位移传感器。使用解算器(Resover)是由于相比 RVDT,它测量角位移更加精确。如图 4-14 所示,解算器也有两个次级线圈,但移动的芯子是一个可旋转的初级线圈,此线圈由被测量的转动部件驱动。

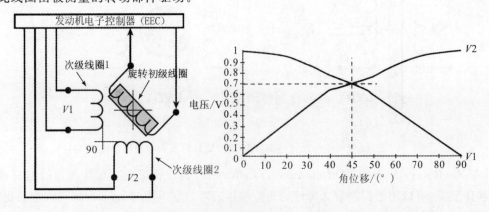

图 4-14　解算器(RESOLVER)

EEC 通道的输出端提供励磁电压到初级线圈,随着转动部件角位移的变化,旋转主线圈改变了两个次级线圈的感应电压。每一组 $V1$ 和 $V2$ 的电压值,都对应一个角位移。两个次级线圈的感应电压($V1$ 和 $V2$)即角位移的电信号供往 EEC。

3. 推力手柄解算器

CFM56-7B 发动机推力手柄角位移传感器使用解算器而不是 RVDT 作为推力手柄的旋转位移传感器。

有两个推力手柄解算器组件,每一台发动机一个。每个推力手柄解算器组件有两个解算器,一个传送信号到 EEC 的 A 通道,另一个到 EEC 的 B 通道。推力手柄解算器将正推力和反推力手柄的机械角位移转变成推力手柄解算器角度(TRA)模拟电信号传送到 EEC,如图 4-15 和图 4-16 所示。

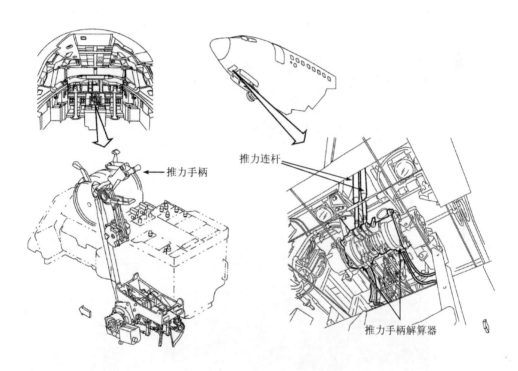

图 4-15 推力手柄解算器的位置

### 4.4.3 推力手柄联锁机构

推力手柄联锁机构防止同时操纵正推力手柄和反推力手柄,确保获得可靠的正推力或反推力。正推力和反推力手柄之间,一个手柄的运动能力由另一手柄的位置决定。如果正推力手柄在"慢车"位稍靠前的位置,则不能提起反推力手柄离开"收进"位;如果正推力手柄收回到"慢车"位,向后提起反推力手柄稍微离开"收进"位,则不能前推正推力手柄,如图 4-17～4-19 所示。

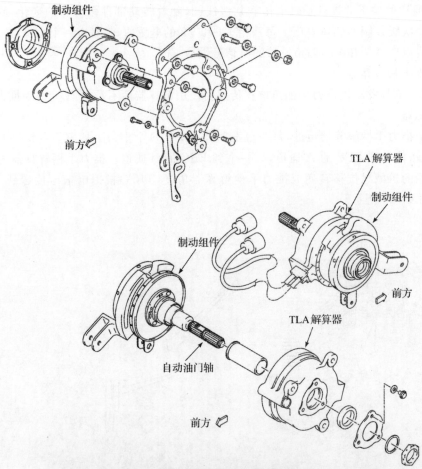

图 4-16  TLA 解算器和制动组件

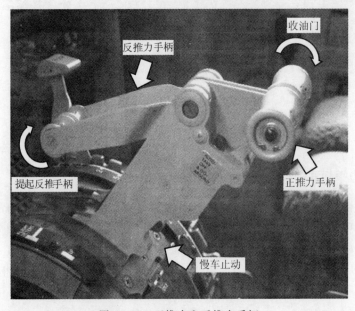

图 4-17  正推力和反推力手柄

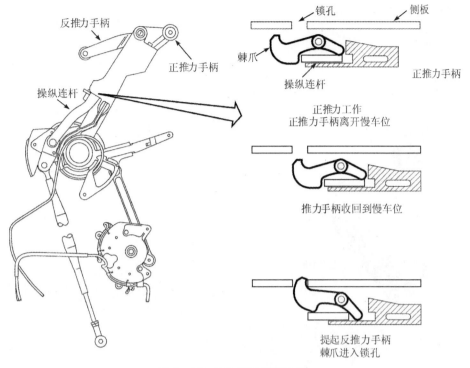

图4-18　推力手柄联锁机构

在正、反推力手柄之间的手柄联锁机构实际上是一个连接在正推力手柄上的棘爪。当正推力手柄收回到"慢车"位时,棘爪正好对准中央操纵台推力手柄侧板上的一个锁孔。当向后提起反推力手柄离开"收进"位时,操纵连杆迫使棘爪进入锁孔,将正推力手柄锁定在"慢车"位;当反推力手柄被压下回到"收进"位时,操纵连杆将棘爪推离锁孔,正推力手柄开锁。当前推正推力手柄离开"慢车"位(推油门)时,棘爪脱离手柄侧板上的锁孔,如果此时操纵反推力手柄,操纵连杆作用到棘爪上的力受到操纵台侧板的阻挡(此时棘爪没有对准锁孔,因此不能进入锁孔。只有正推力手柄在慢车位置时,棘爪才能够插入锁孔内),因此不能扳动反推力手柄离开"收进"位,即反推手柄被锁定在收进位,如图4-19所示。

综上所述,推力手柄联锁机构可使正推力手柄不在慢车位置时,反推力手柄被锁定在收进位;只有将正推力手柄收回到慢车位置时,才能提起反推力手柄。当反推力手柄不在收进位时,正推力手柄被锁定在慢车位。从而有效的防止同时操纵正推力手柄和反推力手柄。

# 4.5　反推力操纵系统

### 4.5.1　反推力手柄机构

反推力操纵机构采用与正推力操纵机构相同的传动路径。由于推力手柄联锁机构的作用,只有在正推力手柄收回到慢车位置时才能提起反推力手柄。当反推力手柄稍稍离开反推收进位,正推力手柄被锁定在慢车位。

当操纵反推力手柄时,操纵机械信号传递路径:反推力手柄→操纵连杆→摇臂→推力连杆

→摩擦制动盘→解算器。

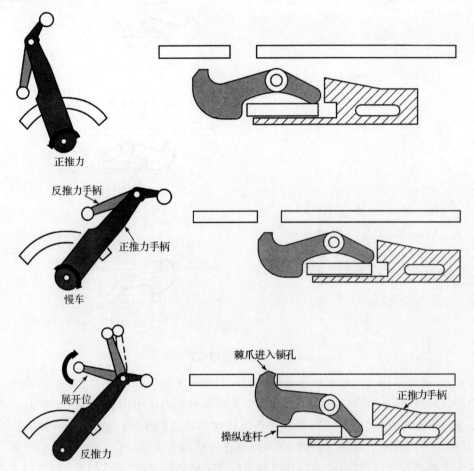

正推力

反推力手柄

正推力手柄

慢车

展开位

反推力

棘爪进入锁孔

正推力手柄

操纵连杆

图 4-19 推力手柄联锁机械的锁定原理

当反推装置处于收进位置时,反推力手柄在反推收进位,此时反推手柄被完全压下。当操纵反推装置时,提起反推力手柄到达反推展开位,此时由于反推联锁机构的限动作用,不能继续提起反推力手柄,此时发动机保持在慢车功率状态。只有当反推移动套筒展开到至少 60% 位置时,反推联锁机构开锁,可继续从展开位向最大反推功率位置方向扳动反推力手柄,使发动机反推功率增加,如图 4-20 所示。

### 4.5.2　反推联锁机构

反推联锁机构用于当反推移动套筒没有接近展开时,限制发动机反推功率在慢车功率。防止在反推装置没有展开的情况下,增加反推功率。

反推联锁机构包括旋转作动器、作动杆、锁爪以及制动轮上的凸起型面组成,如图4-21所示。

在反推装置展开操纵过程中,反推力联锁旋转作动器内的电磁线圈通电,允许进一步提起反推力手柄。如果反推力联锁旋转作动筒电磁线圈不导通,就不能进一步提起反推力手柄以增加反推力功率。只有当反推移动套筒展至 60% 完全展开位置时,电磁线圈通电。每个

EEC 控制两个电磁线圈中的一个。

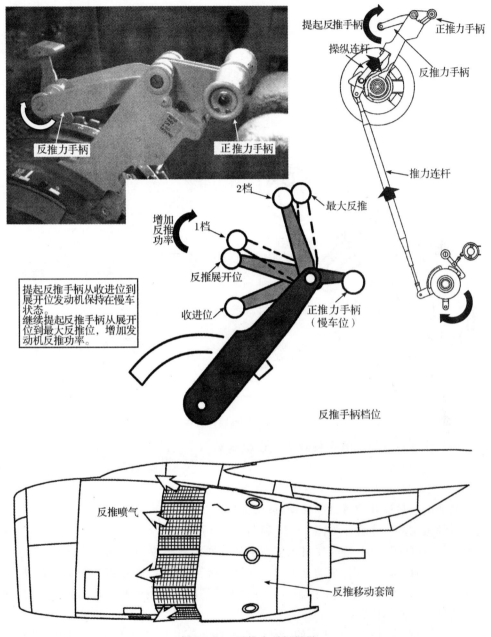

图 4-20　反推力手柄操纵

　　每个推力手柄组件有一个旋转作动器,它们是旋转式电磁作动器。每个反推力联锁作动器通过作动杆操纵一个联锁锁爪。正常操纵反推力装置时,当提起反推力手柄至展开位置时,在制动盘上的一个凸起型面卡住锁爪,因而阻止了制动盘的旋转,并限制反推力手柄的进一步移动。此时,反推手柄的运动足以作动电门,指令反推装置展开。

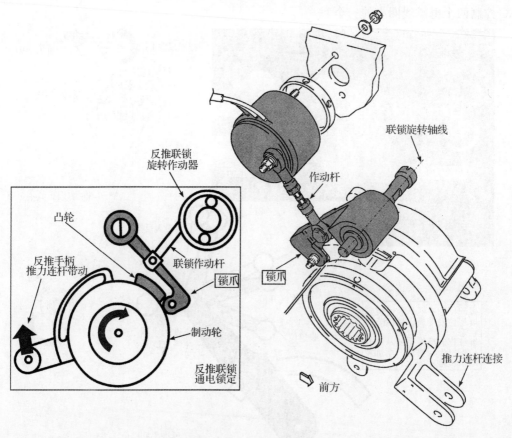

图 4-21　反推联锁机构

　　每个旋转作动器内的电磁线圈都连接至 EEC 的两个通道(通道 A 和通道 B)。EEC 从每个反推移动套筒的 LVDT 接收移动套筒的位置信号。当两个移动套筒都处在大于 60％的展开位时,EEC 使旋转作动器电磁线圈通电,锁爪脱离制动盘上的凸起型面,反推联锁开锁,反推力手柄就能够通过展开位置继续移动,以增大反推功率。

　　反推联锁机构的工作程序如图 4-22 和图 4-23 所示。

　　(1)使用反推装置之前,首先要将正推力手柄收回到慢车位,此时提起反推力手柄到展开位,由于反推联锁机构的作用,制动盘上的凸起型面被锁爪阻挡,不能继续转动,因此反推手柄不能继续扳动,发动机仍处于慢车状态。此时推力手柄联锁机构的棘爪进入到侧板的锁孔中,正推力手柄被锁定慢车位置。

　　(2)反推手柄从收进位向展开位的运动作动反推准备电门、展开电门、同步锁电门等,指令反推装置展开。

　　(3)反推力控制组件向反推作动筒输送液压压力,使反推移动套筒向后展开。

　　(4)当两个移动套筒都处在大于 60％的展开位时,EEC 使旋转作动器电磁线圈通电,锁爪脱离制动盘上的凸起型面,反推联锁开锁。

　　(5)此时允许进一步提起反推力手柄以增加发动机的反推功率。

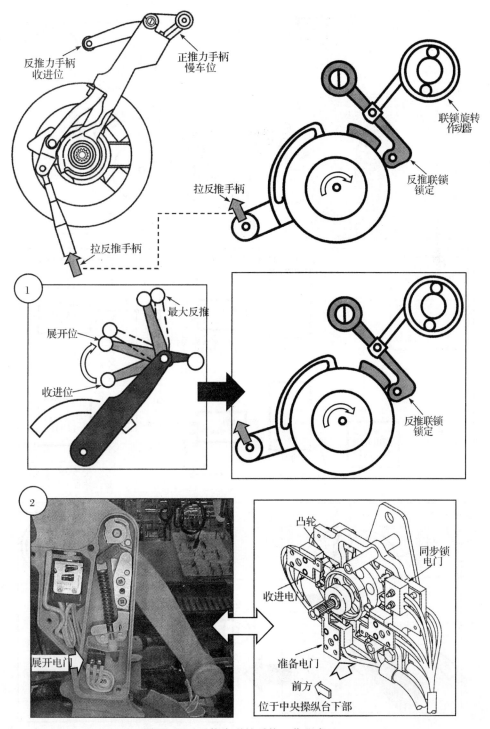

图 4-22　反推力联锁系统工作程序(1)

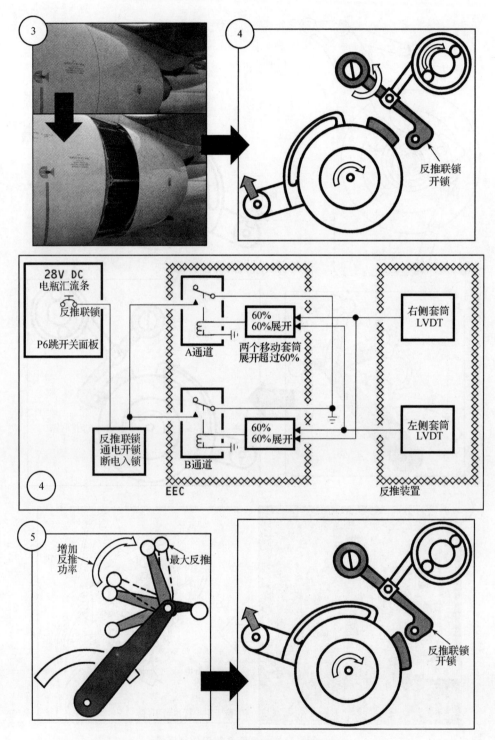

图 4-23　反推力联锁系统工作程序(2)

## 4.6　自动油门电门组件

有两个自动油门电门组件,每个推力手柄组件一个。每一个推力手柄组件通过一个推力连杆驱动一个电门组件。每个电门组件有 9 个电门,可以提供离散的推力手柄位置信号到各个系统,如图 4 - 24 所示。

(1)S1——自动地面减速板控制和起落架警告。

(2)S2,S3——自动刹车系统。

(3)S4——发动机反推同步锁。

(4)S5,S6——发动机反推控制。

(5)S7——机翼热防冰系统。

(6)S8——音响警告-起飞警告、气象雷达。

(7)S9——起落架警告。

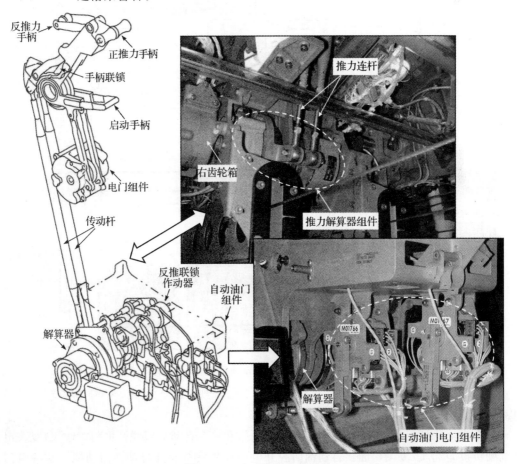

图 4 - 24　自动油门电门组件

这些电门为接触电门,容易污染和接触不良。为了接近电门组件包,需要打开前起落架前部的接近门进入前设备舱。

# 4.7 自 动 油 门

自动油门系统工作时驱动自动油门伺服电机(ASM)，伺服电机通过离合组件带动推力手柄角度解算器和推力手柄，共同移动到所需推力位置，如图 4-25 所示。

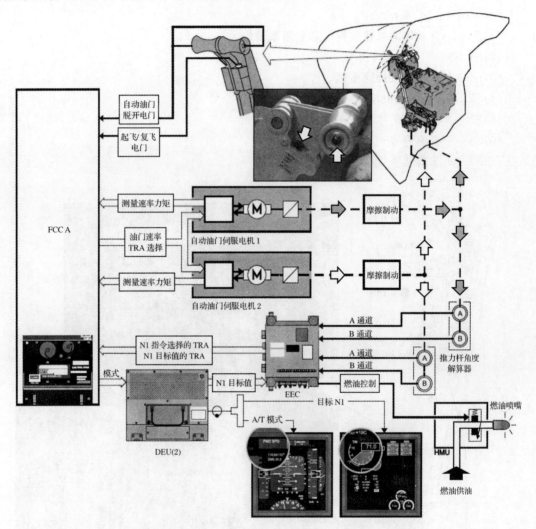

图 4-25 自动油门系统

自动油门系统的推力管理功能提供推力指令信号到 EEC。因此，ASM 和齿轮箱组件通过离合器组件驱动 TLA 解算器和推力手柄。

每个推力手柄组件内都有一个起飞/复飞电门和一个自动油门脱开电门。起飞/复飞电门让驾驶员设定起飞/复飞功能。自动油门脱开电门让驾驶员脱开自动油门功能。这些电门的指令按钮正好位于正推力手柄手柄下部和上部。

离合器让自动油门系统作动解算器和推力手柄。离合器也提供摩擦力以防止推力手柄的自由移动，但允许驾驶员独立于自动油门操纵推力手柄。

# 4.8 发动机操作限制

## 4.8.1 发动机推力限制

**1. 起飞推力**

起飞推力是能够使用的最大推力。起飞推力最多能使用 5 min。如果使用起飞推力超过 5 min,必须记录下发动机超过起飞推力工作的时间,且必须进行发动机超限和高应力工作检查。

**2. 最大连续推力**

最大连续推力是能连续使用的最大推力。它只能在应急情况下,由机长决策使用。

**3. 最大爬升推力**

最大爬升推力是飞机正常爬升过程中允许使用的最大推力。

**4. 最大巡航推力**

最大巡航推力是飞机正常巡航飞行中允许使用的最大推力。

**5. 慢车**

发动机有两种慢车模式:进近慢车和最小慢车。FADEC(全权限数字式发动机控制)系统基于飞机的输入自动选择使用哪种慢车模式。慢车转速随高度的变化而改变。进近慢车在飞行中可使发动机以最快速度加速到起飞功率。在进近慢车模式下,将正推力手柄置于慢车位可获得进近慢车。最小慢车是发动机能稳定工作的最低转速工作状态,此时发动机达到最小推力值。在最小慢车模式下,将正推力手柄门杆置于慢车位可获得最小慢车。

飞行中,最小慢车会随下列参数而改变:最小压气机排气压力、最小 $N_2$(高压转子转速)、总的引气量、环境控制系统、飞行高度和防冰选择。

## 4.8.2 高低压转子超速限制

转子超速限制即为红线极限:$N_1$ 最大转速极限为 104%,对应低压转子转速为 5 382 r/min;$N_2$ 最大转速极限为 105%,对应高压转子转速为 15 183 r/min,见表 4 - 1。

在发动机指示系统中不采用 RPM 指示发动机转子转速,而是采用特定发动机转速的百分比指示发动机转速。N1(低压转子)的特定转速为 5 175 r/min,即 100%$N_1$ = 5 175 r/min;而 N2(高压转子)的特定转速为 14 460 r/min,即 100%$N_2$ = 14 460 r/min。

表 4 - 1 发动机操作限制

| 工作情况 | | 操作限制 | | | |
|---|---|---|---|---|---|
| 最大允许工作转速 | $N_1$—104%(5 382 r/min) | 时间限制 | 排气温度(EGT)/℃ | 滑油压力 psi | 滑油温度 ℃ |
| | $N_2$—105%(15 183 r/min) | | | | |
| 启动 | | 2 min | 725 | 有指示 | −40 ~140 |
| 低慢车 | | 持续 | 450 ~650 | 13(最小) | −40 ~140 |
| 高慢车 | | 持续 | — | 13(最小) | −40 ~140 |
| 最大巡航 | | 持续 | 925 | 27～75 | −40 ~140 |

**续表**

| 工作情况 | | 操作限制 | | | |
|---|---|---|---|---|---|
| 最大允许<br>工作转速 | $N_1$—104%（5 382 r/min）<br>$N_2$—105%（15 183 r/min） | 时间限制 | 排气温度<br>（EGT）/℃ | 滑油压力<br>psi | 滑油温度<br>℃ |
| 最大爬升 | | 持续 | 925 | 27～75 | −40～140 |
| 最大连续 | | 持续 | 925 | 27～75 | −40～140 |
| 起飞 | | 5 min | 950 | 27～100 | −40～140 |
| 起飞（EGT 瞬变） | | 20 s | 960 | 27～100 | −40～140 |

### 4.8.3 排气温度（EGT）限制

地面启动发动机时，EGT 极限值为 725℃（1 337°F）。在起飞功率时，发动机 EGT 限制为 950℃（1 742°F）。起飞功率允许的时间总计为 5 min。EGT 低于 925℃（1 697°F），可持续工作，没有时限。EGT 瞬时达到 960℃（1 760°F）是允许的，但最长时间不能超过 20 s。

EGT 超过限制会产生超温状态。在发动机运转期间，如果出现燃油流量迅速升高，高发动机转速，或发动机温度增加，则说明可能发生或已经发生超温状态。当确认已经发生超温状态或将要发生超温状态时，按照正常发动机停车程序，减低推力到慢车，操作发动机停车。必须避免应急停车，除非确定发动机继续运转会引起额外的发动机损坏。使用公共显示系统（CDS）记录所有发动机超温工作的持续时间和最高温度。温度和持续时间对于发动机检查和排故非常必要。

### 4.8.4 滑油压力、温度和消耗量限制

1. 滑油压力限制

最小慢车时，最小滑油压力为 13 psi（76 kPa）。在低温下启动和起飞，滑油压力会高于正常操作限制。当 $N_2$ 转速增加时，最小慢车下必须有至少 13 psi（76 kPa）的压力。随着 $N_2$ 转速的增加，主滑油压力必须保持在正常工作限制范围内，如图 4 - 26 所示。

2. 滑油温度限制

最高持续滑油温度是 140℃（284°F）。最高滑油温度为 155℃（311°F），但在此温度下工作时间不能超过 45 min。最低滑油温度为 −40℃

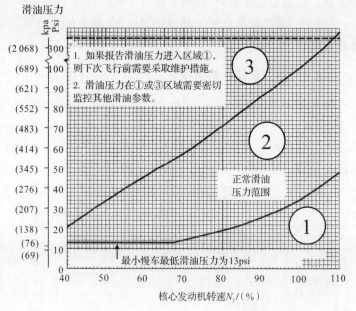

图 4 - 26　滑油压力随 $N_2$ 转速变化曲线

（−40°F）（对于Ⅱ型滑油）。Ⅰ型滑油最低滑油温度是 −54℃（−65°F）。发动机启动后，起飞推力设定之前，滑油温度必须显示温度升高。

**3.滑油消耗量限制**

不得使用未经批准的发动机滑油类型或品牌。如果这样做,会损坏发动机。

滑油消耗量一般为 0.4 quart[①]/h(夸脱/小时)或 0.1 gal[②]/h(即 0.38 L/h)。

如果发生下列情况之一,必须使用故障隔离手册(FIM)查找滑油消耗的原因。

(1)滑油消耗量有逐渐增加的趋势。

(2)滑油消耗量突然增加。

(3)滑油消耗量超过 0.8 quart/h 或 0.2 gal/h(即 0.76 L/h)。

### 4.8.5　发动机振动限制

在驾驶舱显示器上显示的最大振动值是 4.0,如果发动机振动值在 $3.0\sim4.0$ 之间,参照各公司的规定确定是否需要查明原因并进行纠正。如果发动机低压转子(N1)的振动值大于 4.0 或高压转子(N2)的振动值大于 3.0,使用故障隔离手册(FIM)找出原因并进行纠正。通常的情况是,当振动值超过 3 时就要做相应的检查。

### 4.8.6　压气机失速限制

压气机失速是由气体分离引起的。气体分离可能是吸入外来物或外来物导致的损伤、叶片变形、VSV 失效等引起的。

**1.压气机失速的现象**

压气机失速主要有下列现象。

(1)发动机声音异常不正常的发动机声音。

(2)排气中有火焰。

(3)最严重的情况是进气道喷出火焰。

(4)发动机性能参数不稳定。

(5)油门(操纵推力手柄)反应慢或没有反应。

(6)高 EGT 或当推油门时 EGT 迅速上升。

**2.发生压气机失速后采取措施**

(1)快速(1~2 s 内)收回油门杆至慢车位以消除失速。确认 EGT, $N_2$ 转速是否下降至慢车水平,检查振动是否降至正常水平。

(2)缓慢前推油门杆,并检查发动机参数是否正常。如正常则继续进行其他测试。

(3)如果前推油门杆后失速再次发生,则在慢车位运转 3 min 之后停车排故。记录失速发生时发动机的工作情况,有助于排除故障。

### 4.8.7　反推力限制

只有将正推力手柄收回到慢车位置时才能提起反推力手柄,提起反推力手柄的位置不能使 $N_1$ 转速超过 40%,即最大反推力 $N_1$ 转速为 2 070 r/min。只要 $N_1$ 转速不超过 40%,反推装置的工作没有时间限制。

---

① 　1 quart=0.946 L,此处为美制单位。

② 　1 gal=3.785 L,此处为美制单位。

### 4.8.8　启动机限制

启动机使用空气压力范围:25～55 psi。

**1. 正常启动**

正常启动没有次数限制,每次启动时间不超过 2 min,每一次再启动之间等待 10 s。

**2. 延时启动**

最先两次延时启动允许每次启动不超过 15 min,中间等待最少 2 min。随后的延时启动允许启动机每次工作不超过 5 min,且中间等待最少 10 min。发动机干冷转和湿冷转适用于发动机延时启动。

**3. 启动机衔接**

正常情况下不要在慢车或慢车之上衔接(接通)启动机。如果启动机在大于等于慢车转速时衔接超过 30 s,建议在随后方便时候将启动机拆下检查。吹除发动机内部火焰或 EGT 超温时,允许在 30% $N_2$ 时衔接启动机。

### 4.8.9　发动机点火限制

如果出现压气机失速,则在发动机运转时和发动机启动后,必须停止点火以防止超温状态。

### 4.8.10　发动机进口整流罩防冰限制

当场温超过 65°F(18℃)时,不得使用发动机进口整流罩防冰系统超过 30 s。当场温小于等于 65°F(18℃)时,整流罩防冰系统的工作没有时限。

### 4.8.11　发动机整流罩打开限制

发动机正常运转时,风扇整流罩和反推整流罩都是关闭并锁定的。发动机冷转时,包括干冷转和湿冷转,风扇和反推整流罩都可以打开,但 $N_2$ 最大转速不超过 24%～28%。发动机处于慢车状态时,只允许打开风扇整流罩,不能打开反推整流罩,也不能展开反推移动套筒。但是慢车时,风力大于 20 节,阵风大于 30 节情况下,风扇整流罩也不能打开。当发动机在慢车以上工作时,风扇和反推整流罩都不能打开。

## 4.9　发动机地面操作

### 4.9.1　地面启动发动机程序

在启动发动机之前要做好相关的准备工作,将相关电门设置到正确位置。可以使用双点火或单点火启动发动机。如果使用单点火,在下一次启动时,点火选择电门必须换到另一位置,如图 4-27 所示。

如果使用单点火,将点火选择电门

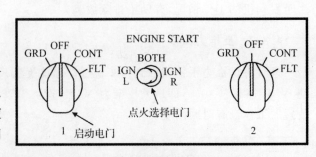

图 4-27　启动电门和点火选择电门

扳到 L IGN 或 R IGN；如果使用双点火，将点火选择电门扳到 BOTH 位置。

**注意：**如只使用电瓶电源启动，点火选择电门扳到 R IGN 位置。

（1）将发动机启动电门扳到 GRD 位并松手，确认以下情况。

1）如果只用电瓶电源启动，启动时只有 $N_1$ 和 $N_2$ 指示，其他指示在 12％～15％ $N_2$ 以后才会出现。

2）中央显示组件上，出现 START VLV OPEN（启动阀打开）信息，$N_1$，$N_2$ 有指示。

3）如果使用地面气源车或另一台发动机的引气启动，管道压力下降。

4）如使用 APU 引气启动，管道压力上升。

APU 在主发动机启动（MES）模式时，会增加引气流量和引气压力。当发动机启动电门放在 GRD 位，启动阀打开时，MES 模式作动。

（2）地面警戒人员看到 N1 逆时针转动。

（3）操纵启动手柄。在发动机高压转子转速达到 25％ $N_2$ 或最大冷转转速（必须不低于 20％ $N_2$）之前，不要提启动手柄。否则，将导致热启动或启动悬挂，损坏发动机。当 $N_2$ 达到 25％或最大冷转转速时，将启动手柄设置到 IDLE（慢车）位置。如果 $N_2$ 低于 25％，当 $N_2$ 达到最大冷转转速时，可以将启动手柄扳到 IDLE 位。

最大冷转转速是指 $N_2$ 的转速上升率每 5 s 时间上升不超过 1％，最小的最大冷转转速为 20％ $N_2$。

1）确认没有超出启动机的使用限制。

2）监控 EGT 和 $N_2$。

正常情况下，启动手柄提起 10 s 内点火（EGT 上升）。并且从发动机启动到稳定的慢车时间不超过 120 s。

3）如果 15 s 内 EGT 不上升，将启动手柄扳到 OFF 位，继续冷转发动机 60 s 以吹除余油，将启动电门旋到 OFF 位。

如果 15 s 后不点火，EEC 将自动关断 FMV（燃油计量阀）和点火系统。

（4）在发动机加速到慢车过程中，监控 EGT、燃油流量、$N_1$ 和发动机滑油指示。到慢车转速之前，确认转速上升，无缓慢上升及停止上升现象。

在标准条件下，慢车参数如下。

1）$N_1$：大约 20％。

2）$N_2$：大约 59％。

3）EGT：大约 410 ℃（770°F）。

**注意：**在不同的外界温度、是否引气以及发动机的性能状况的差异，EGT 在 320～520℃（608～968°F）之间。

4）燃油流量：大约 600 lb/h（272 kg/h）。

5）在中央显示组件上，确认无 LOW OIL PRESSURE 信息。

6）启动过程中，确认发动机主警告灯未亮。

（5）启动机脱开。在 56％ $N_2$ 或之前，启动机脱开。当启动机脱开时，启动电门从 GROUND 到 OFF 位。

1）在中央显示组件上，START VLV OPEN（启动阀打开）信息消失。

2）供气管道压力回升。

3）如果 $N_2$ 达到 56％时启动机未脱开，则出现以下几种情况：①人工将启动电门放 OFF 位；②观察 START VLV OPEN 信息消失；③如果 START VLV OPEN 信息不消失，将启动手柄扳到 OFF 位，终止启动。

（6）发动机达到慢车转速。

### 4.9.2　发动机正常停车程序

（1）提供气源。在没有气源以备冷转发动机的情况下不得停车。如果内部火警发生，必须干冷转发动机。

（2）如果发动机在高于低慢功率工作过，在停车之前先将推力手柄收回到慢车位置，然后让发动机在低慢车工作至少 3 min。

（3）将相应发动机的启动手柄置于 OFF 位。

1）在发动机停车过程中监控 EGT，$N_1$ 和燃油流量指示。EGT 和转速下降，说明发动机供油中止。

2）发动机停车后注意火警指示。如果出现火警，立即执行发动机应急停车程序。

3）当发动机停车后所有转子停转，EGT 通常会上升。

（4）将组件电门，燃油增压泵电门置于 OFF 位置。确认相应发动机的燃油低压维护信息出现。

### 4.9.3　发动机内部起火应急停车程序

如果发动机出现内部火情，执行以下步骤。

（1）把发动机推力手柄收回到慢车位置。

（2）启动手柄放置在 OFF（关断）位。

（3）在中央显示组件上监控停车时的 EGT，$N_1$，$N_2$ 和燃油流量。

（4）当 $N_2$ 减小至低于 30％时，执行以下步骤。

**警告**：在 $N_2$ 高于 30％时不能再次接通启动机。否则可能损害启动机。

1）将 P5 板上的启动电门置于"地面"位（确认转动发动机的气源压力可用）。

2）冷转发动机 30 s，或者直到火熄灭。

**注意**：如果有发动机内部火情，不用遵守启动机时间限制。

（5）如果内部火情持续，使用灭火剂灭火。

**注意**：

1）控制火情时不要使用灭火剂，除非干冷转程序失效。如果使用灭火剂，必须更换发动机。

2）在发动机启动和停车时，如果尾喷管喷火或有烟，则说明发动机内部起火。

3）EGT 有可能高于红线限制。如果 $N_2$ 低于 4％，无 EGT 指示。要保持向 EEC 供电，$N_2$ 必须高于 4％。

4）发动机热部件能抗高温。通常，如果在发动机能干冷转前允许火燃烧，对发动机损害较小。如果使用灭火剂，对发动机损害会更大。灭火瓶里的化学成份能引起腐蚀。因为发动机部件不能均匀冷却，所以会损害发动机。

### 4.9.4　发动机外部起火应急停车程序

(1)将推力手柄收回到慢车位。

(2)将启动手柄置于 OFF(关断)位置。

(3)提起位于中央操纵台 P8 板上的灭火手柄

(4)将 P5 板上的燃油箱增压泵(前泵和后泵)电门置于 OFF 位

(5)左转或右转发动机灭火手柄(释放 1 或 2)并保持 1 s。向左转动,释放的是左灭瓶,向右转动,释放的是右灭火瓶。

(6)如果火警继续存在,转动发动机灭火手柄并保持 1 s,释放另一个灭火瓶。

**注意**:灭火系统对发动机外部火情在整流罩关闭时效果好,因为系统被释放到整流罩下的封闭空间。灭火系统对发动机外部火情在整流罩打开时效果不好,因为系统被释放到发动机周围的空气中。

### 4.9.5　发动机故障或失速应急停车程序

(1)将正推力手柄收回到最小慢车位置。发动机参数突然改变,振动值增加,可以指示发动机故障,这时应停车并纠正振动或参数改变的原因。在振动和参数改变的原因被查明并纠正前不要再次启动发动机。

(2)将中央操纵台上的启动手柄置于"关断"位。

(3)找出故障类别,如果听到诸如放炮、爆炸之类的噪声,不要启动发动机。发动机熄火时,EGT,$N_2$,$N_1$ 快速减小,低滑油压力和异常的指示也会发生。

(4)如果熄火不是由发动机故障引起的,做以下步骤。

**注意**:发动机快速停车期间,当发动机转子一停止转动,通过发动机的冷却空气就会快速减少直到停止。冷却空气的突然减少导致涡轮叶片与护罩产生摩擦,低压涡轮卡死。

(5)干冷转发动机 30 s 或更久,直到 N1,N2 转子运转正常。

**注意**:干冷转发动机不要超过启动机时间限制。

(6)启动发动机以确认 $N_1$,$N_2$ 转速和主滑油压力正常。

(7)如果熄火由发动机故障引起,在干冷转或启动发动机之前要排除故障。

<h2 style="text-align:center">思　考　题</h2>

1.发动机操纵系统包括哪些部件?

2.启动手柄、启动电门和点火选择电门有几个位置?

3.启动手柄可以作动哪些电门?

4.启动系统是如何工作的?

5.什么叫发动机冷转?什么是干冷转?什么是湿冷转?

6.识别正推力手柄和反推力手柄,如何操纵?

7.推力手柄解算器的作用是什么?推力手柄如何将机械信号传送到解算器?

8.RVDT 和解算器的差异是什么?

9.推力手柄联锁机构的组成和作用是什么?

10. 反推力手柄如何将机械信号传送到解算器？

11. 如何操纵反推力手柄？为什么？

12. 反推联锁机构的组成和作用是什么？

13. 发动机最大允许工作转速是什么？

14. 排气温度、滑油温度和滑油压力的限制值是什么？

15. 正常情况下,发动机滑油消耗量为多少夸脱/小时？

16. 压气机失速主要有哪些现象？

17. 描述地面启动发动机的基本程序。如何操纵发动机正常停车？

# 第5章　发动机启动和点火系统

## 5.1　发动机启动系统

发动机的启动系统在发动机启动和冷转过程中向启动机提供气动力,气动力驱动启动机转子转动,从而带动发动机高压(N2)转子转动。

### 5.1.1　启动机气源

CFM56－7B 发动机采用气动式启动机,因而启动发动机需要气动力,气动力可以从辅助动力装置(APU)、地面气源车或另一台工作着的发动机引气获得。当利用 APU 引气启动发动机时,必须将 APU 引气阀打开。如果要用 APU 引气启动右侧发动机,还必须打开隔离阀,以使 APU 引气可通到右侧引气总管。如果用 APU 启动左侧发动机,不需要打开隔离阀。如果使用另一台工作着的发动机引气启动发动机,也必须要打开隔离阀,以实现交输供气。

如图 5-1 所示,启动 1 号发动机可以使用 APU 引气,地面气源车引气或已经运转的 2 号发动机引气,用 2 号发动机引气或地面气源车引气启动 1 号发动机都需要打开引气总管上的隔离阀。

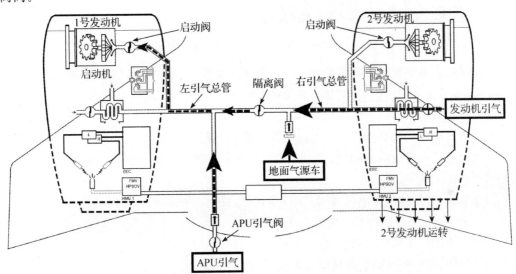

图 5-1　启动 1 号发动机的三个气源

### 5.1.2　启动系统的组成

发动机启动系统在地面和飞行中都可以工作。

发动机启动系统气动部件位于发动机左侧下部,包括上部空气管、启动阀、下部空气管和启动机。打开发动机左侧风扇整流罩可以接近这些部件,如图 5-2 所示。

有两个气动启动机导管组件。上部组件有两根导管和两个柔性接头。一端连接到发动机吊架上的气动导管;另一端连接到启动阀。下部组件有一根导管,连接启动阀到启动机。上、下导管组件都固定到风扇机匣上。

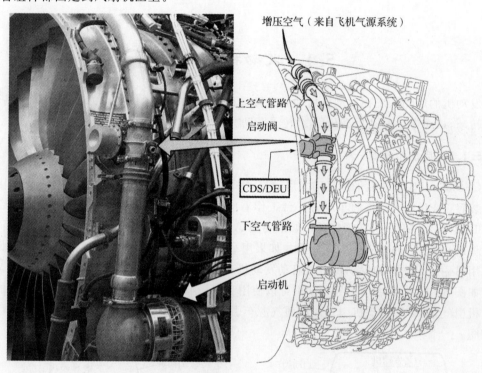

增压空气（来自飞机气源系统）

上空气管路

启动阀

CDS/DEU

下空气管路

启动机

图 5-2　发动机启动系统气动部件

发动机启动系统使用下列飞机和发动机系统或部件:气源、电源、驾驶舱电门、发动机燃油控制系统、发动机控制系统、公共显示系统(CDS),如图 5-3 所示。

1. 发动机启动电门

发动机启动电门和点火选择器电门在驾驶舱 P5 前顶板上。

发动机启动电门放到 GRD 位置以用启动机转动发动机。在启动机切断时电门自动旋转到 OFF 位置。

当有电源和气源时,当电门放到 GRD 位置时,发生以下情况。

(1) 发动机电子控制(EEC)接收启动信号。

(2) APU 接收发动机启动信号。

(3) 启动阀打开和气动启动机带动发动机 N2 转子转动。

在飞行中当不需要启动机时,机组使用 FLT(飞行)位置启动发动机,CONT 位置提供连续点火。

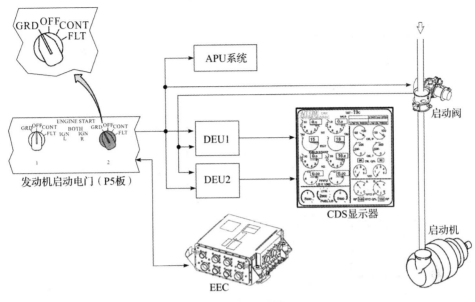

图 5-3　启动控制

### 2. 启动阀和启动机

启动阀打开以提供气压动力给启动机。通常情况下,当发动机启动电门放到 GRD 位置时,启动阀打开。启动阀位置显示在发动机显示页上。可手动打开启动阀。启动机通过发动机附件齿轮箱(AGB)驱动发动机 N2 转子。

### 3. 电子发动机控制器(EEC)

EEC 在启动时保护发动机。当 EEC 检测到发动机参数在启动期间超过限制范围时,会切断向发动机的燃油供给。EEC 位于发动机风扇机匣右侧 2:00 位置,打开右侧风扇整流罩可以接近 EEC。

### 4. 显示电子组件(DEU)

DEU 是公共显示系统(CDS)的部件。DEU 在电子电气设备舱 E3 设备架上。DEU 监控 N2 转子并使发动机启动电门回到 OFF 位置让启动机脱开。

上中央显示组件位于 P2 主面板的中央位置。发动机参数通常显示在该显示器上。参数也可显示在下部中央显示组件上。

发动机启动手柄在中央操纵台上,推力手柄的后部。

## 5.1.3　启动阀

启动阀控制到启动机的气源。发动机在地面启动,冷转发动机,或需要启动机辅助的飞行启动都可以打开启动阀。启动阀属于蝶形关断阀,是气动力打开弹簧力关闭的电控气动阀。启动阀主要由阀本体组件和作动组件组成。阀本体组件包括蝶形阀、阀传动轴、传动轴轴承和外部位置指示器,如图 5-4 所示。

作动组件包括扭力弹簧、气动作动筒、电磁阀组件、启动阀位置电门和手动超控装置。

当发动机启动电门放到 GRD(地面)位置时,启动阀电磁线圈通电,空气被引到气动作动筒。当气动作动筒的作动力超过扭力弹簧力时,启动阀打开。DEU 使用阀位置电门提供驾驶舱指示。

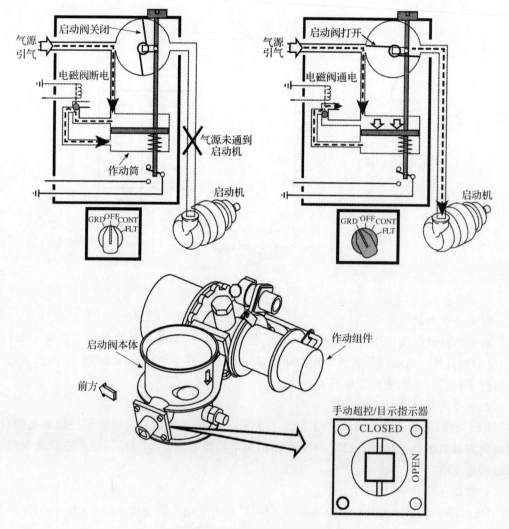

图 5-4 发动机启动阀

使用一个 3/8 in 方形驱动工具可以手动打开启动阀,如图 5-4 所示。阀本体上的目视指示器显示阀位置。左风扇整流罩上有一个接近孔,方便接近手动超控装置。在接近孔附近有操作说明,如图 5-5 所示。

在拆卸启动阀之前务必切断飞机气源,气动启动机导管内的空气压力会对人员造成伤害。

无可用气源时不得手动驱动启动阀,必须将气源供到启动阀以防止损坏作动筒簿膜。在没有气源供到启动阀的情况下,手动驱动启动阀会导致启动阀损坏。

### 5.1.4　启动机

在发动机启动或者冷转程序时,启动机将空气压力转为转动机械能,使发动机加速到启动转速。

发动机启动机用 V 型夹固定于附件传动齿轮箱的前安装面 8:00 位置。安装边上有一个定位销,可以提供安装到发动机的精确定位。

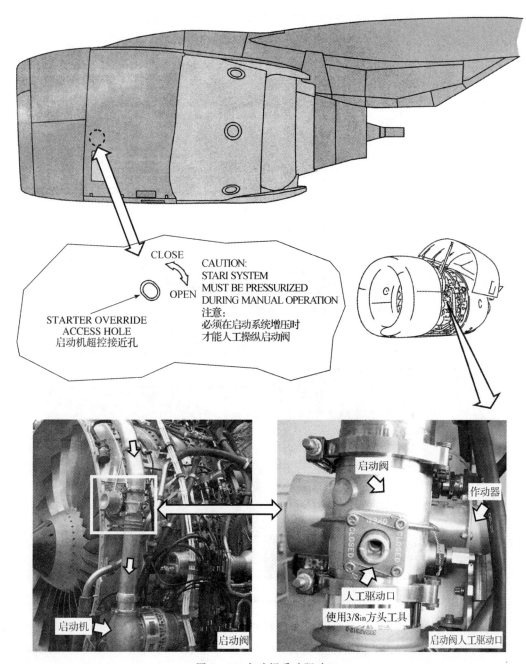

图 5-5　启动阀手动驱动口

气动式启动机有一个空气进口和一个静子组件,包括涡轮叶轮静子和转子、减速齿轮系、离合器组件和输出轴,如图 5-6 所示。

启动机中有一个单级、轴流式、涡轮空气马达。启动机使用减速齿轮和一个制动离合器驱动输出轴转动,输出轴连接到附件传动齿轮箱(AGB)。

1.启动机动力传送

气源通过一个打开的启动阀驱动在启动机内的涡轮空气马达,涡轮带动减速齿轮并接通离合器,离合器传送力矩到启动机的输出轴。只要供气源驱动涡轮转动,减速齿轮就接合离合器。启动机输出轴驱动附件传动齿轮箱（AGB），AGB 通过传动轴和其它齿轮驱动发动机高压（N2）转子。

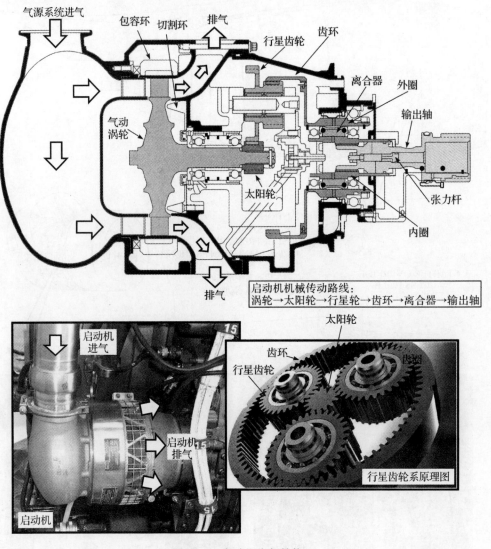

启动机机械传动路线：
涡轮→太阳轮→行星轮→齿环→离合器→输出轴

图 5-6　启动机内部结构

　　大约在 $55\%N_2$ 转速时，启动阀关闭从而切断供往启动机的气源。涡轮和减速齿轮降低转速，离合器脱开。然后启动机输出轴随着 AGB 和发动机转动，涡轮和减速齿轮继续减慢速度直到停止。

　　减速齿轮系包括 1 个太阳轮、3 个行星齿轮和 1 个齿环。减速齿轮系可将高转速、低扭矩转换成低转速、高扭矩。1 个太阳轮驱动 3 个啮合的行星齿轮，行星齿轮同时驱动 1 个齿环，以实现降低转速增大扭矩。离合器安装于齿轮系和输出轴之间，确保在发动机启动期间将气动涡轮的动力传输到输出轴，而当输出轴由发动机（N2）驱动时脱开启动机。CFM56-7B 发动机启动机离合器采用楔块式超越离合器，如图 5-7 所示。楔块式超越离合器提供减速齿轮系与发动机输出轴的连接，直到脱开转速（$56\%N_2$）。

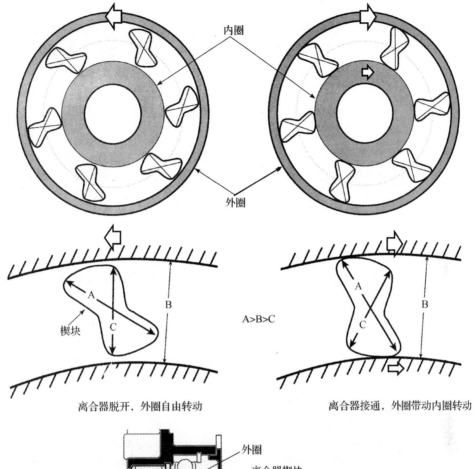

离合器脱开，外圈自由转动　　　　　　　离合器接通，外圈带动内圈转动

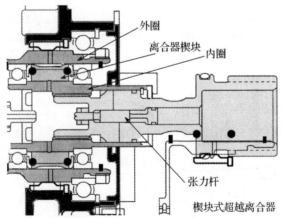

图 5-7　楔块式超越离合器

2.离合器

楔块式超越离合器是利用主动件和从动件的转速变化或回转方向变换而自动接合和脱开的一种离合器。当主动件带动从动件一起转动时,称为接合状态;当主动件和从动件脱开以各自的速度转动时,称为超越状态。驱动元件只能从单一方向使从动件转动,如果驱动元件改变方向,从动元件就自动脱离不传递动力。

如图 5-7 所示,楔块超越离合器由外环、内环、楔块、固定挡圈、挡环等组成。在低速运行时,楔块在弹簧作用下与内环保持接触,当超越转速达到某一极限时,使楔块径向与内环工作面脱开。

从启动开始至 $55\%N_2$，气动涡轮→太阳轮→行星齿轮→齿环→离合器外圈→楔块→离合器内圈，从而外圈带动内圈转动。楔块保持在一个固定倾角位置。当转速大于 $55\%N_2$ 时，内圈转速超过外圈转速时，楔块脱开，离合器处于自由状态。即启动机输出轴随发动机高压转子转动，气动涡轮和减速齿轮系会减慢速度直接停止转动。如果楔块不能脱开，出现反向驱动，即发动机高压转子带动启动机转动，一个张力杆会断裂，实现反向驱动保护。

3. 切割环和包容环

在润滑口安装有一个滤盘，防止不需要的碎屑进入到发动机。启动组件包含有一个切割环，采用三层设计，用于当轴承故障时切割气动涡轮轮缘。当推力轴承故障时，涡轮会沿轴向运动，切割环能切割轮缘。一个包容环将包容高能涡轮缘和叶片碎片（见图 5-6）。

4. 启动机润滑

来自 AGB 的滑油可用于冷却和润滑启动机重要部件。当发动机转动时，启动机持续接收 AGB 的滑油。在启动机壳体内有一个滑油泵，在启动和发动机工作过程中，可以向楔块离合器、齿轮和轴承提供滑油。滑油最终会返回到 AGB，少量滑油留在启动机内。

5. 启动机勤务

启动机有一个用于排放和加注滑油的油孔，如图 5-8 所示。该油孔带有一个磁性堵头，可以收集滑油中的金属屑。

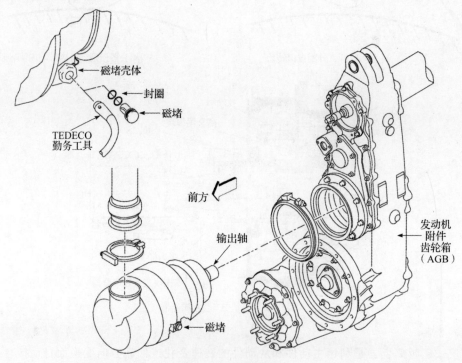

图 5-8　启动机勤务

启动机安装后无须添加滑油到启动机，但新的启动机必须要加注少量滑油（300 cc[①]）。启

---

① 1 cc=1 mL。

动机安装后，AGB 维持启动机滑油量。

启动机勤务程序如下。

（1）从启动机底部磁堵壳体上拆除磁堵，并抛弃封圈。

（2）安装一个 TEDECO DB－75 的转接头并且使用与 AGB 相同的发动机滑油给启动机补充滑油。

（3）拆除转接头，为磁堵更换新封圈。

### 5.1.5　启动机的失效模式

#### 1.启动机输出轴分离

当启动机正常运转时，动力的传动路径：气动涡轮→太阳轮→行星齿轮→齿环→离合器外圈→楔块→离合器内圈→离合器输出轴→张力杆→启动机输出轴。由于不平衡力矩的作用，使螺杆螺帽相互摩擦。由于螺帽是锻造件，当它与螺杆的螺纹发生摩擦时容易磨损变细脱落，张力杆将启动机的输出轴与离合器的输出轴分离，即所谓的输出轴分离。由于输出轴的分离，导致从离合器内圈→离合器输出轴→张力杆→启动机输出轴的动力传输中断，启动机转动不能传递到发动机，造成发动机无法启动，如图 5－9 所示。

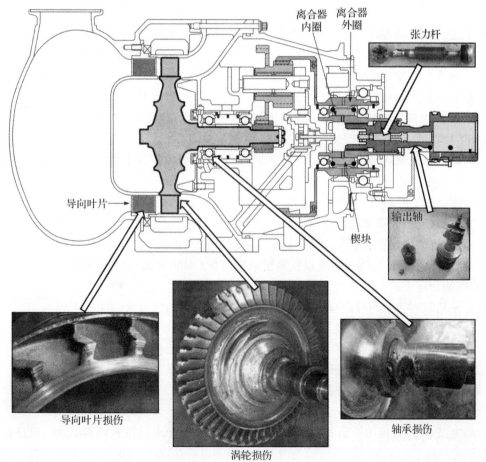

图 5－9　启动机的失效模式

2. 轴承失效

气动涡轮转子轴承是支撑涡轮盘的重要轴承,当轴承失效时,涡轮盘中心线偏离,涡轮叶片与导向叶片相接触,导致涡轮叶片部分断裂甚至完全折断,前方导向叶片也损伤严重。当涡轮叶片受损后,涡轮效率降低,继而输出轴输出功率降低,从而导致发动机不能达到要求的点火转速造成启动不成功事件。

3. 涡轮封严渗漏

涡轮封严可在启动机工作时防止滑油渗漏,封严失效会造成滑油渗漏。虽然涡轮封严渗漏的启动机不会直接导致启动不成功,但是由于启动机使用的是发动机的滑油(通过附件齿轮箱),如果渗漏持续的时间长会引起发动机滑油油量降低。

4. 启动机连接到 AGB 的卡箍损坏

由于启动机到 AGB 连接卡箍损坏,造成发动机滑油渗漏,导致滑油油量低或者滑油压力低,曾经因此导致过数起空中停车。导致卡箍损坏的原因大多是由于维护人员在安装启动机时,没有按照飞机维护手册的操作程序,卡箍的安装力矩过大。

# 5.2 地面启动发动机——APU 引气启动 2 号发动机

用于发动机启动控制的电源来自电瓶汇流条。发动机启动电门和 DEU 控制启动系统的工作。DEU 使用输入数据在公共显示系统(CDS)上显示发动机参数和启动阀位置。启动阀位置信息显示在主发动机显示器上,琥珀色 START VALVE OPEN(启动阀打开)信息的两种工作模式:稳定和闪亮(机组警告)。当启动阀打开和启动电门在 GND(地面)位置时,"START VALVE OPEN"信息显示稳定的琥珀色。当启动阀打开且启动电门不在 GND 位置时,"START VALVE OPEN"信息闪烁 10 s 然后稳定。

当有电源和气源,且发动机启动电门放到 GRD 位置时发生以下情况(见图 5 - 10)。

(1)EEC 接收到一个发动机启动信号。

(2)APU 电子控制组件(ECU)接收一个打开 APU 进气门的信号。

(3)启动阀电磁线圈通电打开。

(4)启动机离合器接合和发动机 N2 转子转动。

(5)P5 面板内的保持线圈通电以保持启动电门在 GRD(地面)位置。

(6)燃油和点火。

在启动期间移动发动机启动手柄到慢车位置以提供燃油并点火。

在 $N_2$ 达到 55% 时,发生以下情况。

(1)DEU(电子显示组件)移除启动电门电磁线圈的电接地。

(2)发动机启动电门回到 OFF 位置。

(3)启动阀电磁线圈断电和阀门关闭。

(4)EEC 接收发动机启动信号。

启动电门 GRD 位置用于地面启动发动机或冷转。将启动电门设置到 GRD 位,并且发动机高压转子转速低于 $55\% N_2$ 时,则启动电门保持线圈通电,使启动电门保持在 GRD 位置。此时启动阀电磁线圈通电,使球阀向下运动,启动阀的 B 腔与外界大气相通,A 腔压力使启动阀打开。当启动阀打开时,位置电门接通,向 DEU 输送启动阀打开信号,DEU 输出信号到 CDS 主发动机显示器,产生一个 START VALVE OPEN 琥珀色信息。同时,EEC 和 APU ECU(电子控制组件)接收到发动机启动信号,ECU 会增加 APU 供气量满足发动机启动的气源需求。

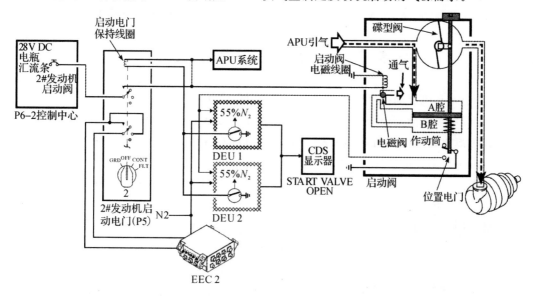

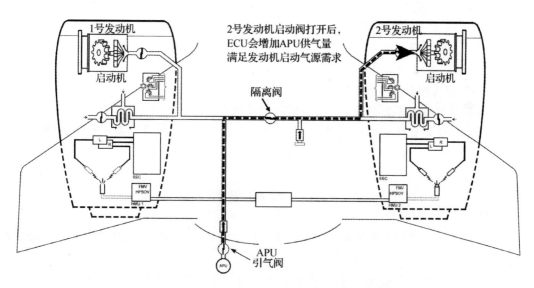

图 5-10  启动控制电路——APU 引气启动 2 号发动机

当转速在 25%$N_2$ 以上时,将启动手柄移动到 IDLE(慢车)位,开始供油点火。发动机逐渐利用高压燃气驱动自身运转,当 $N_2$ 高于 55%$N_2$ 后,启动机离合器使启动机与 AGB 驱动轴脱开连接,此后发动机完全依靠自身动力运转。

当发动机转速增加至 55%$N_2$ 时,DEU 解除保持线圈的接地,启动电门自动回到 OFF 位置,此时启动阀电磁线圈断电,球形阀回到初始位置,启动阀 A/B 腔重新连通,两侧压力相同,在弹簧力的作用下启动阀朝关闭方向运动直到完全关闭,通往启动机的气源被切断,启动机停止工作。

需要注意的是,某些情况下即使转速大于 55%$N_2$ 以后启动电门不会自动返回到 OFF 位置,这时需要人工将启动电门旋回到 OFF 位置,以防止启动机长时间空载运转而损坏。

启动阀打开时,会驱动微动电门(位置电门),给 DEU 一个接地信号,DEU 在主发动机显示器上显示黄色的"START VALVE OPEN"信息;启动阀关闭后此信息消失。

## 5.3  发动机启动基本程序

下述介绍发动机启动程序概要(见图 5-11 和图 5-12)。

启动过程中要遵循安全预防措施和飞机及发动机限制。

(1)设定点火选择电门到 IGN L 或者 IGN R,以确定由哪个点火嘴点火。

(2)将发动机启动电门放到 GRD 位置。

(3)查看主发动机显示器上琥珀色"START VLV OPEN"启动阀打开指示。

(4)监控 $N_2$ 转速上升。

(5)确认滑油压力增加。

(6)与地面人员通话以确认 $N_1$ 逆时针方向转动。

(7)在至少为 25‰ $N_2$ 时将发动机启动手柄移动到慢车位置。

(8)确认燃油流量在限制范围内。

(9)确认排气温度增加。

(10)监控 EGT 和 $N_2$ 的增加直到 55‰ $N_2$ 时启动机切断。

(11)确认发动机启动电门在 55‰ $N_2$ 时返回到 OFF 位置。

当发动机高压转子转速达到 55‰ $N_2$,发动机启动电门自动回到 OFF 位,并且"START VLV OPEN"(启动阀打开)灯熄灭。

(12)当发动机转速增加到慢车时监控所有发动机参数。

监控所有发动机参数($N_2$,滑油压力,$N_1$,燃油流量,EGT),通常只需一个点火激励器进行启动。每次启动应选择使用一个不同的点火激励器。

## 5.4  地面启动保护

在最初启动发动机功率增加时,EEC 基于飞机的状态(客户选装)选择增强人工启动或人工启动模式。

增强人工模式的设置是标准模式,用于地面启动和自动保护功能,主要包括热启动探测和保护、湿启动保护以及反转超温保护。人工模式设置用于地面启动发动机、热启动探测和反转超温保护。

### 5.4.1  发动机热启动保护

对于增强人工和人工启动模式,EEC 通过设置热启动保护信号,在地面启动发动机过程中对异常的高温做出反应。热启动保护使用 EGT 增加特征曲线探测即将发生的启动超温。曲线提供一个热启动的 EGT 边界,这个边界是在正常发动机启动时不会超越的 EGT 值,而且此值总是低于启动 EGT 极限(725 ℃)。此特征曲线是核心转速($N_2$)和 EGT 的函数。如果 EGT 超过曲线 360 ms,EEC 设置一个热启动探测信号。CDS 对这个信号的反应是使围绕 EGT

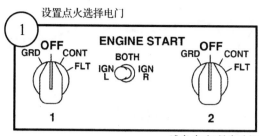

设置点火选择电门

准备启动2号发动机

发动机启动电门（P5）

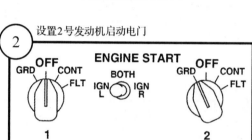

设置2号发动机启动电门

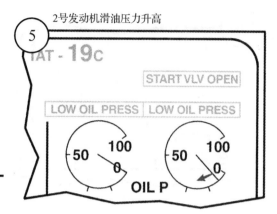

启动阀打开灯亮，启动阀打开

上中央显示组件（P2）

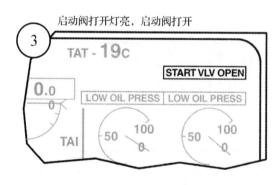

$N_2$ 转速增加，启动机驱动高压转子转

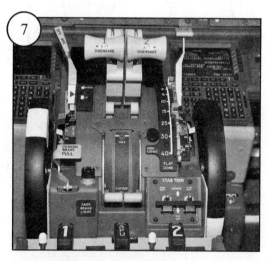

2号发动机滑油压力升高

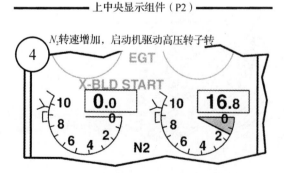

地面警戒人员监视
风扇逆时针方向转动

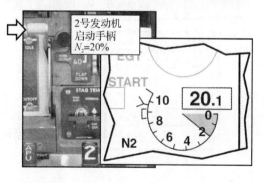

2号发动机
启动手柄
$N_2=20\%$

图 5-11 发动机启动程序(1)

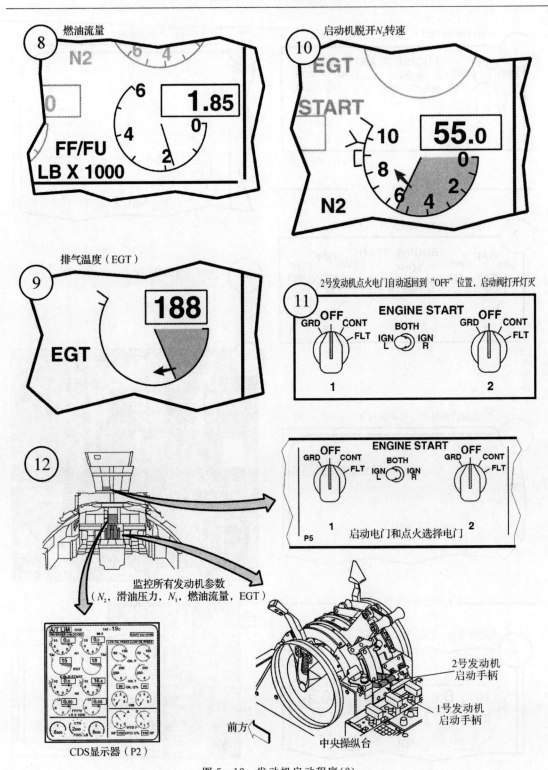

图 5 - 12　发动机启动程序(2)

数字读数的方框闪动,警告飞行机组对即将发生的热启动状态做出反应。如果选装了增强人工启动模式,当 EGT 达到极限值时,EEC 将切断燃油供给和点火。显示将持续闪动,直到启动手柄回到关断(停车)位置。

### 5.4.2　发动机湿启动保护

在增强人工启动模式下,如果在启动手柄移动到慢车位置后,EGT 在 15 s 内(20 s 内,如果 TAT 小于或等于 2 ℃),没有增加超过 42 ℃,EEC 终止发动机的启动。EEC 终止燃油供给,关断点火并终止发动机启动。

EEC 保持在 CDU 上的显示信息。

### 5.4.3　反转超温保护

在发动机已经启动以后,地面工作情况下,增强人工启动和人工启动模式都提供反转超温保护。如果飞机在地面,发动机 N2 转子达到慢车转速,随后 $N_2$ 转速降低到低于 $50\%\,N_2$,EGT 超过启动 EGT 极限,则 EEC 切断点火;指令燃油计量阀(FMV)到达完全关闭位置,终止燃油供给;并将点火关断和 FMV 关断锁定,直到启动手柄移到关断(停车)位。在中央显示组件上对应发动机 EGT 显示区域,CDS 显示"ENG FAIL"(发动机故障)信息。

## 5.5　空中启动和启动保护

### 5.5.1　空中启动

将发动机启动电门扳到 FLT(飞行)位可以进行空中风车启动。此时启动机不工作,由流过发动机的气流带动发动机转子转动。如果发动机超出了风车启动极限,CDS 在 N2 数字显示上部显示 X-BLEED START(交叉引气启动),此时飞行机组必须将启动电门扳到 GRD 位置,以打开启动阀接通启动机,由启动机协助完成启动过程。

### 5.5.2　空中启动保护

EEC 输出一个 EGT 启动限制,这个启动限制在主发动机显示器 EGT 模拟表盘上显示一条径向红色标线(短线)。EGT 启动红线值依赖于启动的种类:快速风车再点火(QWR)或正常空中启动。

当发动机核心转速降低到低于 50% 时,EEC 会启动一个定时器。再点火的时间跟飞行高度有关。在定时器极限到达之前,如果 EEC 探测到一个再点火,则启动被归类于 QWR(快速风车再点火),则 EGT 的极限温度被设定在 950℃;如果时间超过 QWR 定时器极限,则启动归类于正常空中启动,EGT 极限温度被设定在 725℃。如果超过 EGT 极限,则设置一个EGT 超限,并被 CDS/DEU 记录。

## 5.6　点　火　系　统

点火系统提供电火花到燃烧室用于燃烧。每一台发动机有两个独立的点火系统。点火系统通常的人工操作。当电子发动机控制（EEC）检测到可能出现发动机熄火状况时，点火系统可以自动工作。

### 5.6.1　点火系统应用

如图 5-13 所示，以下情况可使用点火。

(1)地面启动。

(2)起飞和着陆。

(3)飞行中(在严重紊流或者恶劣天气时)。

(4)飞行中启动。

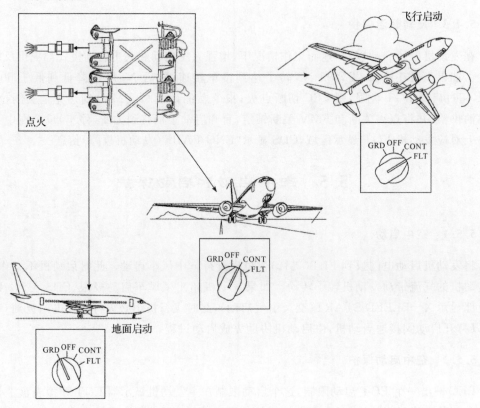

图 5-13　发动机点火系统的工作范围

### 5.6.2　点火控制

以下部件可以控制点火系统的工作。

(1)启动手柄。

(2)启动电门。

(3)点火选择电门。

(4)电子发动机控制(EEC)。

启动手柄控制点火系统电源到 EEC。启动电门和点火选择电门提供输入信号到 EEC。EEC 使用这些输入信号向点火激励器供电。点火激励器供电到点火嘴，如图 5-14 所示。

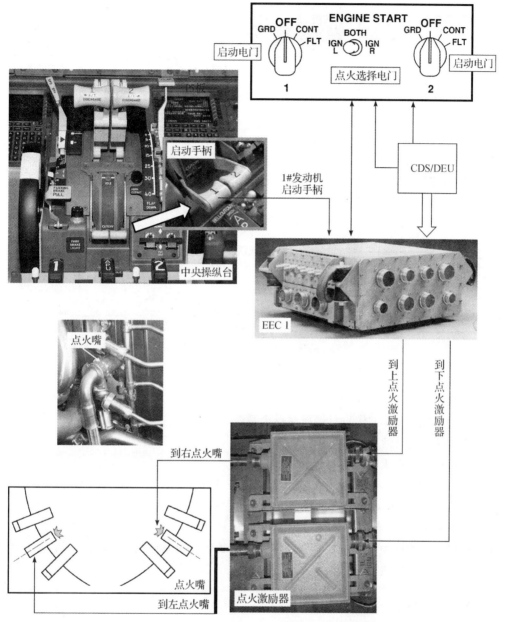

图 5-14 点火控制

1. 启动电门

每一台发动机对应一个启动电门。如图 5-14 和图 5-15 所示，发动机启动电门是旋钮式电门，共有 4 个位置："GRD（地面）""OFF（关断）""CONT（连续）"和"FLT（飞行）"位。"GRD（地面）"位用于地面或空中启动，由点火选择电门选择的点火嘴点火；启动电门在"OFF"位时无点火发生，除非 EEC 检测到熄火状况。"FLT"用于空中风车启动，此时启动活门关闭，飞机飞行中的气动力驱动发动机转子转动，只需点火和供油。此启动方式不管点火选择电门在什么位置，发动机两个点火嘴同时点火。当起飞、着陆、空气紊流或结冰等恶劣天气，将启动电门放在"CONT"（连续）位，提供连续点火。连续点火，由点火选择电门选择的点火嘴点火。

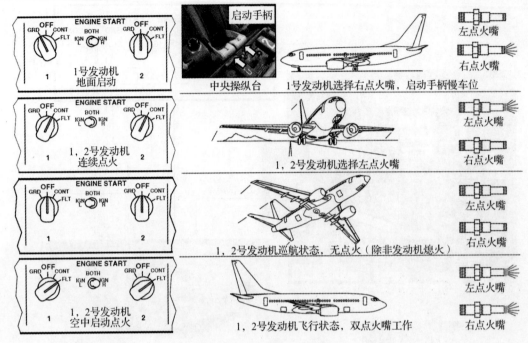

图 5-15  启动点火控制

2.点火选择电门

点火选择电门有以下 3 个位置。

(1)IGN L(左点火嘴工作):只选择左点火系统。

(2)IGN R(右点火嘴工作):只选择右点火系统。

(3)BOTH(两个点火嘴工作):选择左和右点火。

可以选择 IGN L,IGN R 或 BOTH。标准的工作程序是在每一次发动机启动过程中,交替选择 IGN L 或 IGN R 点火系统。这样可以确保每一个点火嘴都具有相同的工作时间。

3.启动手柄

在发动机启动程序中,提起启动手柄,将其从关断(停车)位移动到慢车位,进行点火喷油。启动手柄也可用于发动机停车操纵。

### 5.6.3  点火电源

1号发动机点火系统接收来自 1 号交流电转换汇流条和交流电备用汇流条的 115 V 交流电。EEC 内部电门控制输送到点火激励器的 115 V 交流电。点火激励器将 115 V 交流电转换为大约 15 000~20 000 V 的直流电压到点火嘴。点火嘴产生电火花点燃油气混合气。2 号发动机点火系统接收来自 2 号交流电转换汇流条和交流电备用汇流条的交流电源。

### 5.6.4  点火系统部件

每台发动机包含有左和右点火系统。每个点火系统包括点火激励器,点火导线,空气总管和点火嘴。

如图 5-16 和图 5-17 所示,点火激励器位于风扇右侧下部区域。点火导线从点火激励器沿发动机左、右侧连接到发动机点火嘴。空气总管围绕点火导线,从风扇框架 6:00 位置支柱开始,延伸到点火嘴。点火嘴在燃油总管 4:00 和 8:00 位置。驾驶舱内的发动机启动电门,点火选择电门和启动手柄可以控制点火系统的工作。点火选择电门和发动机启动电门位于 P5 前板。启动手柄在中央操纵台上。

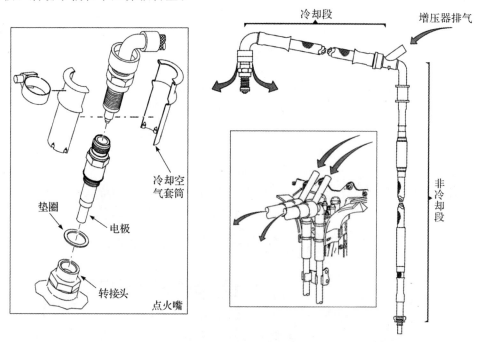

图 5 - 16　点火导线和点火嘴的冷却

**1.点火激励器**

点火激励器将 115 V 交流电转为 20 000V 直流电,输出 14.5 ~16 J 的能量。点火嘴使用此能量点燃燃烧室内的油/气混合气。通常每台发动机每次只有一个点火激励器工作。一个 115 V 交流电插头连接到点火激励器前表面。点火导线连接到点火激励器后表面。发动机有两个点火激励器。

电激励器部件装在铝保护壳内,保护壳有减振座并且接地。点火激励器通过四个减震座固定于风扇机匣 5:00 位置,如图 5 - 17 所示。安装在减震器上并且接地的铝保护壳包容电激励器部件。气密的外壳确保无论环境状况如何,都能保证正常工作。

点火激励器电路包括输入电路、整流和存储电路、放电电路。

**警告:**在开始操作点火系统之前,确保已切断点火激励器电源至少 5 min。点火系统的电压很高,相当危险。不得触摸电触点。即使没有通电,点火激励器也会带有电荷。如果不遵照该步骤,会造成人员伤害。

**2.点火嘴**

点火嘴产生电火花点燃燃烧室内的油/气混合气。点火导线将电力从点火激励器输送到点火嘴。每个点火嘴都有独立的点火导线。空气吹过点火导线以降低导线温度,冷却空气流过点火嘴套筒,冷却点火嘴,如图 5 - 16 所示。

如图 5 - 17 所示,每个点火嘴被装入发动机 4:00 和 8:00 位置的一个转接头内。点火嘴的电极伸入到燃烧室内。

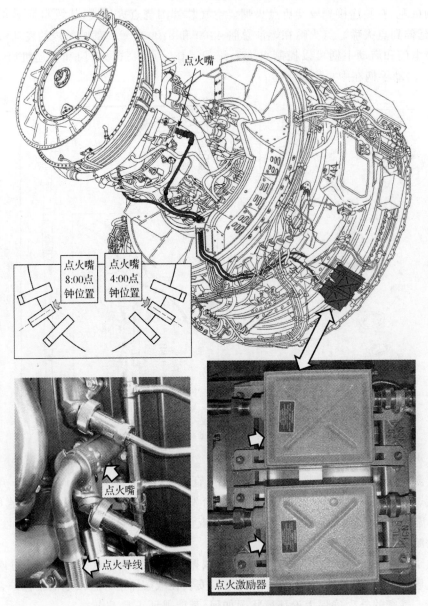

图 5 - 17　点火嘴、点火导线和点火激励器的分布

3.点火导线冷却

　　每个点火导线经过风扇机匣后端 6:00 位置的空气总管。增压空气(低压压气机排气)冷却每个点火导线。增压空气进入空气总管,在点火导线冷却套管的内部围绕点火导线流动。增压空气从点火导线点火嘴端头流出,从而对点火嘴进行冷却。

## 5.7　点火系统的工作

　　启动手柄,发动机启动电门,点火选择电门和 EEC 都可以控制点火系统的工作。

　　交流电转换汇流条 1 提供 115 V 交流电源到 EEC,用于下点火激励器。下点火激励器将交流电转换成直流电,向左点火嘴提供高压直流电。交流备用汇流条提供 115 V 交流电到 EEC,用于上点火激励器。上点火激励器将交流电转换成直流电,向右点火嘴提供高压直流电。2 号发动机的下点火激励器使用来自 2 号交流电转换汇流条的电源。上点火激励器使用交流备用汇流条的电力,如图 5-18 所示。

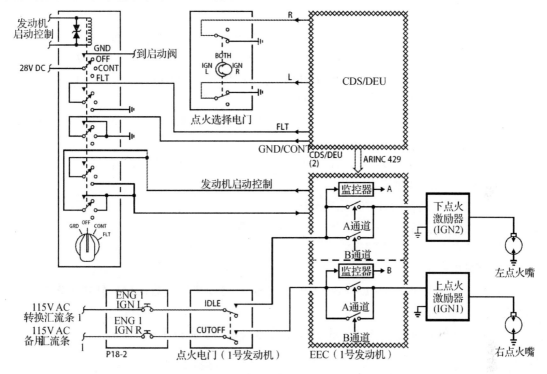

图 5-18　1 号发动机点火电路

EEC 控制到点火激励器电力,来自驾驶舱部件的输入提供手动控制,EEC 有进行自动点火系统控制的内部逻辑。

### 5.7.1　手动控制

EEC 和 CDS/DEU 监控以下这些驾驶舱部件的位置。

(1)点火选择电门。

(2)发动机启动电门。

(3)启动手柄。

每个 CDS/DEU 都会传送一个包含电门位置信息的数字信号到 EEC,EEC 查看 CDS/DEU 数字信号和模拟信号,EEC 比较两个信号。如果到 EEC 逻辑的 CDS/DEU1 或 CDS/DEU2 数字信号停止,EEC 使用模拟信号作为驾驶舱输入信号。EEC 使用电门位置数据控制 4 个内部 EEC 点火 ON/OFF 电门,这些点火电门控制通到点火激励器的 115 V 交流电源。每个 EEC 通道(A 通道和 B 通道)控制到每个点火激励器的一个点火 ON/OFF 电门,每次只有一个 EEC 通道处于控制状态。因此,对于一个点火激励器,每次只有一个点火 ON/OFF 电门工作,另一个 EEC 通道处于备用模式。

将启动手柄移动至慢车位时,115 V 交流电供往 EEC。115 V 交流电通过处于闭合位置的启动手柄电门。点火激励器接收交流电,并提供 15 000 ~20 000 V 直流电到点火嘴,高电压通过点火嘴电极产生电火花。

### 5.7.2　熄火保护

(1)当出现下列情况之一时,EEC 自动接通一台发动机的两个点火系统。

1)发动机启动手柄在 IDLE 位置,启动电门在 FLT 位置(空中风车启动状态)。

2)发动机启动手柄在 IDLE 位置,启动电门在 GRD 或者 CONT 位,$N_2$ 小于慢车转速,且飞机在空中(空中启动机启动或空中连续点火)。

3)发动机启动手柄在 IDLE 位置,发动机转速非指令降低或者 $50\% < N_2 < 57\%$。只有在这两种情况下,两个点火系统都接通 30 s。

4)发动机启动手柄在 IDLE 位置,飞机处于飞行中,启动电门在 OFF 位置,$N_2$ 转速低于慢车转速,且 $N_2$ 转速超过 $5\%$。

(2)当出现下列情况时,EEC 关闭点火。

1)发动机启动电门不在一个指令点火工作的位置。

2)地面热启动。

3)地面湿启动。

4)发动机启动手柄在 IDLE 位置,飞机位于地面,发动机完成启动,$N_2$ 转速小于 $50\%$ 且 EGT 超过启动极限温度。

5)点火系统的接通是由于 $N_2$ 低于慢车转速或者 $N_2$ 非指令减速,而发动机转速恢复正常。

### 5.7.3　自动点火

如果安装了选装项目,则当后缘襟翼未收进或接通发动机防冰,EEC 接通选择的点火嘴。当不需要点火或点火无效时,点火嘴保持断电。当所有以下情况发生时,点火嘴通电点火,如图 5 - 19 所示。

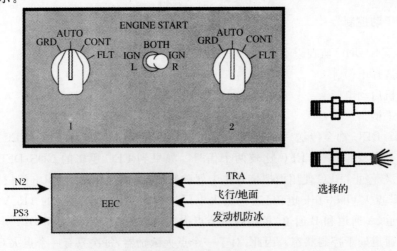

图 5 - 19　自动点火

（1）CDS 软件自动点火功能有效（启动）。

（2）$N_2$ 超过 20％（发动机运转）。

（3）燃烧室压力低于点火嘴点火极限压力（175 psi）。

（4）推力手柄解算器角度小于 50°或飞机处于飞行状态。

（5）发动机防冰打开或后缘襟翼未收进且飞机高度低于 18 000 ft。

# 思　考　题

1. 发动机启动气源包括哪些？

2. 描述发动机启动控制过程。

3. 启动阀是何种类型的阀门？如何工作？如何手动打开启动阀？

4. 为什么在无可用气源时不得手动驱动启动阀？

5. 启动机的动力来源是什么？如何传递动力？启动机驱动哪个发动机转子？

6. 启动机采用什么类型的离合器？离合器的作用是什么？

7. 启动机是如何润滑的？启动机需要补充滑油吗？为什么？

8. 为什么启动机输出轴分离会造成发动机无法启动？

9. 启动机主要有哪些失效模式？

10. 如何使用 APU 引气启动 2 号发动机？

11. 描述发动机启动基本程序。

12. 什么是热启动保护？湿启动保护？反转超温保护？

13. 如何空中启动发动机？

14. 在何种情况下发动机点火系统工作？

15. 点火选择电门有几个位置？对于各电门位置，点火嘴如何工作？

16. 点火激励器是如何工作的？

17. 点火导线和点火嘴是如何冷却的？

18. 什么是熄火保护？

# 第6章  发动机燃油系统

发动机燃油和控制系统计算产生指令推力所必需的燃油量,计量燃油并将其喷入燃烧室,输送伺服燃油到发动机空气系统,确保发动机有效和稳定的运转。发动机燃油和控制系统有3个子系统:燃油分配、燃油控制和燃油指示系统。

所有发动机燃油和控制部件都在发动机上。飞机燃油系统向发动机燃油和控制系统提供燃油。飞机系统既可以发送数字和模拟控制数据到发动机燃油和控制系统,也可以从发动机和燃油控制系统接收数字和模拟控制数据。发动机燃油和控制系统使用这些数据控制发动机,并将发动机状态信息传送到其他飞机系统。

## 6.1  发动机燃油分配系统

发动机燃油分配系统将燃油供往发动机,用于燃烧和伺服系统工作。燃油分配系统(见图6-1)的主要作用如下。

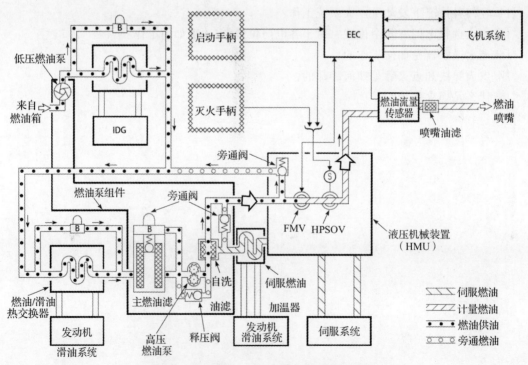

图 6-1  CFM56-7B 发动机燃油分配系统

（1）向发动机燃烧室提供过滤和增压的燃油。

（2）向燃油系统各伺服机构提供清洁无冰的增压燃油。

（3）冷却发动机滑油和整体驱动发电机（IDG）滑油。

飞机燃油系统提供燃油到发动机燃油分配系统。发动机燃油泵组件从飞机燃油系统获取燃油，向液压机械装置（HMU）的伺服和计量部分提供过滤和增压的燃油，如图 6-1～图 6-3 所示。

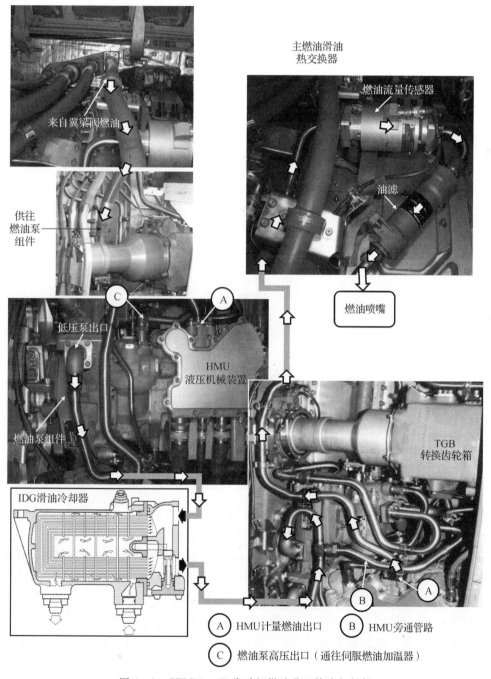

图 6-2　CFM56-7B 发动机燃油分配管路与部件

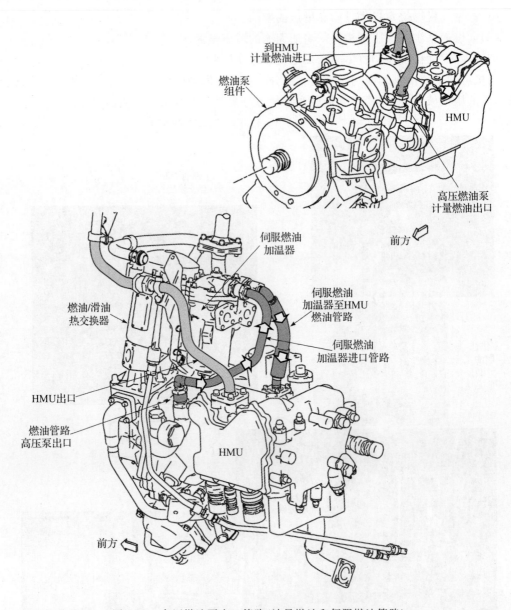

图 6-3　高压燃油泵出口管路(计量燃油和伺服燃油管路)

　　来自飞机燃油系统的燃油流入燃油泵组件内的低压泵,然后流出燃油泵组件,流入 IDG 滑油冷却器。燃油经过 IDG 滑油冷却器,流入燃油/滑油热交换器,从燃油/滑油热交换器又流回到燃油泵组件。流入燃油泵组件内的燃油,经过燃油滤、高压泵成为高压燃油。高压泵出口的燃油分成两路:一部分高压燃油在流入 HMU 之前先流经伺服燃油加温器,然后流入 HMU 内作为伺服燃油;另一部分高压燃油进入 HMU 中成为计量燃油。在 HMU 内的计量燃油流过燃油计量阀(FMV)和高压关断阀(HPSOV),然后流出 HMU,通过燃油流量传感器和燃油喷嘴油滤,最终流到燃油喷嘴,提供雾化的燃油到发动机燃烧室。燃油泵供往 HMU 的燃油量始终比 HMU 实际用量大。HMU 旁通燃油通过旁通阀流回到整体驱动发电机 (IDG)滑油冷却器的出口,这部分燃油又流回到燃油高压泵。

燃油流动路径：飞机燃油系统→燃油泵组件(低压泵)→IDG 滑油冷却器→燃油/滑油热交换器→燃油泵组件(高压泵)→高压燃油，然后分成两路：第一路高压燃油→伺服燃油加温器→伺服系统；第二路高压燃油→HMU→FMV→HPSOV→流出 HMU→燃油流量传感器→燃油总管→燃油喷嘴油滤→燃油喷嘴，如图 6-1～图 6-3 所示。

## 6.2　燃油分配系统部件

发动机燃油分配系统的主要部件包括燃油供油和回油管路、燃油泵组件、IDG 滑油冷却器、主燃油/滑油热交换器、伺服燃油加温器、液压机械装置(HMU)、燃油流量传感器、燃油喷嘴油滤、燃油总管和燃油喷嘴。如图 6-4 所示。

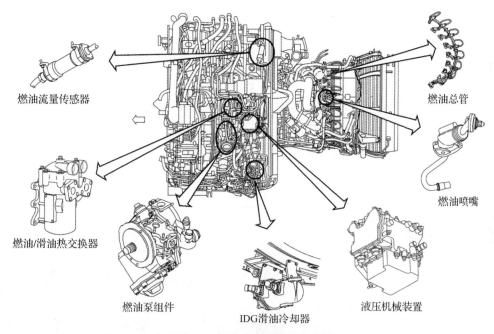

图 6-4　燃油分配系统部件位置

燃油喷嘴油滤位于发动机风扇机匣顶部附近 10:00 位置。燃油泵组件安装于发动机风扇机匣左侧附件齿轮箱(AGB)后安装面。燃油滤是燃油泵组件中的一个部件。HMU 安装在燃油泵组件的后安装面上。IDG 滑油冷却器位于风扇框架后部 7:00 位置。伺服燃油加温器安装在燃油泵组件上部主燃/滑油热交换器上。

燃油总管从燃油喷嘴油滤沿着风扇机匣左侧向下延伸至 6:00 位置的风扇支柱，然后总管沿着 6:00 位置的高压压气机机匣，向围绕着燃烧室机匣的燃油喷嘴供油，共有 20 个燃油喷嘴。

IDG 滑油冷却器、燃油/滑油热交换器、伺服燃油加温器用于在燃油进入 HMU 之前对其进行加温。

### 6.2.1　燃油泵组件

燃油泵组件为发动机工作提供经过过滤的增压燃油。燃油泵组件内包括低压和高压燃油泵、高压泵释压阀、燃油滤、自洗油滤，如图 6-5 所示。

燃油泵组件主要有以下作用。

（1）增加来自飞机燃油系统油箱的燃油压力，并输送增压燃油到计量燃油和伺服燃油管路。

（2）输送增压燃油到 IDG 滑油冷却器。

（3）在输送燃油到燃油控制系统之前对燃油进行过滤。

（4）驱动液压机械装置（HMU）。

发动机燃油泵组件位于附件传动齿轮箱后安装面，发动机风扇机匣左侧。飞机燃油系统的供油管路，沿风扇机匣左侧，向下延伸到燃油泵进口，如图 6-2 所示。

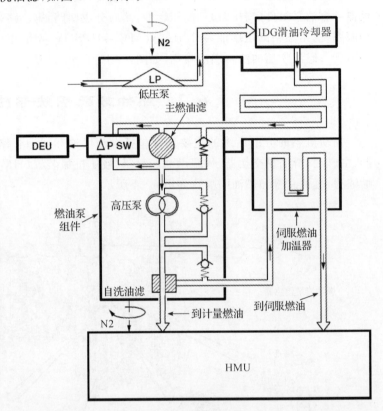

图 6-5　燃油泵组件

### 6.2.2　燃油泵

燃油泵组件包括一个低压燃油泵和一个高压燃油泵。燃油泵提高燃油压力从而向伺服系统提供燃油压力以及向燃油喷嘴提供燃油。

1. 低压泵和高压泵

低压燃油泵是一个离心泵。此离心泵可在燃油进口压力较低和燃油在部分液态、部分气态的情况下工作。此泵的低出口压力使得热交换器负荷更轻且效率更高，如图 6-7 所示。

高压泵是容积式齿轮泵。高压泵可产生高燃油压力，此燃油压力能提供强大的燃烧室燃油雾化喷流，而且可以提供伺服作动筒的作动压力。

发动机附件齿轮箱（AGB）通过一个传动轴驱动燃油泵组件。燃油泵组件安装到附件齿轮箱（AGB）后安装

图 6-6　燃油泵组件的安装——快速拆装环

面,HMU 安装到燃油泵组件的后安装面,如图 6-6 所示。

　　来自飞机燃油系统的燃油流入燃油泵组件内的低压泵,然后流出燃油泵组件到 IDG 滑油冷却器和燃油/滑油热交换器。从燃油/滑油热交换器流出的燃油再次进入燃油泵组件,首先流过主燃油滤以滤除燃油中的杂质。如果污染物阻塞主燃油滤,则主燃油滤旁通阀打开。燃油经过主燃油滤过滤后流进高压泵,高压泵为伺服系统工作和助燃而加大燃油压力,如图 6-7 所示。一个释压阀与高压泵并联安装,防止下游管路超压。高压泵出口燃油流到自洗油滤,自洗油滤在燃油泵组件内,其作用是滤除进入 HMU 伺服燃油中的杂质。如果自洗油滤阻塞,则旁通阀打开。流到自洗油滤的燃油分成两条不同的燃油管路:一路燃油经过自洗油滤过滤后,通过伺服燃油加温器,供往 HMU 的燃油伺服系统,此路燃油称为伺服燃油;另一路直接流过自洗油滤(未经过滤)的燃油通过与伺服燃油不同的通油口进入 HMU。进入 HMU 的燃油经过 FMV→HPSOV→燃油流量传感器→燃油喷嘴油滤→燃油总管→燃油喷嘴→燃烧室,此路燃油称为计量燃油。

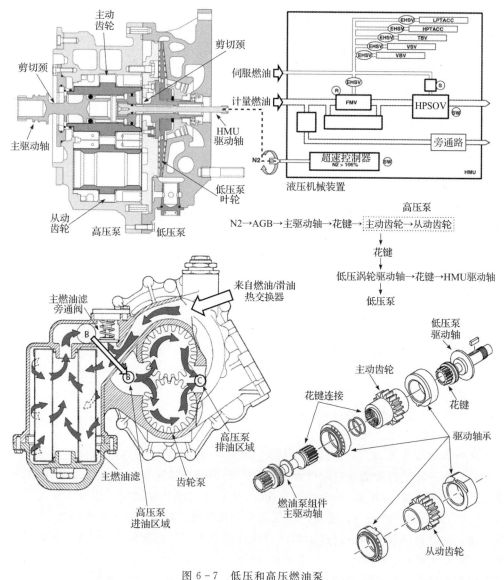

图 6-7　低压和高压燃油泵

高压关断阀(HPSOV)关闭时,阻止计量燃油流向燃烧室。HPSOV 的控制信号通常来自启动手柄,灭火手柄电门可超控启动手柄关闭 HPSOV。

FMV 位置信号无效时,EEC 使用燃油流量传感器信号控制发动机。

2.燃油泵外部口盖(见图6-8)

燃油泵壳体内包含燃油泵驱动系统、低压泵和高压泵、燃油滤和自洗油滤。燃油泵壳体通过快速拆装环(QAD)(见图6-6)固定在附件齿轮箱(AGB)安装面上。燃油泵安装边上配有定位销以方便将燃油泵安装到 AGB 上。

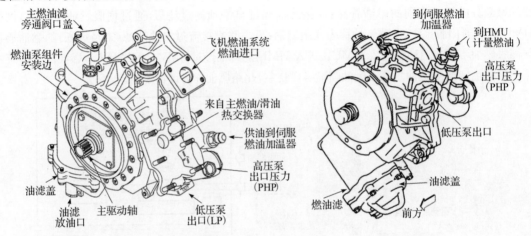

图6-8 燃油泵组件

在燃油泵壳体上包含以下燃油组件。

(1)主燃油滤旁通阀口盖。

(2)到热交换器出口。

(3)从热交换器返回的燃油进口。

(4)燃油滤放油口。

(5)燃油压差电门口。

(6)高压泵释压阀口盖。

(7)燃油进口。

(8)到 HMU 的出口。

(9)伺服燃油加温器供油口。

(10)低压泵接近口。

(11)低压泵出口压力堵头。

(12)高压泵出口压力堵头。

3.燃油泵驱动系统

发动机高压转子的转动通过附件齿轮箱(AGB)带动燃油泵组件的主驱动轴转动,主驱动轴通过花键与齿轮泵(高压泵)的主动齿轮接合,从而使主动齿轮转动。主动齿轮带动从动齿轮,对来自主燃油滤的燃油进行增压。高压泵主动齿轮通过花键驱动低压驱动轴,从而带动低压泵转动。而且低压驱动轴也通过 HMU 驱动杆带动 HMU 内部的 $N_2$ 超速控制器的输入轴转动,如图6-7所示。

燃油泵驱动系统在主驱动轴和低压泵叶轮驱动轴上各有一个剪切颈,可以保护 AGB 免受燃油泵组件内产生过大扭矩的影响；确保即使低压泵完全失效时 HMU 的驱动操纵。因此，剪切颈的作用：①当燃油泵出现机械卡滞时，剪断主驱动轴以保护 AGB；②当低压泵失效时能确保高压泵正常工作。

低压泵是离心泵，可输送增压的燃油到高压泵，从而避免泵产生气隙现象。低压泵包括螺旋导流器和叶轮。前后轴承、低压泵驱动轴花键和 HMU 驱动轴花键都是由在低压泵出口涡管处抽吸的燃油润滑的。

高压泵是容积式齿轮泵，对于一定的转速输入，高压泵在任何出口压力的情况下都将输出恒定流量的燃油。高压泵包含两个齿轮：主动齿轮和从动齿轮。主动齿轮通过花键由连接到 AGB 的主驱动轴带动。每一个齿轮轴由两个平面轴承支撑。用于低压泵内部的润滑燃油也可以对高压泵轴承进行润滑，润滑的燃油随后流回到主燃油滤的进口。

4. 目视检查低压泵叶轮转动情况

当排故程序要求，或怀疑轴断裂必须检查低压泵叶轮转动情况时，就必须要做低压泵叶轮检查，如图 6-9 所示。

通过手摇曲柄座转动发动机高压转子（N2）。如果低压泵叶轮自由转动，并且叶轮表面没有可见的损伤，检查结果是正面的。如果低压泵叶轮不转动，或存在损伤，则更换燃油泵。继续排故程序以确定是否还存在任何发动机损伤。更换燃油泵后，冷转发

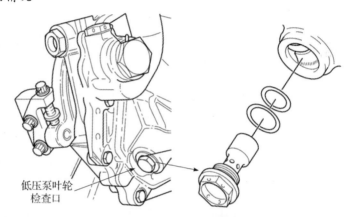

低压泵叶轮检查口

图 6-9　目视检查低压泵叶轮

动机进行慢车泄漏检查和 FADEC 地面测试。

5. 检查燃油泵出口压力

如果发动机不能满足所需性能，则在排故过程中需要进行燃油泵出口压力检查。此程序是检查燃油泵的机械状况。检查程序需要在放油口（低压级）和 PHP 口（高压级）安装压力表。安装压力表后，干冷转发动机至少达到 $20\%N_2$。测量两级之间的压力差必须在限制范围内。如果压力差超限，则更换燃油泵，如图 6-10 所示。

### 6.2.3　高压泵释压阀

高压泵释压阀与高压泵并联安装，释压阀包括释压阀壳体、释压阀滑阀、弹簧和调节帽。

当高压泵进出口压力差达到 1 110~1 150 psi 时，释压阀打开。当泵进出口压力差达到 1 070~1 090 psi 时释压阀关闭。释压阀壳体通过螺纹连接到燃油泵壳体内部。释压阀滑阀在弹簧力和燃油滤出口压力作用下与壳体接触。在滑阀的另一侧，高压泵出口压力作用在滑阀的这一端。当释压阀打开时，高压泵出口燃油流回到泵的进口，如图 6-11 所示。

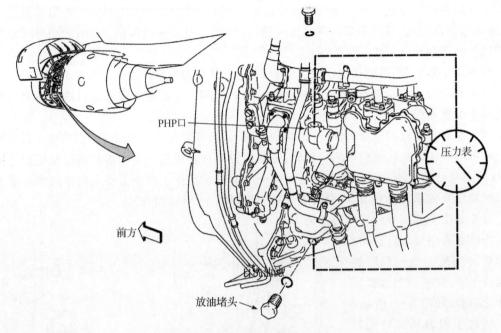

图 6-10  检查燃油泵出口压力

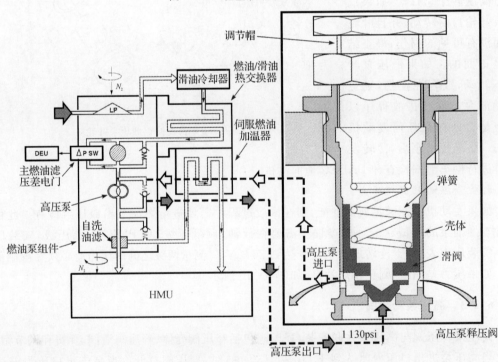

图 6-11  高压泵释压阀

### 6.2.4  自洗油滤

自洗油滤位于高压燃油泵出口管路,它可以过滤残留在直接通向伺服燃油加温器燃油中的杂质。自洗油滤过滤的杂质随主燃油流供向 HMU,主燃油流可对油滤进行清洁,称为自洗油滤。自洗油滤过滤的杂质最终随计量燃油供往燃烧室燃烧。自洗油滤的过滤精度为 65 μm，如图 6 - 12 所示。

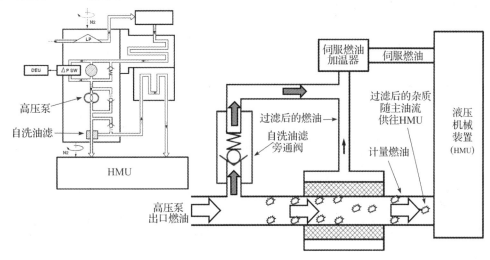

图 6 - 12　自洗油滤

自洗油滤安装于燃油泵壳体内，包括过滤元件（滤芯）和旁通阀。伺服自洗油滤可以滤除进入液压机械装置（HMU）伺服机构的燃油。自洗油滤带有一个旁通阀。如果燃油中的杂质堵塞自洗油滤，旁通阀打开。经自洗油滤旁通阀流到 HMU 的伺服燃油并不流过自洗油滤。自洗油滤旁通阀打开时，无任何指示。

伺服自洗油滤不是一个航线可更换件（LRU）。生产厂家认证的维修单位必须打开燃油泵组件，以便检查或拆卸和更换自洗油滤。

### 6.2.5　主燃油滤

主燃油滤保护下游管路使其不受燃油中污染物颗粒的影响。主燃油滤包括滤芯和旁通阀。滤芯安装于燃油滤壳体内。燃油从外向内流过滤芯，过滤的杂质保存在滤芯外部，主燃油滤的过滤精度为 38 μm。

旁通阀是油滤组件的一个部件。如杂质开始堵塞油滤，燃油泵壳体上安装的压差电门可以将主燃油滤的堵塞情况传送到飞机监控系统，使 P5 - 2 燃油控制组件上的 FILTER BYPASS（油滤旁通）灯亮。如果油滤被完全堵塞，旁通阀打开，燃油可以不经过滤直接流到高压泵。

燃油滤的拆装检查：主燃油滤滤芯是一个航线可更换件（LRU）。为拆卸并更换滤芯，先拆卸放油堵头，将燃油从油滤壳体中排出，然后拆卸固定油滤盖的 6 个螺栓，并拆下滤盖和滤芯，如图 6 - 13 和图 6 - 14 所示。

图 6 - 13　主燃油滤

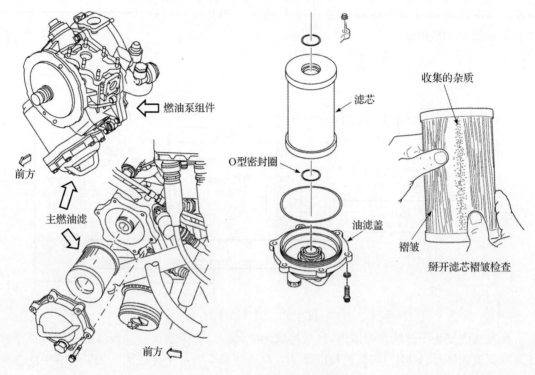

图 6 - 14　主燃油滤内部结构

　　在发生任何油滤旁通指示或在油滤盖底部发现大量杂质之后,必须拆除油滤进行目视检查。这种检查有助于确定污染物是来自飞机或来自发动机燃油系统。重新安装燃油滤盖时,要注意遵循安装程序。湿冷转发动机以检查泄漏。

### 6.2.6　IDG 燃油/滑油冷却器

　　整体驱动发电机(IDG)滑油冷却器冷却 IDG 滑油,同时也加热了发动机燃油。加热燃油可防止燃油中的水结冰。如燃油中有冰存在,则燃油滤、伺服系统部件以及燃油喷嘴可能被堵塞。IDG 滑油冷却器在燃油通道中有一个旁通阀。如果冷却器被堵塞,燃油可以旁通 IDG滑油冷却器,从而确保发动机继续运转。

　　滑油冷却器上有燃油进、出口和滑油进、出口,如图 6 - 15 所示。

　　来自低压燃油泵的燃油进入 IDG 燃油/滑油冷却器,冷却 IDG 滑油的同时也加温了燃油。流过冷却器的燃油进入主燃油/滑油热交换器。而流过冷却器的滑油返回到 IDG。

　　冷却器内有两种不同的油液流动:燃油和滑油。冷却器内有 7 根铝合金燃油管(U 型)和7 块隔板。燃油在铝合金管内流动;而滑油围绕着 7 根燃油管的外部流动,7 块隔板形成了滑油在冷却器内的迂回流动路径。如果燃油管路进出口压力差超过 24 psi,燃油管路旁通阀打开,进口燃油不通过冷却器直接流出冷却器。

　　IDG 滑油管路也有一个旁通阀。当冷却器内的滑油管路堵塞时,旁通阀打开,滑油直接从空气/滑油冷却器返回 IDG,空气/滑油冷却器使用发动机风扇空气作为冷却介质。

　　除非滑油超温而使 IDG 断开,否则驾驶舱中没有 IDG 滑油冷却器堵塞的直接指示。

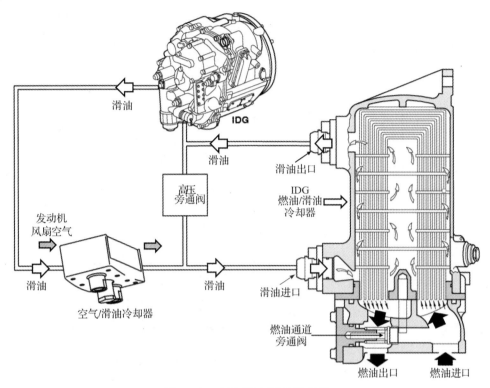

图 6-15　IDG 燃油/滑油冷却器

### 6.2.7　主燃油/滑油热交换器和伺服燃油加温器

主燃油/滑油热交换器使用从低压燃油泵来的燃油降低滑油的温度,同时提高燃油温度。

主燃油/滑油热交换器连接到燃油泵组件。燃油泵组件是在 8:00 位置。打开左侧风扇整流罩可以接近主燃油/滑油热交换器。主燃油/滑油热交换器由交换器芯体、壳体和盖子组成。交换器芯体是滑油加热燃油(同时降低滑油温度)的区域。盖子可固定交换器芯体在壳体内,如图 6-16 和图 6-17 所示。

当主燃油/滑油热交换器泄漏时,燃油会流入滑油油路,这是由于燃油压力大于滑油压力。如果闻到滑油箱中有燃油气味或如果滑油量增加,说明燃油已漏入滑油内。

在主燃油/滑油热交换器内有两个旁通阀,分别是燃油旁通阀和滑油旁通阀。滑油旁通阀是在伺服燃油加温器或燃油/滑油热交换器芯体"U"型管外部通道堵塞后,压力差增大到一定值后打开阀门,使滑油不经过热交换直接流回发动机滑油箱。燃油旁通阀只能旁通燃油/滑油热交换器的燃油,即当燃油/滑油热交换器芯体"U"型管内部堵塞时,燃油进出口管路的压力差达到一定值后,顶开旁通阀,低压泵下游的燃油直接流到燃油滤,不进行热交换,如图6-17所示。

伺服燃油加温器是一种燃油/滑油热交换器,它使用发动机滑油回油作为热源加热燃油,防止结冰的燃油进入 HMU 内敏感的伺服控制机构,导致伺服控制失效。燃油和滑油之间通过热传导和对流实现热交换。伺服燃油加温器由壳体、热交换器芯体、顶盖和滑油滤组成。伺服燃油加温器壳体内部包含热交换器芯体、支撑件和滑油管路。燃油和滑油在芯体区域进行热传递。顶盖支撑燃油管路,如图 6-18 所示。

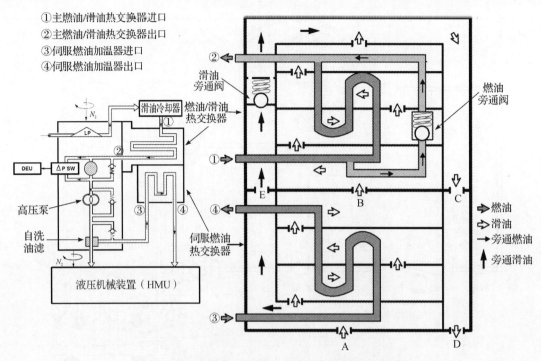

①主燃油/滑油热交换器进口
②主燃油/滑油热交换器出口
③伺服燃油加温器进口
④伺服燃油加温器出口

图 6-16 主燃油/滑油热交换器和伺服燃油加温器

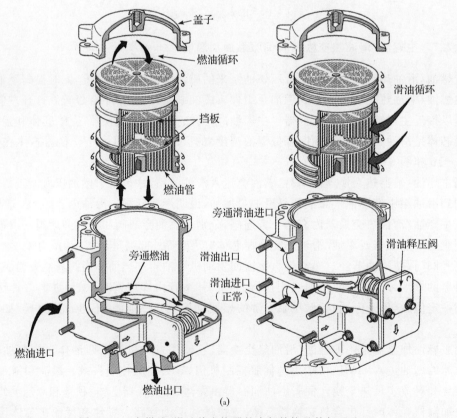

(a)

图 6-17 主燃油/滑油热交换器的内部结构及外部通油口

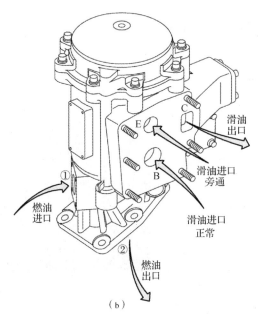

续图 6-17　主燃油/滑油热交换器的内部结构及外部通油口

（a）内部结构；（b）外部通油口

　　来自燃油泵组件自洗油滤的燃油进入伺服燃油加温器，在"U"型铝金管内流动，"U"型管浸在滑油内。燃油在加温器芯体的"U"型管内流动，滑油在"U"型管之外流动，滑油的热量传递给燃油，从而提高了燃油的温度，被加热后的燃油流到 HMU 内部作为伺服控制燃油，如图 6-18 所示。

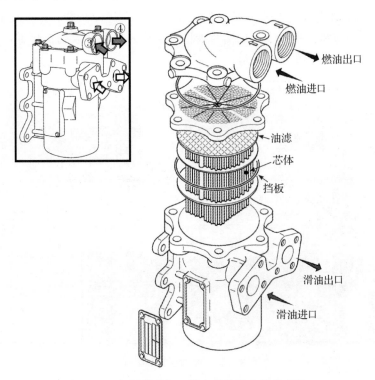

图 6-18　伺服燃油加温器内部结构和外部通油口

### 6.2.8　燃油流量传感器和喷嘴油滤

燃油流量传感器向 EEC 提供燃油质量流量信息用于燃油流量指示。燃油流量传感器安装在风扇机匣 10:00 位置,位于 HMU 计量燃油出口与燃油喷嘴之间。传感器有一个铝制外壳,内部有一个筒状芯体,外壳的外部安装有电接头连接到 EEC,如图 6-19 所示。

来自 HMU 的燃油管路连接到流量传感器的进油口。传感器出口管路连接到下游的喷嘴油滤。

燃油喷嘴油滤安装于发动机风扇机匣 10:00 位置,与燃油流量传感器相连接,位于燃油流量传感器的出口管路。

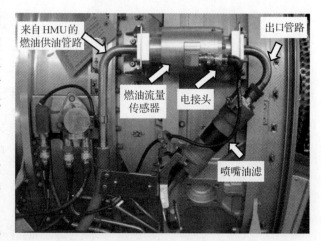

图 6-19　燃油流量传感器和喷嘴油滤

燃油在进入燃油喷嘴之前,由喷嘴油滤收集来自高压燃油泵和液压机械装置(HMU)内的杂质。

如果油滤被堵塞,内部的旁通阀会打开,使燃油不经喷嘴油滤的过滤,直接供往燃油喷嘴。

### 6.2.9　燃油总管和燃油喷嘴

从喷嘴油滤流出的燃油通过燃油管路供往燃油总管。燃油总管将燃油供到 20 个燃油喷嘴,喷嘴环绕在燃烧室机匣的外部。燃油喷嘴将燃油喷入燃烧室以确保良好的雾化效果和有效的燃烧,如图 6-20 和图 6-21 所示。

图 6-20　燃油总管和喷嘴

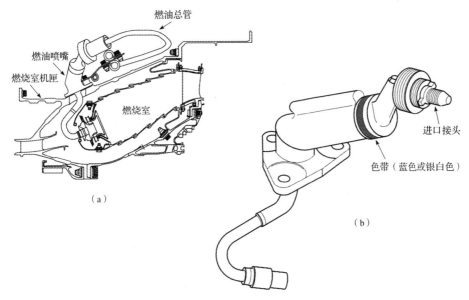

图 6-21　燃烧室与燃油喷嘴
(a)燃烧室；(b)燃油喷嘴

CFM56-7B 发动机燃油喷嘴采用双油路喷嘴，如图 6-22 所示。其主要组成部件包括进口油滤、单向阀、计量阀、内管和外管、计量组件。计量组件有中心孔和外圈环孔。中心孔提供较低燃油流量，较大外圈环孔随着燃油压力的增加提供较高的燃油流量。燃油计量阀可根据燃油压力将燃油分配到次级油路。当燃油流量较低时，计量阀关闭，进口燃油→进口油滤→单向活门→内管→中心孔，形成主油路。随着燃油流量的增加，计量阀逐渐打开，使燃油通过计量阀→外管→外圈环孔，形成次级油路。在高燃油流量时，可从中心孔和外圈环孔同时喷油。

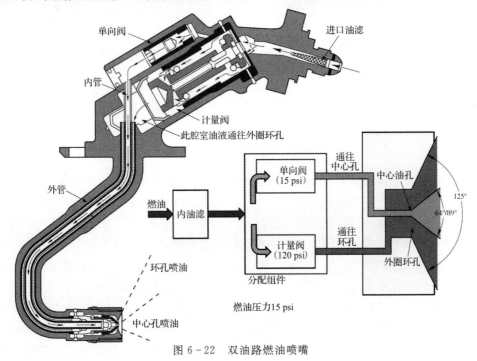

图 6-22　双油路燃油喷嘴

双油路喷嘴的优点:在相同的最大燃油压力下,双油路喷嘴能在较宽的流量范围内(高燃油流量和低燃油流量)实现有效雾化。

来自燃油总管的燃油通过进口油滤进入燃油喷嘴内部。当燃油压力达到 15 psi,单向阀打开,燃油输送到计量组件的中心孔,形成主燃油喷射流,喷流锥角度在 64°/89°。燃油流动路径:燃油总管→进口油滤→单向阀→内管→中心孔→燃油喷出→燃烧室。当燃油压力升高到 120 psi,计量阀打开,燃油通过外管流向计量组件外圈环孔,形成次级喷射流,喷流锥角度为 125°。燃油流动路径:燃油总管→进口油滤→计量阀→外管→外圈孔→燃油喷出→燃烧室,如图 6-23 所示。

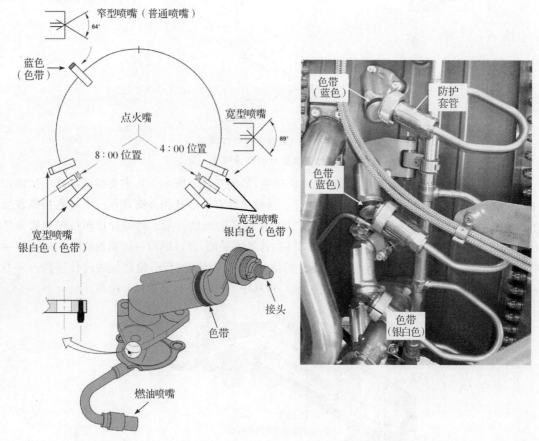

图 6-23　燃油喷嘴识别

所有的燃油喷嘴都提供相似的工作性能,而且都是以相同的方式安装在发动机上。但是,位于点火嘴两侧的四个燃油喷嘴都具有一个宽的主流喷流锥角度(即中心油孔喷流锥角度)。宽角度喷流是为了改善高空再点火的性能。

窄型燃油喷嘴其喷流锥角度为 64°,宽型燃油喷嘴喷流锥角度为 89°。两种燃油喷嘴外观上极为相似,可以通过喷嘴壳体上的色带颜色识别不同的燃油喷嘴。普通燃油喷嘴(窄型喷嘴)采用蓝色色带,宽型喷嘴(宽喷流锥角度较大的燃油喷嘴)配有银白色(自然色)色带。

燃油喷嘴上的色带标识燃油喷嘴的类型。在 20 个燃油喷嘴中,其中 4 个喷嘴带有银色色带,其余 16 个喷嘴是蓝色色带。银色带喷嘴的燃油流量比其他 16 个蓝色带喷嘴的流量都要高。即银色带喷嘴可提供较强的燃油雾化喷流。这 4 个银色带喷嘴中的每两个喷嘴分别与燃烧室机匣内的各个点火嘴相邻。喷嘴如此分布有助于发动机启动,而且当飞机在雨、雪或结冰条件下飞行时,也有助于发动机持续运转。

每个燃油喷嘴都有一个防护套管。此防护套管套在燃油总管和喷嘴之间的接头外部,如果接头渗漏,防护套管可防止燃油渗漏到燃烧室机匣。

## 6.3  燃油控制系统

发动机燃油控制系统控制发动机运转所需的燃油流量。涡扇发动机推力的控制是通过调节供往燃烧室的燃油流量来实现的。当需要增大正推力时,向前推推力手柄,发动机燃油控制系统增加进入燃烧室的燃油流量,提高了气体对涡轮的做功能力,从而提高发动机转速,增大空气流量,从而增大发动机推力。对高涵道比的涡轮风扇发动机,由于发动机推力主要由外涵道风扇排气产生,所以常用发动机低压转子的转速 $N_1$(即风扇转速)来表征发动机推力,如图 6 – 24 和图 6 – 25 所示。

当推油门时,推力手柄解算器将推力手柄运动的角位移信号转换成电信号,传送到 EEC。EEC 根据推力手柄的信号,以及大气环境状况和引气状况计算出一个 $N_1$ 指令值。EEC 输出信号到燃油计量阀(FMV),使其开大,增加供往燃烧室的燃油流量,使 $N_1$ 转速增加,直到 $N_1$ 实际转速达到指令值,如图 6 – 25 所示。

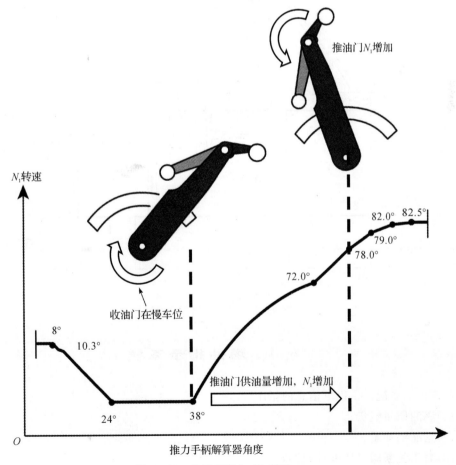

图 6 – 24  推油门增加 $N_1$ 转速

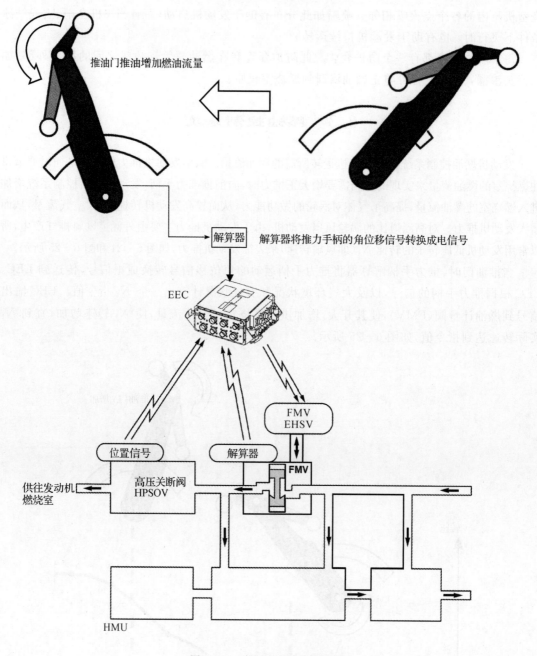

图 6 - 25   推油门增加燃油流量

# 6.4　燃油指示系统

燃油指示系统提供以下信息的指示。

(1)燃油质量流量。

(2)燃油消耗量。

(3)高压关断阀(HPSOV)位置。

　　(4)主燃油滤接近旁通警告。燃油指示系统部件包括燃油流量传感器、燃油流量指示控制电门、主燃油滤压差电门和高压关断阀(HPSOV)。燃油流量传感器通过 EEC 将燃油流量数据提供到 DEU。EEC 计算燃油质量流量,而 DEU 计算燃油消耗量。燃油流量数据显示在主发动机显示器或辅助发动机显示器上。主发动机显示通常显示在上中央显示组件(DU)上,而辅助发动机显示则通常显示在下部中央显示组件(DU)上,如图 6-26 所示。

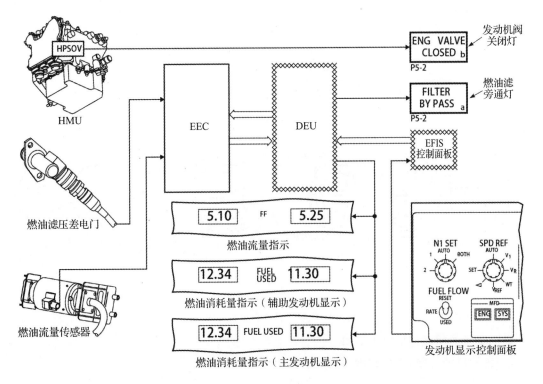

图 6-26　燃油指示系统

### 6.4.1　燃油流量及消耗量指示

1.燃油流量指示控制电门

　　燃油流量指示控制电门控制发动机显示器所显示的燃油质量流量和燃油消耗量指示。燃油流量指示电门有 3 个位置:RESET(复位)、RATE(流量)和 USED(消耗量)。

2.燃油流量指示

　　电门通常在"RATE"位置,此时发动机指示显示燃油质量流量。

3.燃油消耗量指示

　　如果将燃油流量指示控制电门作动并保持在"USED"位置,燃油流量指示转换到燃油消耗量指示模式,此时的燃油消耗量是从计数器设置为零之后所有消耗的燃油质量。燃油消耗量只显示在数字显示部分。

### 6.4.2　燃油流量传感器

　　燃油流量传感器测量进入燃油总管和喷嘴的燃油质量流量。此数据传送到 EEC,EEC 再将流量数据输送到公共显示系统(CDS)。燃油流量传感器位于 HMU 计量燃油出口和喷嘴油滤之间的管路上,安装于风扇机匣 10:00 位置。打开左侧风扇整流罩可以接近燃油流量传感器。

燃油流量传感器包含在一个铝制外壳内,其外部安装有电接头,与 EEC 相连,如图6-27所示。

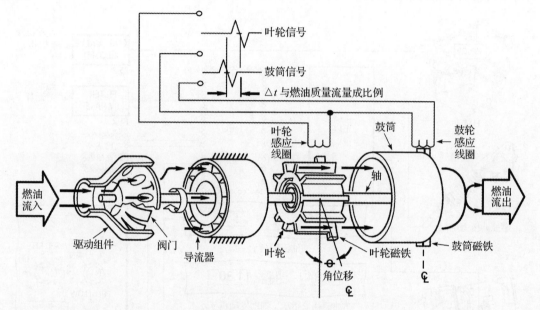

图 6-27　燃油流量传感器

燃油流量传感器包括以下接口。

(1)燃油供油管路,连接到液压机械装置(HMU)。

(2)燃油排油管路,连接到燃油喷嘴油滤。

(3)连接到 EEC 的电缆。

一个驱动组件、导流器和测量组件安装在轴上。传感器驱动组件由内置涡轮、花瓣型阀和阀支撑锥组成。燃油流入驱动组件从切向孔流出,使驱动组件转动,安装在同一轴上的测量组件也随之转动。花瓣阀覆盖的旁通孔在高燃油流量时控制驱动组件的速度,从而限制流量传感器的旋转速度。从驱动组件流出的燃油,流过导流器,导流器是静止的,不与传动轴相联。导流器消除燃油流中所有的旋流和扰流。

测量组件包括一个叶轮和一个鼓筒。鼓筒与驱动组件同轴连接,并且与驱动组件以相同的速度转动。叶轮的轴承支撑在传动轴上,叶轮通过扭力弹簧连接到轴上,使叶轮可以相对于鼓筒转动。当驱动组件带动鼓筒转动,鼓筒通过扭力弹簧带动叶轮转动,而叶轮也试图使燃油转动。不同的燃油流量会导致扭力弹簧产生不同的压缩量,因此在鼓筒和叶轮之间会产生不同的相对角位移。鼓筒与叶轮之间的相对角位移与燃油质量流量相关联。

鼓筒和叶轮上各安装有两个磁铁,它们相对安装(相隔180°角)。当鼓筒和叶轮转动时,当磁铁通过各自的感应线圈时,会产生一个电脉冲,一个脉冲成为起始脉冲,另一个则成为终止脉冲。根据鼓筒和叶轮电脉冲之间的时间差可以确定相对角位移,它与燃油流量成比例。EEC测量起始脉冲和终止脉冲之间的时间差,并计算燃油质量流量。当燃油质量流量较低时,两个脉冲间的时间差也较小,在显示组件(DU)上显示为低燃油流量。当燃油质量流量升高时,两个脉冲间的时间差也增大,越大的时间差在 DU 上显示的燃油质量流量就越高。EEC 发送燃油质量流量数据到 DEU。当 DEU 不能获取燃油流量数据,或燃油流量数据不正确时,燃油消耗量保持在最后计算值上,而燃油流量显示为空白。

### 6.4.3 燃油滤压差电门和油滤旁通灯

EEC 监控发动机上的燃油滤压差电门。压差电门测量燃油滤进口和出口之间的压力差。如果压力差过大,旁通信号通过 EEC 传送到 CDS/DEU。DEU 使琥珀色的 FILTER BYPASS(油滤旁通)灯亮,如图 6-28 所示。

EEC 从燃油滤压差电门接受模拟信号。在 EEC 内部将模拟信号转换成数字信号。EEC 通过 ARINC 429 数据总线将信号传送到 DEU。DEU 提供接地线,使 FILTER BYPASS 灯和主警戒灯亮。FILTER BYPASS 灯位于 P5 前板上,主警戒灯位于 P7 遮光板面板上。

燃油滤压差电门位于风扇机匣 8:00 位置。打开左侧风扇整流罩可以接近燃油压差电门。

压差电门组件通过电门提供数据到 EEC 通道 A 和 B。如果主燃油滤堵塞导致进、出口压力差超过 11.5 psi,压差电门闭合。EEC 将信号发送到 DEU。DEU 接地,使琥珀色 FILTER BYPASS(油滤旁通)灯和 MASTER CAUTION(主警戒)灯亮。如果压力差持续增加,则燃油滤旁通阀打开。

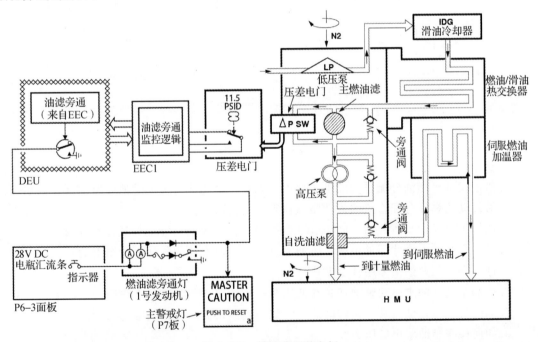

图 6-28 燃油滤压差电门

如果燃油滤压差电门信号不一致,仅当飞机在地面超过 90 s 后 EEC 才向 DEU 发送信号。飞机着陆后如 FILTER BYPASS 灯亮,则通过控制显示组件(CDU)中的发动机维护页面,查寻 FUEL FILTER SIGNALS DISAGREE(燃油滤信号不一致)信息。如果查询不到相关信息,则根据维修手册更换燃油滤;如果查询到信息,则使用故障隔离手册 FIM 进行燃油滤堵塞指示系统排故。

### 6.4.4　高压关断阀(HPSOV)指示灯

液压机械装置(HMU)中高压关断阀(HPSOV)的打开和关闭,控制着计量燃油的通断。在 P5 板上蓝色的 ENGINE VALVE CLOSED(发动机阀关闭)灯可以显示 HPSOV 的位置。ENGINE VALVE CLOSED 灯有三种显示模式:明亮、暗亮(弱光)和熄灭。当 HPSOV 关闭时,灯转为暗亮(弱光);当 HPSOV 打开时,灯熄灭;当 HPSOV 位置和指令活门位置不一致时,灯明亮,如图 6-29 所示。

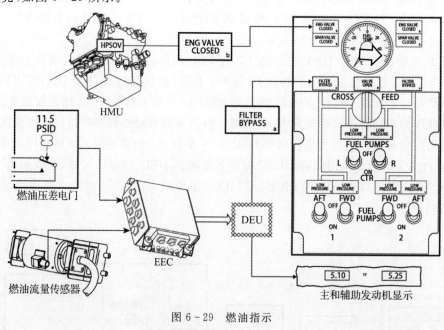

图 6-29　燃油指示

# 思　考　题

1.描述发动机燃油分配系统的组成部件。来自飞机燃油系统的燃油如何供到燃油喷嘴?

2.沿发动机燃油分配管路的流动路径识别发动机部件。

3.如果 HMU 出口管路(供往燃油喷嘴的管路)接头松动可能会导致什么危险?

4.燃油泵组件由哪些部件组成?燃油室组件是如何安装到附件齿轮箱上的?

5.低压和高压燃油泵采用什么型式?

6.燃油泵组件内主驱动轴剪切颈和低压泵驱动轴剪切颈各有什么作用?

7.如何目视检查低压泵叶轮转动情况?如何判断是低压泵驱动轴剪切颈断裂?

8.如何检查燃油泵出口压力?

9.高压泵释压阀的作用是什么?工作压力是多少?

10.什么是自洗油滤?

11.P5-2 板燃油控制组件上的 FILTER BYPASS(油滤旁通)灯亮指示什么状况?

12.如何检查主燃油滤?

13.整体驱动发电机(IDG)燃油/滑油冷却器的作用是什么?

14.描述主燃油/滑油热交换器和伺服燃油加温器的内部结构。

15.描述燃油流量传感器和燃油喷嘴油滤的安装位置。

16.描述双油路燃油喷嘴的工作原理。

17.如何通过喷嘴壳体上的色带颜色识别不同的燃油喷嘴？

18.什么是宽型燃油喷嘴？什么是窄型燃油喷嘴？

19.前推正推力手柄时，为什么发动机的转速会升高？

20.燃油指示系统提供哪些信息指示？显示位置？

21.琥珀色的 FILTER BYPASS(油滤旁通)灯亮指示什么情况？

22.发动机阀门关闭（ENGINE VALVE CLOSED）灯是什么颜色的？有哪几种显示模式？

# 第7章 全权限数字式发动机控制(FADEC)系统

## 7.1 FADEC系统介绍

### 7.1.1 FADEC系统的功能

CFM56-7B发动机通过一个称为全权限数字式发动机控制(FADEC)系统进行控制。它根据来自发动机的输入指令对发动机实现完全控制。它也向飞机系统提供驾驶舱指示、发动机状态监控、维护报告和故障隔离的信息。

FADEC系统主要有以下功能。

(1)燃油控制和$N_1$,$N_2$转速超限保护。

(2)在启动过程中控制发动机参数,并且防止地面启动发动机时排气温度(EGT)超限。

(3)发动机推力管理:两种模式,人工和自动推力模式。

(4)通过控制压气机气流和涡轮间隙以实现发动机的最佳工作。

(5)控制反推联锁电磁作动器。

### 7.1.2 FADEC系统部件

FADEC系统包括以下部件(见图7-1)。

(1)电子发动机控制器(EEC)。每个EEC包含有两个计算机,一个计算机被称为通道A,另一个为通道B。EEC执行发动机控制计算并监控发动机的工作状态。

(2)液压机械装置(HMU)。HMU将来自EEC的电信号转换成伺服燃油压力以驱动发动机阀门和作动筒。

(3)相关部件。它主要包括阀门、作动筒和用于控制和监控的传感器

### 7.1.3 FADEC系统的接口

为执行所有任务,FADEC系统通过EEC与飞机计算机通信。EEC通过公共显示系统(CDS)显示电子组件(DEU)接收工作指令,DEU实际上是EEC和飞机系统之间的接口,如图7-2所示。

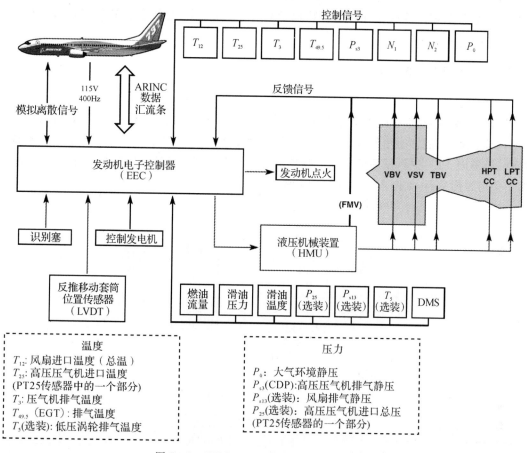

图 7-1 CFM56-7B 发动机 FADEC 系统

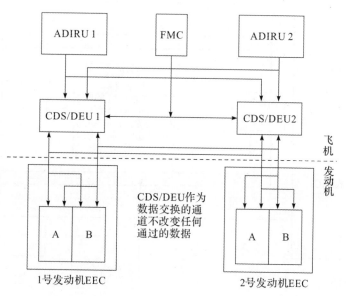

图 7-2 FADEC 系统的接口

CDS - DEU1 和 2 可提供来自大气数据惯性基准组件(ADIRU)和飞行管理计算机(FMC)的大气数据。这些大气数据参数包括高度、大气总温、总压和马赫数(Ma),这些参数可用于发动机推力计算。

### 7.1.4 FADEC 系统设计

#### 1.双重通道

FADEC 系统具有一个内置测试设备(BITE)。BITE 可以进行系统测试,既可以检测自身的内部故障,又能够检测外部故障。所有的控制输入都是双重的,并且阀门和作动筒都配备双重传感器向 EEC 提供反馈信号。一些指示参数是共享的,所有的监控参数都是单传感器。EGT 采用四传感器,如图 7 - 3 和图 7 - 4 所示。

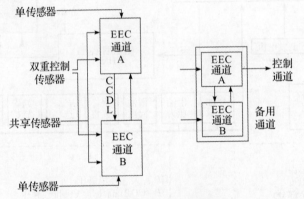

图 7 - 3　FADEC 系统设计

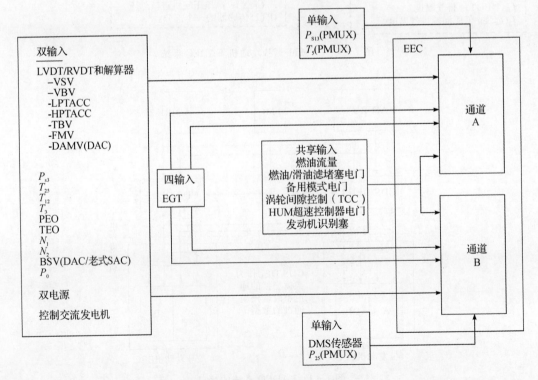

图 7 - 4　传感器多重输入信号

**2.跨通道数据链(CCDL)**

一个通道的输入同时也可以通过跨通道数据链(CCDL)(见图 7-3)被另一个通道获取，即 EEC 的两个通道之间可能进行通信，这增强了系统的可靠性，而且即使一个重要的输入信号失效仍允许双通道保持工作。

**3.控制/备用通道**

两个通道，A 通道和 B 通道(见图 7-4)，是完全相同并持久工作的，但两个通道之间相互独立。两个通道持续接收输入信号并对其进行处理，但只有一个通道处于控制状态，称为控制通道(或有效通道)，只有控制通道传送输出指令，而另一个通道称为备用通道。

**4.通道选择和故障**

只有在 EEC 获得供电并处于工作状态时才能进行控制通道和备用通道选择。为了确定通道的工作状态并传送维护信息到飞机，BITE 系统探测和隔离故障或故障组合。控制通道和备用通道的选择是基于各通道的工作状态，每个通道确定自身的状态水平。处于最佳状态的通道被选定为控制通道。当两个通道的状态水平相同时，随着每一次发动机启动，两个通道轮流作为控制通道，但通道的转换只适用于上一次发动机运转时，$N_2$ 转速必须超过10 990 r/min。

**5.失效安全控制**

如果一个通道发生故障，控制通道不能确保发动机控制功能，此功能将转换到一个保护发动机的位置，称为失效保护位置。

**6.闭环控制**

为了准确控制各发动机系统，EEC 采用闭环控制系统。

EEC 计算一个系统部件位置作为指令位置，EEC 比较部件指令位置与实际位置，得到一个位置差值，此位置差即作为一个需求位置。EEC 通过液压机械装置(HMU)的电液伺服阀(EHSV)传送一个燃油压力信号到一个系统部件(阀门、作动筒)使其运动。随着系统阀门或作动筒的运动，EEC 接收部件位置的反馈信号。此过程不断重复，直到不再有位置差，即需求信号为 0。这样就完成了一个闭环控制，使 EEC 能精确控制发动机系统部件。

**7.输入参数选择(见图 7-5)**

除了监控传感器是单传感器，所有的传感器都是双重或共享传感器。为了进行所有计算，每一个 EEC 通道都要接收：一个本地值和一个通过 CCDL 传送的跨通道值。这两个值都要通过 EEC 通道验证测试程序，然后根据参数的可靠性选择正确的值。此选择的值可能是两个值的平均值、本地值、跨通道值。如果双重传感器故障，将选择一个根据其他现有的参数经过计算得到的模拟值。这些参数包括 $N_1$,$N_2$,$P_{S3}$,$T_{25}$,$T_3$,FMV,VBV 和 VSV 反馈位置。

对于其他参数，如果 EEC 不能选择一个有效值，将选择失效安全值。

只要跨通道数据链(CCDL)处于工作状态，失去一个参数不会导致 EEC 通道转换。

发动机排气温度(EGT)共有四组传感器，是四重输入，如图 7-6 所示。每个 EEC 通道接收两组 EGT 传感器的信号。EEC 对 EGT 传感信号的选择采用如下程序。

(1)4 个输入数据平均值。如果 4 个信号都有效，EEC 使用平均温度作为选定的 EGT。

(2)部分输入数据的平均值。如果其中一个信号超过范围，则使用其他三个信号源 EGT 数据的平均值控制发动机。

(3)失效安全值。如果所有信号源都失效，EEC 使用默认值安全运转发动机。如 EEC 发现一个信号失效,它把这个信息储存在 BITE 存储器中。

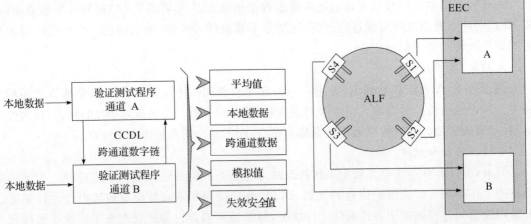

图 7-5  输入参数的选择 　　　　　　图 7-6  四重输入信号的选择

### 7.1.5  EEC 信号类型

在飞机系统和发动机控制系统之间,通过导线传送两种类型的信号:模拟信号和数字信号,如图 7-7 所示。

1. 离散值

离散信号只有两个数值,例如:接通/断开、打开/关闭。向 EEC 提供飞机构型数据和指令的离散值通过程序插钉,或直接人工操控的电门打开/关闭输出。

来自飞机的离散信号输入包括飞机型号、备用模式电门、发动机启动电门。

EEC 从一些发动机传感器和发动机识别塞接收离散信号。

来自发动机传感器的离散输入信号包括燃油滤旁通电门、滑油滤旁通电门。

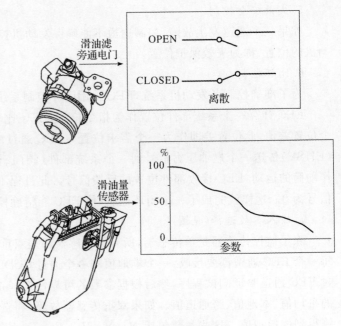

图 7-7  离散值和参数值

2. 参数值

与离散值不同,参数值不是固定的,但可以在一个特定范围内变化,具体如下。

(1)推力手柄解算器角度:6°~87°。

(2)$N_1$ 转速:0~5 382 r/min。

(3)滑油量:0~100%。

3. 模拟信号

EEC 通过导线接收和传送离散和参数电信号。这些信号可以是来自各种传感器和电门,或者传送到发动机部件,例如力矩马达。由于这些值大多具有不同的范围,并且根据特定部件的不同而变化,被称为模拟信号。

4. 数字信号

像所有的计算机,EEC 包含有逻辑板来处理输入和输出的数据,但采用的是一种数字电子信号。数字信号是一系列的方形波型,称为数据位。数据位用"1"或"0"描述。由于"1"或"0"可以被认为是"ON"或"OFF",大多数离散信号被处理成数字信号。模拟和数字信号不具有相同的格式,所以在传送到 EEC 或 EEC 输出之前,要进行转换处理。

5. ARINC - 429

发动机控制系统和飞机系统之间的通信大量采用数字信号。数字信号以特定格式通过数据总线传送,此格式可以被通信链任何一端识别和解码,被定义为 Aeronautical Radio Inc(航空无线电公司)。此格式的通信协议被称为 ARINC - 429。尽管这些信号是数字信号,但这些数字信号与 EEC 内部的数据格式不同,因此在接收和传送之前都需要转换处理。

## 7.2　电子发动机控制器(EEC)

如图 7 - 8 所示,EEC 是一台双通道计算机,封装在一个铝制外壳内,固定在风扇机匣右侧 2:00 位置(从后向前看)。有 4 个带有缓冲器的安装螺栓,缓冲器可以隔离震动。两条金属带确保 EEC 接地连接。

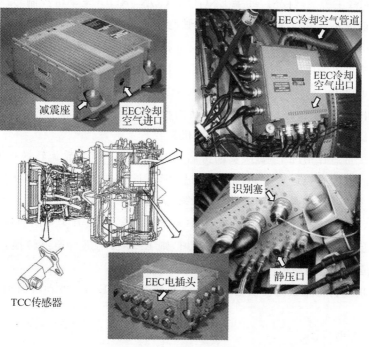

图 7 - 8　电子发动机控制器(EEC)

为保证正常工作,EEC 需要冷却以保持内部温度在允许的极限范围内。一个冲压空气进气口可以提供冷却空气,对 EEC 进行冷却。冲压空气进气口是在发动机进口整流罩的外侧 1:00 位置。外界环境空气从风扇进口整流罩右侧的进气斗进入。冷却空气流过 EEC 内部腔室,然后从冷却空气出口排出,如图 7-8 所示。

电子发动机控制器(EEC)是发动机的主要控制器。EEC 使用来自发动机和其他飞机系统的数字和模拟信号控制和监控发动机。EEC 发送发动机数据到其他飞机系统。

在 EEC 上有电插头。EEC 使用这些接头接收/发送数据到飞机和发动机。接头编号从 J1~J10。发动机识别塞连接到 P11。识别塞向 EEC 提供发动机构型数据。

每个 EEC 都有两个计算机,每个计算机都能控制发动机,正常情况下,一个计算机工作,另一个备用。计算机被称为通道。一个计算机被称为通道 A,另一个则为通道 B。两个通道之间通过跨通道数据链(CCDL)进行相互通信。每个 EEC 通道都有驱动电路,驱动电路将数字指令信号转换成模拟信号传送到发动机和飞机作动筒和电磁阀。其中一个 EEC 通道不能控制另一个通道的驱动器。

每个 EEC 都有传感电路,它从发动机和飞机上的多个传感器读取信号。通过跨通道数据链(CCDL),控制通道可从 A 通道或 B 通道中任何一个通道读取输入数据。控制通道选择最佳信号或取信号平均值计算用以控制发动机的数据值。如果控制通道失效,则备用通道变成控制通道。如果只有一个 EEC 通道失效,EEC 保持双通道模式。双通道模式使控制通道可以使用两个通道的传感电路进行发动机控制。如果一个通道失效,则故障将储存在 BITE 存储器中。很多这类 EEC 故障都会导致驾驶舱 ENGINE CONTROL(发动机控制)和 MAS-TER CAUTION(主警戒)灯亮。如果 ENGINE CONTROL(发动机控制)灯亮,在排除引起灯亮的故障之前。不能放行飞机。可以在驾驶舱控制显示组件(CDU)上看到 BITE 信息。

EEC 通常工作于双通道模式。当控制发电机只对一个通道供电时,EEC 转入单通道模式。控制发电机供电的 EEC 通道成为控制通道,而另一通道则成为备用通道,由飞机转换汇流条向备用通道供电。

当 EEC 通道不能相互通信时,EEC 也转到单通道模式。处于单通道工作模式时,EEC 的控制通道只使用自身的传感电路控制发动机。

两个通道正常工作情况下,每次发动机启动时,通道 A 和 B 轮流转换控制通道和备份通道。如果在上一次发动机运转中 $N_2$ 转速超过 76%,且将要设定为"控制通道"的计算机没有故障或故障少于将要设定为"备用通道"的计算机,则发生 EEC 通道转换。例如:上一次发动机工作过程中($N_2$ 转速超过 76%),通道 A 作为控制通道,通道 B 为备用通道。此次发动机启动时,如果 B 通道没有故障或故障少于 A 通道,则 EEC 自动进行通道转换,B 通道成为控制通道,而 A 通道作为备用通道。

发动机识别塞将构型数据提供给电子发动机控制器(EEC)。发动机识别塞数据包括以下几项。

(1)发动机类型(7B)。

(2)$N_1$ 配平等级。

(3)推力等级。

(4)发动机状态监控(选项)。

(5)发动机燃烧室构型(SAC 或 DAC)。

EEC 位于发动机风扇机匣右侧,发动机识别塞连接到 EEC 底部的 P11 接头。打开右风扇整流罩可以接近 EEC 和识别塞。拆卸 EEC 时,发动机识别塞仍保留在发动机上。

发动机识别塞不包含发动机序列号。在更换发动机期间,必须用 FMC CDU 改变序列号,使用任意一个 CDU 输入新发动机序号。

### 7.2.1　EEC 主要功能

EEC 主要有以下功能。

(1)启动、停车和点火控制。

(2)发动机推力管理。

(3)反推力控制。

(4)发动机核心控制。

(5)高压涡轮主动间隙控制(HPTACC)和低压涡轮主动间隙控制(LPTACC)。

(6)自测试(BITE)。

(7)驾驶舱指示。

1. 输入信号验证和处理

EEC 从发动机和其他飞机系统接收数字和模拟信号,其中某些信号来自多个信号源。如果一个数据源失效,EEC 可使用其他数据源,因而改善了发动机的可靠性。如 EEC 发现所有数据源都有效,它使用最佳数据控制发动机。$T_{49.5}$(低压涡轮喷嘴环温度)就是一个例子。此信号也称为排气温度(EGT)。每个 EEC 通道接收两个 EGT 信号。如果四个信号都有效,EEC 使用平均温度作为选定的 EGT。如果其中一个信号超过范围,则使用其他三个 EGT 的平均值控制发动机。如果所有信号源都失效,EEC 使用默认值安全运转发动机。如 EEC 发现一个信号失效,它把这个信息储存在 BITE 存储器中。

2. 启动、停车和点火控制

增强型手动启动使用与其他波音 737 机型相同的基本启动程序,但增加了湿启动和热启动保护。

飞行员将启动手柄放置在 CUTOFF(停车)位置时,EEC 控制发动机的正常停车。

在发动机启动过程中,EEC 控制哪个点火系统通电;在热启动和湿启动时,EEC 控制切断点火系统。如果发动机非正常减速,EEC 也可自动接通点火系统。

3. 发动机推力管理

EEC 根据 $N_1$ 转速、大气压力和温度状况计算发动机推力。EEC 使用 $N_1$ 转速控制发动机推力。当移动推力手柄发出增加或减小发动机推力的指令时,推力手柄解算器将推力手柄解算器角度(TRA)传送到 EEC,EEC 接收推力手柄角度(TLA)信号。

可在驾驶舱 CDU 上的发动机 BITE 输入监控页面查询 TRA 角度。

4. 反推力控制

EEC 使用反推移动套筒的位置信息限制反推功率,只有在反推移动套筒接近完全展开时才能增加反推功率。EEC 接通反推力联锁电磁线圈,以保持反推力手柄在展开位置,直到反推力装置展开,并向飞行机组提供反推装置展开指示。

5.发动机核心控制

EEC 通过硬件和软件限制以保持发动机安全可靠运行。EEC 保持下列发动机参数在限制范围内。

(1)$N_2$ 转速。

(2)$P_{S3}$（HPC 排气静压）。

(3)燃油流量。

EEC 通过控制：发动机燃油流量、可调静子叶片（VSV）、可调放气阀（VBV）和瞬时放气阀（TBV）保持发动机参数在限制范围内。

6.HPTACC 和 LPTACC 控制

EEC 加热或冷却涡轮机匣以控制高压和低压涡轮叶片间隙。

7.自测试（BITE）

EEC 提供故障数据以便于发动机排故和获取维护支持。驾驶舱内控制显示组件（CDU）可用于发动机排故和发动机系统地面测试，也可用作监控 EEC 输入和输出信息。BITE 数据仅在地面上才可以通过 CDU 获取。

8.发动机指示

EEC 提供数据到公共显示系统（CDS）显示电子组件（DEU）1 和 2。CDS 显示组件（DU）可以显示发动机主要和次级指示。可以使用便携式数据载入器（PDL）更新 EEC 软件程序。

### 7.2.2　EEC 结构

EEC 包含有一个电箱组件（ECA）和一个压力子系统（PSS）。ECA 由一个铝制外壳、前面板组件（FPA）和一个侧接口组件（SIA）组成。SIA 提供一个输入、输出信号的传送路径。

FPA 和 SIA 都具有保护装置防止瞬时电压对 EEC 造成损害。打开 EEC 的后盖可以接近通道 A 和通道 B 的线路板，两个通道的线路板完全相同。线路板连接到双重通道多层母板组件，它是 FPA 的一部分。

在 A 通道组件与 B 通道组件之间由金属隔板分隔。PSS 装在一个铝制外壳内，包括一个总管、一系列的压力传感器和相关的机械和电气接头。传感器接收发动机空气压力信号，通过总管，将压力信号转换成数字信号用于 EEC 信号处理。

1.电气接头

EEC 前面板和侧接口组件共有 11 个螺纹电气接头。每一个接头都有独特的头型，只有正确的对应电缆插头才能插入接头。EEC 电气接头使用字母数字编号标注，J1 ~J8 接头表示前面板接头；J9,J10,P11 表示侧接口组件上的接头，如图 7 - 9 和图 7 - 10 所示。

发动机所有输入和输出指令信号都是通过各自独立的电缆和接头传送的。

识别塞插入到 P11 接头，通过金属条带连接到风扇机匣。即使更换 EEC，也要确保识别塞随发动机保存。

各电气接头的功能，见表 7 - 1。

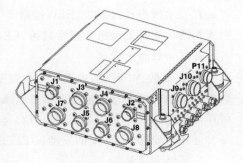

图 7 - 9　EEC 电气接头

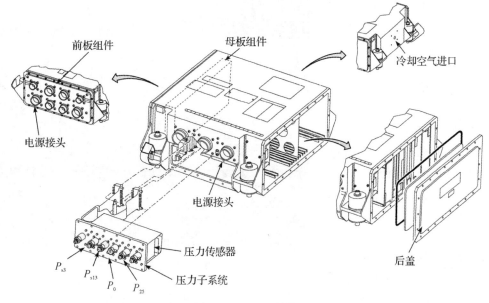

图 7 - 10　EEC 结构

**表 7 - 1　EEC 电气接头**

| 通道 A 接头<br>(奇数) | 通道 B 接头<br>(偶数) | 功　能 |
|---|---|---|
| J1 | J2 | 点火电源(115 V) |
| J3 | J4 | 反推装置 |
| J5 | J6 | HMU,$N_2$,燃油计量,滑油温度 |
| J7 | J8 | $N_1$,$T_{12}$,EEC 发电机,滑油和燃油滤堵塞,滑油压力传感器,DMS(选装) |
| J9 | J10 | $T_{25}$,LPTACC,HPTACC,VSV,VBV,TBV,$T_3$,$T_{49.5}$,$T_5$,TCC |
| P11 | 共享 | 发动机识别塞,测试接口 |

**2.EEC 压力系统**

各压力管路通过安装于总管上的接头进入到压力系统(PSS)。压力管路的最后数英寸是软性的,以方便 EEC 的拆装。PSS 使用两种类型的总管。标准总管(无 PMUX)只有两个接头。PMUX(选装)总管有 6 个接头,其中只使用了 4 个接头。在两端的两个接头未被使用。在总管的后部,接头连接到压力传感器,可以将压力输入转换成 16 位数字。如果没有安装 PMUX 选项,用于发动机控制的两个压力($P_0$,$P_{S3}$)通过标准总管供往两个通道。如果安装了 PMUX 选项(总管有 6 个接头),$P_0$ 和 $P_{S3}$ 仍然供往 EEC 两个通道,两个选装的监控压力供往单个通道,$P_{S13}$ 供往通道 A;$P_{25}$ 供向通道 B。

如图 7 - 11 所示为 EEC 空气接头。EEC 空气接头从发动机不同位置获取空气压力。压力传感器是 EEC 的一部分,它可以将接受的空气压力转换成数字信号。

空气压力信号包括以下几类。

(1)$P_0$(外界空气静压)。

(2)$P_{S13}$(风扇出口静压)。

（3）$P_{25}$（高压压气机进口压力）。

（4）$P_{S3}$（高压压气机排气压力）。

EEC 从 ADIRU 和 EEC 中的 $P_0$ 压力传感器上获得 $P_0$ 压力。每个 EEC 通道都有一个 $P_0$ 传感器。EEC 通过底部一个开口感受 $P_0$。因为 EEC 的 $P_0$ 传感口在风扇整流罩内，因此 EEC 需要修正 $P_0$ 以获得大气压力，如图 7-11 所示。

在正常模式时，EEC 使用 $P_0$ 为发动机推力管理计算飞机速度。

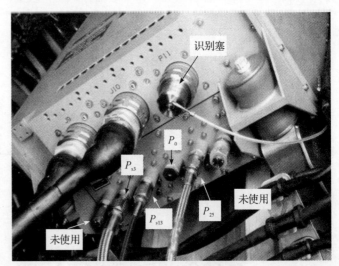

图 7-11　EEC 空气接头

在备用模式时，EEC 使用 $P_0$ 估算 $P_T$（总压）或查找一个假定的 $P_T$（总压）。

每个 EEC 通道都有一个 $P_{S3}$ 传感器。EEC 使用 $P_{S3}$ 来防止高压压气机失速或喘振，并确保引气压力高于最小允许值。如引气压力低于最小值，EEC 增加最小慢车转速。如果压气机接近失速或喘振，EEC 控制 VSV、VBV 和 TBV，以保护压气机。硬管和软管将 $P_{S3}$ 空气压力输送到 EEC 底部的 $P_{S3}$ 空气接头。

### 7.2.3　发动机识别塞

发动机识别塞向 EEC 提供发动机构型信号以确保发动机的正确运转。识别塞插入到 EEC 的 P11 接头，通过金属条带连接到风扇机匣。即使更换 EEC，也要确保识别塞随发动机保存。

在识别塞内部有编码电路，以及 23 个熔断搭接线和插拔程序钉，如图 7-12 所示。搭接线和插拔程序钉可以使识别塞不同电路触点之间连通或断开。熔断搭接线在连通时，向 EEC 提供推力等级信息。搭接线由金属制成，连接于编码电路两个触点之间，使其连通。搭接线属于固定连接设计，只能通过熔断的方法才能使其断开，因此在航线上不能改变其连通状态进行重新构型。插拔程序钉可以向 EEC 提供构型信息。包括位于两个触点之间的电门机构，可以根据客户的需要手动拔出或插入，如图 7-13 所示。

脱开识别塞后部保护盖，露出插拔程序钉（见图 7-12）。程序钉有两个位置：伸出和缩入。新件后部所有插钉全部处于伸出位，需要根据飞机维护手册对程序钉进行调节。程序钉伸出时，后部黑色色带完全露出；而缩入时，后部黑色色带完全缩入。拔出或插入位置都有机械卡位。

识别塞内部的熔断搭接线和插拔程序钉的不同连接决定了发动机的构型信息。搭接线在航线上不可以更改，而插拔程序钉则可以按照维护手册在航线上通过插拔的方式进行更改。发动机推力等级、BUMP 推力和识别塞类型（5C/7B）是通过熔断搭接线来设置的，所以在航线上不可以直接改变发动机的推力等级、设置 BUMP 推力。通过插拔程序钉可以改变 $N_1$ 配平等级、PMUAX（选项）、BSV 及燃烧室构型等。

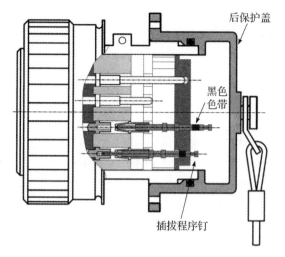

后保护盖

黑色
色带

插拔程序钉

脱开后保护盖

图 7 - 12　发动机识别塞

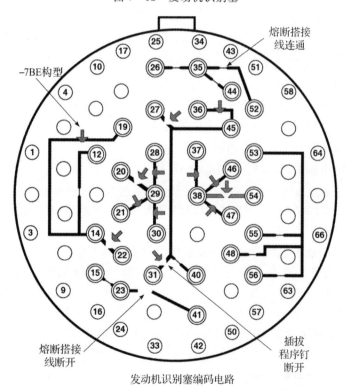

图 7 - 13　发动机识别塞编码电路

　　EEC 将所有发动机构型计划存储在非易失性存储器（NVM）。在初始化时，它通过寻找插钉上的电压读取识别塞，根据特定插钉的位置和电压，EEC 选择特定的构型计划。

　　如果未检测到识别塞，或无效的识别塞，EEC 使用存储在 NVM 内的前一个堵头的构型数值。

　　识别塞提供以下构型数据代码到 EEC。

　　（1）发动机系列和类型（CFM56 - 7B）。

　　（2）$N_1$ 配平调节。

（3）推力等级。

（4）Bump 选项（CFM56 - 7B22 B1，-7B24 B1，-7B27 B1）。

（5）发动机状态监控（选项）。

（6）发动机燃烧室构型（SAC 或 DAC）。

（7）燃烧室分级阀（BSV）激活或未激活。

1. 认证推力等级

所有的 CFM56 - 7B 发动机都可以产生 27 300 lbs 起飞推力。识别塞内特定触点（熔断搭接线）可以激活各个推力等级。发动机识别塞是制造厂家对客户发动机允许使用推力等级的授权。在没有得到许可之前，不能随意提升发动机推力等级。

CFM56－7B 发动机推力等级共有以下 6 个级别。

（1）B18 : 19 500 lbs 波音 737 - 600。

（2）B20 : 20 600 lbs 波音 737 - 600 & - 700。

（3）B22 : 22 700 lbs 波音 737 - 600 & - 700。

（4）B24 : 24 200 lbs 波音 737 - 700 & - 800 & - 900。

（5）B26 : 26 300 lbs 波音 737 - 800 & - 900 & - BBJ & COMBI & C40A。

（6）B27 : 27 300 lbs 波音 737 - 800 & - 900。

2. Bump（选项）

Bump 是一个在特定限制内，获取比正常起飞推力水平更高推力的选项。Bump 等级不会影响最大连续推力或低于最大连续推力的推力水平。对于任何获取的 Bump，红线值（$N_1$，$N_2$，EGT）保持与基准推力等级完全相同。

在识别塞内部，由熔断搭接线构型 Bump 推力。

3. 识别塞类型

CFM56 - 5C 和 CFM56 - 7B 采用相似的识别塞。通过熔断搭接线构型发动机类型。

4. 燃烧室构型（SAC 或 DAC）

CFM56－7B 发动机采用单环燃烧室或双环燃烧室。双环燃烧室（DAC）技术致力于一种短燃烧室设计，以降低燃气温度和燃气驻留时间，从而降低 $NOx$ 的排放水平。可通过插拔程序钉调整燃烧室构型。

5. $N_1$ 配平水平

发动机组装容差导致以相同 $N_1$ 运转的发动机之间产生推力差。EEC 使用 $N_1$ 配平以调节发动机之间的推力差。在 EEC 内的大推力发动机的 $N_1$ 指令转速被降低，减小了 $N_1$ 实际转速，使其与小推力发动机相匹配。

6. PMUX（发动机状态监控）

它包括一个根据客户要求选装的套件：$P_{S13}$，$P_{25}$ 和 $T_5$。在发动机识别塞内，由插拔程序钉构型。

### 7.2.4　EEC 电源

控制发电机位于附件齿轮箱（AGB）的顶部前安装表面，打开左侧风扇整流罩可以接近控制发电机。

如图 7 - 14 和图 7 - 15 所示，控制发电机由壳体、定子组件和转子组成。定子有两组独立的线圈。一组线圈为通道 A 供电，另一组为通道 B 供电。

控制交流发电机是 EEC 工作的主交流电源。飞机电源系统 115V，400Hz转换汇流条也可向 EEC 提供 115V，400 Hz的电力。正常情况下由控制发电机向 EEC 供电，控制发电机从两个独立的线圈分别向 EEC 通道 A 和通道 B 供电。飞机交流转换汇流条 1 是一号发动机 EEC 的备用电源。飞机交流转换汇流条 2 是 2 号发动机 EEC 的备用电源。EEC 内的逻辑电路自动选择正确的电源。当控制发电机不能供电时，飞机电源系统交流转换汇流条向 EEC 供电，如图 7-15 所示。

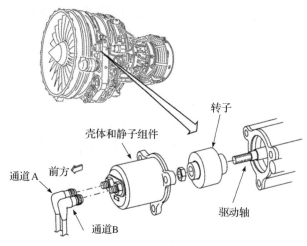

图 7-14　EEC 控制发电机

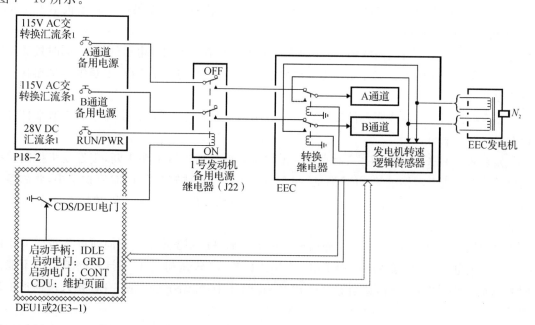

图 7-15　EEC 供电电路（1 号发动机）

EEC 内的两个转换继电器可将转换汇流条的交流电供到 EEC。两个继电器中，一个继电器向通道 A 供电；另一个继电器向通道 B 供电。

1 号发动机备用电源继电器位于接线盒 J22 中，此继电器受 DEU（显示电子组件）控制。继电器上有两个触点，一个用于通道 A，另一个用于通道 B。当备用电源继电器接通时，通过 EEC 内部转换继电器将飞机转换汇流条的交流电供到 EEC。

以下任何一种情况都会导致 DEU 接通备用电源继电器。

（1）发动机启动手柄设定在慢车位。

（2）发动机启动电门设定在地面（GRD）位。

(3)发动机启动电门设定在连续(CONT)位。

(4)控制显示组件(CDU)设置在发动机维护页面。

2 号发动机备用电源继电器在接线盒 J24 中。2 号发动机备用电源继电器工作原理与 1 号发动机备用电源继电器的工作基本相同。

EEC 每一个通道的逻辑电路使用内部电门,接通或断开备用电源到 EEC 供电组件的电力。

(1)如果 $N_2 < 12\%$:电门闭合,电力来自飞机 28 V 直流电。

(2)如果 $N_2 = 12\% \sim 15\%$:电门保持当前位置。

(3)如果 $N_2 > 15\%$:电门断开。

在发动机启动时,EEC 接收转换汇流条的电力。控制发电机转速逻辑传感器监控控制发电机的转速。当 $N_2$ 转速超过 15%,而且控制发电机功率在限制范围内时,EEC 接通转换继电器,转换继电器断开来自转换汇流条的交流电源,此时 EEC 由控制发电机供电。

正常情况下,EEC 接收主电源(控制发电机)的供电,控制发电机由发动机附件齿轮箱驱动。两个独立的控制发电机线圈向每一个 EEC 通道提供电力。如果控制发电机不工作或故障,飞机电源向 EEC 供电。

如一组控制发电机线圈故障,转换继电器关闭此通道的控制发电机的供电,同时接通飞机转换汇流条的备用电源。如控制发电机电源在限制范围内,另一个 EEC 通道继续从控制发电机接收电力。

如两组控制发电机线圈都故障,两个 EEC 通道通过两个 EEC 转换继电器接通来自飞机转换汇流条的电力。

如果两个 EEC 通道均正常,而来自一个控制发电机通道的电源中断,则发动机控制转换到由控制发电机电源供电的 EEC 通道,一个短时放行故障被储存在 EEC 存储器中,此故障显示在 CDU 发动机维护页面上。无控制发电机电源的 EEC 通道从飞机转换汇流条获得交流电。

控制发电机向 EEC 的通道 A 和通道 B 供电。如果控制发电机不能向通道 A 或者 B 中的任一通道供电,飞机电源系统可向 EEC 供电。如果 $N_2$ 转速超过 15% 且控制发电机不能向 EEC 通道可靠供电,一条信息会储存在 BITE 存储器中,此情况也会使 EEC 转入单通道工作模式。

如 EEC 以单通道运行(另一通道不工作),且控制发电机停止向控制通道供电,控制通道从飞机转换汇流条获得电源。一个禁止放行的故障信息储存在 EEC 存储器中,此故障显示在 CDU 发动机维护页面上。

飞机在地面时,上述故障也会导致 P5 顶板上的 ENGINE CONTROL(发动机控制)灯和 MASTER CAUTION(主警戒)灯亮。必须在准许飞机放行之前排除故障。

在拆卸或安装转子时,需要使用附件齿轮箱(AGB)手动驱动接头固定 N2 转子,将 3/4 in 方头驱动工具放入接头中,在拧松或旋紧转子锁紧螺母时可以阻止控制发电机驱动轴和转子转动。

拆卸定子时注意不要让转子和定子相碰,转子上的磁铁会在定子上施加一个强磁场拉力,可能会导致部件损伤。

#### 7.2.5　EEC 与发动机系统和部件的接口

EEC 与下列发动机系统和部件有一个接口,如图 7－16 所示。

(1)发动机识别塞。

(2)液压机械装置(HMU)。

(3)发动机空气控制系统。

(4)发动机传感器。

(5)燃油流量传感器。

(6)控制发电机。

(7)点火系统。

1.发动机识别塞

EEC 使用发动机识别塞获取发动机推力等级和其他发动机信息。

2.液压机械装置(HMU)

HMU 向燃烧室供应计量燃油,也为发动

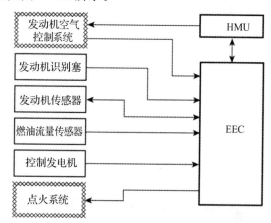

图 7－16　EEC 与发动机系统和部件的接口

机系统工作提供伺服燃油压力。HMU 从 EEC 接收电指令信号,以控制发动机燃油。HMU 也从飞机启动手柄和灭火电门获取指令,以控制 HPSOV。

3.发动机空气控制

EEC 控制发动机气流以实现推力控制和涡轮间隙控制,这是通过 HMU 伺服燃油系统实现的。由 EEC 通过 HMU 控制的伺服燃油系统包括以下几部分。

(1)可调静子叶片(VSV)。

(2)可调放气阀(VBV)。

(3)瞬时放气阀(TBV)。

(4)低压涡轮主动间隙控制(LPTACC)。

(5)高压涡轮主动间隙控制(HPTACC)。

4.发动机传感器

EEC 使用来自各个发动机传感器的输入数据为发动机工作计算发动机燃油和控制系统的输出,其主要来自以下几类发动机传感器的输入数据。

(1)$T_{12}$(进口总温)。

(2)$P_{25}$(高压压气机进口压力)。

(3)$T_3$(高压压气机排气温度)。

(4)HPTACC 传感器。

(5)$T_{49.5}$(第二级低压涡轮进口导向器温度)。

(6)$P_0$(进口静压)。

(7)$P_{S3}$(高压压气机排气压力)。

5.燃油流量传感器

燃油流量传感器传送燃油流量信息到 EEC,EEC 将此信息传送到 DEU,DEU 显示燃油流量及其他发动机参数。

6.控制发电机

正常情况下由控制发电机向 EEC 提供电力。

7.点火系统

EEC 控制来自飞机电源系统的交流电源,以操纵发动机左和右点火系统。

# 7.3 燃油控制系统与飞机的接口

发动机燃油和控制系统与以下飞机系统和部件之间有一个接口(见图 7-17)。

(1)显示电子组件(DEU)。

(2)启动手柄终止指令。

(3)发动机灭火电门。

(4)AC 转换汇流条1或2。

(5)自动油门计算机。

(6)推力手柄角度(TRA)。

(7)发动机吊架。

(8)反推移动套筒位置。

1. ARINC429

发动机燃油和控制系统通过 ARINC429 总线连接到下列部件。

(1)公共显示系统显示电子组件(DEU)。

(2)自动油门计算机。

2.显示电子组件(DEU)

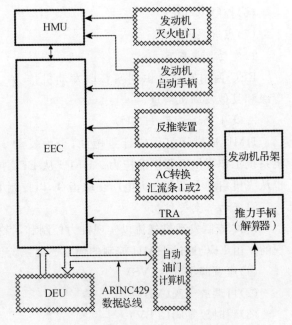

图 7-17 燃油控制系统与飞机的接口

ADIRU(大气数据惯性基准组件)传送大气总压和总温数据到 EEC,EEC 使用这些数据控制发动机推力。FMC 控制 CDU。FMC(飞行管理计算机)通过 DEU 获得 CDU(公共显示组件)指令,并将 CDU 指令传送到 EEC。FMC 也通过 DEU 提供一些飞机数据到 EEC。CDU 显示 EEC 维护数据,并向 EEC 发送指令以执行系统 BITE 测试。

FDAU 收集发动机参数数据,并将数据发送到飞行数据记录器(FDR)中。

3.发动机灭火电门

向上提起发动机灭火手柄,灭火电门将一个关闭指令发送到 HMU 中的 HPSOV,从而终止计量燃油流向燃烧室。

4.交流转换汇流条 1 或 2

当 EEC 没有接收到控制发电机供电时,使用飞机转换汇流条作为电源。

5.自动油门计算机

自动油门计算机接收来自 EEC 的推力手柄解算器角度(TRA)以及其他发动机数据,自动油门计算机使用这组数据控制推力手柄。

6.推力手柄角度解算器

可以通过移动推力手柄将发动机推力指令传送到 EEC,EEC 从推力手柄角度解算器

(TLR)中获取这些指令。

**7. 发动机吊架**

发动机吊架将飞机型号和发动机位置(1 号或 2 号发动机)数据传到 EEC,EEC 使用飞机型号信息查询该机最大验证推力和 $N_1$ 基准转速,EEC 使用发动机位置信息规划显示在 CDU 上的发动机维护信息编号。

**8. 反推装置**

EEC 监控反推移动套筒的位置,也控制反推联锁以实现发动机反推工作。

# 7.4　数字控制数据

显示电子组件(DEU)通过 ARINC429 数据总线发送飞机数字控制数据到发动机燃油控制系统。DEU 也可以通过 ARINC429 数据总线从发动机燃油控制系统接收飞机数字控制数据。

ADIRU 传送大气总压和总温数据到 EEC。EEC 使用这些数据控制发动机推力。

FMC 控制 CDU。FMC 通过 DEU 传送发动机 CDU 指令到 EEC;FMC 也可以通过 DEU 从 EEC 接收 CDU 指令;FMC 也通过 DEU 提供一些飞机数据到 EEC。CDU 显示 EEC 维护数据,并向 EEC 发送指令以执行系统 BITE 测试,见表 7-2 和表 7-3。

FDAU 收集发动机数据,并将数据发送到飞行数据记录器(FDR)中。其他飞机系统也从 DEU 中存取数据,这些数据中的一些数据供往 EEC,见表 7-4。

**表 7-2　DEU 发送到 EEC 的数字输入数据**

| | | |
|---|---|---|
| —大气总温 | —自测数据 | —控制模式电门位置 |
| —校正的静压 | —起落架位置 | —空中/地面 |
| —大气总压 | —启动阀位置 | —襟翼位置 |
| —计算马赫数 | —其他发动机的运转状态 | —发动机引气电门位置 |
| —格林威治标准时间 | —数据总线状态 | —ACS 组件电门位置 |
| —时钟日期 | —启动电门位置 | —整流罩热防冰电门位置 |
| —$N_1$ 目标值 | —启动手柄位置 | —机翼防冰电门位置 |
| —航班号(flight number) | —点火电门位置 | —隔离阀位置 |

**表 7-3　EEC 发送到 DEU 的数字数据**

| | | |
|---|---|---|
| —自测数据 | —燃油滤状态 | —处于控制状态的 EEC 通道 |
| —发动机启动模式 | —滑油压力和温度数据 | —启动手柄位置 |
| —发动机启动状态 | —滑油滤状态 | —地面飞机选择状态 |
| —点火系统状态 | —滑油中探测到碎屑 | —发动机运转 |
| —发动机运转状态 | —推力解算器角度(TRA)数据 | —推力等级和飞机机型不相符 |
| —控制模式电门位置 | —反推装置状态 | —飞机型号 |
| —最小慢车 | —反推装置联锁状态 | —发动机等级 |
| —选择慢车 | —发动机推力 | —发动机选项 |

续表

| | | |
|---|---|---|
| —$N_1$ 转速数据 | —来自发动机传感器的值 | —控制发电机状态 |
| —$N_2$ 转速数据 | —EEC 软件版本 | —发动机位置 |
| —超速控制器状态 | —发动机序列号 | —发动机引气负载 |
| —发动机启动机脱开 | —发动机作动筒位置 | —来自 ADIRU 的大气数据状态 |
| —排气温度（EGT）数据 | —燃烧室油气比 | —EEC 内部故障 |
| —燃油流量数据 | | |

表 7-4    EEC 接收到的数据及发动机发送的数据

| EEC 接收到的模拟数据 | 发动机发送到其他飞机系统的模拟数据 |
|---|---|
| —推力手柄解算器角度（TRA） | —$N_1$ 转速 |
| —反推装置位置 | —$N_2$ 转速 |
| —发动机位置 | —滑油油量 |
| —飞机型号 | —HPSOV 位置指令 |
| —发动机作动筒位置 | —反推装置联锁电磁线圈指令 |
| —控制模式电门数据 | |

# 7.5    发动机传感器

发动机传感器主要包括转速传感器、温度传感器、压力传感器和振动传感器，如图 7-18 所示。

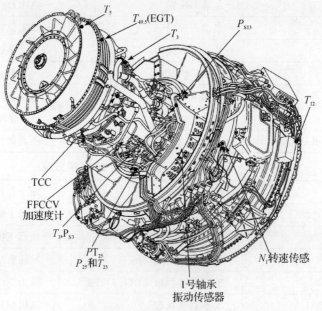

图 7-18    发动机传感器的位置

1.转速传感器

低压转子转速 $N_1$,高压转子转速 $N_2$。

2.温度传感器

(1)热电阻(RTD)传感器。

1)风扇进口温度 $T_{12}$。

2)高压压气机进口温度 $T_{25}$(PT25 传感器的一部分)。

(2)热电偶传感器。

1)排气温度(EGT 或 $T_{49.5}$)。

2)低压涡轮(LPT)排气温度 $T_5$(选装)。

3)高压涡轮护罩支架温度,TCC。

3.压力传感器

(1)环境静压 $P_0$。

(2)高压压气机(HPC)排气静压:$P_{S3}$ 或 CDP。

(3)风扇排气静压 $P_{S13}$(选装)。

(4)HPC 进口总压 $P_{25}$(选装),PT25 传感器的一部分。

上述压力会传送到 EEC 的空气接头,通过 EEC 内部的传感器测量空气压力。

4.振动传感器

飞机振动监控(AVM)系统包括一个信号处理器和两个振动传感器。

(1)1 号轴承振动传感器。

(2)风扇框架压气机机匣垂直(FFCCV)振动传感器。

### 7.5.1　转速传感器

转速传感器向 EEC 通道 A 和通道 B 提供 $N_1$,$N_2$ 转速信号。每一个传感器上有三个电接头,其中两个供往 EEC 的通道 A 和通道 B,第三个接头将转速信号传送到 AVM 信号处理器作振动分析。$N_1$,$N_2$ 转速传感器的工作原理相同。转速传感器属于电磁感应型测速计,可以输出交流电信号。交流电信号的频率与对应发动机转子的转速成正比。其传感元件包括一个线圈和一个永久磁铁的芯体。每个传感器都有三个相互独立传感元件,因此每一个接头都有一个输出信号。发动机转子转动时,传感器齿环转动,围绕线圈铁芯的磁场产生变化,导致线圈磁通变化。齿环上的每一个齿都会在线圈内产生一个电脉冲,产生的脉冲数与传感器齿环的转速成比例。$N_1$ 转速传感器齿环有 30 个齿,$N_2$ 转速传感器齿环有 71 个齿。

1.$N_1$ 转速传感器

如图 7-19 所示,$N_1$ 转速传感器用两个螺栓安装于风扇框架 4:00 位置,传感器探头穿过 5 号风扇框架支柱,安装完成后,只能看到传感器壳体

图 7-19　$N_1$ 转速传感器

和转接头。转接头上有 3 个电插头,两个电插头将 $N_1$ 转速信号传送到 EEC 的两个通道,第三个电插头连接到 DEU/AVM 信号处理器。$N_1$ 转速传感器齿环共有 30 个齿,其中一个为厚齿,厚齿在传感器中会产生一个更强的脉冲,发动机振动分析时用于相位参考。在传感器内部有一个弹簧,当由于热效应导致任何尺寸发生变化时,弹簧可确保传感器安装正确。

2. $N_2$ 转速传感器

$N_2$ 转速传感器用两个螺栓固定在 AGB 前安装面 9:00 位置,如图 7-20 所示,传感器外壳上有三个电接头,可分别向 EEC 通道 A、通道 B 和 DEU/AVM 信号处理器提供 $N_2$ 转速数据。

### 7.5.2 温度传感器——热电阻(RTD)型

热电阻型温度传感器安装于发动机空气动力站位 12 和 15 的位置。EEC 通过监控传感元件的电阻值确定相应位置空气的温度。铂金导线缠绕于陶瓷芯体上形成传感元件。传感元件位于探头壳体内,伸入到空气流中。空气流过传感元件时,会加温元件,使传感元件的电阻值变化。如果空气温度增加,元件的电阻值也增加;同样,如果空气温度减小,电阻值也减小。EEC 向铂金传感元件提供励磁信号,通过检

图 7-20 $N_2$ 转速传感器

测产生的压力降确定电阻值。在温度传感器的工作范围内,每一个可能的空气温度都会产生一个唯一的压力降。

1. $T_{12}$ 温度传感器

$T_{12}$ 温度传感器用于测量风扇进口大气总温。如图 7-21 所示。

$T_{12}$ 温度传感器在发动机进口整流罩 2:30 位置。$T_{12}$ 温度传感器探头伸出至流入风扇的气流中。通过进口整流罩右外侧上的维护盖板可接近 $T_{12}$ 温度传感器。$T_{12}$ 温度感器通过两个电插头连接到 EEC。电插头位于进口整流罩组件内,可以实现快速拆和装传感器。

图 7-21 $T_{12}$ 温度传感器——测量风扇进口总温

$T_{12}$ 温度传感器组件中有两个铂金元件,一个元件用于 EEC 通道 A,另一个用于 EEC 通道 B。

EEC 向 $T_{12}$ 铂金传感元件提供一个恒定电压,传感元件电阻值随空气温度成比例变化。铂金元件的输出信号进入 EEC,EEC 测量恒定输出电压和来自传感器的输入电压之间的差值,EEC 将电压差值转换成风扇进口温度。

飞机在地面时和起飞后 5 min,$T_{12}$温度传感器提供风扇进口总温数据到 EEC。飞机起飞后超过 5 min 的飞行过程中,EEC 使用以下信息计算选定的空气总温。

(1)来自 EEC 控制通道的 $T_{12}$。

(2)来自 EEC 备用通道的 $T_{12}$。

(3)来自 ADIRU1 的总温。

(4)来自 ADIRU2 的总温。

EEC 使用大气总温控制。

(1)发动机的推力管理。

(2)可调放气阀(VBV)。

(3)VSV 和 LPTACC 系统。

2.PT25 传感器

双重温度 PT25 传感器向 EEC 提供高压压气机(HPC)进口温度数据。EEC 用 $T_{25}$ 温度信息控制以下部件。

(1)瞬时放气阀(TBV)。

(2)可调放气阀(VBV)。

(3)可调静子叶片(VSV)。

PT25 传感器是一个温度和压力组合传感器,既可以测量高压压气机进口温度又可以感受高压压气机进口压力。如图 7-22 所示。

PT25 传感器包含有一个壳体、两个铂金元件和连接到 EEC 两个电插头,可将数据供到两个 EEC 通道。一个冲压空气压力管也作为传感器探头的一部分。PT25 传感器安装在风扇框架中介盒大约 7:00 位置。

$T_{25}$ 传感器是 PT25 传感器的一部分,它将感受到的高压压气机进口温度

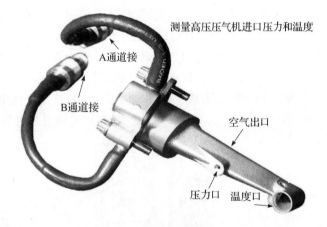

图 7-22 PT25 传感器

数据传送到 EEC 用于 FMV,VSV,VBV,HPTACC 的逻辑控制。

EEC 向 PT25 传感元件提供一个恒定电压,传感元件将电阻转换成与空气温度成比例的电流。来自铂金元件不同的输出电压传到 EEC。EEC 测量恒定输出电压和来自传感器输入电压之间的差值。EEC 将此电压差值转换成 HPC 进口温度。

PT25 压力传感器是一个选装件,它可以将高压压气机进口压力($P_{25}$)传送到 EEC 用于发动机状态监控。$P_{25}$测量信号直接输入到 EEC,然后由 EEC 将压力信号转换成电信号。

### 7.5.3 温度传感器——热电偶型

热电偶温度传感器将高温信号转换成 EEC 兼容的信号。热电偶的温度探测基于下列原理:两种异类金属镍铬(+)和镍铝(-)合金连接成一个完整的电路,当基准端(冷端)和传感端(热端)有温度差时,电路中会产生热电势,而且热电势的大小与冷、热端的温度差成比例。热

端包含在传感器内,冷端安装于 EEC。

1. $T_3$(高压压气机排气温度)温度传感器

如图 7 - 23 所示,$T_3$ 温度传感器位于燃烧室机匣 12:00 位置,燃油喷嘴后部。它包括同一个壳体内的两个传感器,通过硬导线连接到一个带有两个电接头的接线盒,每个 EEC 通道对应一个接头。$T_3$ 温度传感器是一个热电偶,用于感受高压压气机第 9 级排气温度,$T_3$ 温度传感器将此温度数据传送到 EEC。EEC 使用 $T_3$ 温度数据进行高压涡轮主动间隙控制(HPTACC)。

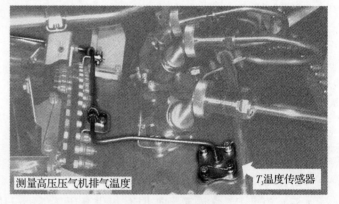

测量高压压气机排气温度　　　　$T_3$温度传感器

图 7 - 23　$T_3$ 温度传感器

$T_3$ 温度传感器(双金属传感器)产生一个与温度成比例的毫安(mA)级电流。温度升高时,电流增大;温度下降时,电流减小。

2. 排气温度(EGT)传感器

如图 7 - 24 所示,排气温度传感系统位于发动机空气动力站位 49.5,因此其传感器也称为 $T_{49.5}$ 温度传感器。EGT 的值用于监控发动机状态。排气温度传感系统包括固定于低压涡轮机匣上的 8 个热电偶探头,传感元件镶入第 2 级低压涡轮进口导向器叶片内,每一个热电偶都会产生一个与传感探头温度成比例的电输出信号。这 8 个传感器通过并联导线将相邻两个传感器成对组合,形成 4 个热电偶组。来自这 4 个热电偶组的测量信号传送到 EEC。右侧的两组热电偶传送到 EEC 的 A 通道,左侧的两组热电偶传送 B 通道。

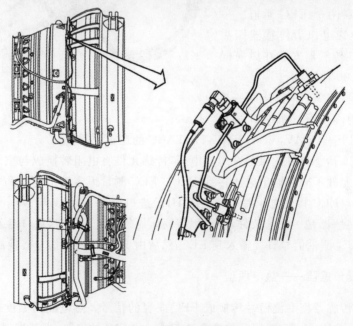

图 7 - 24　排气温度传感器

### 3.低压涡轮排气温度 $T_5$ 传感器

如图 7-25 所示,$T_5$ 温度传感器位于低压涡轮机匣 4:00 位置,此传感器是选装的监控套件之一,可以根据客户需求选装。它包括一个金属外壳,内部有两个热电偶探头,以及用于安装到发动机上的安装边。一个硬导线可将来自探头的信号传送到主接线盒,主接线盒上有电缆接头。两个传感器通过导线并联,单一信号传送到 EEC 的 A 通道。

图 7-25　$T_5$ 温度传感器

### 4.TCC 传感器

涡轮间隙控制(TCC)传感器提供 EEC 来自高压涡轮(HPT)护罩支架的温度数据。EEC 使用来自此传感器的毫安(mA)电流信号控制高压涡轮主动间隙控制(HPTACC)阀。

如图 7-26 所示,TCC 传感器安装于燃烧室机匣 3:00 位置。打开右侧风扇整流罩和反推整流罩可以接近 TCC 传感器。

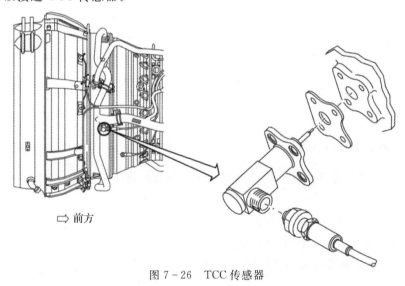

⇨ 前方

图 7-26　TCC 传感器

TCC 传感器是一个热电偶。传感器从发动机燃烧室机匣延伸到 HPT 护罩。传感器下面的金属垫片可以调节热电偶插入到发动机机匣的深度。

### 7.5.4　压力传感口

#### 1.环境压力 $P_0$

EEC 通过底部压力板上的一个通气口感受 $P_0$。因为 $P_0$ 传感口在风扇整流罩内,因此 EEC 需要修正 $P_0$ 以获得大气压力。

#### 2.高压压气机(HPC)排气压力 $P_{S3}$

$P_{S3}$ 传感器向 EEC 提供高压压气机排气压力用于燃油和发动机控制。$P_{S3}$ 静压进气口位于燃烧室机匣 9:00 位置,两个燃油喷嘴之间区域,如图 7-27 所示。

**3. 风扇排气静压 $P_{S13}$**

$P_{S13}$ 是选装监控套件的一部分，根据客户需求选装，如图 7-28 和图 7-29 所示。

$P_{S13}$ 进气口位于风扇出口导向叶片（OGV）下游约 1：00 位置。$P_{S13}$ 信号仅由 EEC 通道 A 处理。

**4. 高压压气机进口总压 $P_{25}$**

$P_{25}$ 是选装监控套件的一部分，根据客户需求选装，如图 7-28 和图 7-29 所示。

$P_{25}$ 探头安装于风扇框架中介盒结构内，大约 7：00 位置，$P_{25}$ 信号仅由 EEC 通道 B 处理。

图 7-27 $P_{S3}$（CDP）压力传感口

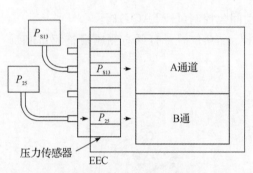

图 7-28 $P_{S13}$ 和 $P_{25}$ 信号传输

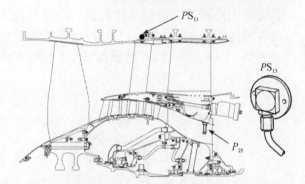

图 7-29 $P_{S13}$ 和 $P_{25}$ 传感口位置

### 7.5.5 发动机振动传感器

发动机装备有两个能够感受和测量垂直位移的振动传感器。这两个传感器都是压电型传感器，由放置在惯性物质和基座之间的多层压电晶片组成。当传感器振动时，惯性物质在晶片上施加载荷。载荷产生与过载成正比的一定量的电流。

1 号轴承振动传感器组件固定于 1 号轴承支架前安装边 9：00 位置。风扇框架压气机机匣垂直（FFCCV）振动传感器安装于风扇框架中介盒 3：00 位置。

# 7.6　发动机控制灯和 EEC 电门

发动机面板上的发动机指示显示该发动机的控制状态（见图 7-30）。

（1）EEC 电门位置指示。

（2）EEC 电门 ALTN 灯。

（3）ENGINE CONTROL（发动机控制）灯。

EEC 控制电门本身也作为指示灯，EEC 控制电门的上半部分为白色的 EEC 接通（ON）指示灯，下半部分为琥珀色的 ALTN（备用）灯，分别指示 EEC 处于正常模式或备用模式。EEC 在备用模式时，将信号发送到 ALTN（备用）灯，备用灯亮。EEC 有两个备用模式，即软备用和硬备用模式。

当 EEC 没能从两个大气数据惯性基准组件（ADIRU）中接收到有效的大气总压数据，或

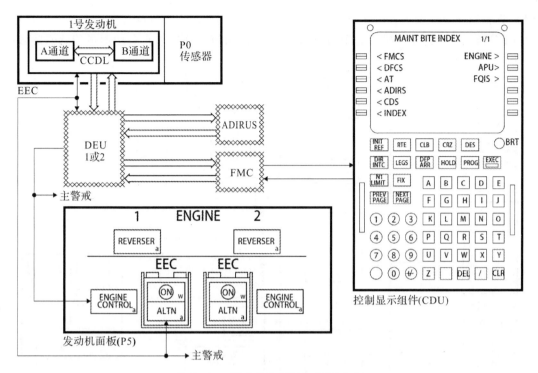

图 7 - 30　发动机控制灯和 EEC 电门

飞行机组设置 EEC 电门在 OFF 位时，使用软或硬备用模式。

地面或机组人员可通过选择对应发动机的 EEC 电门，将 EEC 设置在硬备用模式上。选择硬备用模式时，白色 ON 不显示在 EEC 电门上。不选择 EEC 电门时，白色 ON 显示在 EEC 电门上。

当 EEC 检测到一个飞机不能放行的发动机故障时，琥珀色的 ENGINE CONTROL（发动机控制）灯亮。

EEC 将信号传送到 DEU，以接通 ENGINE CONROL（发动机控制）灯。飞机在飞行中，ENGINE CONTROL 灯不亮。下列条件都出现时 ENGINE CONNTROL 灯亮。

（1）飞机在地面，地速低于 30 节超过 30 s，或增加的地速不超过 80 节。

（2）$N_2$ 转速超过 50%。

（3）出现不允许放行的发动机故障。

**注意**：ENGINE CONNTROL 灯亮时，飞机不能放行。

ENGINE CONTROL 灯亮时，使用 CDU（控制显示组件），故障隔离手册（FIM）和飞机维修手册（AMM）查找故障，并排除故障。

# 7.7　电子发动机控制器（EEC）工作

电子发动机控制器（EEC）是一台双通道计算机。两个通道（A 和 B）是互相独立的，但在发动机工作期间，两个通道通过一个跨通道数据链（CCDL）相连。EEC 从通道 A 或 B 中选择一个通道作为控制通道，另一个作为备用通道。如果上一次发动机运行期间，$N_2$ 转速超过76%，且两个通道同时有效，则在每次发动机启动时，有效通道转换。如果当前控制通道失效，

EEC 将备用通道转变为有效通道。CCDL 不工作或一个 EEC 通道没有获得控制发电机电源时,EEC 转入单通道工作模式。单通道运行时,控制通道不使用来自备用通道传感器的数据。如图 7-31 所示。

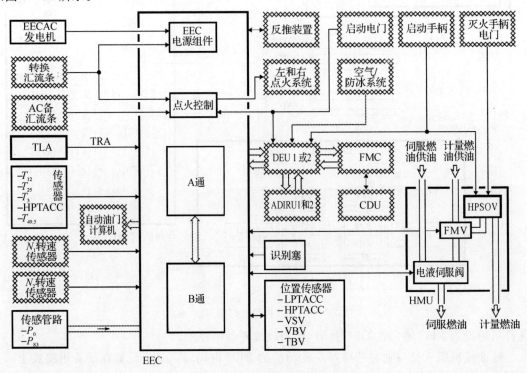

图 7-31　发动机控制系统

### 7.7.1　EEC 供电

EEC 的正常供电来自 EEC 交流发电机,EEC 也可以从飞机电源系统转换汇流条获取电力。飞机电源系统转换汇流条向点火系统提供交流电源,EEC 使用飞机转换汇流条电力控制左点火系统。

### 7.7.2　点火控制电源

交流备用汇流条也可以向点火系统供电,EEC 通过交流备用汇流条控制右点火系统。

### 7.7.3　推力手柄输入

移动推力手柄可以改变推力手柄解算器(TLR)的位置,TLR 发送推力手柄解算器角度(TRA)信号到 EEC,EEC 使用 TRA 信号控制发动机正推力和反推力。

### 7.7.4　发动机温度传感器

EEC 使用发动机空气温度控制伺服燃油系统,该系统确保发动机提供必需的推力。
用于控制燃油伺服系统的发动机温度有以下几项(见图 7-31)。
(1)TAT(大气总温)。

（2）$T_{25}$（高压压气机进口温度）。

（3）$T_3$（高压压气机排气温度）。

（4）HPT（高压涡轮）机匣温度。

**1.EGT 传感器**

EEC 从发动机传感器中获得 $T_{49.5}$（EGT）温度，这些温度信息用于发动机启动保护。

**2.大气总温**

EEC 从发动机 $T_{12}$ 传感器和两个大气数据惯性基准组件（ADIRU）上获取大气总温（TAT）。$T_{12}$ 传感器有两个元件，一个用于通道 A，另一个用于通道 B，如图 7-32 所示。ADIRU 的 TAT 探头可以加热以防止探头结冰。在地面时，如果至少有一个 $T_{12}$ 值有效，则 EEC 在加热的 ADIRU TAT 探头上方没有足够气流时，仅用发动机的 $T_{12}$ 探头获取 TAT，以防止产生错误信号。飞机转入飞行后 5 min，EEC 使用 ADIRU 的 TAT 信号。在飞行中，如果四个大气总温的信号均有效而且在限制范围内，则发动机使用来自 ADIRU1 的大气总温进行控制，如图 7-33 所示。EEC 在使用发动机 $T_{12}$ 传感器温度之前先使用 ADIRU 温度，是为了尽可能使两台发动机使用相同的 TAT 值。如果两个 ADIRU 温度都无效，EEC 使用发动机 $T_{12}$ 数值作为 TAT。

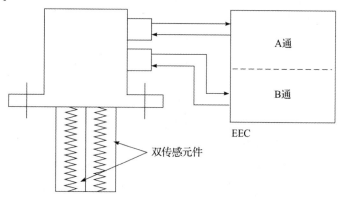

图 7-32　双重传感器元件（T12，T25）

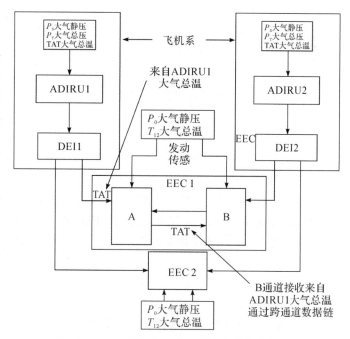

图 7-33　EEC 接收 AIRU1 的大气总温信号

EEC 使用 TAT 进行推力管理，VBV，HPTACC 和 LPTACC 系统控制。

**3.$T_{25}$ 温度传感器**

EEC 从 PT25 传感器上取得 $T_{25}$ 温度值。PT25 传感器有两个温度元件，一个用于通道 A，另一个用于通道 B。如果两个 $T_{25}$ 值都有效并在极限范围内，EEC 就使用两个温度的平均值。如果一个 $T_{25}$ 值无效，则 EEC 就使用另一个 $T_{25}$ 值。如果两个值都无效，EEC 就通过其他发动机参数估算 $T_{25}$ 温度值。

EEC 使用 $T_{25}$ 温度传感器控制 VSV，TBV 和 VBV 系统。

**4.$T_3$ 温度传感器**

EEC 从 $T_3$ 传感器上取得 $T_3$ 温度。$T_3$ 传感器是热电偶型传感器，有两个温度元件，一个用于通道 A，另一个用于通道 B。如果两个 $T_3$ 值都有效并在极限范围内，EEC 使用两个温度的平均值。如果一个 $T_3$ 值无效,EEC 便使用另一个 $T_3$ 值。如果两个温度值都无效,EEC 通过其他发动机参数估算 $T_3$ 值。

EEC 使用 $T_3$ 控制 VSV 系统。

(1)如果 $T_{12}$,$T_{25}$ 或 $T_3$ 传感器存在下列情况之一,EEC 发送禁止放行信号到 DEU。

1)两个元件都超出范围。

2)控制通道元件超出范围,且 EEC 以单通道运行。

(2)如果下列情况出现时,DEU 接通 P5 后顶板上的 ENGINE CONTROL 灯和 MASTER CAUTION(主警戒)灯。

1)着陆后,飞机在地面超过 30 s,或在地面时滑行速率增大到低于 80 节。

2)EEC 接通(发动机启动,运转或接通 EEC 进行维护)。

3)发生禁止放行的发动机故障。

5.高压涡轮机匣温度传感器

EEC 从 HPTACC 传感器中获取 HPT 机匣温度,HPTACC 传感器有一个元件。两个 EEC 通道都从 HPTACC 传感器接收 HPT 机匣温度,EEC 使用 HPT 机匣温度控制 HPTACC 系统。

在地面热启动期间,EEC 用 $T_{49.5}$(低压涡轮第 2 级进口导向叶片温度)温度传感器保护发动机,$T_{49.5}$ 还可用于驾驶舱排气温度(EGT)指示。注意:EGT 仅用于监控发动机状态,不用于发动机控制。

6.发动机压力传感器

EEC 使用 $P_0$(环境静压)和 $P_{S3}$(燃烧室或 HPC 排气静压)控制伺服燃油系统。EEC 从 4 个不同信号源获取 $P_0$ 压力,两个来自 ADIRU,另两个来自 EEC 内的 $P_0$ 传感器。EEC 有两个压力传感器,一个用于通道 A,另一个用于通道 B。如果 4 个 $P_0$ 信号都有效并在标准范围内,EEC 使用 ADIRU1 的 $P_0$ 信号用于发动机控制。EEC 在使用 EEC $P_0$ 之前,优先使用 ADIRU $P_0$,从而尽可能使两台发动机使用相同的 $P_0$ 数据。如两个 ADIRU 压力都无效,EEC 使用来自 EEC 的压力传感器 $P_0$ 控制发动机。

在正常模式下,EEC 使用 $P_0$ 和其他 ADIRU 数据为发动机推力管理计算飞机速度。在备用模式下,EEC 使用 $P_0$ 估算 $P_T$(总压)或查找一个假设的 $P_T$(总压)。

$P_0$ 也用于控制 VSV,VBV,HPTACC 和 LPTACC 系统。

EEC 从 EEC 的两个 $P_{S3}$ 传感器中获取 $P_{S3}$ 压力,一个用于通道 A,另一个用于通道 B。EEC 使用 $P_{S3}$ 防止高压压气机失速或喘振,并确保引气压力高于最小允许值,如果引气压力低于最小值,EEC 增加最小慢车转速。

如压气机接近失速或喘振,EEC 控制 VSV,VBV 和 TBV,以保护压气机。

如发生下列情况之一,EEC 发送禁止放行信号到 DEU。

(1)两个 $P_0$ 传感器都超出范围。

(2)EEC 控制通道的 $P_0$ 传感器超出范围,且 EEC 以单通道运行。

(3)两个 $P_{S3}$ 传感器都超出范围。

(4)EEC 控制通道的 $P_{S3}$ 传感器超出范围,且 EEC 以单通道运行。

### 7.7.5　自动油门计算机

EEC 传送表 7-5 数据到自动油门计算机。

### 表 7-5　输送到自动油门计算机的数据

| | |
|---|---|
| 推力手柄解算器角度(TRA) | $N_1$ 目标值的 TRA |
| $N_1$ 转速 | 最大允许推力的 TRA |
| 最大 $N_1$ 转速 | 发动机最大推力 |
| 最小慢车 TRA | 发动机估算净推力 |
| 当前 $N_1$ 转速的等值 TRA | 发动机控制模式 |
| 当前 TRA 的 $N_1$ 转速 | 飞机型号 |
| 复飞推力所需的发动机加速最小 TRA | 发动机推力等级 |

自动油门工作时,自动油门系统使用表 7-5 数据控制推力手柄。

### 7.7.6　发动机转速传感器

$N_1$ 转速传感器将低压压气机(LPC)和低压涡轮(LPT)的转速传送到 EEC。EEC 使用 $N_1$ 转速进行推力管理。EEC 还将 $N_1$ 转速数据发送到 DEU,转速传感器也将 $N_1$ 转速数据直接传送到 DEU。

$N_2$ 转速传感器将高压压气机(HPC)和高压涡轮(HPT)的转速传送到 EEC。EEC 使用 $N_2$ 转速数据进行推力管理和慢车控制。EEC 传送 $N_2$ 转速数据到 DEU,转速传感器也将 $N_2$ 转速数据直接送到 DEU。

若发生下列情况之一,EEC 发送禁止放行信号到 DEU。

(1)两个 $N_1$ 转速信号都超出范围。

(2)EEC 控制通道的 $N_1$ 转速信号超出范围,且 EEC 单通道运行。

(3)两个 $N_2$ 转速信号都超出范围。

(4)EEC 控制通道的 $N_2$ 转速信号超出范围,且 EEC 单通道运行。

### 7.7.7　伺服系统位置传感器

(1)EEC 测量涡轮间隙系统中以下的部件位置。

1)高压涡轮主动间隙控制(HPTACC)作动筒。

2)低压涡轮主动间隙控制(LPTACC)作动筒。

(2)EEC 测量发动机气流控制系统中下列部件的位置。

1)可调静子叶片(VSV)作动筒。

2)可调放气阀(VBV)作动筒。

3)瞬时放气阀(TBV)作动筒。

EEC 使用数据和控制输入计算伺服系统部件的必要位置。如部件在正确位置,EEC 将其保持在这个位置。如一个或多个部件不在正确位置上,EEC 使用伺服燃油压力将部件驱动到正确位置。

伺服系统(FMV,VSV,VBV,TBV,HPTACC)的 EEC ENGINE CONTROL(发动机控制)灯的工作逻辑基本相同。

上述伺服系统出现下列情况之一,EEC 发送禁止放行信号到 DEU。

(1)在任何一个 EEC 通道或双通道,指令和位置信号(在限制范围内)不一致持续时间超过最少时间。

(2)在双通道运行时,两个通道到 EHSV 或电磁阀的控制电流超出限制范围;或单通道运行时,控制通道到 EHSV 或电磁阀的控制电流超出限制范围。

(3)在双通道运行时,两个 EEC 通道的作动筒或阀门位置信号超限;或单通道运行时,控制通道的作动筒或阀门的位置信号超限。

### 7.7.8 识别塞

发动机识别塞传送到 EEC 数据包括以下几类。

(1)发动机类型(5C/7B)。

(2)$N_1$ 配平等级。

(3)发动机推力等级。

(4)发动机状况监控(选项)。

(5)发动机燃烧室构型(SAC 或 DAC)。

### 7.7.9 显示电子组件(DEU)

显示电子组件(DEU)使 EEC 可以从许多飞机系统和部件接收数据,也可以向这些飞机系统和部件传送数据。EEC 通过 DEU 接收和发送的数据包括以下几类。

(1)发动机指示数据。

(2)反推装置的位置。

(3)启动电门位置。

(4)点火选择电门位置。

(5)启动手柄位置。

(6)飞机引气系统状态。

(7)发动机整流罩防冰(CTAI)阀指令。

(8)大气数据惯性基准组件(ADIRU)大气总压 ($P_T$),大气总温(TAT)和环境静压 ($P_0$)数据。

(9)BITE 数据。

(10)正推力手柄和反推力手柄位置。

(11)发动机参数。

EEC 通过 DEU 发送发动机参数数据到 CDS 发动机显示,有些数据也显示在驾驶舱的指示灯上。

飞行管理计算机(FMC)通过 DEU 从 EEC 接收数据。

### 7.7.10 反推装置(T/R)

LVDT 传送反推移动套筒的位置信号到 EEC。EEC 获得 4 个反推位置信号,分别来自用于通道 A 对应的两个反推半环和通道 B 对应的两个反推半环。EEC 使用反推移动套筒的位置控制反推系统的工作。

EEC 控制反推手柄联锁机构的工作。在反推移动套筒展开到足够行程之前,反推联锁机构可防止继续操纵反推力手柄增加反推功率。

如果 EEC 检测到反推移动套筒不在正确位置上，则会使发动机工作于慢车状态。

当左和右反推半环位置信号超限时，EEC 发送一个禁止放行信号到 DEU。位置信号可来自同一个 EEC 通道或来自每一个 EEC 通道其中的一个信号。

### 7.7.11 发动机启动和点火选择电门

EEC 通常通过 DEU 监控启动电门的位置信号，EEC 使用电门位置控制发动机点火系统，启动电门也直接将位置信号发送到 EEC。

点火选择电门随启动电门工作，点火选择电门为 EEC 提供控制数据以操作左、右或左和右两个点火系统。

### 7.7.12 启动手柄

启动手柄提供位置信号到 EEC，EEC 根据启动手柄位置控制到发动机点火激励器的交流电。

启动手柄在慢车位置时，EEC 也控制液压机械装置（HMU）中的 FMV，使发动机工作于慢车状态，燃油流经 FMV 使 HMU 中的高压关断阀（HPSOV）打开。

启动手柄转到 CUTOFF（停车）位置时，接通 HMU 中的 HPSOV 控制电磁阀。此电磁阀引导伺服燃油压力关闭 HPSOV，启动手柄也发送一个信号到 EEC，这信号告知 EEC 发动机处于停车模式。

### 7.7.13 灭火手柄电门

P8 后电子仪表板上的灭火手柄电门发送与启动手柄相同的关闭信号到 HPSOV，灭火手柄向上拉出，手柄组件中的一个电门闭合，并发送一个关闭信号到 HMU 中的 HPSOV 控制电磁阀。

### 7.7.14 引气和防冰系统

发动机将 HPC 引气供到飞机引气系统和防冰系统。

EEC 从发动机防冰和引气系统接收控制数据。EEC 使用这些数据降低发动机推力等级。因此，在引气系统工作时，可以在选定的推力等级下确保发动机核心机在限制范围内工作。

## 7.8 液压机械装置（HMU）

EEC 发送控制数据到液压机械组件（HMU）。HMU 将有关 FMV（燃油计量阀）和 HPSOV（高压关断阀）的位置数据发送到 EEC，EEC 发送控制信号到液压机械组件（HMU）中的伺服系统。HMU 中的电液伺服阀（EHSV）将这些电信号转换成用于下列部件的燃油压力信号。

（1）燃油计量阀（FMV）。

（2）瞬时放气阀（TBV）。

（3）高压涡轮主动间隙控制（HPTACC）阀。

（4）低压涡轮主动间隙控制（LPTACC）阀。

（5）可调放气阀（VBV）。

(6)可调静子叶片(VSV)。

### 7.8.1　HMU 主要功能元件

**1. 6 个电液伺服阀(EHSV)**

为实现所有不同的发动机功能,HMU 装备有 6 个电液伺服阀,分别控制 FMV,VSV,VBV,TBV,HPTACC,LPTACC,如图 7-34 所示。

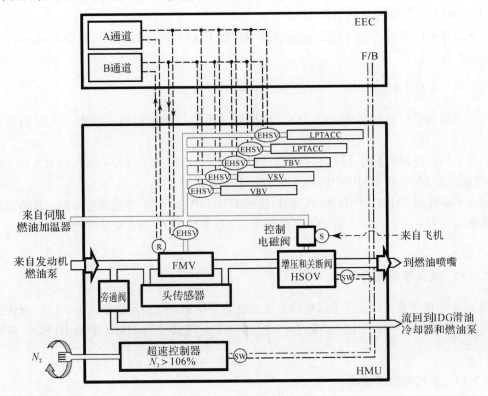

图 7-34　液压机械装置

**2. HPSOV 控制电磁阀**

此电磁阀不由 EEC 控制,而是直接接受来自启动手柄和灭火手柄的控制信号。

**3. 两组微动电门**

一组电门用于 $N_2$ 超速控制器;另一组电门用于 HPSOV,如图 7-34 所示。

高压关断阀(HPSOV)和机械超速控制器也都在 HMU 内。启动手柄和灭火手柄独立于 EEC 控制 HPSOV。关闭 HPSOV 可阻止燃油流入燃烧室。机械超速控制器确保 N2 转子不会转得过快。

高压关断阀(HPSOV)控制燃油从 FMV 流入燃油喷嘴。启动手柄在慢车位置时,发送一个打开阀门信号到 DEU,DEU 将此打开信号传送到 EEC。EEC 使 FMV 打开,来自打开的 FMV 燃油压力使 HPSOV 打开。

当将启动手柄移动到 CUTOFF(停车)位置时,控制电磁阀导通,伺服燃油压力关闭 HPSOV。控制电磁阀导通时,来自 FMV 的燃油压力不能打开 HPSOV。灭火手柄电门也能接通控制电磁阀。HPSOV 关闭时,燃油停止流向燃油喷嘴。

HPSOV 关闭时,燃油控制面板上的蓝色 ENGINE VALVE CLOSED(发动机阀门关闭)灯暗亮,HPSOV 打开时,ENGINE VALVE CLOSED 灯熄灭,HPSOV 处于运动过程时,ENGINE VALVE CLOSED 灯明亮。

EEC 通过控制来自燃油计量阀 EHSV 伺服燃油压力控制 FMV。FMV 解算器将 FMV 位置信号返回到 EEC。燃油流过打开的燃油计量阀(FMV)使得高压关断阀(HPSOV)打开。

在下列情况下启动发动机时,EEC 能在地面完全关闭 FMV。

(1)排气温度超过发动机启动极限值

(2)启动期间,发动机达到慢车转速,但转速随后下降到 $50\% N_2$ 以下,而且 EGT 超过启动极限。

(3)如果大气总温(TAT)超过 2℃,将启动手柄移动到慢车位后 15 s 内,EEC 检测到燃油流量,但没有 EGT;或 TAT 低于 2℃,启动手柄移动到慢车位后 20 s 内,EEC 检测到燃油流量,但没有 EGT(湿启动或悬挂启动)。

4. 机械超速限速器

机械超速控制器可防止高压转子超速。超速控制器检测到 $N_2$ 超速时,会增大旁通阀的开度,旁通阀开度越大,流入 FMV 和燃油喷嘴的燃油就越少,从而减小 $N_2$ 转速。这是一个 EEC 的备用 $N_2$ 超速保护。在每一个发动机启动期间,EEC 会监控超速控制器工作。

### 7.8.2　HMU 的功能

HMU 有以下功能。

(1)提供燃油压力的内部调节。

(2)为燃烧室计量燃油流量。

(3)提供燃油关断和燃油总管最小压力。

(4)旁通未使用燃油。

(5)提供 $N_2$ 超速保护。

(6)向各发动机燃油部件提供合适的燃油压力。

### 7.8.3　HMU 内部的燃油压力

来自高压燃油泵出口供往 HMU 的燃油分成两路,$P_s$ 和 $P_{sf}$。在某些工作状态下,一些燃油压力被旁通,称为旁通压力($P_b$),如图 7-35 所示。

$P_s$ 为高压燃油泵出口通往燃油计量阀(FMV)的燃油压力,此路燃油最终输送到燃油室。最大的 $P_s=1\ 204$ psi。$P_{sf}$ 为高压燃油泵出口燃油通往 HMU 的伺服燃油压力,通过伺服燃油加温器,将燃油工作压力输送到液压作动装置。最大的 $P_{sf}=1\ 204$ psi。

旁通压力($P_b$)是燃烧室和伺服机构未使用的多余燃油。它通过旁通阀流回到燃油/滑油热交换器的进口管路。最大的 $P_b=265$ psi。

### 7.8.4　伺服燃油压力调节器

伺服压力调节系统的功用是向 HMU 提供燃油工作压力。伺服压力调节器为所需的 $P_c$,$P_b$,$P_{cr}$ 和 $P_{cb}$ 建立正确的燃油压力。主燃油工作压力用于 HMU 的内部系统和作动伺服机构。为满足不同的需求,HMU 对来自发动机燃油泵的燃油进行分配和调节,然后输送到不同的内部系统部件。

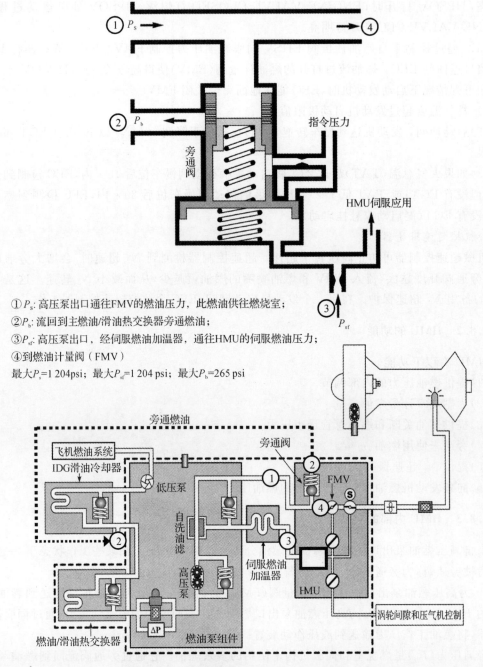

① $P_s$：高压泵出口通往FMV的燃油压力，此燃油供往燃烧室；
② $P_b$：流回到主燃油/滑油热交换器旁通燃油；
③ $P_{sf}$：高压泵出口，经伺服燃油加温器，通往HMU的伺服燃油压力；
④ 到燃油计量阀（FMV）
最大 $P_s$=1 204psi；最大 $P_{sf}$=1 204 psi；最大 $P_b$=265 psi

图 7-35 伺服燃油压力调节——$P_{sf}$ 和 $P_b$

### 1. $P_c$ 伺服压力调节器

$P_c$ 伺服压力调节器根据调节的壳体压力（$P_{cb}$），保持 $P_c$ 压力恒定高于壳体压力（$P_{cb}$）300 psi，即保持 $P_c = P_{cb} + 300$ psi。调节器控制 $P_{sf}$ 或将 $P_c$ 排放到 $P_b$，从而在整个流量需求范围内保持一个恒定的压力差（$P_c - P_{cb}$），并且补偿 $P_b$ 压力的变化，如图 7-36 所示。

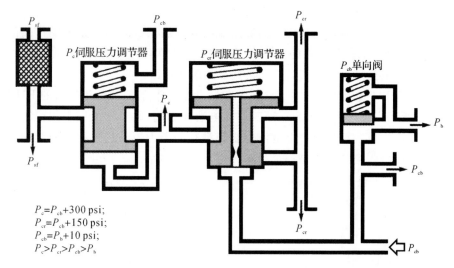

$P_c=P_{cb}+300$ psi;
$P_{cr}=P_{cb}+150$ psi;
$P_{cb}=P_b+10$ psi;
$P_c>P_{cr}>P_{cb}>P_b$

图 7-36 伺服燃油压力调节器

$P_c$ 燃油压力可分配到下列部件。

（1）$P_{cr}$ 伺服压力调节器。

（2）燃油计量阀的电阀伺服阀（EHSV）。

（3）低压涡轮间隙控制（LPTACC）EHSV。

（4）高压涡轮间隙控制（HPTACC）EHSV。

（5）速度伺服阀。

2.$P_{cr}$ 伺服压力调节器

$P_{cr}$ 伺服压力调节器根据调节的壳体压力（$P_{cb}$），保持 $P_{cr}$ 压力恒定高于壳体压力（$P_{cb}$）150 psi，即保持 $P_{cr}=P_{cb}+150$ psi。

$P_{cr}$ 燃油压力可分配到下列部件。

（1）积分活塞头端。

（2）低压涡轮间隙控制阀。

（3）高压涡轮间隙控制阀。

（4）瞬时放气阀（TBV）。

3.$P_{cb}$ 单向阀

$P_{cb}$ 单向阀是一个弹簧加载、活塞型阀，用于保持 $P_{cb}$ 高于 $P_b$ 10 psi，即保持 $P_{cb}=P_b+$ 10 psi。

### 7.8.5 电液伺服阀

EEC 和 HMU 控制以下 6 个电液伺服阀（EHSV，见图 7-34）。

（1）燃油计量阀（FMV）。

（2）瞬时放气阀（TBV）。

（3）高压涡轮主动间隙控制（HPTACC）。

（4）低压涡轮主动间隙控制（HPTACC）。

（5）可调放气阀（VBV）。

（6）可调静子叶片（VSV）。

电液伺服阀将 EEC 电输入信号转变为液压输出到伺服系统。伺服系统操作阀门或作动筒修正位置计划。EEC 通过从部件的 LVDT，RVDT 或解算器的反馈信号控制位置。力矩马达将从 EEC 输入的电信号通过滑阀转换为可调节的液压输出。

四通的 EHSV 用于控制 FMV，VSV 和 VBV。其他的伺服系统使用三通的 EHSV。

如图 7-37 所示为燃油计量阀的一种四通的电液伺服阀，属于两级伺服阀。它主要包括力矩马达、射流式放大器、滑阀，每一个电液伺服阀都有一个力矩马达控制的两级阀。第一级阀是一个射流式放大器，第二级阀是一个滑阀。

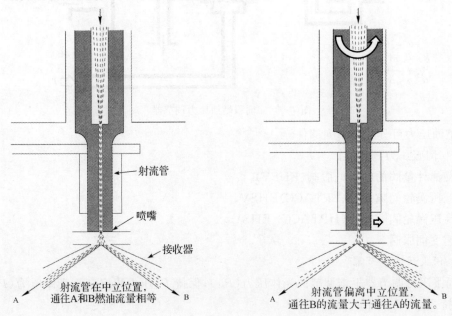

图 7-37　射流式放大元件

一级阀根据 EEC 的指令，通过力矩马达电门的输入信号驱动二级阀。射流式放大器引导高压燃油到滑阀的两侧，如图 7-38 所示。反馈弹簧使滑阀保持在中立位置。滑阀引导伺服燃油压力控制作动筒的位置。

当处于中立位置时，流往滑阀两侧的燃油流量相等。

当 EEC 指令液压马达重新定位射流式放大器时，力矩马达中的电枢偏斜，改变了喷嘴的位置，伺服燃油输出变化，导致喷嘴将不同的燃油流量引到滑阀两侧。

反馈弹簧可以确保在滑阀运动之后，电枢、喷嘴和滑阀回到中立位置。

电液伺服阀是电液伺服系统中的核心元件。它既是电液转换元件，又是功率放大元件。在系统中将输入的小功率电信号转换为大功率的液压能输出。

CFM56-7B 发动机 FMV EHSV 接收 EEC 指令，调节 FMV 开度，FMV 解算器反馈位置信号到 EEC，从而实现 FMV 位置的闭环控制。

FMV 的运动受到 EHSV 的控制，EHSV 将 EEC 的指令转化为 EHSV 中央射流管的偏转。当没有运动指令输出时，喷嘴供向 EHSV 滑阀两侧的液压压力相等，EHSV 滑阀保持在中立位置，此时加在 FMV 阀体两端的压力大小一样，FMV 静止。当有 EEC 指令输入时，射流管在力矩马达作用下发生偏转,导致喷嘴进入 EHSV 滑阀两侧（A 腔和 B 腔）产生压力差（见图 7-37 和图 7-38）,使滑阀运动,同时将运动通过反馈弹簧反馈给力矩马达。由于滑阀运动,使得 FMV 两端（C 腔和 D 腔）接通了不同的油路,一端压力为 $P_c$,另一端压力为 $P_{cb}$,这两个压力之间的关系:$P_c = P_{cb} + 300$ psi,所以 $P_c > P_{cb}$。FMV 向压力低的一侧运动,改变 FMV 的开度,使流出 FMV 的燃油流量发生改变。同时有解算器将其实际位置反馈给 EEC,当 EEC 感受到 FMV 移动到指令位置时,则 EEC 输出控制信号到力矩马达,通过偏移 EHSV 射流管,使 EHSV 的滑阀回到中立位置,再次使 FMV 两端（C 腔和 D 腔）压力均衡,FMV 则保持在该位置,直到下一个指令的产生。

### 7.8.6　HMU 燃油计量系统

HMU 燃油计量系统从 $P_s$ 获得燃油压力,根据 $P_{22}$ 燃油喷嘴需求压力和 FMV 进、出口压力进行控制。多余的燃油旁通到 $P_b$ 从而调节下游燃油流量。

1. 燃油计量阀

燃油计量阀由 EEC 通过 EHSV 控制,确保正确流量的燃油输送到燃油喷嘴。

HMU 的燃油计量系统包括以下几部分。

(1) 燃油计量阀（FMV）。

(2) 燃油计量阀解算器。

(3) 旁通调节系统。

(4) 电液伺服阀（EHSV）。

EEC 通过一个四通道的电液伺服阀（EHSV）控制 FMV 运动（见图 7-38）,修正计量燃油流量。解算器提供 EEC 一个与 FMV 位置成比例的电反馈信号以实现闭环控制。有两个解算器连接到 EEC,一个为 A 通道,另一个为 B 通道。然后 EEC 控制供往发动机的计量燃油流量。旁通阀保持一个恒定的压力降（$P_1 - P_2 = 55 \sim 60$ psi）,从而确保流过 FMV 的燃油流量只与 FMV 的流通面积成比例,如图 7-39 所示。

2. 旁通阀和头传感器

旁通阀与头传感器配合工作,可确保计量阀进、出口压力差（$P_1 - P_2$）恒定。旁通阀包括两个阀:比例旁通阀和积分旁通阀。比例阀内接于积分阀内部。两个阀都是弹簧加载在关闭方向,如图 7-40 所示。

比例阀动作迅速,用于修正突然的压力差（$P_1 - P_2$）脉动。比例阀的位置由作用于一侧的 $P_1$ 与作用于另一侧的 $P_2$ 加上弹簧力 $F$ 的差值确定。比例阀的运动改变了通过积分阀旁通的燃油量。

积分阀的动作较慢;积分阀上有通油孔,可将多余的 $P_1$ 燃油旁通,从而保持计量阀进、出口压力差恒定。$P_1$ 燃油旁通的路径:$P_1 \rightarrow$ 积分阀上的通油孔 $\rightarrow P_b$。

头传感器可定位积分阀,控制积分阀上通油孔的开度,从而控制 $P_1$ 燃油旁通量。$P_2$ 燃油通过一个节流孔,供往头传感器,流过节流孔的压力用 $P_{2P}$ 表示。$P_{2P}$ 在大多数情况下与 $P_2$ 相等,除非在超速控制和风车旁通,或停车状态。当发动机超速时,$P_{2P}$ 通到 $P_{cb}$,$P_{2P}$ 减小,旁通阀开大。

$P_{sf}$ 流过一个节流孔后供往积分旁通阀和头传感器。当 $P_1 - P_2$ 压力差平衡了伺服阀弹簧力时,头传感器伺服阀在零位。

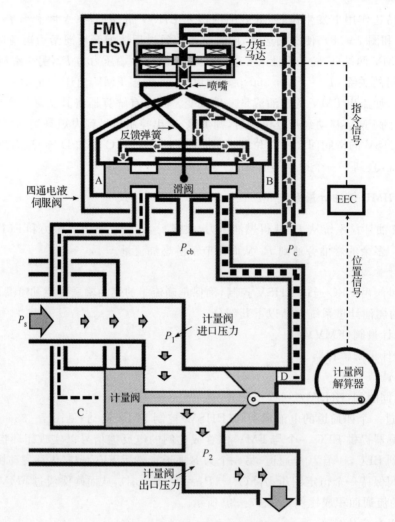

图 7 - 38 燃油计量阀伺服控制

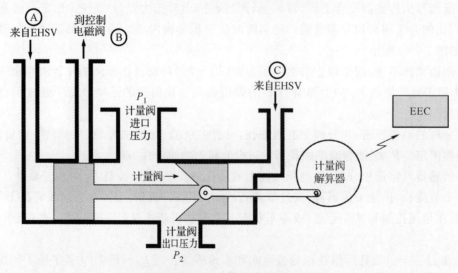

图 7 - 39 燃油计量阀

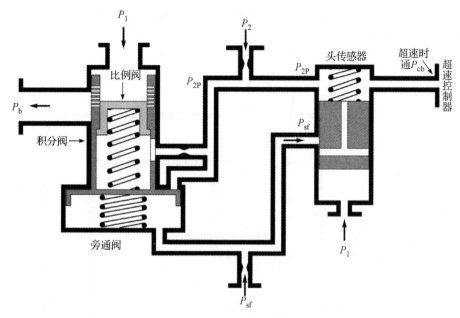

图 7 - 40　旁通阀和头传感器

### 3. 高压关断阀(HPSOV)

(1)HPSOV 主要有以下两个功能。

1)在发动机启动和低流量状态确保伺服工作压力处于调节状态。

2)在发动机停车时作为供油关断阀。

(2)HPSOV 工作。

在最初的启动过程中,$P_1$ 输送到 HPSOV 的弹簧腔,如图 7 - 41 所示。在计量阀处于关闭位置时,$P_1$ 压力通过计量阀上的一个开口提供。当计量阀打开足够大的位置时,这个开口闭合,HPSOV 弹簧腔压力降至 $P_{cb}$。

随着启动循环的继续,低流量模式下,当 $P_2$ 压力足以克服关闭力时,HPSOV 打开。此时阀门关闭力是 $P_{cb}$ 和弹簧力的合力。HPSOV 的开度恰好提供启动发动机的燃油流量。当 HPSOV 打开时,位置电门传送电信号到驾驶舱指示器指示 HPSOV 打开。

### 4. 超速控制器

超速控制器在 FADEC 对发动机的控制失效时,提供发动机超速保护,限制发动机最大转速为 $106\% N_2$。超速控制器通过减小计量阀进出口压力差,从而减小供往发动机的计量燃油流量来限制 $N_2$ 转速,计量阀进出口压力差通过旁通阀和头传感器调节。

超速控制器使用离心飞重感受 $N_2$ 转速,由发动机高压转子机械传动。离心飞重根据发动机 $N_2$ 转速定位比例滑阀,当 $N_2$ 达到某一特定转速时,离心飞重换算离心力(离心力在转轴方向上的分量)与弹簧力平衡。不同的 $N_2$ 转速,则对应有不同的比例滑阀的位置。如图 7 - 42 和图 7 - 43 所示。

当 $N_2 < 38\%$ 时,离心飞重不能克服弹簧力,因此滑阀的运动受到限制。$P_{cb}$ 通到积分阀的电门端,由于 $P_{cr} > P_{cb}$,积分阀在燃油压力作用下向电门端运动,如图 7 - 43(a)所示。

当 $N_2 = 38\% \sim 48\%$ 时,离心飞重换算离心力驱动滑阀运动,直到与弹簧力平衡。此时 $P_x$(限流的 $P_c$)通到积分阀的电门端,由于 $P_x > P_{cr}$,积分阀向上移动。积分阀继续上移,直到 $P_x$

压力通过积分阀上可变节流孔引到 $P_{cb}$。可变节流孔使 $P_x$ 压力降低到 $P_{cr}$，则积分阀停止运动，如图 7-43(b) 所示。

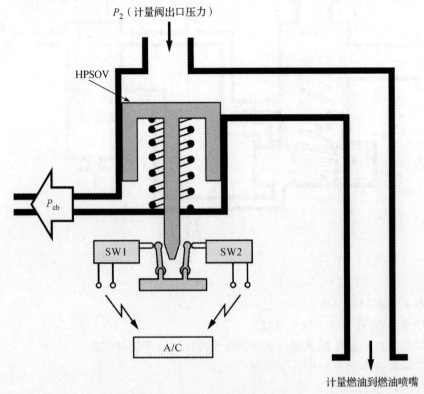

$P_2$（计量阀出口压力）

HPSOV

$P_{cb}$

SW1    SW2

A/C

计量燃油到燃油喷嘴

图 7-41　高压关断阀（HPSOV）

积分阀的运动改变了电门的状态，此信号传送到 EEC 指示超速控制器正常工作。

当 $N_2 = 106\%$，离心飞重换算离心力克服弹簧力，使滑阀运动，$P_{2P}$ 通到 $P_{cb}$，有效地减小了 $P_{2P}$ 作用于旁通阀和头传感器的压力，打开旁通阀，从而减小了流过计量阀的压力差，使燃油流量减小。滑阀的运动将完全的 $P_c$ 压力（无限流 $P_c$）通到积分阀，导致积分阀运动，将 $P_{2P}$ 通到 $P_{cb}$。燃油流量的降低减小了发动机 $N_2$ 转速，从而限制 $N_2$ 转速的进一步的增加，如图 7-42 所示。

### 7.8.7　燃油关断系统

燃油关断系统确保发动机停车。发动机可以通过 EEC 指令关断，或通过驾驶员操纵启动手柄到"CUTOFF"位关断。燃油关断系统部件包括燃油计量阀、HPSOV 控制电磁阀、换向阀和 HPSOV。

1. HPSOV 控制电磁阀

HPSOV 控制电磁阀是双位置、锁定型电磁阀。电磁阀被锁定在工作位，并保持在此位置，直到有重新定位的指令。电磁锁定可以防止电源暂时中断导致的电磁阀重新定位。电磁阀位置通过驾驶舱手动电门选择，瞬时供应电流到电磁线圈，而不是连续提供电流。在发动机正常工作期间，HPSOV 控制电磁阀关闭。

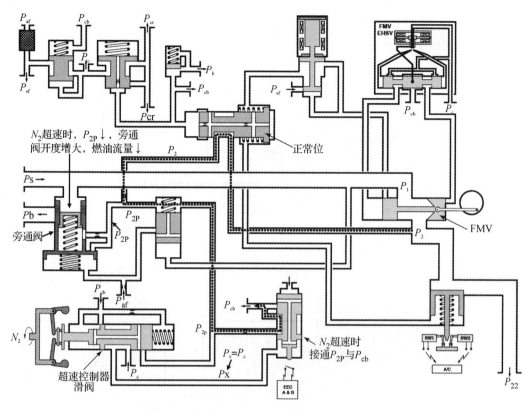

图 7 - 42　超速调节器的工作油路——超速调节

**2. 换向阀**

换向阀是双位、活塞型阀，可引导 $P_2$ 或 SOVX 燃油流到头传感器。SOVX 是换向阀中央通道内两个节流孔之间的中介压力。$P_{cb}$ 供往阀的杆端，通过节流孔，到达阀的头端，如图 7 - 44 所示。

在发动机正常工作时，换向阀的两端通 $P_{cb}$，作用于活塞端的弹簧力定位换向阀，引导 $P_2$ 压力流到头传感器，如图 7 - 42 所示。

在发动机停车操作时，$P_1/P_{sf}$ 通到换向阀的弹簧端。$P_1/P_{sf}$ 在换向阀弹簧端积聚，压力的升高驱动换向阀克服 $P_{cb}$ 和弹簧力，换向阀定位在关断位置。定位的阀门切断来自 $P_2$ 的燃油压力，引导 SOVX 到旁通阀和头传感器。头传感器以与 $P_2$ 相同的控制方式，定位积分旁通阀。发动机停车时，所有燃油旁通。

**3. 人工操纵停车**

在发动机启动过程中，提起启动手柄到 IDLE 位置时，HPSOV 控制电磁阀关闭。HPSOV 弹簧腔通过换向阀通到壳体压力 $P_{cb}$，$P_{cb} = P_b + 10$ psi，压力相对较低。只要 FMV 出口压力足以克服 $P_{cb}$ + 弹簧力，HPSOV 就会打开。当移到启动手柄到"CUTOFF"位，使电磁线圈通电，驱动 HPSOV 控制电磁阀到打开位置，从而将 $P_{sf}$ 压力引到 HPSOV 的弹簧腔，如图 7 - 45 所示。

**4. EEC 指令停车**

EEC 可通过将 FMV 驱动到关闭位使发动机停车，从而将 $P_1$ 压力引到 HPSOV 弹簧腔，HPSOV 关闭，切断向燃烧室的供油，如图 7 - 46 所示。

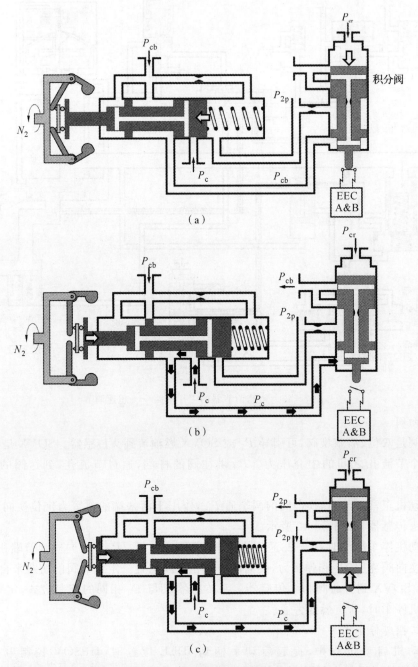

图 7 - 43　超速控制器工作情况

(a)超速控制器启动情况($N_2 < 38\%$)$-P_{cr} > P_{cb}$；(b)超速控制器在速情况($38\% \leqslant N_2 < 106\%$)$-P_x > P_{cr}$；(c)超速控制器超速情况($N_2 = 106\%$)

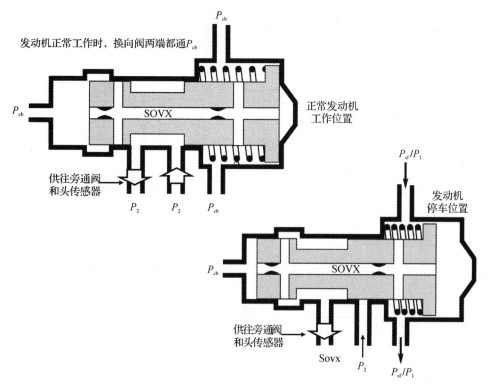

图 7-44　换向阀

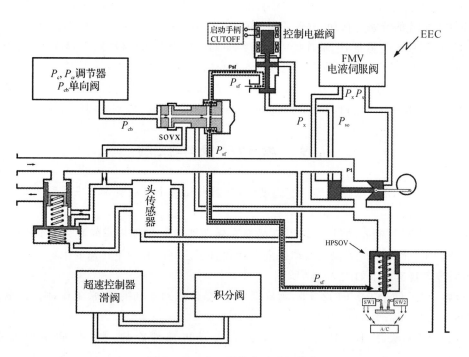

图 7-45　人工操纵启动手柄停车

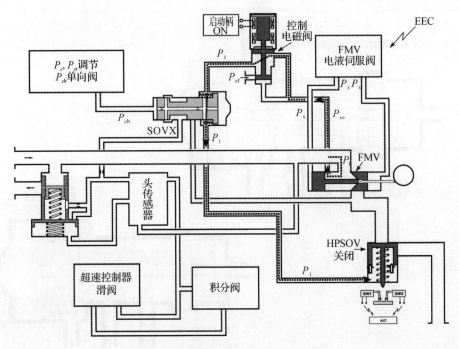

图 7 - 46　EEC 指令停车

在发动机停车时,计量阀内的通油口被打开,$P_1$ 压力通过此通油口,到 HPSOV 控制电磁阀。控制电磁阀将 $P_1$ 输送到 HPSOV 的弹簧腔和关断换向阀的活塞端,在作用于 HPSOV 弹簧腔 $P_1$ 压力与弹簧力共同作用下,HPSOV 移动到关闭位置。作用于关断换向阀活塞上的 $P_1$ 压力,使此关断阀克服弹簧力移动,改变了阀门的通路。在关断位置,关断换向阀关闭了 $P_2$ 供往头传感器的通道,使头传感器 $P_{2P}$ 端连接到关断换向阀的中介压力(SOVX)。停车后,由于发动机转速逐渐下降,$P_1$ 的衰减比较缓慢。头传感器感受的较高的 $P_1$ 打开了头传感器的伺服阀,并且积分旁通阀弹簧腔伺服工作压力减小,$P_1$ 推动比例和积分旁通阀到打开位置。$P_1$ 旁通到 $P_b$。发动机停车后,燃油不再供到 HMU,弹簧力推动积分和比例旁通阀到关闭位置。

# 7.9　发动机慢车控制

地面启动后,EEC 根据外界空气温度、引气需求和最小燃油流量要求控制发动机地面慢车转速。

在地面,EEC 控制发动机慢车,以满足慢车转速要求。如果慢车转速不足以满足下列要求之一,则 EEC 控制 FMV 提高发动机慢车转速直至达到所有慢车转速要求。

地面慢车转速要求如图 7 - 47 所示。

(1)如 TAT 低于 125℉(52 ℃),为确保 IDG(整体驱动发电机)正常工作,则 $N_2$ 转速要大于 58%(8 500 r/min)。

(2)如 TAT 大于 125℉(52 ℃),为改善发动机部件冷却,则 $N_2$ 转速要大于 66%(9 500 r/min)。

(3)保持 $P_{S3}$ 在飞机环境控制系统(ECS)所需的最小值之上(最小 $P_{S3}$ 随高度和飞机型号的不同而改变)。

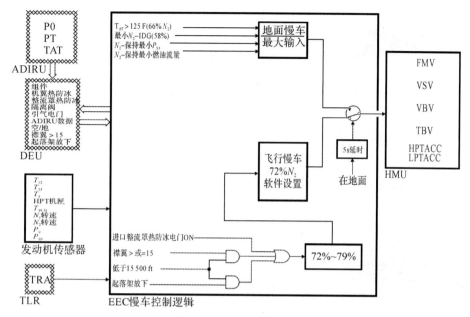

图 7 - 47　EEC 慢车控制

(4)保持燃油流量≥300 lb/hr(136 kg/h)。

在飞行时,EEC 有两种慢车模式,飞行慢车和进近慢车。EEC 根据防冰工作情况、襟翼位置、起落架位置、飞行高度、复飞要求,设定慢车模式。

无论在哪种慢车模式,EEC 都是根据该模式的最大输入值控制慢车转速。在飞行时,EEC 控制发动机慢车以满足慢车转速要求。EEC 将飞行慢车维持在 $72\%N_2$。

飞机在飞行中发生下列情况之一时,EEC 进入进近慢车模式。

(1)1 号或 2 号发动机进口整流罩热防冰电门在接通位置。

(2)高度在 15 500 ft 以下,左或右主起落架放下并锁定。

(3)高度在 15 500 ft 以下,左或右襟翼放出等于或大于 15 个单位。慢车转速无机械调节。

# 7.10 发动机推力管理控制

发动机推力管理系统根据推力手柄的输入信号控制发动机的推力水平。推力管理系统使用 $N_1$ 转速作为推力设置参数。EEC 计算机根据发动机推力等级,环境状况和发动机引气状况,计算基准风扇转速($N_1$),如图 7 - 48 所示。

### 7.10.1　推力手柄解算器角度

推力手柄组件通过一个推力连杆机械地连接到解算器,解算器将机械运动转换成一个表征角位移的电信号,电信号通过硬件接口直接传送到 EEC 用于推力计算。推力手柄位置可通过手动或自动油门系统自动定位。$N_1$ 指令值根据推力手柄角位移和其他参数计算得出,如图 7 - 49 和图 7 - 50 所示。

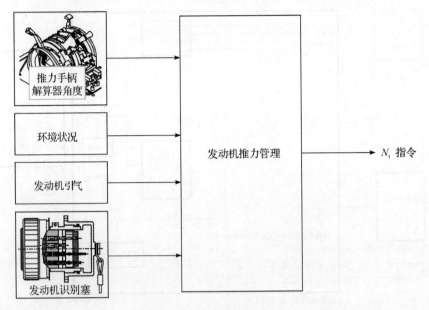

图 7 - 48　发动机推力管理

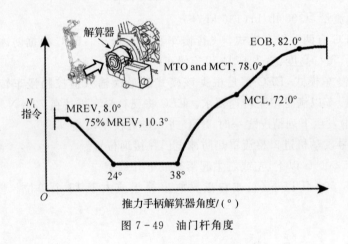

图 7 - 49　油门杆角度

### 7.10.2　飞行环境

**1. 环境参数**

$N_1$ 是根据下列环境参数经过计算得出的。

(1)温度。推力的大小基于外界空气温度。飞机设计中,发动机提供恒定的推力直到达到一个称为"拐点"的 OAT(外界空气温度)值,在拐点之后,推力值以一定比例减小以保持一个恒定的 EGT 值,如图 7 - 50 所示。

(2)压力。当发动机运行于一个恒定转速时,随着高度的增加,由于空气密度的减小,使燃油质量流量和燃油流量需求减小,导致推力减小,如图 7 - 50 所示。

(3)马赫数($Ma$)。当 $Ma$ 增加时,流入发动机的空气质量流量变化,推力降低。为确定 $N_1$ 转速,EEC 根据空气静压,总压和大气总温(TAT)参数计算 $Ma$,如图 7 - 50 所示。

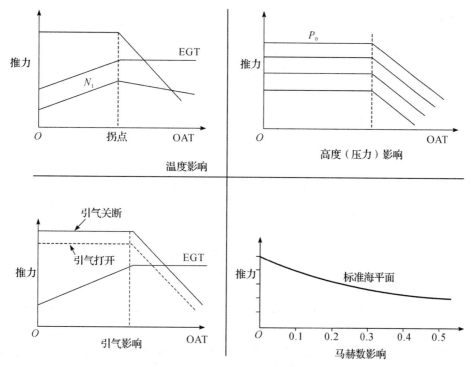

图 7 - 50　推力的影响因素

## 2. 环境参数数据来源(见图 7 - 51)

由于 $Ma$ 是经过其他环境参数计算出来的,因此发动机推力管理系统使用环境状态参数有以下几种。

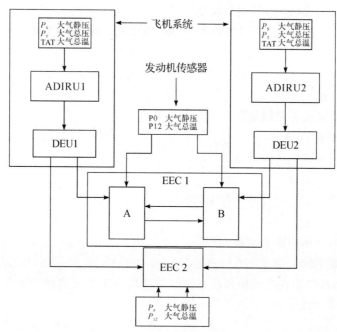

图 7 - 51　大气环境参数数据来源

(1)静压($P_S/P0$).

(2)总压($P_T$).

(3)空气总温($TAT/T_{12}$).

每一个 EEC 通道都有一个独立的可选择的大气参数数据源,这些数据源包括以下几种。

(1)大气静压。

1)$P_0$ 从发动机输入。

2)$P_S$ 从 ADIRU 输入。

(2)大气总压。

$P_T$(大气总压)从 ADIRU(大气数据惯性基准组件)输入。

(3)大气总温。

1)$T_{12}$ 从发动机输入。

2)TAT 从 ADIRU 输入。

### 7.10.3　引气

推力管理控制系统根据 ECS(环境控制系统)引气和防冰引气状况,保持相同的 EGT 水平,如图 7-50 所示。

发动机高压压气机的引气可用于发动机进口整流罩和机翼热防冰,提供增压空气到飞机环境控制系统(ECS)。每一台发动机提供自身发动机整流罩热防冰(CTAI)引气。EEC 根据发动机位置和 CTAI 电门位置确定 CTAI 的引气构型;EEC 根据发动机位置,另一台发动机运行状态确定 WTAI 构型。

EEC 根据发动机位置,另一台发动机状态,左和右 ECS 组件状态,左和右 PRSOV(调压关断阀)位置和隔离阀,确定 ECS 引气构型。

EEC 会根据飞机从发动机的引气量调节 $N_1$ 指令值。如引气需求增加,则 $N_1$ 转速降低以补偿附加载荷。因此,对于当前发动机推力等级可确保发动机热部件在限制范围内工作。

EEC 从 DEU 接收飞机引气构型数据,以获取飞机引气负载状况。

(1)右组件 ON 或 OFF。

(2)右组件高流量或正常流量。

(3)左组件 ON 或 OFF。

(4)左组件高流量或正常流量。

(5)隔离阀打开或关闭。

(6)另一侧发动机引气阀打开并且发动机运转。

(7)机翼防冰 ON 或 OFF。

(8)发动机整流罩热防冰 ON 或 OFF。

在起飞期间,如果校正空速(CAS)满足:65 kn < CAS < 300 kn,并且高度<4 500 ft,则 EEC 将飞机引气负载锁定在当前构型状态。如果飞机高于起飞高度 400 ft,且发生下列情况之一时,则 EEC 解除锁定。

(1)CAS>300 kn。

(2)高度超过起飞高度 4 500 ft。

(3)TRA 超过 3%。

只有当 CAS < 65 kn 时才能使控制逻辑复位。FMC(管理计算机)也从 CDS/DEU 接收引气构型信息,但通过不同的线路。如果两个系统中的一个发生故障,有可能导致不同的推力计算使手动和自动模式推力不同。

如图 7-52 为发动机推力管理系统。

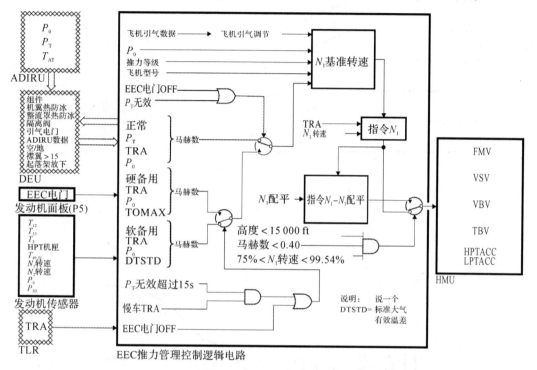

图 7-52　推力管理系统

### 7.10.4　发动机推力等级(识别塞)

EEC 包含 6 种不同发动机类型可供选择的推力等级数据,有些发动机具有推力 BUMP 选项。实际的推力等级数据由发动机识别塞内的熔断搭接线选择,如图 7-53 所示。

现有的 CFM56-7B 发动机海平面静推力等级包括 19 500 lb(CFM56-7B18),20 600 lb(CFM56-7B20),22 700 lb(CFM56-7B22),24 200lb(CFM56-7B24),26 300 lb(CFM56-7B26)和 27 300 lb(CFM56-7B27)。

1. $N_1$ 基准转速 EEC 使用 N1 转速控制发动机推力。EEC 根据飞机型号,发动机推力等级和环境静压($P_0$),马赫数(在当前环境状况,空速除以声速)计算 6 个 $N_1$ 基准转速(见图 7-54)。

$N_1$ 基准转速是针对所有发动机推力等级和飞机构型在相同油门杆解算器角度和油门杆角度下的值。下列是 6 个 $N_1$ 基准转速与对应的推力手柄解算器角度(TRA),推力手柄角度(TLA)和反推力手柄角度(RLA)(说明:角度单位为度)。

(1)最大反推力(8° TRA,104° RLA)。

(2)慢车反推(24° TRA,62° RLA)。

(3)慢车(36° 到 38° TRA, 0°~2.4° TLA)。

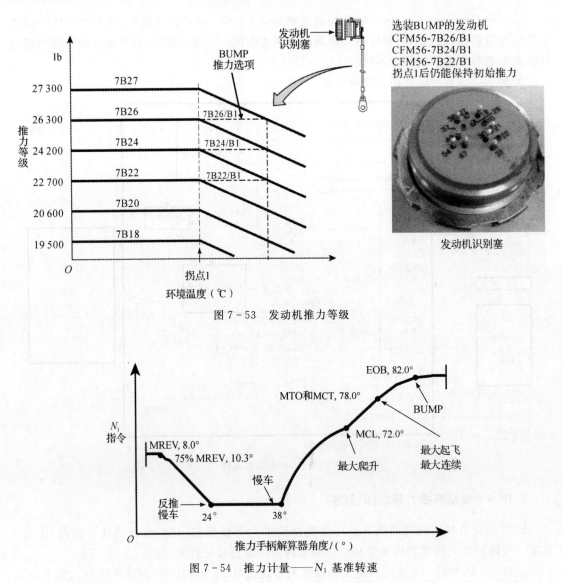

图 7 - 53 发动机推力等级

图 7 - 54 推力计量——$N_1$ 基准转速

(4)最大爬升(72° TRA，44° TLA)。

(5)最大起飞/复飞(78° TRA，52° TLA)。

(6)最大认证推力(82.5° TRA，58° TLA)。最大认证推力是前推正推力手柄到前部止动位置时发动机产生的推力。

可在 CDU 上的发动机 BITE 输入监控页面查询 TRA 角度。

EEC 根据推力手柄位置(相对于 $N_1$ 基准转速推力手柄位置)计算预定 $N_1$ 转速。推力手柄位置可通过手动或自动油门系统自动定位。当推力手柄在两个 $N_1$ 基准转速之间的位置时，EEC 通过线性插值法获取 $N_1$ 指令转速。推力等级计算是建立在每一个固定推力等级水平可获得的 $N_1$ 转速。实际 $N_1$ 指令的计算是两个推力等级之间线性插值的函数。推力手柄前移时，$N_1$ 指令转速大于 $N_1$ 实际转速，EEC 控制发动机伺服系统使发动机加速到 $N_1$ 指令转速。推力手柄后移时，$N_1$ 指令转速低于 $N_1$ 实际转速，EEC 继续控制发动机伺服系统，使发动机转速下降到 $N_1$ 指令转速。

## 2.发动机基准推力

在发动机实际运行中,发动机基准推力等级(见图 7 - 54)包括 BUMP,最大起飞/复飞(MTO),最大连续(MCT),最大爬升(MCL),慢车(IDLE)和最大反推力(MREV)。

EOB(应急储备/BUMP),MTO(最大起飞/复飞),MCT(最大连续)和 MCL(最大爬升)四个参数要依据飞机机型和发动机类型。MREV(最大反推力)等级和慢车对于所有发动机类型和机型都是相同的。

最大起飞推力是最高的正常推力等级。

如图 7 - 54 所示,对于最大起飞/复飞(MTO)和发动机连续(MCT)推力,其所对应的的推力手柄解算器角度(78°)都是相同的。起飞推力用于低高度、低空速飞行,而最大连续推力适用于所有其他飞行阶段。事实上,它们相当于两个版本的最大额定推力等级。

## 3.BUMP 推力

BUMP 是选装项目,只有 CFM56−7B26/B1,CFM56−7B24/B1 和 CFM56−7B22/B1 发动机装备了 BUMP。

起飞 BUMP 推力在起飞时可以获得超过正常最大起飞推力的更大推力,如图 7 - 55 所示。BUMP 推力仅应用于起飞推力等级、最大爬升,最大连续和复飞推力等级不受影响。装备有 BUMP 的飞机具有推力储备的能力,其储备的推力超过 EEC 正常模式下的设置的标准推力。储备推力只有飞机在遭遇风切变以及飞机临近撞击地面时才能应急使用。

未装备 BUMP 的发动机起飞推力在低于某一温度(平推力拐点)范围内保持不变,称为平推力段,如图 7 - 55 所示。随着环境温度的升高,当温度高于平推力拐点温度后,发动机推力开始下降,以保持排气温度不超过极限值。而

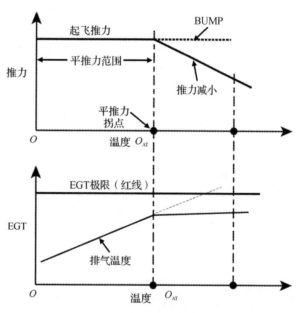

图 7 - 55　BUMP 推力(选装项目)

装备 BUMP 发动机在到达到拐点后的一段温度范围内,仍保持平推力等级。

### 7.10.5　发动机风扇转速($N_1$)调节配平

发动机推力随着转速的增加而增大,发动机转速是影响发动机推力大小,并作为推力设置的最基本参数。高涵道比涡扇发动机的推力主要是由外涵风扇产生,因此可以使用发动机低压转子转速 $N_1$(即风扇转速)来表征发动机推力大小。

由于发动机个体差异,每台发动机在相同 $N_1$ 转速时产生的推力不同。发动机组装后都要进行测试,以确保发动机满足性能要求。这些测试之一就是检测发动机推力和 $N_1$ 转速。为了确保在相同 $N_1$ 指示转速下所有发动机都具有相同的起飞和初始爬升推力,使用 $N_1$ 配平来调整 $N_1$ 指示和指令转速。$N_1$ 配平调节用于降低 $N_1$ 指令转速和升高 $N_1$ 指示转速。EEC

在有 $N_1$ 配平和无 $N_1$ 配平之间转换时,转速变化缓慢,以防止推力产生突变。

如图 7 - 56 所示,共有 8 个 $N_1$ 配平等级。这些风扇配平等级用数字标记为 0～7 级,其中 0 表示无配平,7 为 3.0% 的最大配平。发动机 $N_1$ 配平等级储存在发动机识别塞中,$N_1$ 配平等级显示在 EEC BITE 的 EEC CDU IDENT/CONFIG 页面。$N_1$ 配平只有在 $N_1$ 转速超过 3 900 r/min(75% $N_1$)时才会工作。

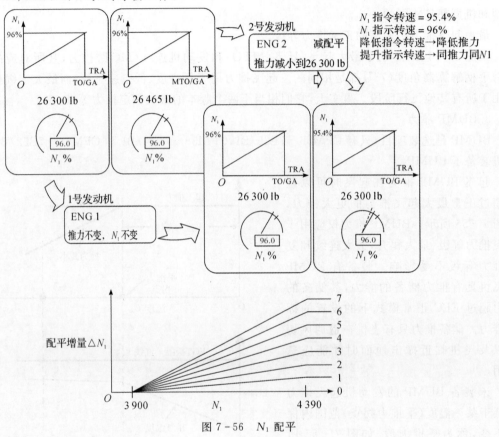

图 7 - 56　$N_1$ 配平

这 8 个 $N_1$ 配平等级如下。

(1)0 = 无 $N_1$ 配平。

(2)1 = 0.33% $N_1$ 减配平。

(3)2 = 0.54% $N_1$ 减配平。

(4)3 = 0.73% $N_1$ 减配平。

(5)4 = 0.93% $N_1$ 减配平。

(6)5 = 1.10% $N_1$ 减配平。

(7)6 = 1.31% $N_1$ 减配平。

(8)7 = 1.51% $N_1$ 减配平。

只有当下列条件出现时,$N_1$ 配平调节有效。

(1)高度低于 15 000 ft(4 572 m)。

(2)$Ma$ 低于 0.40。

(3)$N_1$ 转速在 75%~99.54% 之间。

如图 7-56 所示,两台同类型的发动机在 $96\%N_1$ 时的推力分别为 1 号发动机 26 300 lb 和 2 号发动机 26 465 lb 推力,2 号发动机推力大于 1 号发动机推力,说明在相同的 $N_1$ 转速下,1 号、2 号发动机的推力不相等。$N_1$ 配平是采用减配平原则,即 1 号发动机参数保持不变,对具有较大推力的 2 号发动机进行减功率配平,降低风扇转速到 $95.4\%N_1$(降低 0.6%),即 1 号发动机的指令转速为 $95.4\%N_1$。2 号发动机在 $95.4\%\ N_1$ 转速下,推力为 26 300 lb,等于 1 号发动机推力。即当 1 号和 2 号发动机都达到指令转速时,1 号发动机 $N_1=96\%$,2 号发动机 $N_1=95.4$,但此时两台发动机推力相等(26 300 lb)。虽然此时 2 号发动机的 $N_1$ 转速为 95.4%,但在显示组件上仍指示 96%,因此指示器上显示上的 $N_1$ 并不是实际的 $N_1$ 转速。由此案例可以看出,$N_1$ 配平是通过降低 2 号发动机 $N_1$ 指令转速和升高 $N_1$ 指示转速,使两台发动机在相同 $N_1$ 指示下,保持相同推力的调节过程。

## 7.11 推力控制模式

EEC 从 ADIRU(大气数据惯性基准组件)获取环境总压($P_T$),或通过环境总温(TAT)和环境静压($P_0$)计算出环境总压。EEC 从 ADIRU 或 EEC 中的 $P_0$ 传感器上获得 $P_0$。EEC 从 ADIRU 或发动机上 $T_{12}$ 传感器中获取 TAT。

EEC 有以下 3 种工作模式。

(1)正常模式。

(2)软备用模式。

(3)硬备用模式。

### 7.11.1 正常模式

在正常工作模式下,EEC 根据来自 ADIRU 的两个 $P_T$ 值和 $P_0$ 计算 $Ma$。$Ma$ 是用于计算 $N_1$ 基准转速的多个参数之一。如外部空气压力、温度、$Ma$ 改变,$N_1$ 基准转速也改变。这确保发动机推力满足飞机性能要求。

当下列状况都发生时,EEC 在正常模式。

(1)$P_T$(大气总压)有效。

(2)P5 后顶板上的 EEC 电门在 ON 位。

$P_T$ 在下列情况下有效。

(1)来自两个 ADIRU 的 $P_T$ 信号均在限制范围内。

(2)$P_T$ 信号一致。

(3)至少一个 $P_T$ 探测空速管在加热。

(4)空速管探头加热断开,飞机在地面且 TRA(推力手柄解算器角度)小于 53°。

### 7.11.2 备用模式

有两种备用模式:软备用模式和硬备用模式。如 $P_T$ 无效或将 EEC 电门置于 OFF 位置(见图 7-57),EEC 转换到一种备用模式。出现下列任一情况时,EEC 接通 P5 后顶板上的 ALTN 灯。

(1)EEC 处在软备用模式 15 s。

（2）EEC 处在硬备用模式。

（3）EEC 电门选择在 OFF 位（此位将 EEC 置于硬备用模式）。

### 1. 软备用模式

在软备用模式下，EEC 使用下列数据估算 $Ma$（马赫数）。

（1）大气总温（TAT）。

（2）标准大气温度（来自 $P_0$）。

（3）标准大气温度和静温（$T_0$）之间的最后有效差值。

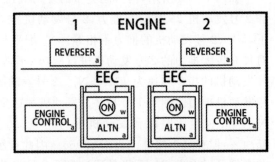

图 7-57　发动机控制面板（P5）

如果 $P_T$ 失效，EEC 通过失效前计算出的一个 $Ma(M_0)$，再根据 TAT 和 $M_0$ 计算出一个静温（$T_0$）。根据大气静压 $P_0$ 得出标准大气温度（$T_S$）。对静温（$T_0$）和标准大气温度 $T_S$ 求差，即 $\Delta T = T_S - T_0$。如果飞机高度发生变化，则用新的标准大气温度（$T_{S1}$）和与 $\Delta T$ 估算出一个静温 $T_1$，通过估算的静温（$T_1$）和总温（TAT）计算出一个不太精确的 $Ma$。如果飞机高度不变，则发动机仍然按照失效前的推力进行控制。

软备用模式确保发动机推力在 $P_T$ 数据无效时无过大变化。EEC 在软备用模式下，如果外界空气条件发生变化，发动机推力可能低于正常推力或出现发动机超限。这是由于 EEC 使用 TAT（大气总温）、标准大气温度和失效前最后一个有效的标准温度增量（$\Delta T$）估算 $Ma$ 所致。标准温度增量通常由标准大气温度和静温（$T_0$）之差计算而来。在正常模式下，是根据 TAT 和 $Ma$ 计算空气静温（$T_0$）。因为在软备用模式中不能获得 $Ma$，因此 EEC 使用失效前最后一个有效值作为标准温度增量。只在外部空气保持不变时，这个估算才是精确的。如图 7-58 所示。

$P_T$（大气总压）无效时，EEC 进入软备用模式。如果 $P_T$ 在 15 s 内恢复有效，则 EEC 返回到正常工作模式，ALTN（备用）灯不亮。EEC 在软备用模式 15 s 后，ALTN（备用）灯亮。如果下列情况出现，EEC 返回到正常模式，ALTN（备用）灯熄灭。

（1）$P_T$ 有效。

（2）EEC 处于软备用模式。

（3）EEC 模式返回到正常模式时，发动机推力变化较小或推力手柄位于慢车档附近（TRA 小于 56°）。

### 2. 硬备用模式

在硬备用模式中，EEC 使用静压（$P_0$）取得一个假定马赫数。为了确保飞机有足够大的推力来满足飞机各种条件下的性能，EEC 根据最高推力需求假设外界大气温度。在炎热天气，这种模式有可能导致最大推力等级超限，因而会使 EGT 超限，如图 7-59 所示。

发生下列情况时，EEC 进入硬备用模式。

（1）EEC 工作于软备用模式上超过 15 s（ALTN 灯亮），推力手柄在距慢车止动位置小于 19°位置。

（2）EEC 电门在 OFF 位置。如果一个 EEC 在正常工作模式下，另一个 EEC 在软备用模式下，则推力杆会摆动。发生这种情况时，飞行员必须将两个发动机 EEC 均设在硬备用模式下。两个 EEC 均在硬备用模式时，可防止推力手柄摆动。

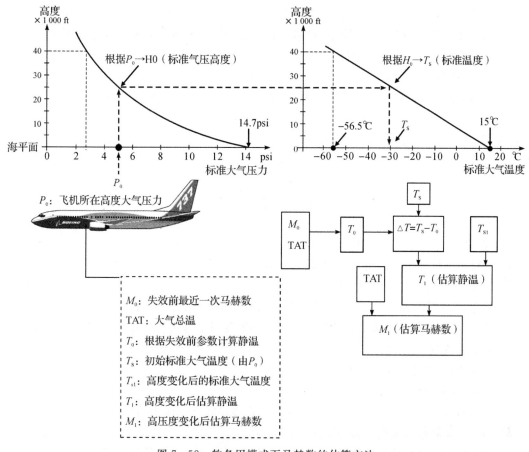

图 7-58　软备用模式下马赫数的估算方法

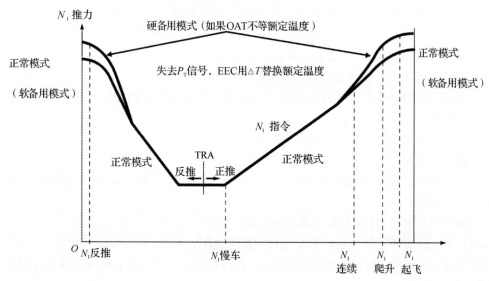

图 7-59　推力控制模式

　　在低推力状态,软备用和硬备用模式之间存在一个小的推力差值。EEC 从软备用模式转化到硬备用模式时,在较高推力时会产生一个大的非指令推力改变。大的非指令性推力改变是不允许的。如果推力出现大的变化,EEC 不会自动从软备用模式转换到硬备用模式。

如果发生下列情况之一,EEC 从硬备用模式返回到正常模式,ALTN 灯熄灭。

(1)EEC 电门从 OFF 位转到 ON 位,$P_T$ 有效。

(2)发动机停车后重新启动发动机,$P_T$ 有效,EEC 电门在 ON 位置。如果油门杆放在低于最大爬升推力位置,EEC 自动将软备用模式转换到硬备用模式。硬备用模式可以在驾驶舱顶板上的 EEC 电门选择,在此模式下,EEC 根据一个固定的 TAT 值(30℃)和 $P_0$ 计算 $Ma$。在硬备用模式下,EEC 提供的最大 $N_1$ 数据大于或等于正常模式下的最大推力等级。在炎热天气下工作时,有可能导致最大推力等级超限。

# 思 考 题

1. 描述 CFM56-7B 发动机 FADEC 系统的组成部分。

2. FADEC 系统如何接收、传输和输出数据?

3. EEC 双通道的含义是什么?

4. 哪些传感器向 EEC 输入的信号是单输入? 哪些是双输入和四输入?

5. EEC 如何选择输入参数? EEC 如何对 EGT 传感信号进行选择?

6. 什么是 ARINC-429?

7. EEC 的主要功能是什么?

8. EEC 有哪些电气接头? 连接到何处?

9. EEC 包含哪些空气接头? EEC 为什么能直接接收空气压力信号?

10. EEC 如何获取大气压力($P_0$)?

11. 什么是发动机识别塞? 识别塞可以向 EEC 提供哪些构型数据代码?

12. 航线上可以通过调节识别塞程序钉改变发动机的推力等级吗? 为什么?

13. 发动机识别塞内部熔断搭接线和插拔程序钉的作用是什么?

14. 描述 EEC 的电源。什么是控制交流发电机?

15. 描述发动机传感器、转速传感器的探测原理。

16. 哪些发动机传感器是热电阻型温度传感器? 哪些是热电偶型温度传感器? 探测原理上有何区别?

17. 什么是 PT25 传感器? 它用于探测什么参数?

18. 描述发动机控制系统的基本组成和信号传输。

19. EEC 如何获取大气总温数据? 正常飞行状况下,为什么发动机首先使用来自 ADI-RU1 的大气总温进行控制?

20. 液压机械装置(HMU)包含哪些功能元件?

21. HMU 内部经过调节主要哪有几种伺服燃油压力?

22. 描述 HMU 内的 FMV 电液伺服阀如何根据 EEC 的指令调节燃油计量阀(FMV)以控制燃油流量。

23. 描述 HMU 内部的高压关断阀(HPSOV)的作用和工作过程。

24. 描述超速控制器的调节原理。

25. 描述人工操纵停车和 EEC 指令停车的工作过程。

26. 描述发动机慢车控制的工作过程。

27. 发动机如何实现推力管理? $N_1$ 指令转速的影响因素有哪些?

28. 说明环境参数大气静压、总压和总温的数据来源。

29. 什么是 $N_1$ 基准转速? 什么是最大认证推力?

30. 什么是 $N_1$ 配平? $N_1$ 配平调节有多少个调节等级?

31. EEC 有哪几种工作模式? 在这几种工作模式下,EEC 如何获取马赫数数据?

32. 在软备用模式下,EEC 如何估算马赫数?

# 第8章 发动机滑油系统

发动机滑油系统,为位于发动机集油槽和齿轮箱内的轴承和齿轮提供润滑和冷却。CFM提供了多种滑油牌号。由于冰点、燃点等性质存在差异,尽管厂家允许少量的意外混合,但应避免这种情况的发生。

滑油存储在风扇机匣右侧的滑油箱中,发动机运转时,高压转子带动附件齿轮箱,从而带动润滑组件工作。润滑组件中的一个压力泵将增压的滑油源源不断的供往前油槽(1号、2号、3号主轴承)、后油槽(4号和5号主轴承)、转换齿轮箱(TGB)和附件齿轮箱(AGB)。同时润滑组件中的三个回油泵分别从各供油区域抽吸回油。在滑油回油管路,通过伺服燃油加热器和燃油/滑油热交换器与燃油进行热交换。完成热交换后使燃油温度升高,避免了可能的结冰现象,滑油温度降低使滑油得到冷却,从而避免滑油超温。每一台发动机都有一个独立的滑油系统。滑油系统采用压力和泼溅润滑,如图 8-1 所示。

在滑油箱与润滑组件之间安装有防漏阀,该阀只有在滑油增压时才可打开,防止发动机停车状态下滑油箱滑油在重力作用下流向下游,也方便拆装低位部件。润滑组件中的压力油滤、磁屑探测器以及回油滤可滤除滑油系统中的杂质。

供压管路上的温度/压力传感器,将滑油的温度、压力信息传送到 EEC,EEC 再将其转化为 ARINC429 格式的数据信号,传至 DEU 并在驾驶舱 DU 上显示。其中温度传感器为单通道(EEC 的 B 通道),压力传感器为双通道(EEC 的 A 和 B 通道)。滑油量传感器将油箱油量传至 DEU 用于驾驶舱指示。

滑油系统的部件安装于风扇机匣的左侧、底部和右侧,主要包括滑油箱、防漏阀、润滑组件、主燃油/滑油热交换器、回油滤组件等,如图 8-2 所示。

## 8.1 滑油分配系统

滑油分配系统输送滑油以冷却和润滑发动机轴承和齿轮,并将油槽和齿轮箱中的滑油输送回滑油箱。发动机滑油分配系统包括供油系统、回油系统,以及通气系统,如图 8-2 所示。

### 8.1.1 供油系统

滑油供油系统将一定压力的滑油输送到需要润滑的区域。发动机开始运转时,滑油压力泵向后油槽供油管路供压,将增压滑油输送到防漏阀,使防漏阀打开,允许来自滑油箱的滑油通过,经过压力泵增压和压力油滤后,分别供向附件齿轮箱(AGB)、前油槽和转换齿轮箱(TGB)、后油槽。

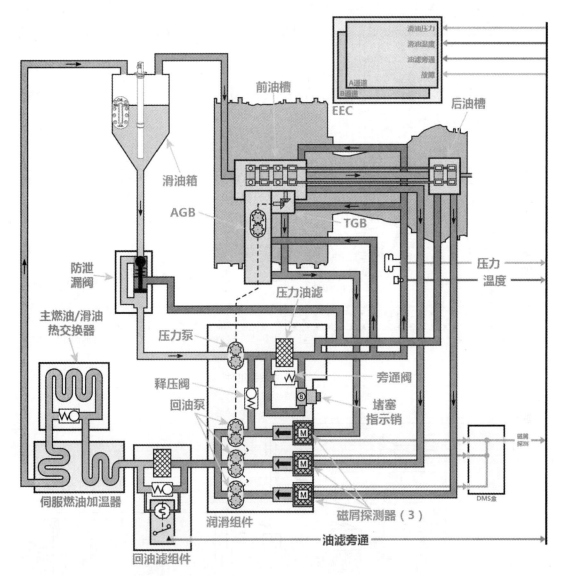

图 8-1　CFM56-7B 发动机滑油系统

　　润滑组件由 AGB 传动轴驱动、压力泵和 3 个回油泵为同轴泵,都在润滑组件内,组件中还包括磁屑探测器、压力油滤。滑油经压力泵增压后,通过压力油滤供向下游管路。压力油滤有旁通管路和堵塞指示销,当压力差达到一定值时指示销跳出,此时需检查油滤是否受到污染。如果油滤被污染,则需执行冲洗下游管路等工作。该指示销有时会发生跳出,但检查油滤无任何污染的迹象。

　　1.前油槽供油管路

　　滑油箱内的滑油(见图 8-3 和图 8-4)→防漏阀→进入润滑组件→滑油压力泵→压力油滤→流出润滑组件→滑油温度传感器→滑油压力传感器→风扇框架 10 号支柱(见图 8-5)→前油槽→滑油总管→前油槽滑油喷嘴(1 号、2 号、3 号轴承滑油喷嘴)

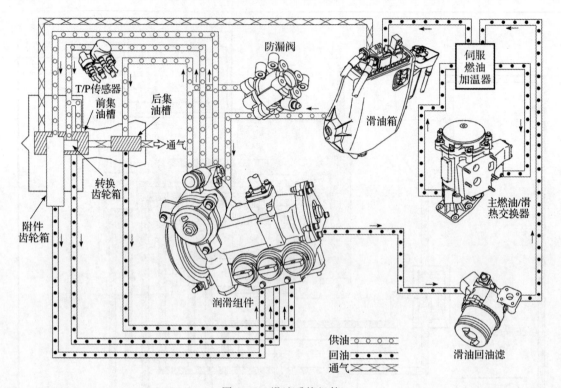

图 8-2　滑油系统组件

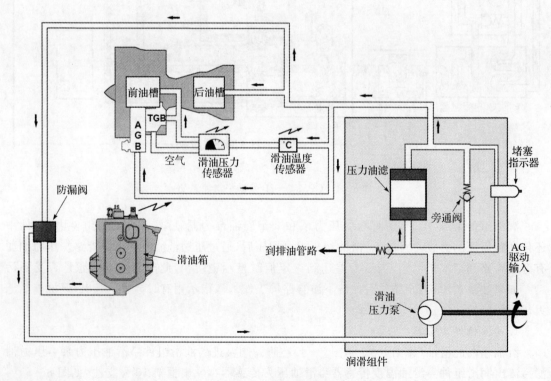

图 8-3　滑油供油系统

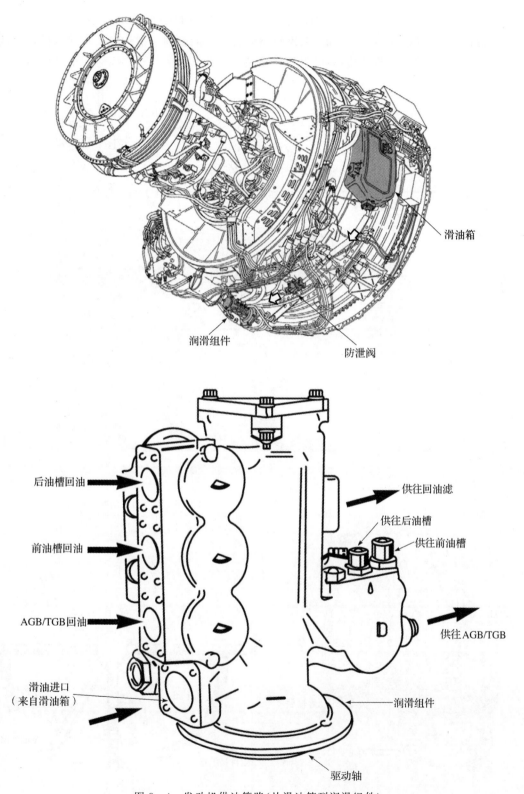

图 8-4　发动机供油管路(从滑油箱到润滑组件)

　　1 号轴承滑油总管有两个滑油喷嘴(见图 8-5),在人约 9:00 和 3:00 位置。这些滑油喷嘴可将滑油喷射到风扇轴和 1 号轴承内圈锁紧螺帽之间的空间。滑油在 1 号轴承衬套和风扇轴之间流动,通过衬套内的钻孔,然后滑油流到轴承内圈的两个半环之间对轴承进行润滑。

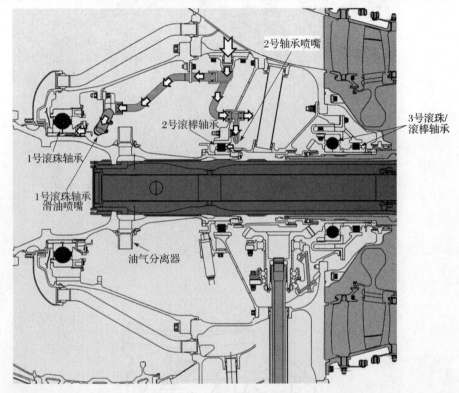

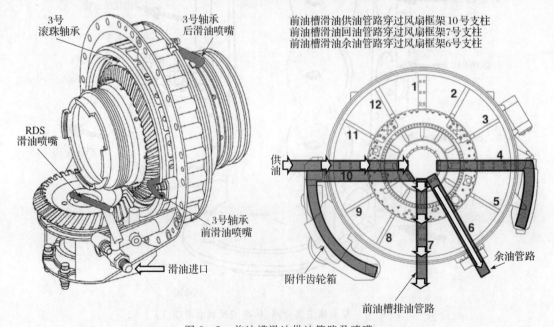

图 8-5　前油槽滑油供油管路及喷嘴

2 号滚棒轴承的润滑由单一的滑油喷嘴将滑油直接喷射到 2 号轴承的滚棒。轴承未使用的滑油通过安装在 2 号轴承滑油喷嘴后部的管路输送到进口齿轮箱(IGB)。

3 号轴承由前滑油喷嘴和后滑油喷嘴提供滑油

**2. 后油槽供油管路**

滑油箱内的滑油(见图 8-3 和图 8-4)→防漏阀→进入润滑组件→滑油压力泵→压力油滤→流出润滑组件→涡轮框架 10 号支柱(见图 8-6)→后油槽滑油压力管路→5 号轴承喷嘴。

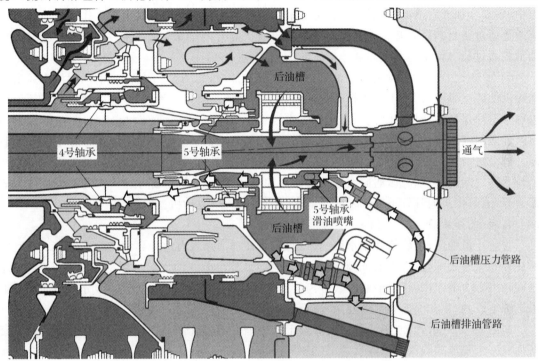

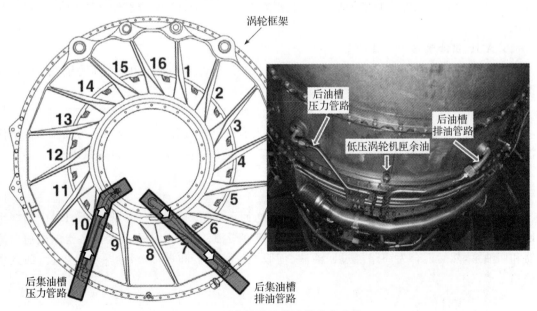

图 8-6　后油槽滑油供油管路及喷嘴

滑油被供到油/气分离器,在离心力作用下,滑油通过分离器与 LPT 轴之间的通道,继续向前流到 5 号轴承。滑油通过 LPT 轴上的孔和 5 号轴承内圈,润滑 5 号轴承滚棒和外圈。剩余的滑油继续向前流动,通过 LPT 轴上的通道,润滑 4 号轴承的内圈、滚棒和外圈。

3. 发动机主轴承的润滑和冷却

发动机主轴承工作于高转速,温度高而且变化大,负荷大,工作条件恶劣,因此需要冷却。但轴承的润滑需要滑油保持轴承腔内,滑油不能泄漏到气流通道中。如果滑油泄漏到气流通道中,不仅会加大滑油的消耗量,还会造成滑油蒸汽进入客舱。因此轴承的工作腔室应该与气流通道通过密封装置隔开。被封严装置与气流通道隔开的轴承工作腔称为轴承腔或集油槽。轴承腔通过通气系统与大气相通。

CFM56−7B 发动机有两个集油槽:前油槽和后油槽,如图 8−7 所示。前油槽位于风扇框架提供的腔室,后油槽位于涡轮框架提供的腔室。油槽由蓖齿式滑油封严件密封,它必须增压以确保滑油保持在油槽腔室内。增压空气来自增压器排气(低压压气机出口),在蓖齿式滑油封严件之间喷气。轴承腔封严蓖齿只允许空气从轴承腔的外侧流入内侧,从而防止了滑油泄漏。这个气流还可提供正压力到轴承腔,有助于滑油回油系统。流过滑油封严件的滑油被两个封严件之间的腔室收集,通向余油管。进入油槽内的增压空气成为通风空气,由油/气分离器引导,通过中央通气管→后部延伸管→火焰抑制器流出发动机。

4. 油/气分离器

为防止滑油箱、齿轮箱和轴承腔的压力过高,在滑油系统有通外界大气的通气口。在空气通往外界大气之前,空气中的油滴被油/气分离器分离出来。油气分离器随低压转子转动,通过旋转离心力的作用,将滑油和空气分离。空气通过中央通气管路排出机外,分离出的滑油被甩进轴承腔,收集在油槽底部的收集室,经回油泵返回滑油箱。

如图 8−8 所示,前油槽油气分离器位于风扇轴上,它包括支撑环和 12 个套筒。每一个套筒都有一个整体式限流器以降低油/气混合气流出油槽。后油油槽油气分离器安装在中央通气管后延伸管上。它从后油槽增压空气中分离滑油,并将分离出的滑油输送到 4 号和 5 号轴承。

5. AGB 供油管路

滑油箱内的滑油(见图 8−3)→防漏阀→进入润滑组件→滑油压力泵→压力油滤→流出润滑组件→AGB 供油管路(见图 8−9)→AGB。

6. TGB 供油管路

滑油箱内的滑油(见图 8−3)→防漏阀→进入润滑组件→滑油压力泵→压力油滤→流出润滑组件→滑油温度传感器→滑油压力传感器→TGB 进口管路(见图 8−9)→TGB。

### 8.1.2　回油系统

回油系统的作用是尽快将润滑后的滑油输送回滑油箱。润滑组件(见图 8−10)中的 3 个回油泵,分别从 AGB/TGB、前油槽和后油槽抽吸回滑油。三路回油分别经过各自的磁屑探测器和回油泵,然后汇合为一路经过回油滤、伺服燃油加温器和燃油/滑油热交换器后,回到滑油箱。

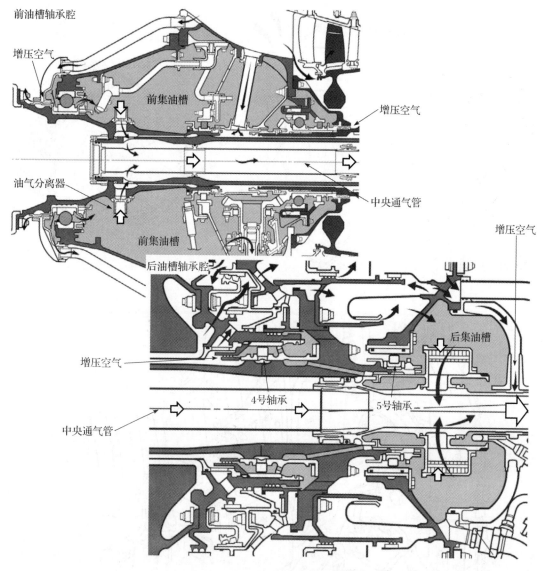

前油槽轴承腔

增压空气

前集油槽

增压空气

油气分离器

中央通气管

前集油槽

后油槽轴承腔

增压空气

增压空气

后集油槽

4 号轴承

5 号轴承

中央通气管

图 8 - 7　前、后油槽轴承腔

　　前油槽、后油槽、TGB 和 AGB 收集的滑油（见图 8 - 5、图 8 - 6 和图 8 - 10）→磁屑探测器
→回油泵→回油滤组件→伺服燃油加温器→燃油/滑油热交换器→伺服燃油加温器→滑油箱。

　　碎屑探测器的主要功用是收集前集油槽、后集油槽、附件齿轮箱（AGB）和转换齿轮箱
（TGB）这 3 条回油通道滑油中悬浮的碎屑。这些碎屑可分为磁性和非磁性两大类，通过辨识
碎屑的成分，可获知发动机何处轴承腔哪个部件存在缺陷，并制定相应处理措施，例如在
AGB/TGB 回油路中发现 M50 材料，则评估是否换发或在翼更换 AGB/TGB。回油滤主要收
集回油泵产生的碎屑，防止回油泵损坏产生的碎屑流回到滑油箱。

　　回油滤有旁通阀和压差传感器，当阀门开始堵塞即发送信号到 DEU。

　　伺服燃油加热器和燃油/滑油热交换器，其内部都是交错导热管结构，燃油和滑油分别流
过各自的管路，进行充分的热交换，使滑油得到冷却。

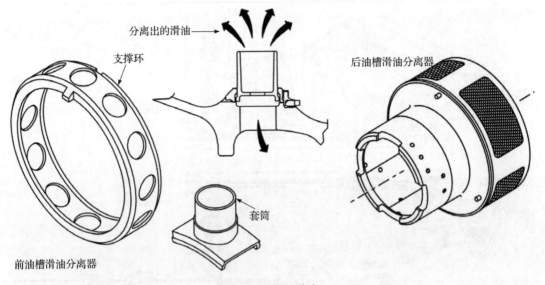

图 8-8  滑油分离

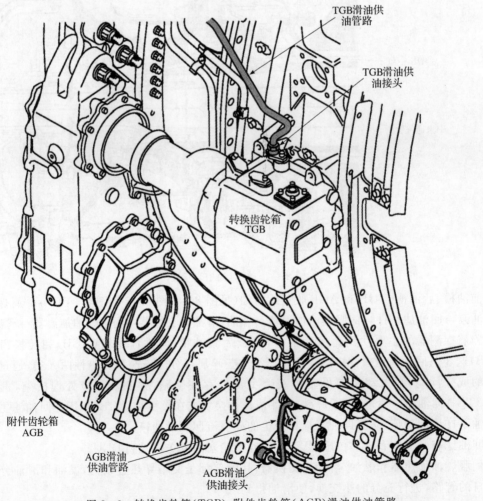

图 8-9  转换齿轮箱(TGB)、附件齿轮箱(AGB)滑油供油管路

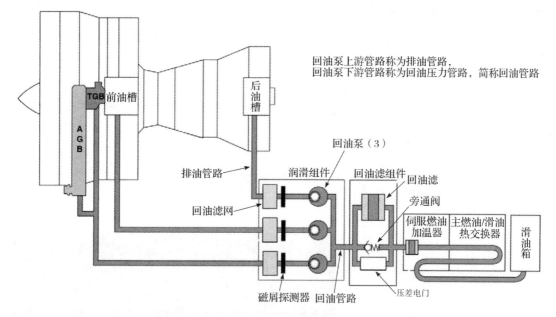

回油泵上游管路称为排油管路，
回油泵下游管路称为回油压力管路，简称回油管路

图 8-10 滑油回油系统

### 8.1.3 通气系统

通气系统的功用是平衡滑油系统各腔室的压力，减少滑油消耗量，保证滑油系统的正常工作。

如图 8-11 所示，滑油箱、AGB/TGB 与前集油槽相连。滑油箱外部有一条通气管路，穿过风扇框架 4 号支柱与前集油槽连通，以释放滑油箱中多余的空气压力。通气管路将滑油箱，AGB/TGB，前油槽和后油槽连通，通过排气尾锥通大气，这保证了各个腔室空气压力均衡。

如图 8-11 和图 8-12 所示，滑油箱通气路径：滑油箱→通气管→风扇框架 4 号支柱→前集油槽→前油槽油气分离器→中央通气管→排气尾锥→排出机外。

如图 8-11 和图 8-12 所示，AGB/TGB 通气路径：AGB/TGB 内部通道→风扇框架 10 号支柱→前油槽→前油槽油气分离器→中央通气管→排气尾锥→排出机外。

# 8.2 滑油系统的主要部件

如图 8-13 所示，滑油系统供油路线：滑油箱→防漏阀→压力泵→压力油滤→前集油槽、后集油槽、附件齿轮箱（AGB）和转换齿轮箱（TGB）。

滑油系统的回油路线：前集油槽、后集油槽、AGB/TGB 内的滑油，通过排油管路→磁屑探测器(3)→回油泵(3)→三条管路合并成一条管路→回油滤→伺服燃油加温器和燃油/滑油热交换器→滑油箱。滑油系统包含多个附件或组件，在滑油系统中发挥着各自的作用。

### 8.2.1 滑油箱

如图 8-14 所示，发动机滑油箱是在风扇机匣上，在 3：00 位置。通过滑油箱检查口盖可做滑油量的目视检查和加注滑油。

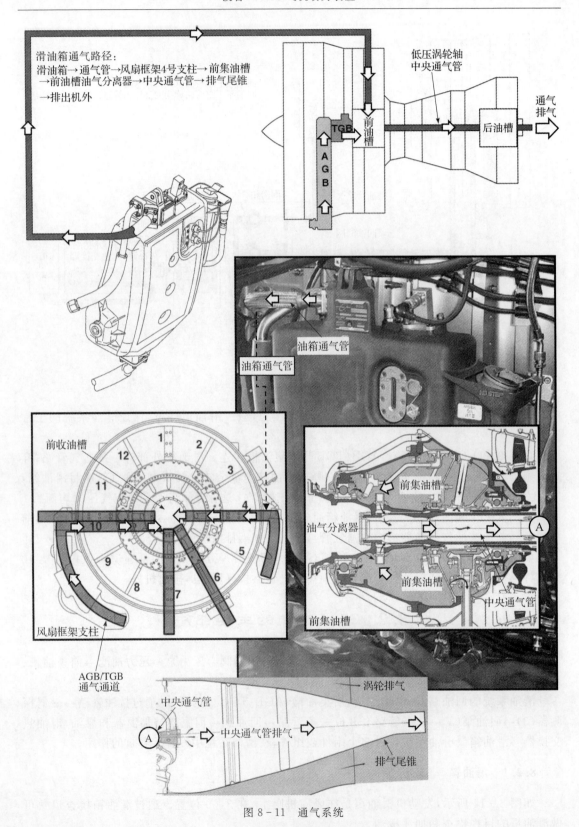

滑油箱通气路径：
滑油箱→通气管→风扇框架4号支柱→前集油槽
→前油槽油气分离器→中央通气管→排气尾锥
→排出机外

低压涡轮轴
中央通气管

通气
排气

TGB

AGB

前油槽

后油槽

油箱通气管

油箱通气管

前收油槽

风扇框架支柱

AGB/TGB
通气通道

前集油槽

油气分离器

前集油槽

中央通气管

前集油槽

A

涡轮排气

中央通气管

中央通气管排气

排气尾锥

A

图 8-11　通气系统

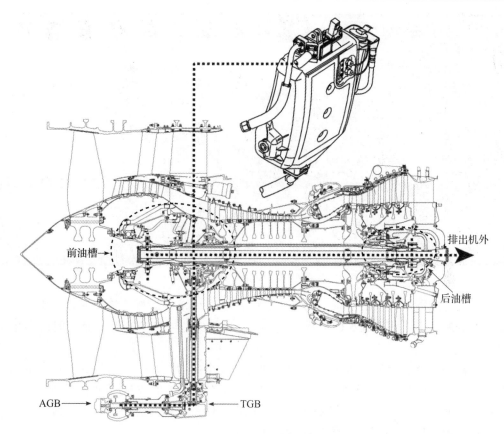

图 8-12 通气路径

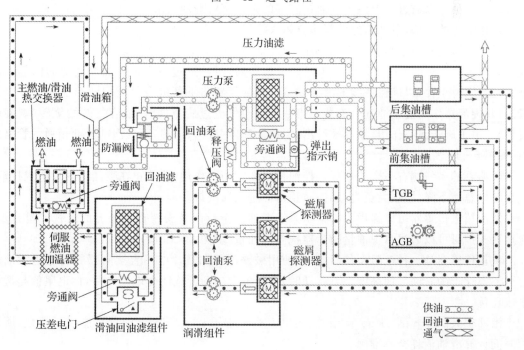

图 8-13 滑油分配系统

图 8-14 滑油箱安装位置

发动机滑油箱容纳约 21 quart(20.2 L)滑油。2 号发动机的滑油箱能够容纳比 1 号发动机更多的滑油。这是由于机翼的上反角的缘故,飞机双翼与其横轴水平面之间的夹角不同所致。

滑油箱有一个油量观测口、一个重力加油口和一个压力加油口。油量观测口在滑油箱的正面,用作发动机滑油量的目视检查。重力加油口是在滑油箱的右侧,维护人员可以利用重力加油口对滑油箱进行加油,加油口盖处有一个锁定手柄。在加油过程中溢出的滑油汇集在滑油余油孔处,滑油余油孔又与一条余油管相连。

维护人员可以通过一个位于滑油箱底部的余油塞将滑油放出。

根据防火的需要,滑油箱的外部涂有耐火涂层。

滑油箱通过一根连接到前集油槽的管路通气,通气管穿过风扇框架 4 号支柱(3:00 位置),如图 8-11 和图 8-12 所示。当发动机运转时,滑油通过一个位于油箱底部的内部油滤被输送到润滑组件,以确保持续的滑油供给。回油管路将油气混合气引到油箱盖内的一个旋流器,此旋流器作为静止油气分离器。当油气混合气流过旋流器时,混合气开始旋转(螺旋形流动)。由于旋转离心作用,滑油被甩出,沿回油管内壁流入油箱,而气泡则沿油箱通气管路排出,如图 8-15 所示。

回油管的另一端有一个挡油板。挡油板主要有两个作用:①防止在吸油口附近造成扰动;②在飞机急速下降,即很大负过载时,防止滑油进入通气口。

滑油箱电传感器可以提供飞机指示系统滑油量指示以及安装在油箱上的目视油量指示。在地面维护时可以通过目视油量指示器检查滑油量,如图 8-16 所示。

油量传感器是一种电阻型传感器,它使用磁铁浮子和簧片电门直接向驾驶舱输送滑油量信号。当浮子随着油平面高度上下移动时,簧片电门会断开或闭合电阻电路,而电阻值与滑油量成比例。

滑油箱大约能容纳 21 quart 滑油,飞机上最大指示 20。CDS 上油量只能指示整数,所以短时间计算滑油消耗会不准确。

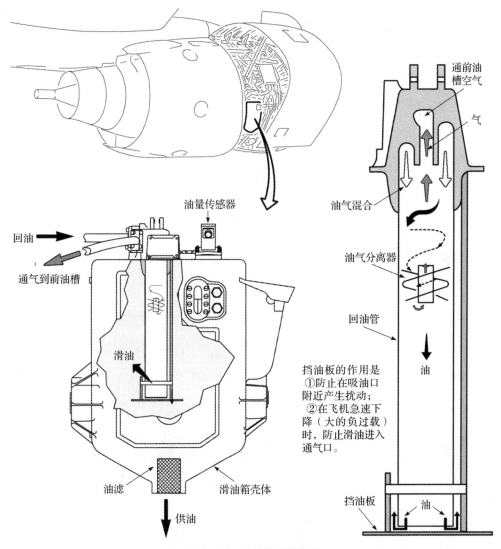

图 8-15　滑油箱内部结构

### 8.2.2　防漏阀

如图 8-17 所示,防漏阀是在风扇框架 6:00 位置,在从滑油箱至润滑部件的滑油供油管路上。

防漏阀防止在维护时将滑油管路从滑油箱拆除过程中产生滑油泄漏,而且在发动机停车时也可以防止滑油系统出现虹吸现象。

防漏阀是一个滑油压力作动,弹簧力关闭的阀门。当发动机工作时,来自后集油槽滑油压力管路滑油压力使防漏阀保持打开;当发动机停车时,弹簧力使防漏阀关闭。

### 8.2.3　润滑组件

润滑组件主要有以下两个作用:①增压和过滤供往发动机轴承的齿轮的滑油;②吸入滑油,并将其传送回滑油箱。润滑组件通过固定夹安装于附件齿轮箱的后安装面,在 6:00 位置。

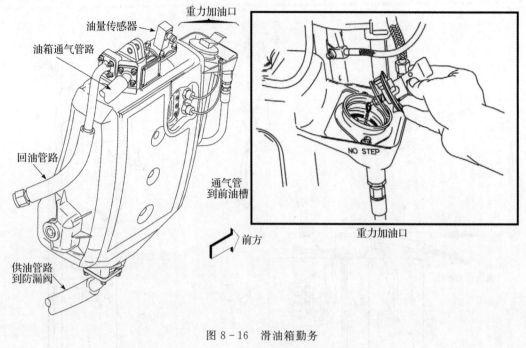

图 8-16 滑油箱勤务

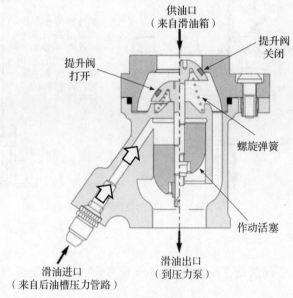

图 8-17 防漏阀

润滑组件包含压力泵、释压阀、压力油滤、堵塞指示器、回油泵（3个）和磁屑探测器（3个）。

**1. 滑油泵**

如图 8-18～图 8-20 所示，共有 3 个回油泵和 1 个压力泵，由附件传动齿轮箱通过一个传动轴驱动。回油泵主要包括附件传动齿轮箱油槽回油泵、前油槽回油泵和后油槽回油泵。附件传动齿轮箱回油泵可抽吸附件传动齿轮箱油槽收集的滑油；前、后油槽回油泵可分别抽吸前、后油槽收集的滑油。3 个回油泵分别抽吸发动机不同区域润滑和冷却后的滑油，经过回油滤过滤，并经过伺服燃油加温器和燃油/滑油热交换器散热后，输送回滑油箱以实现循环使用。

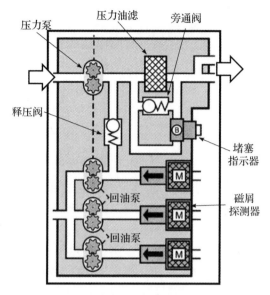

图 8-18 润滑组件

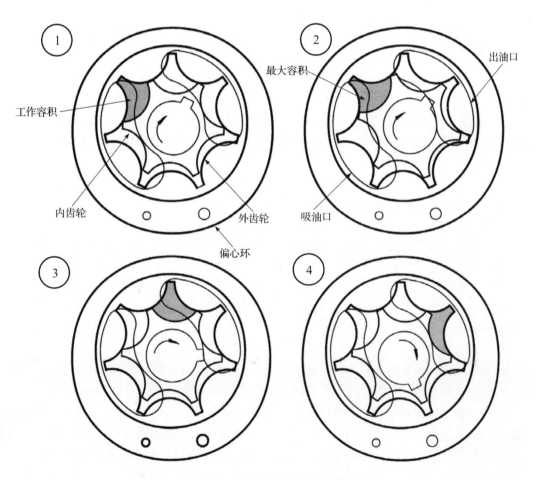

图 8-19 滑油泵——摆线转子泵

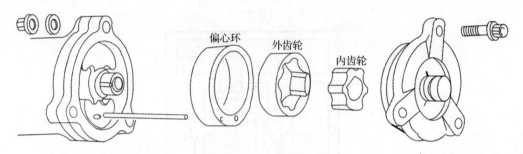

图 8 - 20　滑油泵内部结构

1 个压力泵可抽吸滑油箱内的滑油,经过压力油滤过滤后,分别供往附件传动齿轮箱、转换齿轮箱、和发动机前、后油槽,用于这些区域的润滑和冷却。压力泵不控制输出压力,当发动机转速改变时,滑油压力改变。

由于滑油温度高,并且含有大量气泡,回油体积容量通常远远大于供油容量,因此回油泵的数量通常多于压力泵的数量。因此滑油系统采用 3 个回油泵、1 个压力泵。

4 个泵采用摆线转子泵,由单一轴驱动。每个泵有两个相互啮合的齿轮在偏心环内转动。高压转子(N2)通过 IGB→TGB→AGB→驱动轴→带动内齿轮转动。内齿轮为主动齿轮,外齿轮为从动齿轮,即泵是由内齿轮带动外齿轮转动。从动外齿轮比内齿轮多一个齿。两个齿轮转动方向相同,但具有不同的角速度,如图 8 - 20 所示。

内、外齿轮型面之间形成工作腔可储存滑油。由于两个齿轮转轴是偏心的,当泵转过吸油口的过程中,工作腔体积增大,直到最大,由于工作腔体积的增大,会产生一个真空,因此滑油被泵入工作腔,如图 8 - 19 所示。

当泵转过出油口的过程中,工作腔体积减小,工作腔内的滑油从出油口排出。在每一个工作循环,工作腔都会从吸油口吸入滑油,然后到出油口排出,从而形成滑油泵的输出流量。

2. 释压阀

如图 8 - 18 所示,释压阀位于滑油压力泵的出口管路,当压力过高时,释压阀打开,过高的压力释放到附件传动齿轮箱回油泵的进口管路。

3. 压力油滤

压力油滤可过滤滑油压力泵出口压力管路的滑油,保证供往发动机前、后油槽,附件传动齿轮箱和转换齿轮箱滑油的清洁。压力油滤是一个纸滤芯油滤,在使用后废弃滤芯。

当油滤进出口压差达到 27 psi 时,油滤堵塞红色指示销跳出,如图 8 - 21 所示。当油滤进出口压差达到 34 psi 时,旁通阀开始打开,压力泵出口滑油不经过滤直接从旁通阀流到各需要润滑的部件。

4. 磁屑探测器

磁屑探测器可以收集来自排油管路的滑油中的悬浮金属颗粒。共有 3 个磁屑探测器,每一个对应一个集油槽,包括前油槽、后油槽和 AGB/TGB 油槽,如图 8 - 22 所示。

每一个磁屑探测器包含一个磁极和一个金属滤网,安装于回油泵的进口管路。磁极用来吸附铁磁性颗粒,滤网用于收集非铁磁性颗粒。分析探测器内颗粒的性质,可确定润滑系统部件内部的状况。探测器金属滤网保留所有大于 800 $\mu$m 的铁磁性或非铁磁性材料的颗粒。

3 个磁屑探测器分别安装在 3 个回油泵的进口管路,即附件传动齿轮箱油槽、前油槽(1号、2 号、3 号发动机轴承)、后油槽(4 号和 5 号发动机轴承)的排油管路上。这 3 个探测器是互换的,没有识别每个回油路探测器的标记。

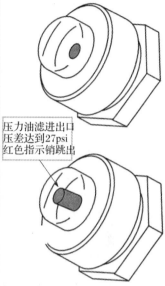

图 8-21  压力油滤堵塞指示销

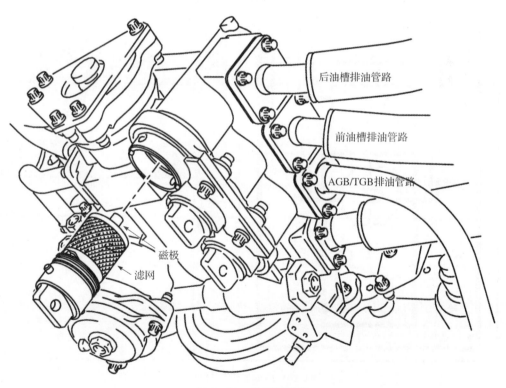

图 8-22  磁屑探测器

### 8.2.4 主燃油/滑油热交换器

主燃油/滑油热交换器安装于燃油泵和伺服燃油加温器上。它位于风扇机匣 9:00 位置。

主燃油/滑油热交换器是管型热交换器,包括壳体、可拆卸芯体和芯体接近盖。主燃油/滑油热交换器在燃油部分和滑油部分都有旁通阀。这主要是为了当出现堵塞时,使油液旁通芯体。

### 8.2.5 回油滤组件

回油滤用于在返回滑油箱之前清除发动机滑油中的污染物。回油滤组件安装于附件齿轮箱(AGB)后安装面 7:00 位置上。回油滤组件包括一个可丢弃型滤芯、滤杯、本体和本体内的旁通阀。本体内还包含有滑油滤旁通电门。一个锁定棘轮手柄可防止滤杯松动。当回油滤滤芯被堵塞时,在壳体内的油滤旁通阀打开,回油滤进出口压力差由旁通电门监控,如图 8-23 和图 8-24 所示。

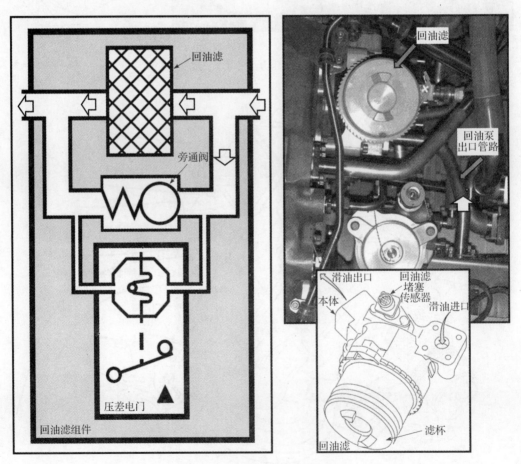

图 8-23 回油滤组件与回油滤

图 8 - 24　润滑组件与滑油管路

### 8.2.6　DMS 系统

碎屑监控系统(DMS)探测悬浮在滑油回油中的碎屑颗粒,由此可获知在发动机轴承或者齿轮内部是否存在机械故障。DMS 探测器磁极可以收集铁磁性碎屑,当磁极收集到足够的铁磁性材料时,在控制显示组件(CDU)上会显示相关信息。每一个探测器上都有一个金属滤网,可以收集超过 $800\ \mu m(0.8\ mm)$ 的非铁磁性碎屑。

有 3 个 DMS 探测器,分配对应于前油槽、后油槽和 AGB/TGB,如图 8-25 所示。

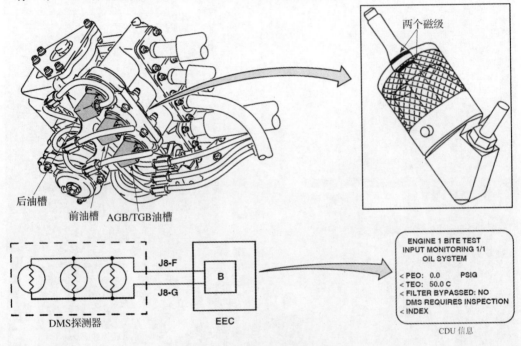

图 8-25　碎屑监控系统(DMS)

DMS 探测器包含在润滑组件壳体内,位于回油泵的进口。润滑组件位于附件齿轮箱后安装面 6:00 的位置。打开 DMS 探测器/释压门可接近探测器。

每一个 DMS 探测器都有两个磁级,安装于一个公共的支柱上,两磁极之间存在空间。每一个探测器都有一个金属滤网。每个探测器通过一个销锁连接到润滑组件的壳体上。每一个探测器都有一个电接头。在润滑组件壳体内的单向阀可以防止在拆卸探测器时引起滑油泄漏。每一个探测器的两个磁级收集铁磁性碎屑。磁极是连接到 DMS 电路的一部分。当两个磁极收集到足够的铁磁性碎屑,金属碎屑填充到两磁极之间的空间时,两极就形成一个完整的电路。电路的导通导致 DMS 信息显示在 CDU 维护页面上。查询 CDU 会有一个"DMS requires inspection"(DMS 需要检查)信息。

DMS 探测器中的两个磁极吸引铁磁性金属屑,足够的金属屑导致电路导通,DMS 系统根据电路中电阻值的不同,输送不同的信号。

(1)当电阻值在 39 ~130 Ω:出现"DMS requires inspection"(DMS 需要检查)信息。

(2)当电阻值小于 39 Ω 或大于 4 000 Ω:DMS 失效。

(3)当电阻值在 130 ~4 000 Ω:DMS 没有探测到碎屑。

## 8.3　滑油系统监控

发动机滑油指示系统为显示电子组件(DEU)提供滑油系统的数据。如图 8-26 所示,在 P2 中央仪表面板上的主、辅助发动机显示页面显示以下数据:①滑油量;②滑油压力;③滑油温度;④滑油回油滤的状态。

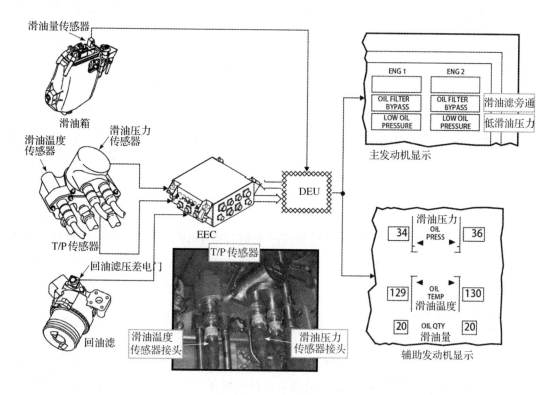

图 8-26　滑油监控系统

通过滑油量传感器、滑油压力传感器、滑油温度传感器和滑油回油滤压差电门监控滑油系统。滑油量传感器直接发送滑油量数据至 DEU。3 个其他的部件通过 EEC 发送信息至 DEU。温度/压力(T/P)传感器组件包含滑油压力传感器和滑油温度传感器。

### 8.3.1　滑油量指示

如图 8-15 所示,滑油量指示系统在辅助发动机显示器上显示滑油量数据。滑油量指示系统使用一个滑油量传感器测量在滑油箱内的滑油量。滑油量传感器直接发送滑油量数据至 DEU。

滑油量传感器是一个电阻式传感器。它使用一个浮子式磁铁和簧片电门给出滑油信息。

在浮子式磁铁随油面升高或降低移动时,簧片电门断开或闭合不同电阻的电路。一个与滑油面高度成比例的传感器输出信号传送至 DEU。DEU 在辅助发动机显示器上显示滑油量。

辅助发动机显示器以夸脱或升为单位显示可以使用的滑油量。当滑油量小于 4 quart (3.8 L)并持续 35 s 后,一个 LO(油量不足)信息显示出来。

### 8.3.2　滑油压力指示

如图 8-26 所示,滑油压力指示系统在显示组件上显示发动机滑油压力数据。一个滑油压力传感器在润滑组件的出口处测量滑油压力。滑油压力传感器通过发动机电子控制器 (EEC)发送滑油压力数据至 DEU。滑油压力传感器在一个壳体内有两个传感元件,每个元件通过一个接头连接到 EEC 的一个通道。

滑油压力传感器测量在滑油压力泵出口和 TGB 内腔之间的压力差,如图 8-3 所示。滑油压力传感器发送一个电信号至 EEC,EEC 改变这个信号为 ARINC 429 信号并发送至 DEU。

DEU 通常在辅助发动机显示器上显示滑油压力,以两个垂直指示器和两个数字指示器显示,每台发动机各一个。在每个垂直指示器上一个指针以 psi(lb/in$^2$)显示滑油压力,每个指示器有两个标线。琥珀色的标线表示滑油压力琥珀色极限;红色的标线表示滑油压力的红色极限。如果滑油压力显示在琥珀色极限和红色极限之间,则数字显示器和围绕数字显示的方框都是琥珀色的,滑油压力是在警戒的范围;如果滑油压力在红标线极限下面显示,则数字显示器和围绕数字显示的方框都是红色的,滑油压力超出极限范围。

当滑油压力小于红标线极限时,EEC 发送一个信号至 DEU。这个使显示装置显示琥珀色的滑油压力低信息。每台发动机有一个琥珀色的滑油压力低信息。滑油压力低信息在主发动机显示组件上显示。

### 8.3.3　滑油温度指示

如图 8-26 所示,滑油温度指示系统在显示组件(DU)上显示发动机滑油温度数据。滑油温度指示系统使用一个滑油温度传感器测量在润滑组件出口处的滑油温度。滑油温度传感器通过 EEC 发送滑油温度数据到 DEU。滑油温度传感器在一个单个壳体内有两个传感元件,每一个元件连接至 EEC 的一个通道,两个通道只有一个电接头。

滑油温度传感器在前集油槽和转换齿轮箱供油管获得滑油温度数据,如图 8-3 所示。DEU 通常在辅助发动机显示器上显示滑油温度,在两个垂直的指示器和两个数字显示器上显示,每台发动机各一个。在每台指示器上一个指针以摄氏度为单位显示滑油温度,每个垂直的指示器有两个分度标记。琥珀色的分度标记是滑油温度琥珀色极限;红色分度标记显示滑油温度的红标线极限。如果滑油温度是在琥珀色极限和红标线极限之间,数字显示和围绕数字显示的方框是琥珀色的,滑油温度是在警戒的范围内;如果滑油温度是大于红标线极限,则数字显示和围绕数字显示的方框是红色的。滑油温度是在超出极限外的范围内。

### 8.3.4　回油滤旁通警告

如图 8-26 所示,滑油滤旁通警告系统在显示装置上显示回油滤状况信息。滑油滤旁通指示系统使用一个回油滤压差电门,在滑油滤旁通阀打开前,回油滤压差电门闭合。回油滤压差电门通过 EEC 发送回油滤旁通信息至 DEU。回油滤上安装压差电门通过一个单个的接头与 EEC 连接。回油滤上安装有回油滤压差电门。

回油滤压差电门监控在回油滤进口和出口之间的滑油压力差,DEU 通常在主发动机显示器上显示滑油滤旁通信息。当回油滤压差电门闭合,EEC 发送一个信号至 DEU。DEU 产生一个信息显示在主发动机显示器上。DU 显示信息 OIL FILTER BYPASS(滑油滤旁通)。

# 8.4　滑油系统主要维护工作

## 8.4.1　滑油箱的检查和灌充

1号发动机滑油箱总容量是 5.34 gal(20.2 L)，而 2 号发动机则为 5.4 gal(20.4 L)。应当在发动机停车后不少于 5 min，并且不超过 30 min 的时间范围内加注滑油。这将避免给发动机加油过量。滑油箱在冷却状态下，滑油密度会增加(体积减少)，如果在此状态下加注滑油，会导致滑油箱过充。滑油箱过充不会损坏发动机，但多余的滑油会通过发动机通气系统向机外喷出。滑油箱油量应该大于 60% 或 12.00 quart(11.40 L)。

油箱勤务通常是在当天最后一次关闭发动机后进行的。根据飞机的使用率，有可能会增大勤务频率。但是如果油平面低于 60% 或监控发现滑油消耗率异常增大，则需要进行补充。

1.飞行放行油量要求

在每次飞行前，发动机没有运转时，驾驶舱内指示发动机滑油量必须达到 60% 或 12.00 quart(11.40 L) 或更多。如飞机在滑油勤务之间有一次以上的飞行，确保每次飞行油箱有足够滑油，即指示的滑油量总大于 60%。在执行可能起飞和复飞(TOGA)的计划飞行结束时，油箱内必须有 7 quart(6.65 L) 或更多的滑油，通过飞行持续时间和特定的发动机滑油消耗计算滑油使用量，飞行放行所需的最低滑油量应含有 60% 和滑油用量。

2.滑油量检查

在发动机不运转的情况下，检查驾驶舱内的滑油量指示。确保滑油量完全符合上述油量要求。如果显示的滑油量低于所需的最小滑油量，再次向油箱加注滑油。

3.使用滑油箱目视指示窗口检查滑油量

如油位低于满油标记，添加发动机滑油。

4.滑油加注

在发动机停车后 5 min 内不要拆卸滑油箱上的加油口盖。如果单向阀有故障，热滑油会从滑油箱喷出导致人员伤害。发动机运转期间，滑油箱内的滑油温度很高，且压力增大。

在发动机停车后 5~30 min 范围内加注滑油。

滑油箱加油程序如下。

(1)打开右风扇整流罩上的滑油箱接近盖板(见图 8-27)。

(2)使用棉揩布清洁油槽(见图 8-28)。

(3)提起加油口盖手柄。

(4)逆时针转动加油口盖手柄打开它。

(5)拉出重力加油口上的加油口盖。

5.滑油取样

提取油样是为了进行滑油分析，在发动机停车后 5~30 min 范围内提取油样。

提取油样的程序如下。

(1)打开右风扇整流罩上的滑油箱接近盖板(见图 8-27、图 8-28 和图 8-29)。

(2)使用棉揩布清洁油槽。

(3)提起加油口盖手柄。

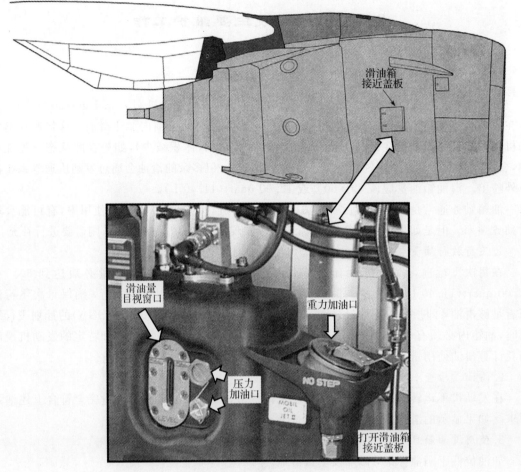

图 8-27　滑油接近盖板

(4)逆时针转动加油口盖手柄打开它。

(5)拉出重力加油口上的加油口盖。

(6)用手指挤压取样瓶,将导管端头浸在滑油内提取油样(见图 8-29)。

(7)将滑油采样标签贴在取样瓶。

采样标签上包含发动机总的工作时间、自上次采样以来的工作时间、样本日期、发动机序列号、使用的滑油类型和品牌等信息。

### 8.4.2　磁堵的检查

当 EEC 出现 73-31141 或者 73-31142"DMS REQUIRES INSPECTION"(DMS 需要检查)故障代码时,首先检查 DMS 状态,如果为"YES"(见图 8-30),说明当前探测电路处于接通状态,需要立即检查磁堵。测量接头电阻可以快速判断出磁堵位置。如果为"NO",说明探测电路曾经被接通过。可能是磁堵上有吸附到金属屑但没保留住,被滑油给冲走了。观察后续航段是否出现,如果再次出现,检查磁堵和测量线路,若没有发现问题,参考飞机维护手册冲洗发洗机滑油系统。

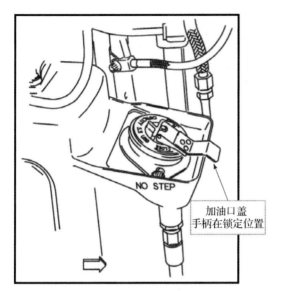
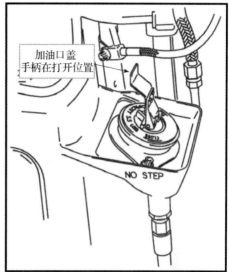

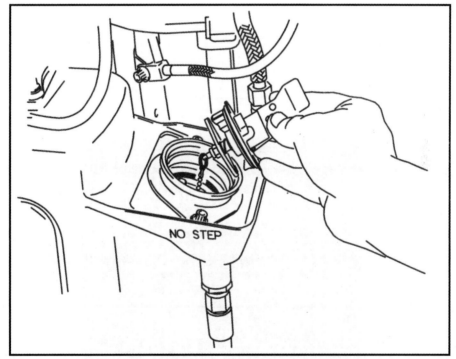

图 8-28　滑油箱加注程序

新发动机在使用 1 100 min 以前由于磨合会产生很小的金属粉末到滑油里,导致 DMS 信息出现。历史上有多台新发动机或者维修后的发动机出现轴承故障造成的空中停车,因而对新发动机的磁堵需要特别引起注意。

要准确描述材料的位置、形状、尺寸、数量、磁性、颜色;尺寸大于 0.1 mm 的碎片计数,小于等于 0.1 mm 的材料不计片数;对于 AGB/TGB 磁堵上发现的材料,按手册可能需要进一步检查启动机、EEC 交流发电机、静转子和一些轴。必须拆下滤网检查磁堵,如果不拆下滤网,很可能发现不了金属屑。必要时使用放大镜。

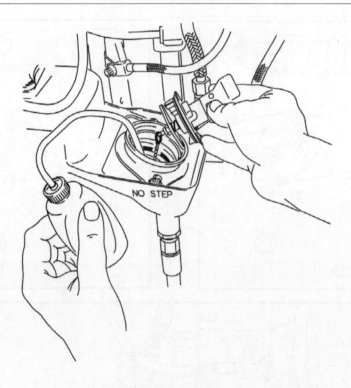

图 8-29  滑油取样

图 8-30  磁堵检查

　　使用手持 10 倍放大镜和 0.5 mm 刻度直尺测量碎屑尺寸。选白色 A4 纸垫底放置磁堵取出的异物及直尺,使用 0.5 mm 刻度直尺对比取出的磁堵异物进行拍照。异物沿直尺按最大长度方向摆放,照片中直尺尽量水平。

　　材料确定可以参考 DMS 材料识别图册或者光盘里的图片,通过对比颜色、形状、数量、尺寸、磁性、位置得出。但是图片和实物往往存在一定差异,处理时参照飞机维护手册相关内容,按不能确定材料性质处理。

　　如图 8-31 所示为 DMS 系统收集碎片基本处置程序。

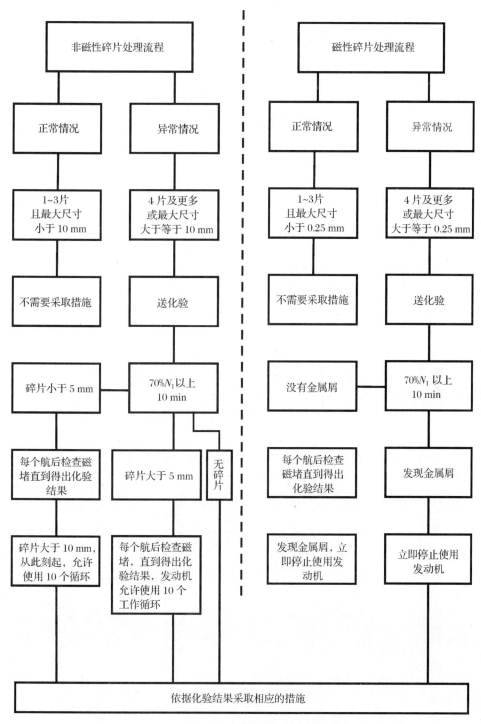

图 8-31　DMS 系统收集碎片基本处理程序

# 思 考 题

1.按流动方向说明滑油系统的组成部件。

2.说明滑油如何供到前、后油槽轴承腔? 在轴承腔内滑油是如何分配的?

3.发动机主轴承是如何润滑和冷却的?

4.油/气分离器的作用是什么?

5.使用过的滑油如何返回滑油箱?

6.通气系统的作用是什么? 前、后油槽,AGB/TGB 和滑油箱是如何通气的?

7.说明滑油箱的安装位置和容量。

8.滑油箱内油气分离器和挡油板的作用是什么?

9.防漏阀的作用是什么? 如何工作?

10.润滑组件包括哪些部件?

11.说明滑油泵的类型和供油原理。

12.在什么情况下压力油滤红色指示销跳出?

13.说明磁屑探测器的组成和功用。

14.描述碎屑监控系统(DMS)的探测原理。

15.滑油指示系统显示哪些滑油系统数据?

16.主发动机显示组件上显示"滑油滤旁通"说明什么?

17.在发动机停车后什么时间范围内加注滑油? 为什么?

18.在滑油箱冷却状态下加注滑油可能会导致什么危害?

19.如何检查滑油量?

20.当 EEC 出现 "DMS REQUIRES INSPECTION(DMS 需要检查)"故障代码时,如何处置?

21.分析为什么油气分离器故障会导致发动机空中停车?

# 第9章 发动机空气系统

发动机空气系统定义为那些对发动机推力的产生无直接影响的空气流。对于发动机的安全和有效工作,该系统具有如下重要功能。包括发动机的内部冷却和附件的冷却,轴承腔封严,防止热的燃气吸入涡轮盘的空腔,压气机气流控制和控制涡轮间隙。

高压涡轮内盘由低压压气机排气冷却,高压涡轮外盘的前表面由高压压气机排气通过前旋转空气封严件的通气孔进行冷却。外盘的后表面由高压压气机第4级引气冷却。高的热效率取决于高的涡轮进口温度,它受涡轮叶片和导向叶片材料的限制。对这些部件进行连续不断的冷却可以允许它们的环境工作温度超过材料的熔点而不影响叶片和导向叶片的整体性。从涡轮叶片向涡轮盘的热传导要求对轮盘加以冷却,从而防止热疲劳和不可控

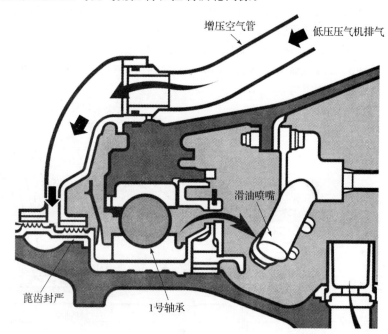

图 9-1 1号轴承前增压封严空气

的膨胀率和收缩率。涡轮导向叶片和涡轮叶片的寿命不仅取决于它们的结构形式,而且还与冷却方法有关。因此内部流道的气流设计非常重要。

发动机空气系统主要包括以下几项。

(1)轴承腔封严,如图9-1所示。

(2)发动机附件冷却。

1)发动机内部附件冷却。

2)发动机外部附件冷却。

(3)涡轮间隙控制。

1)高压涡轮主动间隙控制(HPTACC)。

2)低压涡轮主动间隙控制(LPTACC)。

(4)压气机控制。

1)可调静子叶片(VSV)系统。

2)可调放气阀(VBV)系统。

# 9.1 轴承腔封严空气

轴承腔封严空气用于防止滑油从发动机轴承腔漏出,防止主气流的燃气进入涡轮盘空腔。蓖齿封严件广泛用来挡住轴承腔中的滑油,它还用作内部空气流的限流装置。

蓖齿封严件包括一个带蓖齿的旋转件和一个静止的基座(见图 9-1),在基座嵌有一层软的耐磨材料衬层,在发动机开始运转时,封严蓖齿轻微摩擦并切入这一衬层,使它们之间的间隙成为最小。由于热膨胀和旋转件的自然挠曲,在整个工作循环中间隙是变化的。每个封严蓖齿的前后都存在一定的压力降,使得封严空气从封严蓖齿的一侧流到另一侧受到限制。轴承腔封严蓖齿只允许空气从轴承腔的外侧流入内侧,从而防止了滑油泄漏。这个气流还可提供正压力到轴承腔,有助于滑油回油系统。

来自低压压气机(LPC)的排气通过对前、后轴承腔(前轴承腔包含 1 号,2 号和 3 号轴承,见图9-2);后轴承腔(包含 4 号和 5 号轴承)蓖齿封严件外部进行增压,使轴承腔外部的压力高于内部的压力。

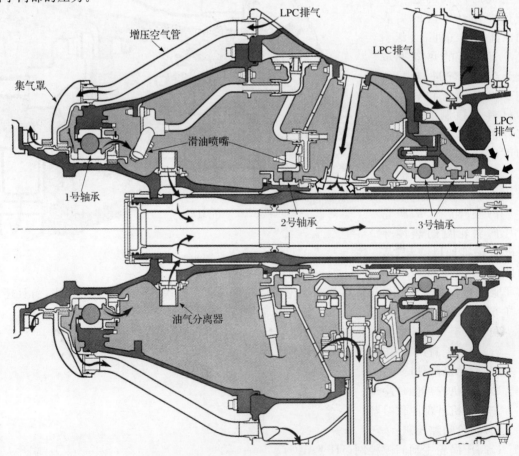

图 9-2 前油槽 1 号,2 号和 3 号轴承腔封严空气

如图 9-2 所示,低压压气机的排气通过 3 个增压空气管道通到 1 号轴承静止油气封严罩内,对 1 号轴承前壳体(封严件)的内部空腔进行增压。低压压气机的排气也可以通到 3 号轴承,对其后壳体(封严件)的外部空腔进行增压。低压压气机的排气还可以通过高、低压转子转轴之间的环形通道,供到发动机 4 号和 5 号轴承腔的外部进行增压,如图 9-3 和图 9-4 所示。

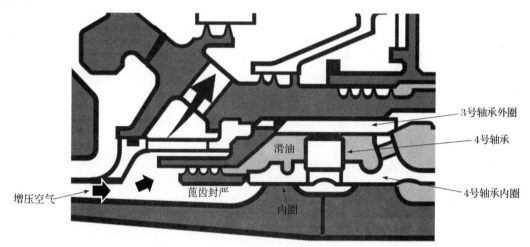

图 9-3 4 号轴承前增压封严空气

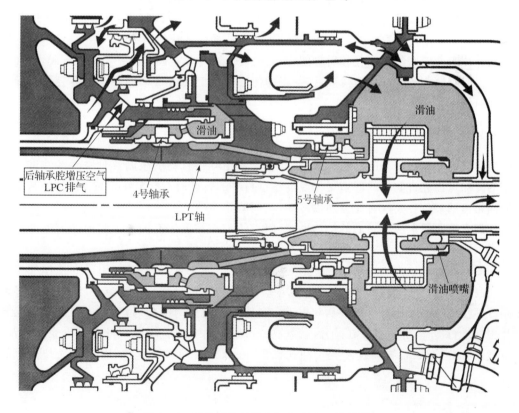

图 9-4 后轴承腔封严空气(4 号和 5 号轴承)

# 9.2 发动机内部附件冷却

当空气逐级流过压气机时,对空气做的功在增加,从而提高了空气的压力和温度。因此,为了减少发动机的性能损失,空气应当按照特定的功能要求尽可能从压气机的前几级抽取。

在燃气涡轮发动机设计阶段的一项重要考虑是保证发动机的某些部件吸收的热达不到危及其安全工作的程度。需要空气冷却的主要区域是燃烧室和涡轮。

## 9.2.1 燃烧室冷却

燃烧室包括燃烧室机匣和环形火焰筒。火焰筒内部是燃油和空气混合燃烧的区域,温度相当高。高压压气机的排气流过燃烧室机匣上的 HPC 出口导向叶片,进入燃烧室机匣和火焰筒之间的环形通道。用于冷却的气体一部分通过火焰筒上的径向孔进入稀释区,其余的空气通过火焰筒上的切向孔进入火焰筒,对火焰筒进行冷却。沿切向孔流入火焰筒的高压压气机排气,沿内表面流动,在燃气和火焰筒之间形成一层隔热空气膜,将火焰筒壁面与高温燃气隔开,形成气膜冷却,如图 9-5 所示。

## 9.2.2 高压涡轮进口导向叶片冷却

高压涡轮进口导向叶片在制造过程中采用特殊工艺制成空心叶片,如图 9-6 所示,每一个叶片被隔板分割成前冷却腔和后冷却腔,表面有很多小孔与内部空腔相通。高压压气机排气流过燃烧室机匣与环形火焰筒之间的环形通道,从导向叶片的两端进入冷却空腔,冷却后的空气从叶片表面的密集冷却孔和后缘的冷却槽排出,在叶片表面形成一层保护气膜,从而将燃烧室排出的燃气与导向叶片本身隔开,使得即使燃气温度超过材料的熔点也不会烧坏导向叶片和导向器。

## 9.2.3 高压涡轮转子的冷却

高的热效率取决于高的涡轮进口温度,它受涡轮叶片材料的限制。对这些部件进行连续不断的冷却可以允许它们的环境工作温度超过材料的熔点而不影响叶片的整体性。从涡轮叶片向涡轮盘的热传导要求对轮盘加以冷却,从而防止热疲劳和不可控的膨胀率和收缩率。涡轮叶片的寿命不仅取决于它们的结构形式,而且还与冷却方法有关。因此内部流道的气流设计非常重要。

如图 9-7 所示,高压涡轮前旋转空气封严件提供一个封闭的腔室,引导高压压气机的排气流向高压涡轮盘和高压涡轮叶片实现冷却。高压涡轮转子叶片采用空心叶片,采用多通道多路冷却模式。高压压气机排气从叶根进入涡轮叶片内部的冷却通道,首先对高压涡轮转子叶片根部进行冷却,然后气流在叶片内部的各冷却腔室内迂回流动,对叶片进行充分冷却,最后空气从叶片前缘、后缘以及叶尖冷却孔排出,在叶片表面形成气膜,隔离燃气与高压涡轮叶片。

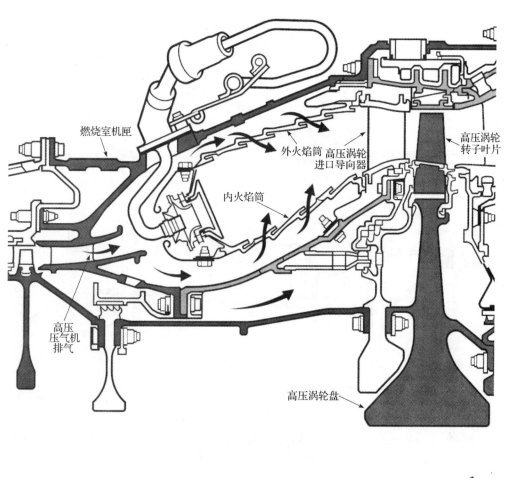

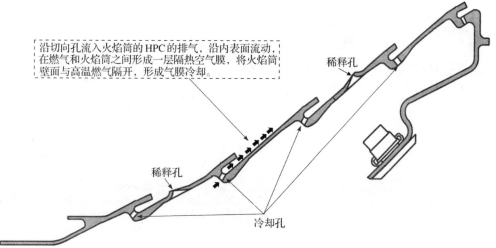

图 9-5　燃烧室环形火焰筒冷却

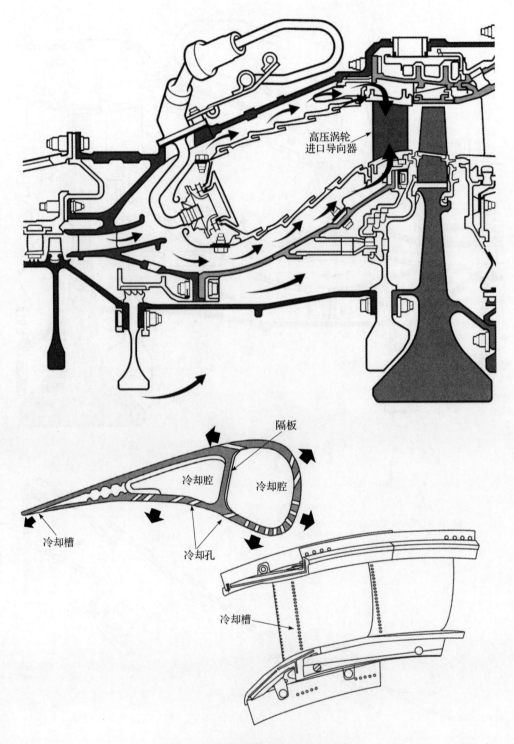

高压涡轮
进口导向器

隔板

冷却腔    冷却腔

冷却槽

冷却孔

冷却槽

图 9-6  高压涡轮进口导向叶片冷却

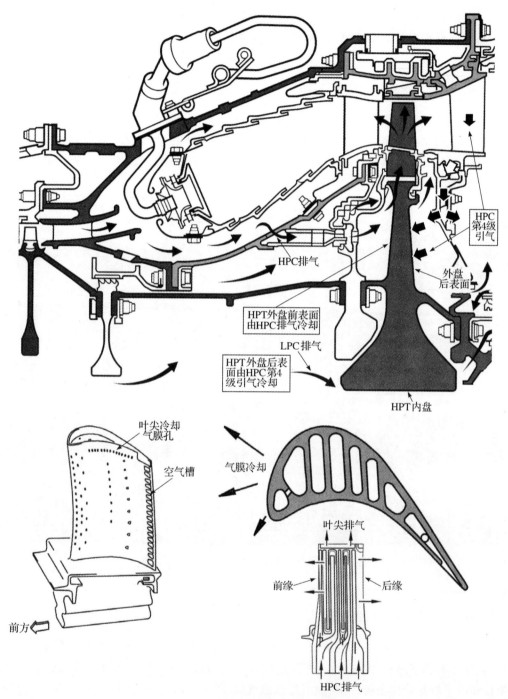

图 9 - 7　高压涡轮转子叶片的冷却

　　高压涡轮盘的冷却空气来自不同气源。高压涡轮外盘的前表面由高压压气机的排气冷却，外盘的后表面由高压压气机第 4 级引气冷却，此冷却空气通过 4 根外部冷却空气管道引入到低压涡轮进口导向叶片冷却空气进口，空气流过低压涡轮进口导向叶片，最后供往高压涡轮外盘的后表面，对其进行冷却。

　　高压涡轮盘内盘的冷却空气来自低压压气机排气。此冷却空气从高压压气机前轴的冷却孔进入,通过第 3~9 级高压压气机盘,从高压转子内部环腔,流到高压涡轮内盘,对其进行冷却。流过高压涡轮内盘的冷却空气,流向第 3,4 级低压涡轮盘,对低压涡轮进行冷却,最后冷却空气排入燃气流。

### 9.2.4 低压涡轮进口导向器的冷却

如图 9-8 所示,高压压气机第 4 级冷却空气通过四根外部管道,引入到低压涡轮进口导向叶片内的冷却空气管道,一部分冷却空气从叶片后缘的小孔排出,另一部分冷却空气流过叶片,从叶片根部和内封严件排出以冷却高压涡轮盘的后表面;排出的空气也流过静止空气封严,冷却低压涡轮转子。

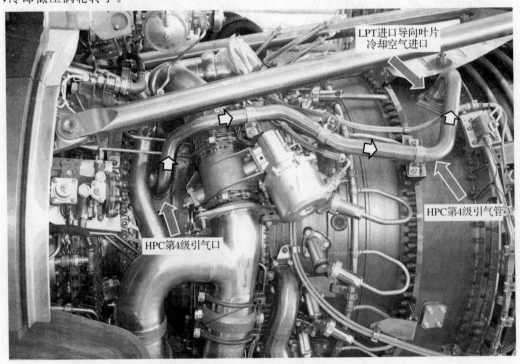

图 9-8 低压涡轮进口导向叶片冷却空气管

### 9.2.5 低压涡轮转子的冷却

如图 9-8 所示,高压压气机第 4 级冷却空气通过四根外部管道,流过低压涡轮进口导向叶片,从叶片根部排出(见图 9-9),再流过静止空气封严,流向第 1,2 级低压涡轮盘,对低压涡轮盘和转子叶片根部进行冷却,随后汇入燃气流。

增压器排气(低压压气机出口气流),从高压压气机前轴的冷却孔进入,通过第 3~9 级高压压气机盘,从高压转子内部环腔,流过 HPT 前轴以及后轴,低压涡轮转子支架上的通气孔,流向低压涡轮第 3,4 级涡轮盘,对低压涡轮盘和叶片根部进行冷却,随后汇入燃气流,如图 9-9 和图 9-10 所示。

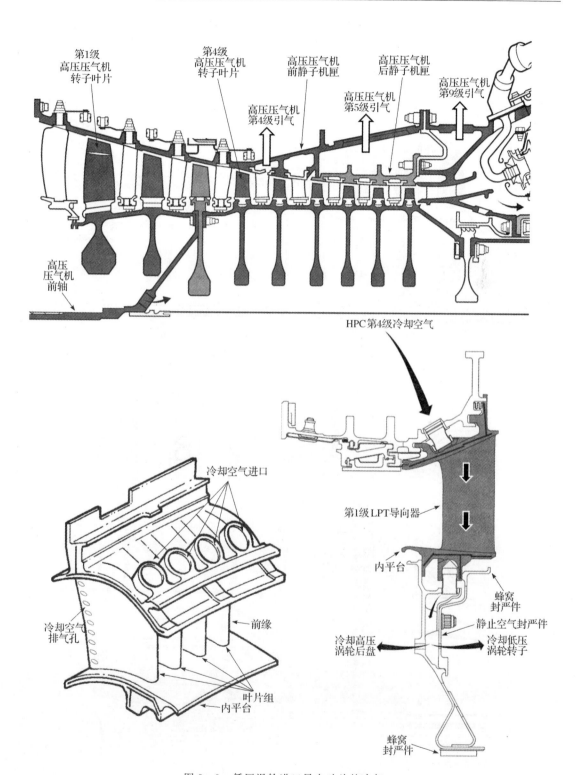

图 9-9　低压涡轮进口导向叶片的冷却

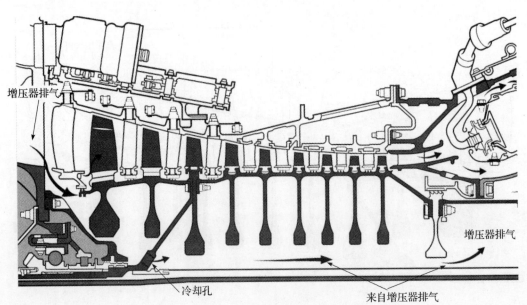

增压器排气

冷却孔

来自增压器排气

增压器排气

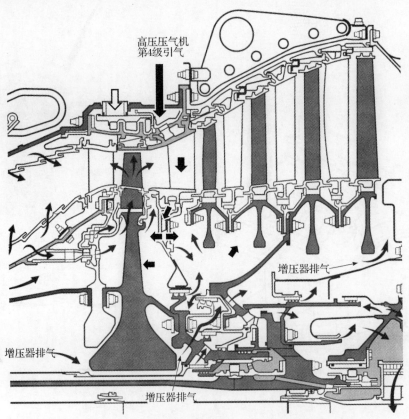

高压压气机
第4级引气

增压器排气

增压器排气

增压器排气

图 9-10 低压涡轮转子叶片的冷却

## 9.3　发动机外部附件的冷却

### 9.3.1　EEC 的冷却

EEC 属于电子元件,工作时会发出大量的热量,为保证其正常工作,EEC 需要冷却以确保内部温度在允许的极限范围内,如图 9-11 所示。位于风扇进口整流罩右侧的空气进气斗收集外界环境空气,冷却空气进入 EEC 的内部空腔,通过冷却空气出口排出,从而对 EEC 进行冷却,如图 9-11 和图 9-12 所示。

图 9-11　EEC 的冷却

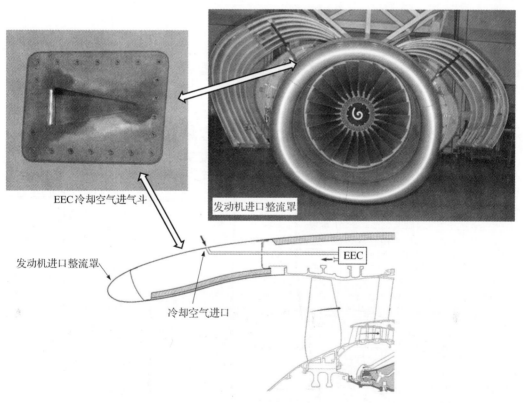

图 9-12　EEC 冷却空气进气口

### 9.3.2 点火导线的冷却

发动机点火导线和点火嘴由来自增压器的排气(低压压气机排气)冷却。只有部分点火导线可以进行冷却。从点火激励器至风扇框架 7 号支柱(6:00 位置支柱)没有空气冷却。点火导线穿过 7 号支柱后,至点火嘴之间的导线可以冷却。具体内容参见启动和点火系统相关内容。

## 9.4 涡轮间隙控制系统

涡轮间隙操纵系统包括高压涡轮主动间隙控制(HPTACC)和低压涡轮主动间隙控制(LPTACC)。

### 9.4.1 高压涡轮主动间隙控制(HPTACC)系统

高压涡轮主动间隙控制(HPTACC)系统控制来自高压压气机第 9 级和高压压气机第 4 级引气。

HPTACC 阀混合第 9 级和第 4 级的引气,从而控制高压涡轮护罩支架的热膨胀。HPTACC 系统保持高压涡轮叶片顶端和护罩之间的最小间隙(见图 9 - 13),这增加了燃油效率。但当发动机内部温度不稳定,或者处于高功率状态时,HPTACC 系统增加涡轮间隙。HPTACC 系统增加涡轮间隙的目的是确保高压涡轮叶片不会接触涡轮护罩。

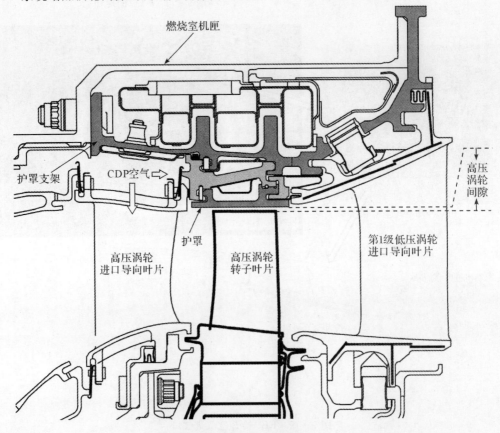

图 9 - 13 高压涡轮间隙

1. HPTACC 系统的组成部件

HPTACC 系统部件位于发动机高压涡轮机匣的右侧。

HPTACC 系统部件包括 HPTACC 阀门组件，HPC 第9级引气管，HPTACC 总管。HP-TACC 总管起始于 HPTACC 阀的后部，围绕高压涡轮机匣。通过在 1∶00 位置和7∶00位置处的开口，将 HPTACC 总管连接到高压涡轮护罩支架。打开右侧风扇整流罩和反推装置即可接近 HPTACC 系统部件，如图 9－14 所示。

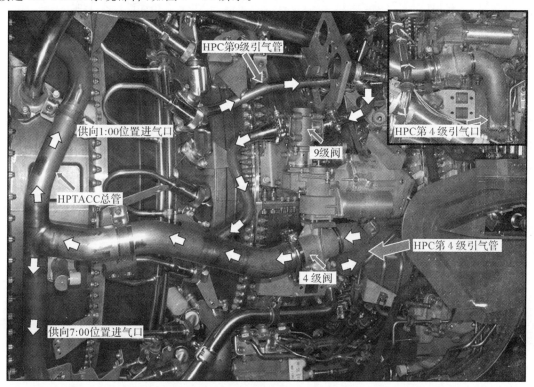

图 9－14　高压涡轮主动间隙控制(HPTACC)系统组成部件

2. HPTACC 阀门组件

HPTACC 阀控制通往 HPT 护罩支架的高压压气机第9级和第4级的引气的混合比例。HPTACC 总管将混合气输送到高压涡轮护罩支架。

如图 9－15 所示，HPTACC 阀有一个4级阀和一个9级阀，以及一个驱动两个阀门的作动筒。作动筒是活塞型作动筒。HMU 输送伺服燃油到作动筒活塞的头端或杆端。活塞杆的端头是一个双面齿条，齿条与两个齿轮啮合。这两个齿轮一个是4级阀齿轮，另一个是9级阀齿轮。这两个齿轮可以分别作动4级阀和9级阀。当作动筒活塞运动时，活塞杆运动使齿条运动，带动两个齿轮转动，齿轮的转动使蝶形阀转动，从而打开或关闭阀门。

HPTACC 阀门组件包括9级阀、4级阀、一个作动筒、两个 LVDT 接头、燃油总管安装面和4级进气管道。

在 HPTACC 阀内有两个 LVDT。LVDT 可提供 HPTACC 阀的位置信号到 EEC。一个 LVDT 将阀位置信号传送到 EEC 的 A 通道，而另一个 LVDT 将阀位置信号传送到 EEC 的 B 通道。

拆卸 HPTACC 阀只能作为一个组件整体拆除。HPTACC 作动筒有一余油口，可以排放从活塞杆的密封件泄漏的燃油。

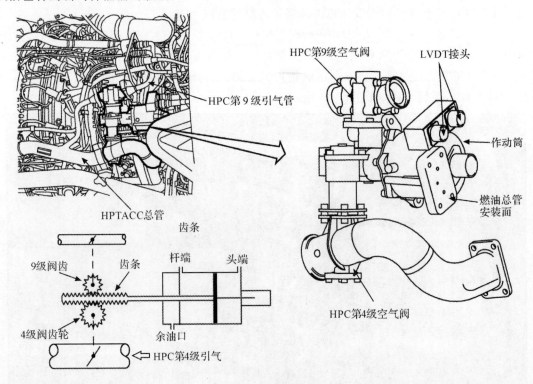

图 9 - 15 HPTACC 阀

3. HPTACC 控制

EEC 使用这些数据控制 HPTACC 阀(见图 9 - 16)。

(1)环境压力($P_0$)。

(2)转速 $N_2$。

(3)压气机排气温度($T_3$)。

(4)高压涡轮护罩支架温度(TCC)传感器。

EEC 通过显示电子组件(DEU)从大气数据惯性基准组件(ADIRU)接收 $P_0$,其他的数据来自发动机传感器。

HPTACC 系统自动工作,无须人工介入。EEC 使用飞机和发动机数据控制高压压气机第 9 级/第 4 级引气的混合比例,用来冷却高压涡轮护罩支架。如 ADIRU 中的数据无效,则 EEC 使用在 EEC 中的 $P_0$ 传感器。EEC 发送 HPTACC 的控制指令信号到 HMU,HMU 输送正确伺服燃油压力到 HPTACC 作动筒的杆端和头端,此燃油压力驱动 HPTACC 阀门运动。阀门控制高压压气机第 9 级和第 4 级引气的混合比例,从而控制进入高压涡轮护罩支架的空气温度。

EEC 根据 $N_2$ 转速、压气机排气温度($T_3$)和飞行高度($P_0$)计算出所需的高压涡轮护罩支架的温度(TCC)。如高压涡轮护罩支架温度过高,EEC 将信号发送到 HMU 以冷却高压涡轮护罩支架;如果高压涡轮护罩支架温度过低,EEC 将信号发送到 HMU,从而减少对护罩套管的冷却。

作动筒有两个 LVDT,EEC 使用 LVDT 监控 HPTACC 作动筒的位置。其中一个 LVDT

发送电信号到 EEC 的 A 通道，另一个 LVDT 发送电信号到 EEC 的 B 通道。

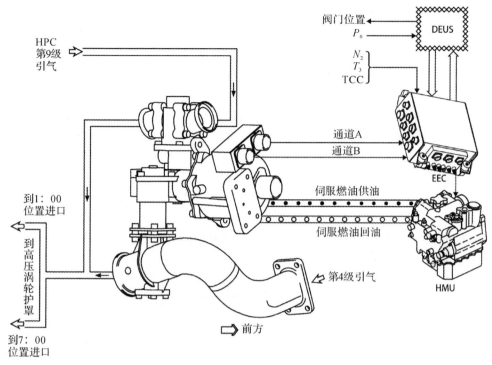

图 9 - 16　高压涡轮间隙控制

### 4. HPTACC 系统工作模式

如图 9 - 17 所示，HPTACC 系统有 5 种工作模式。

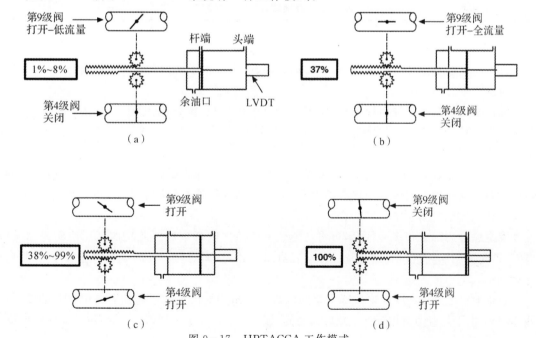

图 9 - 17　HPTACCA 工作模式

(a)下降；(b)暖启动；(c)起飞/爬升；(d)巡航

（1）无空气模式。作动筒活塞杆完全缩入。高压压气机第 4 级和第 9 级阀是关闭的。这是在发动机停车时作动筒位置，也是失效安全位置。如 EEC 或者 HMU 故障，则 EEC 指令 HPTACC 阀到达这一位置。当 HPTACC 在这一位置时，高压涡轮间隙是最大的。

（2）低流量 9 级模式。EEC 设定作动筒活塞杆在 8% 的伸出位置。第 9 级阀使小流量的第 9 级空气流到高压涡轮护罩支架，此时第 4 级蝶形阀完全关闭，对高压涡轮护罩进行少量的冷却，如图 9-17(a)所示。

（3）高流量 9 级模式。EEC 设定作动筒活塞杆在 37% 的伸出位置，9 级阀完全打开，4 级阀完全关闭，对高压涡轮护罩进行更大的冷却，如图 9-17(b)所示。

（4）混气模式。EEC 控制作动筒活塞杆在 38% 和 99% 之间的伸出位置，可调节第 9 级和第 4 级引气的混合比例，以精确地调节高压涡轮间隙。混气模式可为高压涡轮护罩支架提供更强的冷却，如图 9-17(c)所示。

（5）全 4 级模式。作动筒活塞杆完全伸出（100%）。9 级阀完全关闭，4 级阀完全打开，此冷却模式为护罩支架提供最大的冷却，使高压涡轮间隙最小，如图 9-17(d)所示。

典型的 HPTACC 模式和飞机状态见表 9-1。

表 9-1  典型 HPTACC 模式和飞机状态

| 发动机工作状况 | HPTACC 模式 |
| --- | --- |
| 冷启动 | 最初全 4 级模式，然后从混气模式过渡到全 9 级模式 |
| 暖启动 | 9 级模式，以减小高压涡轮磨擦 |
| 起飞和爬升 | 最初全 4 级模式，使排气温度峰值最小，然后过渡到混气模式 |
| 巡航 | 4 级模式，使燃油消耗最低 |
| 下降 | 低流量 9 级模式，防止出现磨擦 |

5. HPTACC 冷却气流（见图 9-18 和图 9-19）

空气冲击总管循环高压压气机第 4 级和第 9 级引气用于高压涡轮间隙控制和低压涡轮进口导向器的冷却。

总管由上下两个半环组成，其分离边在 3:00 和 9:00 位置，通过螺栓连接在一起。HPTACC 引气总管从燃烧室机匣穿入，向冲击总管外表面上的两个进气孔供气，这两个进气孔位于大约 1:00 和 7:00 位置。

在总管的内表面有 3 根喷射管，可以提供冷却空气冷却高压涡轮护罩支架，实现高压涡轮间隙控制。这三根喷射管的内侧有喷射孔，可将冷却空气喷射到护罩支架，然后空气流向一个空腔与高压压气机第 4 级空气混合。

围绕总管后部有很多通气孔，可将与燃烧室机匣之间形成的空腔里的高压压气机第 4 级引气，供向低压涡轮进口导向叶片冷却空气进口管路，从而对第 1 级低压涡轮进口导向器进行冷却。

涡轮护罩吊装在高压涡轮护罩吊架的内表面。吊架提供了护罩与护罩支架之间的冷却区域，减轻了由于热应力对护罩支架造成损伤的风险。共有 14 个吊架，每一个可以吊装 3 个护罩。

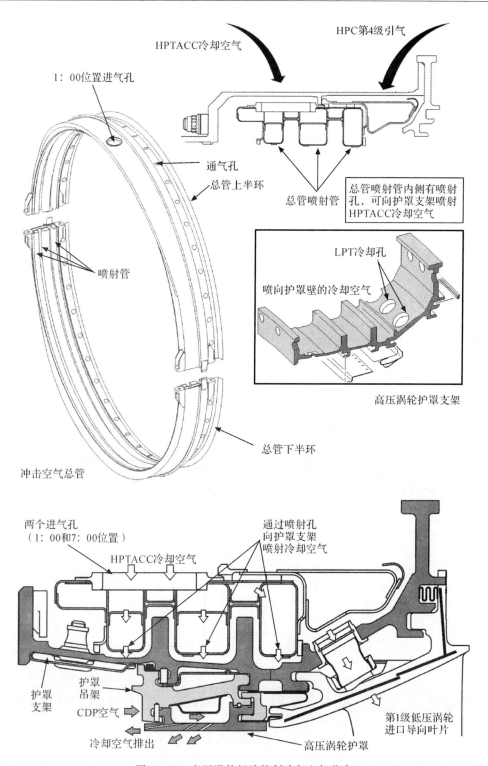

HPC第4级引气

HPTACC冷却空气

1：00位置进气孔

通气孔

总管上半环

总管喷射管

总管喷射管内侧有喷射孔，可向护罩支架喷射HPTACC冷却空气

喷射管

LPT冷却孔

喷向护罩壁的冷却空气

高压涡轮护罩支架

总管下半环

冲击空气总管

两个进气孔
（1：00和7：00位置）

通过喷射孔向护罩支架喷射冷却空气

HPTACC冷却空气

护罩支架

护罩吊架

CDP空气

冷却空气排出

第1级低压涡轮进口导向叶片

高压涡轮护罩

图 9-18 高压涡轮间隙控制冷却空气分布

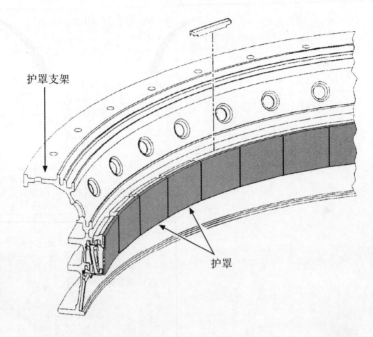

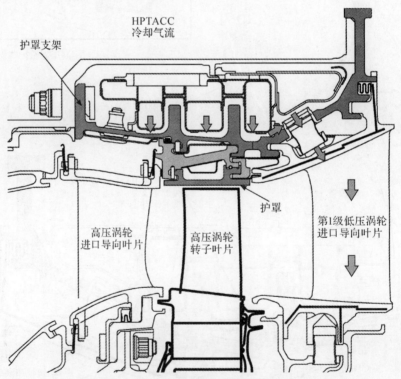

图 9-19 高压涡轮间隙控制护罩冷却气流

高压涡轮护罩有一个光滑耐磨的表面,可以承受高压涡轮叶片叶尖的摩擦,防止热排气造成的腐蚀,共有 42 个单个可更换的护罩。在整个发动机工作过程中,护罩的膨胀都得到控制,从而提升了高压涡轮的效率。

CDP 空气可流过护罩和支架之间区域,对其进行冷却,然后空气从护罩上的小孔流出,混入到通向低压涡轮进口导向器的主气流中。

### 9.4.2　低压涡轮间隙控制(LPTACC)系统

低压涡轮主动间隙控制(LPTACC)系统控制低压涡轮(LPT)叶片顶部间隙。LPTACC增加或减少到低压涡轮机匣的风扇排气量,此空气冷却 LPT 机匣。冷却低压涡轮机匣控制了它的热膨胀,从而保持低压涡轮叶片顶端间隙达到最小,这增加了燃油效率。

1.LPTACC 系统部件(见图 9-20)

LPTACC 系统有以下零件。

(1)LPTACC 阀。

(2)LPTACC 空气管道。

(3)LPTACC 总管。

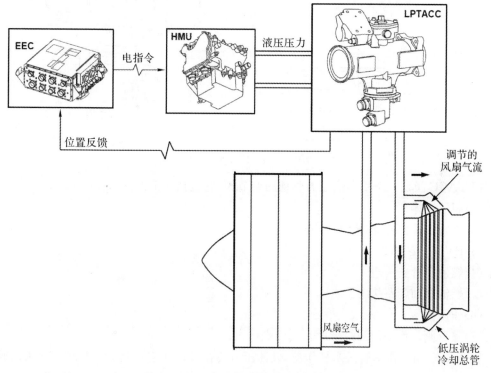

图 9-20　低压涡轮间隙控制系统

LPTACC 系统的部件位于发动机高压压气机机匣的右侧,LPTACC 阀和空气管道都是在 4:00 位置。

2.LPTACC 冷却空气进口

LPTACC 冷却空气进气口位于风扇后部风扇管道内侧壁 4:00 位置,LPTACC 阀门连接到进气口。LPTACC 空气管道将 LPTACC 阀连接到 LPTACC 总管。LPTACC 总管围绕低压涡轮机匣。

打开右风扇整流罩和反推整流罩可以接近 LPTACC 系统附件。

3. LPTACC 阀（见图 9-21）

LPTACC 阀控制到低压涡轮机匣的风扇排气量，LPTACC 总管将风扇空气输送到低压涡轮机匣周围的喷射管，喷射管内的孔直接将风扇空气喷射到低压涡轮机匣外表面，LP-TACC 空气管道连接阀门和总管。

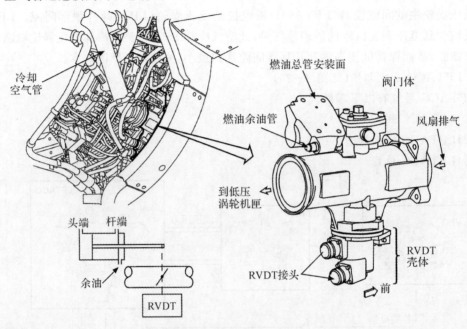

图 9-21 LPTACC 阀门

LPTACC 阀是一个用燃油压力驱动的调节阀，它包括以下部件。

(1)阀门壳体。

(2)旋转位移传感器（RVDT）壳体。

(3)RVDT 接头(2)。

(4)燃油总管安装边。

(5)燃油余油管路接头。

(6)作动筒。

(7)蝶形阀。作动筒和蝶形阀在阀门壳体内。

LPTACC 阀由作动筒活塞杆作动，燃油压力使作动筒活塞杆运动。HMU 输送伺服燃油到作动筒内活塞的杆端或头端，作动筒控制蝶形阀的位置，而蝶形阀控制到 LPTACC 总管的风扇气流。

两个旋转位移传感器（RVDT）将蝶形阀位置信号传送到 EEC，LPTACC 有一余油口，可以排放从作动筒活塞杆的密封件泄漏的燃油。

4. LPTACC 控制

EEC 使用这些数据来计划 LPTACC 阀的位置（见图 9-22）。

(1)大气总压（$P_T$）。

(2)环境压力（$P0$）。

(3)大气总温（TAT）。

(4)转速 $N_1$。

(5)排气温度(EGT)。

根据这些飞机和发动机数据,EEC 计算 LPT 转子叶尖的间隙。通常当上述参数增加时,LPTACC 气流流量增加。

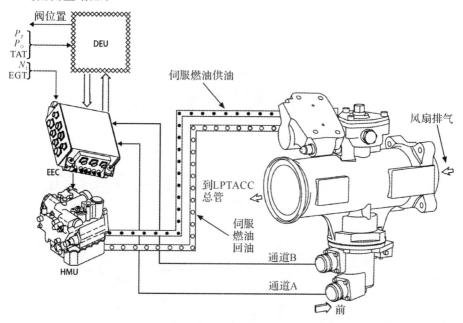

图 9-22　LPTACC 系统控制

LPTACC 系统自动地工作,无须人工介入。EEC 通常通过显示电子组件(DEU)从大气数据惯性基准组件(ADIRU)获得 $P_0$,$P_T$ 和 TAT。EEC 从发动机传感器得到 $N_1$ 和 EGT。EEC 使用这些数据来计划到达低压涡轮机匣的风扇排气量。EEC 将信号发送到 HMU,HMU 输送伺服燃油压力到 LPTACC 作动筒,使作动筒活塞杆运动。活塞杆与风扇排气蝶形阀相连,从而驱动阀门运动。

LPTACC 作动筒有两个旋转位移传感器(RVDT),EEC 使用 RVDT 传送的信号监控 LPTACC 作动筒的位置。一个 RVDT 传送信号到 EEC 的 A 通道,另一个 RVDT 传送信号到 EEC 的 B 通道。

5. 低压涡轮主动间隙控制(LPTACC)空气管道

如图 9-23 和图 9-24 所示为低压涡轮间隙控制冷却空气管路的分布。

风扇空气通过进气斗→LPTACC 阀→引气总管→分配总管→六根喷气管→向低压涡轮机匣喷气。

有两个分配总管,在喷气管面向低压涡轮机匣的一侧有喷气孔。

### 9.4.3　瞬时放气阀(TBV)

瞬时放气阀(TBV)系统控制高压压气机第 9 级引气进入第 1 级低压涡轮(LPT)进口导向叶片的流量。在发动机启动和发动机加速期间,TBV 系统增加高压压气机失速裕度。

TBV 系统部件包括 TBV 阀和 TBV 总管,如图 9-25 所示。

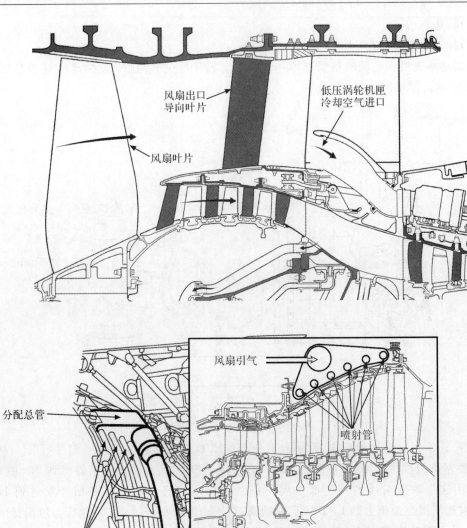

图 9-23    低压涡轮间隙控制冷却空气管路分布(1)

图 9 - 24 低压涡轮间隙控制冷却空气管路分布(2)

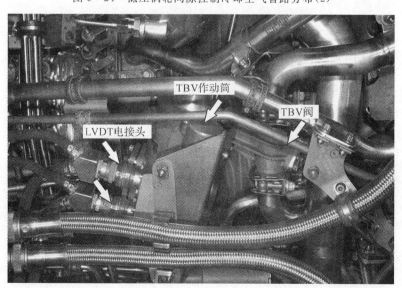

图 9 - 25 瞬时放气阀(TBV)

瞬时放气阀（TBV）系统部件位于高压涡轮机匣外部,瞬时放气阀位于 6:00 位置,TBV 总管位于 5:00 位置。打开两个风扇整流罩和反推整流罩即可接近 TBV 系统部件。

TBV 控制到第 1 级低压涡轮进口导向器的第 9 级引气量。空气从 TBV 阀流过 TBV 总管到低压涡轮机匣,然后空气流过低压涡轮导向叶片内的孔,最终与发动机排气混合,如图 9-26 所示。

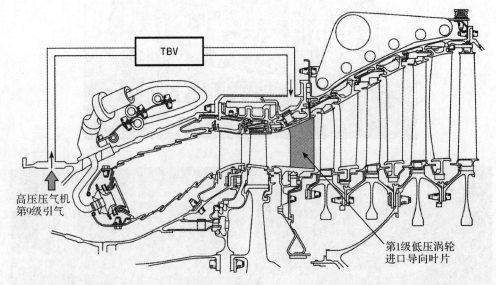

图 9-26　TBV 冷却空气

TBV 系统有一活塞型作动筒。HMU 输送伺服燃油压力到作动筒内活塞杆端和头端。TBV 阀有两个位置:打开和关闭位置。伺服燃油压力驱动活塞运动,活塞杆推动蝶形阀门到打开或关闭位置。TBV 作动筒有一余油口,可以排放活塞杆密封件泄漏的燃油(见图 9-27)。

TBV 有一双通道 LVDT。此 LVDT 传送 TBV 的位置信号到 EEC 的 A 通道和 B 通道。TBV 阀包括以下部件(见图 9-28)。

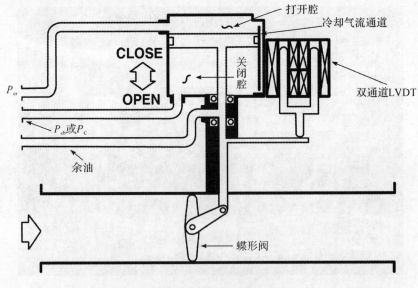

图 9-27　瞬时放气阀

（1）作动筒。

（2）第 9 级空气阀。

（3）LVDT 接头（2）。

（4）隔热板。

（5）燃油总管安装面。

TBV 阀只能作为一个组件拆卸。

EEC 使用 $N_2$ 转速和 $T_{25}$ 控制瞬时放气阀（TBV）位置，如图 9 - 28 所示。

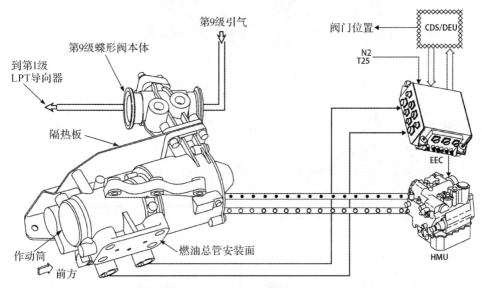

图 9 - 28　瞬时放气阀控制

EEC 使用 $N_2$ 转速和 $T_{25}$ 来计算修正的 $N_2$ 转速。

在发动机启动过程中，TBV 打开。当修正的 $N_2$ 转速到达慢车位时 TBV 关闭。

在发动机加速期间，当修正的 $N_2$ 转速在慢车与大约 $76\% N_2$ 转速之间时，TBV 打开。

根据 $T_{25}$，当修正的 $N_2$ 转速到达 $76\% N_2$ 至 $80\% N_2$ 转速时，TBV 关闭。当在发动机加速期间，修正的 $N_2$ 转速超过 $80\%$ 时，TBV 是关闭。

# 9.5　压气机气流控制

### 9.5.1　可调静子叶片（VSV）系统

CFM56－7B 发动机高压压气机的进口导向叶片、第 1 级、第 2 级、第 3 级静子叶片都是可调的，如图 9 - 29 所示。当压气机转速从其设计值降低时，可调静子叶片角度逐渐关小，以使流到后面转子叶片的气流角度合适。当压气机转速增加时，静子叶片角度逐渐开大。

VSV 系统用来控制流过高压压气机的气流，它由两个 VSV 燃油压力作动筒、两个摇臂组件、4 个驱动环和四级可调静子叶片组成。两个 VSV 作动筒及摇臂组件安装在高压压气机前静子机匣 2：00 和 8：00 位置上。打开风扇整流罩和反推整流罩可以接近 VSV 系统部件，如图 9 - 30 所示。

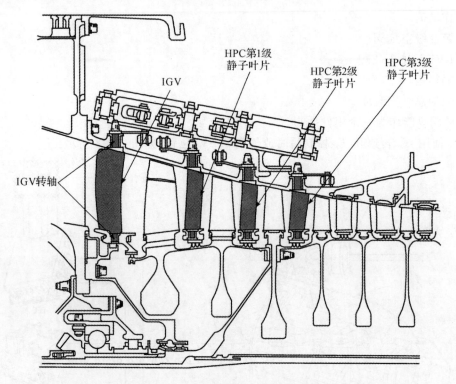

图 9－29　高压压气机可调静子叶片

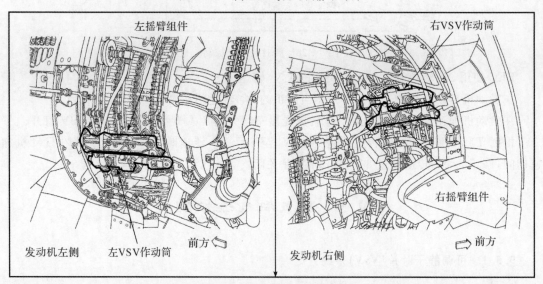

图 9－30　VSV 作动筒和摇臂组件

　　VSV 系统能使发动机在很大的工作范围内,保持良好的压气机特性,增加了压气机效率和失速裕度,使发动机不会发生喘振。VSV 系统能改变高压压气机进口导向叶片(IGV)和三级可调静子叶片的角度,使得压气机的低压级与高压级空气动力上相匹配。VSV 叶片位置的变化改变了流过高压压气机转子叶片气流的角度,而气流角度决定了压气机每一级的压缩特性(气流的方向和速度)。根据预先确定的工作程序相应改变可调静子叶片的位置,影响到压气机的特性。在系统所要求的所有发动机工作状态范围内,使发动机保持良好的气流特性和压气机特性。

### 1. VSV 双摇臂组件和驱动环

VSV 摇臂组件和驱动环能传递 VSV 作动筒的运动,从而改变 VSV 的位置。每个作动筒配有一套 VSV 摇臂组件,分别位于高压压气机前静子机匣 2:00 和 8:00 位置。驱动环环绕在高压压气机机匣。每套 VSV 摇臂组件是由 4 个摇臂组成,如图 9-31 所示。VSV 作动筒活塞杆连接到第 3 级摇臂上,第 3 级摇臂可传送动力→第 3 级作动杆→第 3 级驱动环→第 3 级作动臂→VSV 第 3 级可调静子叶片。另外,第 3 级双摇臂还连接到主杆,主杆可作动高压压气机进口导向叶片(IGV)、第 1 级和第 2 级摇臂,动力传动路径是 VSV 作动筒活塞杆→第 3 级摇臂→主杆→摇臂(IGV、第 1 级、第 2 级)→作动杆(IGV、第 1 级、第 2 级)→驱动环(IGV、第 1 级、第 2 级)→作动臂→IGV、第 1 级、第 2 级 VSV 静子叶片。

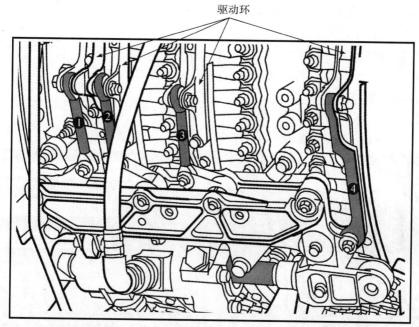

①高压压气进口导向叶片作动杆；②高压压气机第级静子叶片作动杆；
③高压压气机第级静子叶片作动杆；④高压压气机第级静子叶片作动杆

图 9-31　HPC 可调静子叶片(VSV)驱动机构

### 2. VSV 作动筒

两个 VSV 作动筒安装在高压压气机前静子机匣上 2:00 和 8:00 位置上。VSV 作动筒是双向单杆式作动筒,液压机械装置(HMU)输送伺服燃油压力到作动筒内活塞的杆端和头端,在燃油压力的作用下作动筒活塞杆可伸出或缩入。伺服燃油压力使活塞移动,活塞作动摇臂,摇臂通过作动杆推动驱动环转动,驱动环的转动驱动作动摇臂,使 HPC 静子叶片沿自身的轴线转动。每个作动筒都有一个线性位移传感器(LVDT)。

如图 9-32 所示(以左侧作动筒为例),高压燃油供给 VSV 作动筒的头端,活塞杆伸出,从而驱动第 3 级双摇臂和主杆运动,主杆的运动同时驱动了 IGV、第 1 级、第 2 级摇臂运动,使 IGV、第 1 级、第 2 级、第 3 级作动杆运动。作动杆推动驱动环,驱动环通过作动臂,最终驱动所有 VSV 叶片朝关闭方向运动。

如果高压燃油供给 VSV 作动筒的杆端,活塞杆缩入,从而驱动第 3 级双摇臂和主杆运动,主杆的运动同时驱动了 IGV、第 1 级、第 2 级摇臂运动,使 IGV、第 1 级、第 2 级、第 3 级作动杆运动。作动杆推动驱动环,驱动环通过作动臂,最终驱动所有 VSV 叶片朝打开方向运动,如图 9-33 所示。

可更换一个作动筒或两个作动筒。每个作动筒连接到一摇臂组件,将 VSV 作动筒从摇臂组件断开就可以拆卸作动筒。所有 VSV 作动筒都可以互换。

3. VSV 系统控制

EEC 根据修正的高压转子转速 ($N_2$)、对应高度上的环境压力($P_0$)、油门解算器角度(TRA)、风扇转速($N_1$)、大气总温(TAT)和高压压气机进口温度($T_{25}$)计算 VSV 的需求位置信号。

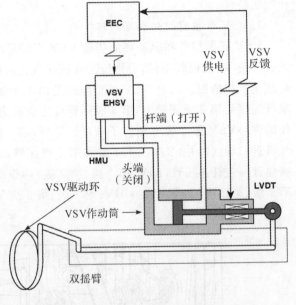

图 9-32　VSV 作动筒

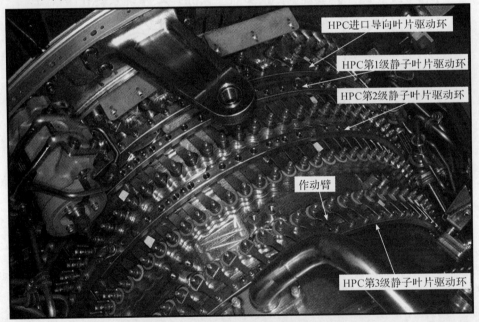

图 9-33　VSV 驱动环

VSV 系统自动工作,不需要人工控制。如图 9-34 所示,EEC 正常情况下通过显示电子组件(DEU)从大气数据惯性基准组件(ADIRU) 获得 TAT(大气总温),$P_T$(大气总压)和 $P_0$ (环境压力)的信号。EEC 从发动机传感器获取发动机数据。这些参数用于计算 VSV 的指令位置。EEC 将信号发送到 HMU,HMU 输送伺服燃油压力到两个 VSV 作动筒。每个作动筒连接到一摇臂组件。两个作动筒和摇臂组件同时动作,通过 4 个驱动环驱动 VSV 转动。每个作动筒有一个 LVDT。EEC 使用 LVDT 监控 VSV 作动筒的位置。一个 LVDT 发送电信号到 EEC 的 A 通道,另一个 LVDT 发送电信号到 EEC 的 B 通道。

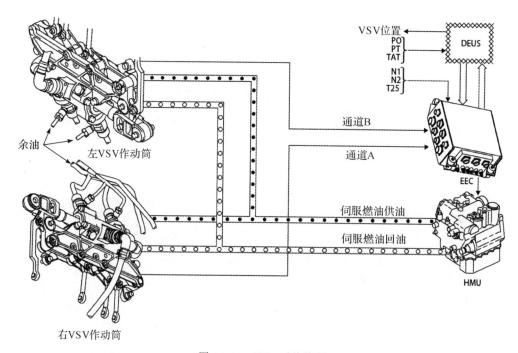

图 9 - 34　VSV 系统控制

当 $N_2$ 在慢车位时,可调静子叶片(VSV)在关闭位置。随着 $N_2$ 的增加,它们旋转到较大开度的位置。

当 $N_2$ 转速超过 95%,它们是在全开位置。

在低飞行高度和低的大气总温(TAT)时,VSV 被指令到一个更接近关闭的位置,从而在结冰条件下改善发动机的稳定性。

当 $N_1$ 或者 $N_2$ 转速超过红色线 1% 时,VSV 被指令关闭。

### 9.5.2　可调放气阀(VBV)系统

可调放气阀(VBV)系统可使一部分低压压气机(LPC)的排气进入外涵道(次级气流)。在发动机快速减速期间,VBV 系统防止 LPC 失速。在低的发动机转速和反推力装置工作时,VBV 系统防止外来物(比如水或者砂砾)进入高压压气机,避免损伤发动机并改善发动机的稳定性。

VBV 阀门控制低压压气机排出到外涵道(次级气流)的空气,如图 9 - 35 所示。VBV 系统包括两个 VBV 作动筒、驱动环、10 个放气阀和两个主放气阀门。右 VBV 作动筒位于风扇框架后面 4:00 位置,左 VBV 作动筒位于风扇框架后面的 10:00 位置。12 个 VBV 阀门、驱动环和 12 个摇臂位于风扇框架内部,如图 9 - 36 所示。

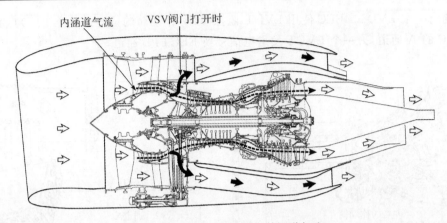

图 9 - 35　发动机内涵道和外涵道气流

打开两个风扇整流罩和反推整流罩可以接近 VBV 系统部件。

VBV 作动筒是活塞型作动筒。HMU 输送伺服燃油压力到作动筒头端和杆端，将活塞驱动到指令位置。每个作动筒都有一个 LVDT 接头。左作动筒的 LVDT 连接到 EEC 的 B 通道，右作动筒的 LVDT 连接到 EEC 的 A 通道。

VBV 作动筒有一个余油口以排出从轴密封泄漏的燃油。

如果要更换一个或多个 VBV 阀门，需要拆卸风扇管道盖板。

VBV 作动筒是可互换的。并不是所有的 VBV 阀门都可以互换，因为主阀门有一个较长的摇臂。两个主 VBV 阀门可以互换，其余 10 个 VBV 阀门之间可以互换。

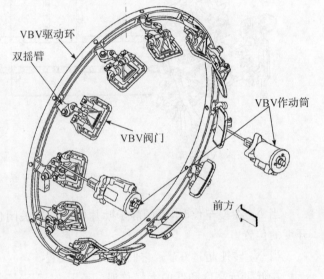

图 9 - 36　VBV 分布

VBV 阀门控制与风扇排出气流混合的低压压气机(LPC)空气量。

有 12 个 VBV 阀门，每一个阀门通过摇臂连接到驱动环。其中两个 VBV 阀门称为主阀门，VBV 作动筒的活塞杆直接连接到主阀门摇臂。当两个 VBV 作动筒作动主阀门摇臂时，VBV 阀门运动。主阀门摇臂同时推动驱动环和其他 VBV 阀门，如图 9 - 37～图 9 - 39 所示。

EEC 使用这些数据来计划可调放气阀(VBV)的位置(见图 9 - 34)。

(1)$P_0$(环境压力)。

(2)$P_T$(大气总压)。

(3)TAT(大气总温)。

(4)$T_{25}$(HPC 进口温度)。

(5)VSV 位置。

(6)$N_1$ 转速。

(7)$N_2$ 转速。

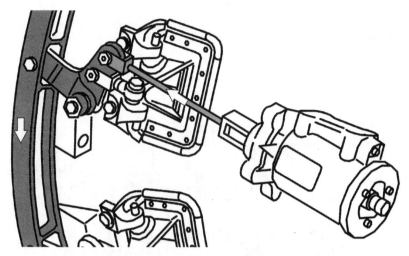

图 9-37　VBV 作动筒活塞杆推动主阀门和驱动环转动

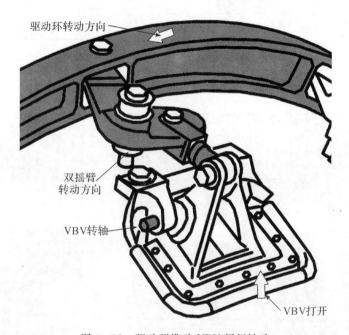

图 9-38　驱动环推动 VBV 阀门转动

（8）推力杆解算器角度（TRA）。VSV 系统自动工作，无须人工介入。EEC 正常情况下通过显示电子组件（DEU）从大气数据惯性基准组件（ADIRU）获得 TAT，$P_T$ 和 $P_0$ 的信号。EEC 从发动机传感器获得 $N_1$，$N_2$，$T_{25}$ 和 VSV 位置信号，从推力杆解算器获得 TRA。EEC 使用这数据计划 VBV 阀门的角度位置。EEC 发送一个指令信号到液压机械装置（HMU）。HMU 输送伺服燃油压力以驱动两个 VBV 作动筒活塞运动。两个作动筒通过驱动环与 12 个 VBV 阀门相连。VBV 控制低压压气机出口气体排放到外涵道的空气流量。

每一个 VBV 作动筒有一个 LVDT，EEC 使用 LVDT 监控作动筒的位置。其中一个 LVDT 发送电信号到 EEC 的 A 通道，另一个 LVDT 发送电信号到 EEC 的 B 通道。

通常，在发动机稳态运转时，当 $N_1$ 转速增加，VBV 更接近关闭位置。大约超过 $80\% N_1$

时，VBV 关闭。

在以下下列情况，EEC 指令 VBV 阀门打开更多。

（1）发动机快速减速。

（2）反推工作。

（3）潜在的结冰状况。

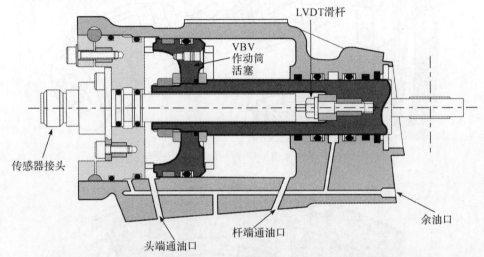

图 9-39　VSV 阀门和作动筒

# 思 考 题

1. 说明轴承腔封严空气的来源，如何增压封严？如何防止滑油泄漏？

2. 说明燃烧室火焰筒是如何实现气膜冷却的？

3. 高压涡轮进口导向叶片是如何冷却的？

4. 高压涡轮转子叶片和盘是如何冷却的？

5. 低压涡轮进口导向叶片是如何冷却的？

6. 低压涡轮转子叶片是如何冷却的？

7. 高压涡轮主动间隙控制（HPTACC）系统组成部件识别。

8. 什么是高压涡轮间隙？

9. HPTACC 阀是如何驱动的？

10. 说明 HPTACC 系统工作模式。

11. HPTACC 冷却空气是如何供到高压涡轮护罩支架的？

12. EEC 根据哪些数据控制 HPTACC 阀？

13. 共有多少个高压涡轮护罩？如何固定？

14. 高压涡轮护罩上的小孔的作用是什么？

15. 说明低压涡轮主动间隙控制（LPTACC）冷却空气的流动路径和组成部件。

16. LPTACC 阀使用什么类型的传感器感受阀门位置？

17. EEC 根据哪些数据控制 LPTACC 阀？

18. 瞬时放气阀（TBV）的作用是什么？

19. 高压压气机可调静子叶片共有几级？如何驱动？

20. EEC 根据哪些数据计算 VSV 的需求位置？

21. 可调放气阀（VBV）系统是如何工作的？

22. 可调放气阀（VBV）是如何驱动的？

# 第 10 章　发动机指示系统

## 10.1　发动机指示系统仪表板

发动机指示系统包括在公共显示系统(CDS/DEU)中。

发动机传感器主要监控:温度、压力、转速、振动和燃油流量。信息在显示组件上显示,并且用于在正常情况下的整个发动机工作范围内运转发动机,或为机组和维修人员提供告警信息。

驾驶舱仪表板中的发动机指示系统包括以下几项(见图 10-1 和图10-2)。

(1)中央仪表板:P2。

(2)遮光板面板:P7。

(3)前电子仪表板:P9。

(4)操纵台。

(5)后电子仪表板:P8。

(6)后顶板:P5。

(7)前顶板:P5。

注:P1 为机长仪表板,P3 为副驾驶仪表板,P4 无编号,P6 为副驾驶后面跳开关面板。

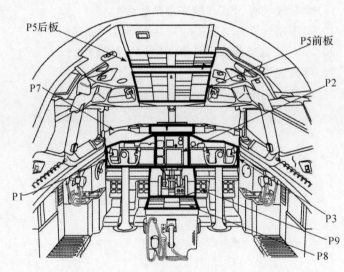

图 10-1　驾驶舱发动机控制和指示

在中央仪表板(P2)上的发动机指示系统包括上部中央 LCD(液晶显示屏)显示组件,如图 10-3 所示。

在前电子仪表板(P9)上的发动机指示系统包括下中央 LCD 显示组件和两个控制显示组件。

如图 10-3 和图 10-4 所示,发动机指示系统在 P5 前板上包括发动机阀门关闭灯、油滤旁通灯、发动机防冰系统控制和指示、发动机启动电门和点火选择电门。在 P5 后板上包括 EEC 控制电门、反推故障灯、发动机控制灯和备用灯,在 P7 遮光板仪表板上有主警戒灯。

在各仪表板上的发动机指示系统见表 10-1。

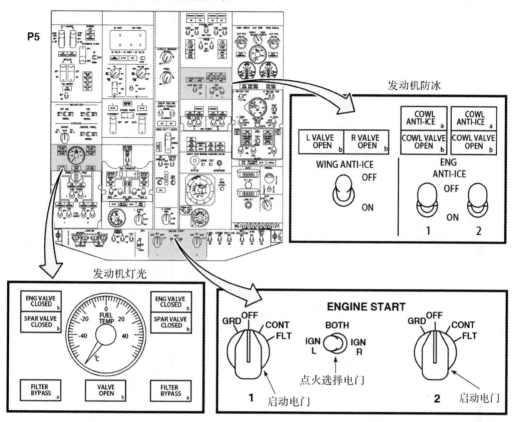

图 10-2　P5 前板

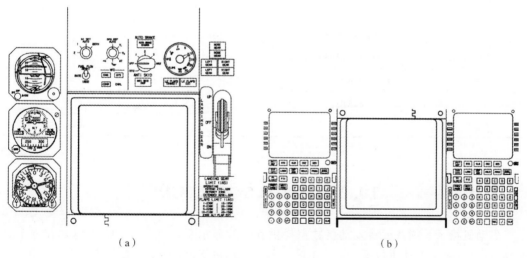

（a）　　　　　　　　　　　　　　　　（b）

图 10-3　中央和前电子仪表板——中央上、下显示组件

（a）中央仪表板（P2）；（b）前电子仪表板（P9）

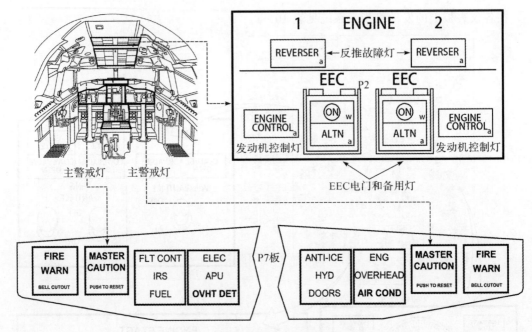

图 10-4　P5 后板和遮光板面板(P7)

**表 10-1　发动机指示系统仪表板**

| P2 仪表板 | | P5 前仪表板 | P5 后仪表板 |
|---|---|---|---|
| $N_1$ | 滑油量 | 发动机灯光： | EEC 电门 |
| $N_2$ | 发动机振动 | (1)发动机阀关闭灯 | 反推故障灯 |
| 排气温度(EGT) | 液压压力 | (2)燃油滤旁通灯 | 发动机控制灯 |
| 热防冰指示 | 液压油量 | 发动机防冰系统 | 备用(ALTN)灯 |
| 燃油流量 | 机组告警信息 | 发动机启动系统： | |
| 燃油消耗量 | 自动油门限制信息 | (1)启动电门 | |
| 燃油量 | 推力模式 | (2)点火选择电门 | |
| 滑油压力 | 大气总温 | | P7 仪表板 |
| 滑油温度 | | | 主警戒灯 |

# 10.2　公共显示系统(CDS)

发动机指示系统持续将发动机数据提供到公共显示系统(CDS)。CDS 通常在两个显示组件(DU)上显示发动机数据。一个 DU 显示主发动机指示,另一个显示辅助发动机指示。主发动机指示通常显示在上部中央 DU 上,辅助发动机指示通常显示在下部中央 DU 上,发动机数据也可以显示在内侧 DU 上。

### 10.2.1　显示组件(DU)

公共显示系统使用 6 个液晶显示(LCD)组件,如图 10-5 所示。包括两个外侧 DU、两个内侧 DU 和两个中央 DU。中央显示器分成上 DU 和下 DU。上 DU 位于 P2 板,下 DU 位于 P9 板。显示组件(DU)可以显示主飞行信息,导航信息和发动机信息。正常情况下发动机主要和辅助参数显示在上、下中央 DU 上。公共显示系统有两个显示电子组件(DEU),DEU 可进行下列操作。

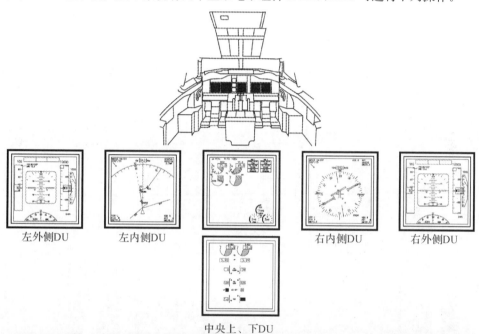

左外侧DU　　左内侧DU　　　　　　　　右内侧DU　　右外侧DU

中央上、下DU

图 10-5　公共显示系统液晶显示组件

（1）收集飞机系统中的数据。

（2）将数据转换为视频信号显示在显示器上。

（3）将数据传送到其他飞机系统。

### 10.2.2 显示控制

机长和副驾驶显示选择面板用于控制在各显示器上的显示数据，如图 10-6 所示。主面板 DU 电门控制显示在内侧和外侧 DU 上的数据。下 DU 电门控制中央显示组件下部 DU 上的显示数据。

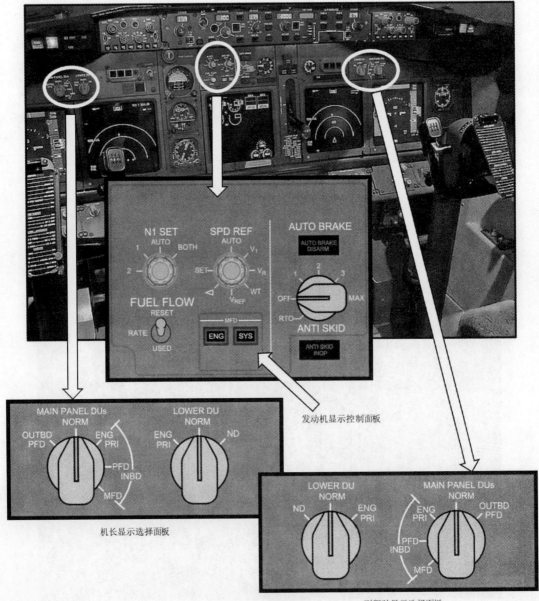

图 10-6　发动机显示选择和控制

1. 主面板 DU 电门在 NORM(正常)位

当机长和副驾驶显示选择面板上的选择电门都在 NORM 位时,CDS 的 6 个显示器显示以下数据。

(1)左外侧 DU:机长主飞行显示(见图 10-7)。

(2)左内侧 DU:机长导航显示。

(3)右内侧 DU:副驾驶导航显示。

(4)右外侧 DU:副驾驶主飞行显示。

(5)上中央 DU:发动机主要参数显示。

(6)下中央 DU:发动机辅助参数显示。

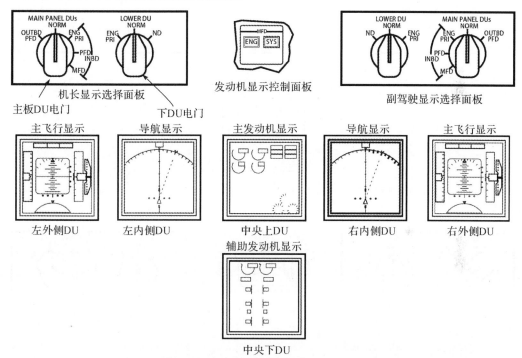

图 10-7  发动机数据显示——机长和副驾驶显示选择电门设置在 NORM 位

2. 主面板 DU 电门设定到 INBD ENG PRI 位

当将显示选择面板上的主面板 DU 电门设定到 INBD ENG PRI 时,内侧 DU 显示主发动机参数。原有的导航数据不显示,上中央 DU 不显示任何数据(空白),如图 10-8 所示。

3. 主面板 DU 电门设定到 INBD MFD

如果将显示选择面板上的主面板 DU 电门调节到 INBD MFD,内侧 DU 变为多功能显示(MFD)。使用发动机显示控制面板上的 ENG 和 SYS 键,可以控制 MFD 上显示的数据。按下 ENG 键时,发动机辅助参数出现在内侧 DU 上,如图 10-9 所示。

4. 下 DU 电门设定到 ENG PRI

如果将显示器选择面板上的下 DU 电门设定到 ENG PRI,则主要发动机参数显示在下中央 DU 上。上中央 DU 没有显示数据(空白),如图 10-10 所示。

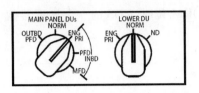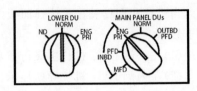

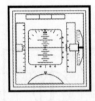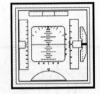

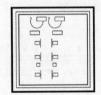

图 10 - 8　发动机数据显示——机长和副驾驶主面板 DU 电门设置在 INBD ENG PRI 位

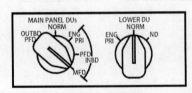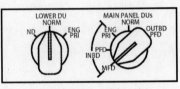

机长显示选择面板　　　　发动机显示控制面板　　　　副驾驶显示选择面板

主飞行显示　　辅助发动机显示　　主发动机显示　　辅助发动机显示　　主飞行显示

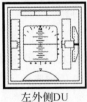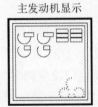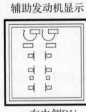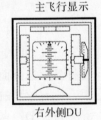

左外侧DU　　左内侧DU　　中央上DU　　右内侧DU　　右外侧DU

辅助发动机显示

中央下DU

图 10 - 9　发动机数据显示——机长和副驾驶主面板 DU 电门设置在 INBD MFD 位

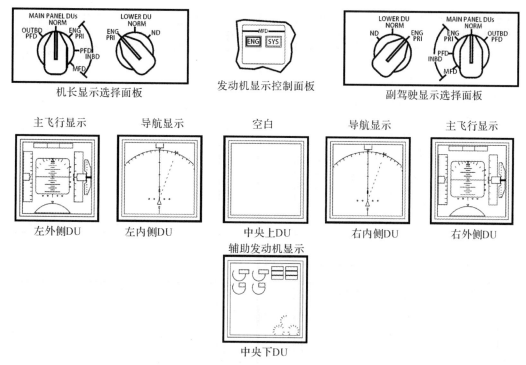

图 10-10 发动机数据显示——机长和副驾驶下 DU 电门设置在 ENG PRI 位

若上中央显示组件故障,则下中央显示组件显示主发动机显示。如果辅助发动机显示已显示在下中央显示组件上,则下中央显示组件以紧凑格式显示发动机数据。

若下中央显示组件显示辅助发动机参数,并且存在故障,则上中央显示组件以紧凑格式显示主要和辅助发动机参数数据。

当上中央 DU 显示主发动机参数或以紧凑格式显示主要和辅助发动机数据,下中央 DU 可能会显示系统数据。在此种情况下,如果辅助发动机参数超限,则上中央显示组件发生变化。上方中央显示组件将以紧凑格式显示发动机主要和辅助参数,超限数据显示在方框内。

## 10.3 发动机指示显示格式及型式

发动机指示包括以下显示格式(见图 10-11)。

(1)并列式发动机显示:可显示主要和辅助发动机参数。

(2)紧凑式发动机显示:可显示主要和辅助发动机参数。

(3)上、下发动机显示:主发动机参数显示在上中央显示器;辅助发动机参数显示在下中央显示器。

电子式发动机指示系统将发动机参数指示以及机组告警功能组合显示在液晶显示器上。通过模拟仪表、数字、文字显示,以及各种模拟指针的运动,颜色的变化集中反映当前发动机的工作状况。

发动机参数指示主要采用模拟指示和数字指示,如图 10-12 所示。

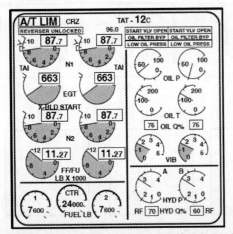

并列式显示（上显示器）–显示主要和辅助发动机数据

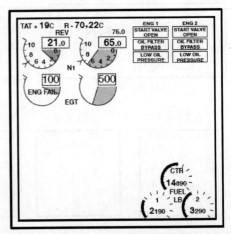

发动机上、下显示，上显示器显示发动机主要参数

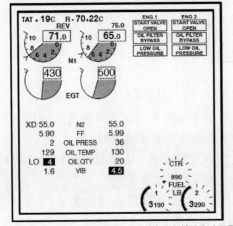

紧凑格式显示（上或下显示器），显示主要和辅助发动机数据

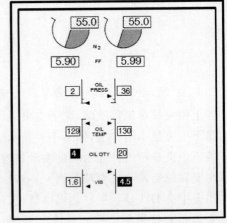

发动机上、下显示，下显示器显示发动机辅助参数

图 10-11　发动机数据显示格式

　　模拟指示器是指在液晶显示器上模拟仪表盘和指针，动态指示发动机参数的变化。模拟指示器有圆表盘指示器和垂直刻度指示器两种形式，如图 10-12 所示。

　　圆表盘指示器由圆表盘、指针及随指针变化的阴影区组成。当发动机参数变化时，指针位置改变。圆表盘、指针显示白色，阴影区是灰色的。有些圆表盘上带有径向标线，琥珀色标线指示发动机参数接近极限值，提示机组注意；红色标线指示发动机参数的极限值，超过此极限值有可能给发动机造成严重影响。

　　垂直刻度指示器由垂直刻度线、指针组成。当发动机参数变化时，指针沿垂直方向移动，指示当前发动机参数值。有些垂直指示器的垂直刻度线上有红色和琥珀色标线，琥珀色标线指示发动机参数接近极限值，提示机组注意；红色标线指示发动机参数的极限值。

　　有些指示器的琥珀色和红色限制是一个区域，称为限制带。

　　数字指示器指在液晶显示器上直接用数字指示发动机参数。通常在数字读数的周围加上方框。数字指示器的数字读数与模拟指示器的指针指示相一致。

　　模拟指示器和数字指示器除了琥珀色标线，红色标线显示各自的颜色，阴影区显示灰色之外,其余部分都显示白色。当指针进入琥珀色区域时,白色的显示部分也会变成琥珀色;同样,当指针进入红色标线区域时,这些显示部分也会变成红色;这些颜色的改变也包括数字指示器中的数字读数和读数框。颜色的改变(从白色变为琥珀色或红色)表明相关的发动机参数接近或超出极限值。

有些发动机参数并没有琥珀色和红色标线,这些参数通过数字读数反白显示指示参数值超限。正常的发动机显示是黑色背景,数字读数和读数框都显示白色。发动机参数超限时,数字读数变成黑色,原来的白色读数框被白色填充。其余的显示部分仍为白色,如图 10-12 所示。

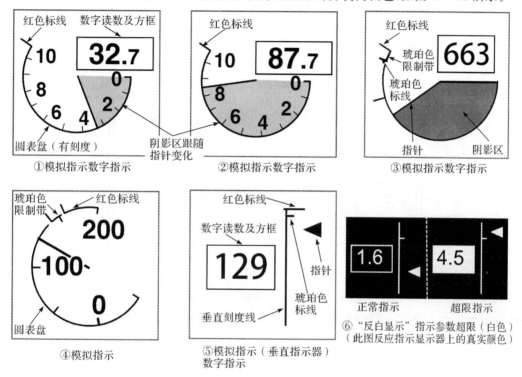

图 10-12　发动机参数指示器的型式

## 10.4　并列式发动机显示

发动机指示显示在中央仪表板(P2)的中央显示器上。如果检测到上显示器有故障,则发动机指示自动转换到下中央显示器。使用相应的选择面板,发动机指示也可以人工转换到机长或副驾驶内侧显示器,也可以转换到下显示器。$N_1$,EGT(发动机排气温度),$N_2$ 和燃油流量(FF/FU)是发动机主要指示参数,采用数字读数和圆表盘加动态指针指示。$N_1$,EGT 和 $N_2$ 有红线指示的工作极限,EGT 也有一个琥珀色的警戒极限。如果这些参数中的任何一个超过红线或琥珀色线,数字读数、方框、指针和圆表盘都变为红色或琥珀色,如图 10-13 所示。

滑油压力、滑油温度、滑油量和发动机振动是辅助发动机参数。滑油压力和滑油温度指示采用圆表盘和动态指针指示。使用红线或琥珀色线指示工作极限和警戒范围。如果达到红色或琥珀色线,指针颜色变为红色或琥珀色。滑油量指示采用数字读数,用满油的百分比表示。

发动机振动指示用一个圆表盘和动态指针指示。EEC 必须获取电力以向驾驶舱发动机指示提供数据。当 EEC 断电时，$N_1$ 转速、$N_2$ 转速、滑油量和发动机振动指示数据直接来自发动机传感器。将发动机启动电门移动到 GRD 位即可向 EEC 供电，显示所有发动机参数指针指示和数字读数。

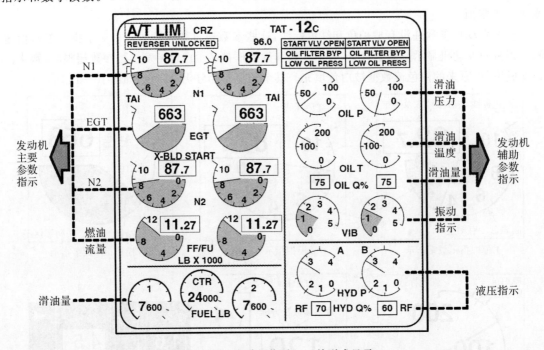

图 10-13　发动机指示——并列式显示

当用电瓶启动发动机（飞机上没有电）时，只显示 $N_1$ 转速、$N_2$ 转速和滑油量。只有当发动机加速到超过 15% $N_2$ 转速时，EEC 才会通电。EEC 通电后，显示发动机所有参数的指针和数字读数。

当发动机工作于低于自维持慢车转速（50% $N_2$）而启动手柄在慢车位置时，在对应发动机 EGT 指示器上显示琥珀色 ENG FAIL（发动机故障）。此告警信息将一直保持，直到发动机转速恢复，发动机启动手柄移动到 CUTOFF（停车）位，或提起发动机灭火手柄（电门）。

### 10.4.1　$N_1$ 指示

$N_1$ 数字读数显示发动机低压转子转速。DEU 使用从 EEC 或 $N_1$ 转速传感器输入信号显示 $N_1$ 转速。

（1）当 $N_1$ 低于 $N_1$ 红标线时，数字读数和围绕读数的方框都是白色的。在一个圆表盘上的指针也显示 $N_1$ 转速。一个阴影区域跟随此指针变化。指针通常是白色的。阴影区域通常是灰色的（见图 10-14）。

（2）当 $N_1$ 高于 $N_1$ 红标线时，这些指示改变为红色。

1）$N_1$ 数字读数。

2）围绕 $N_1$ 数字读数的方框。

3）$N_1$ 指针。

4）阴影区域。

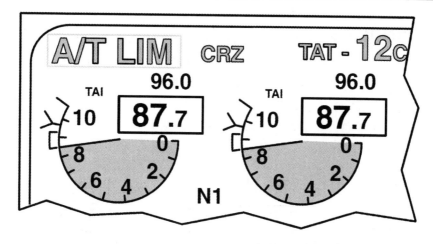

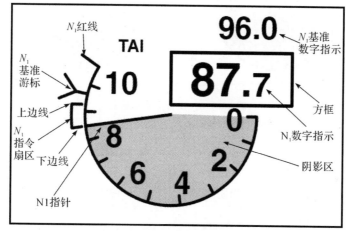

图 10-14　$N_1$ 转速指示

（3）当 $N_1$ 降至低于红标线时，指示回到正常的颜色。

1）$N_1$ 红标线。

$N_1$ 红标线表示 CFM56-7B 发动机的最大认证的发动机低压转子转速，红标线显示红色，EEC 提供红标线数值。

2）$N_1$ 指令扇形区。

$N_1$ 指令扇形区表示在 $N_1$ 实际转速和 $N_1$ 指令转速之间的瞬时差值。推力手柄位置调定 $N_1$ 指令。$N_1$ 指令显示在指令扇形区的上边线或下边线。如果必须增加发动机转速，则指令扇形区的上边线指示 $N_1$ 指令转速。如果必须减小发动机转速，$N_1$ 指令扇形区的下边线指示 $N_1$ 指令转速。

指令扇形区和 $N_1$ 指令显示都是白色的。

3）$N_1$ 基准游标。

$N_1$ 基准游标表示 $N_1$ 推力的目标值，由驾驶员手动调定，游标也能够由飞行管理计算机系统（FMCS）调定，$N_1$ 基准游标显示绿色。

$N_1$ 基准数字指示表明手动调定的 $N_1$ 目标值，显示是白色的，此显示不是由 FMCS 调定的目标值。

### 10.4.2 反推力信息

反推力信息显示在 $N_1$ 指示器数字读数框的上部区域,如图 10-15 所示。一个信息针对于一台发动机的反推装置。如果一台发动机的两个反推移动套筒移动到 10%~90%展开行程位置时,REV 信息显示琥珀色。如果一台发动机的两个反推移动套筒移动到超过 90%展开行程,REV 信息显示绿色。如果 REV 显示,它将替换基准 $N_1$ 数字显示。即如果出现 REV 信息,原有的 $N_1$ 基准数字信息(见图 10-15 中的"96.0"信息)将消失。

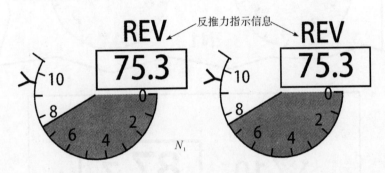

图 10-15　反推力指示信息

### 10.4.3 热防冰指示

热防冰指示信息显示在 $N_1$ 指示器的左上方区域,如图 10-16 所示。当发动机进口整流罩热防冰阀打开时,TAI 显示绿色;当防冰阀的位置与相应发动机防冰电门不一致时,TAI 显示琥珀色。

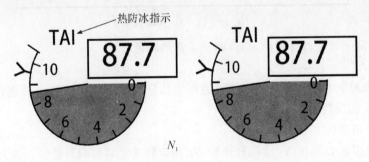

图 10-16　发动机热防冰指示信息

### 10.4.4 自动油门,推力模式和大气总温

当自动油门计算机设置 $N_1$ 基准值后,就会显示 A/T LIM 自动油门限制信息。A/T LIM 显示白色,如图 10-17 所示。

推力模式显示绿色,可以显示以下 7 种推力模式。

(1)TO(起飞)。

(2)R-TO(减推力起飞)。

(3)CLB(爬升)。

（4）R－CLB（减推力爬升）。

（5）CON（连续）。

（6）CRZ（巡航）。

（7）GA（复飞）。

大气总温以数字形式显示，TAT 显示青色（蓝绿色），数字读数显示白色。

### 10.4.5　机组告警信息

机组告警信息包括以下几项。

（1）启动阀打开。

（2）滑油滤旁通。

（3）低滑油压力。

以上所有告警信息都显示在主发动机显示器上，如图 10－17 所示。

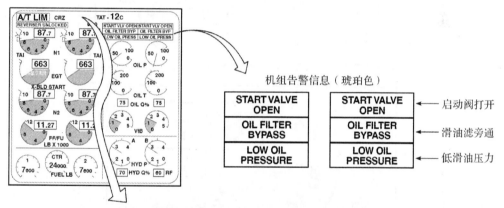

图 10－17　自动油门、推力模式和大气总温指示信息

启动阀打开信息（START VALVE OPEN）有两种显示模式：稳定和闪亮。稳定的琥珀色 START VALVE OPEN（启动阀打开）信息表示相应发动机启动阀打开，并且启动电门在"地面"位置。闪亮表示启动阀非指令打开，即启动阀在打开位置，而启动电门未在"地面"位置。当启动阀打开而且启动电门未在"地面"位置，STARTVALVE OPEN 信息闪亮持续 10 s，然后稳定显示。

滑油滤旁通（OIL FILTER BYPASS）告警信息有两种显示模式：稳定与闪亮。稳定的琥珀色 OILFILTER BYPASS 信息指示滑油回油滤接近旁通状态。滑油滤旁通信息会闪亮 10 s，然后稳定显示。

当滑油压力低于红标线极限时，EEC 将信号发送到 DEU 导致 DU 显示琥珀色 LOW OIL PRESSURE（低滑油压力）信息。每台发动机有一个 LOW OIL PRESSURE 信息。LOW

OIL PRESSURE 信息显示在主发动机显示器上。

当滑油压力低于红线限制时,琥珀色 LOW OIL PRESSURE 信息闪烁 10 s,然后持续显示。DEU 抑制起飞和着陆时的闪动模式。

### 10.4.6 $N_2$ 转速指示

$N_2$ 数字指示显示发动机高压转子转速。DEU 使用从 EEC 或 $N_2$ 转速传感器来的输入信号显示 $N_2$ 转速。数字读数和方框在 $N_2$ 低于 $N_2$ 红标线时是白色的。在一个圆表盘上的指针也显示 $N_2$ 转速,一个阴影区域跟随着此指针变化。指针通常是白色的。阴影区域通常是灰色的,如图 10-18 所示。

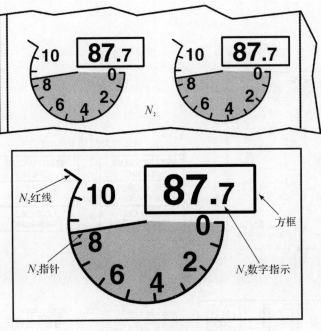

图 10-18 $N_2$ 转速指示

(1)当 $N_2$ 高于 $N_2$ 红标线时,如下指示改变为红色。

1)$N_2$ 数字读数。

2)围绕 $N_2$ 数字读数的方框。

3)$N_2$ 指针。

4)阴影区域。

(2)当 $N_2$ 降至低于红标线时,指示恢复到正常的颜色。

$N_2$ 红标线表示 CFM56-7B 发动机最大认证的发动机高压转子转速。EEC 提供红标线值。红标线用红色显示。

DEU(显示电子组件)保存 $N_1$ 和 $N_2$ 超限信息。使用 CDU(控制显示组件)可以查看超限信息。

### 10.4.7 交输引气启动

空中启动发动机时,当飞机空速小于空中风车启动发动机的需求速度时,空中交输引气启动发动机信息,X−BLD START 显示紫红色。X−BLD START 指示位于 $N_2$ 指示器的上方区域,如图 10−19 指示。

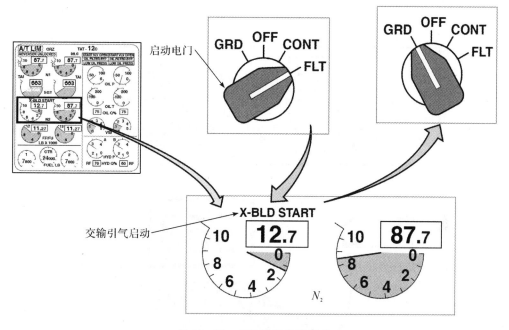

图 10−19　交输引气启动信息

在飞行状态,将发动机启动电门扳到 FLT(飞行)位进行风车启动,此时启动机不工作。如果发动机超出了风车启动极限,CDS 在 $N_2$ 数字显示上部显示 X−BLD START(交输引气启动),此时飞行机组必须将启动电门扳到 GRD 位置,以打开启动阀接通启动机。

### 10.4.8　排气温度指示系统

排气温度(EGT)指示系统(见图 10−20)可在驾驶舱提供发动机排气温度的指示,可用于监控每一台发动机低压涡轮进口的温度。EGT 由安装于第 2 级低压涡轮进口导向叶片内的 8 个热电偶进行测量。热电偶和导线系统位于低压涡轮机匣上。

EGT 用安装于第 2 级低压涡轮进口导向叶片内的 8 个热电偶进行测量,热电偶并联排列。热电偶采用镍铬-镍铝材料。两种不同金属端点相连,位于排气流中的是热端或测量端;而在指示器端的是冷端或基准端。电路中冷热端产生温度差时,则会在电路中产生热电势,热电势的大小与冷、热端的温度差成正比。相互关联的镍铬-镍铝导线将各个探头连接到接线盒。接线盒给出一个热电势的平均值,因而排气温度指示器即可读出这个平均热电势。

EGT 指示器显示的温度是从发动机上 8 个热电偶来的一个平均值。

EGT 数字读数以摄氏度为单位显示排气温度。数字读数和围绕的方框通常是白色的,如图 10−20 所示。

在一个圆表盘上的指针也指示 EGT,表盘没有刻度。一个阴影区域跟随着指针变化。指针通常是白色的。阴影区域通常是灰色的。

(1)当 EGT 高于 EGT 最大连续极限但低于 EGT 红标线时,以下白色的指示改变为琥珀色。

1）EGT 数字读数。

2）围绕数字读数的方框。

3）指针。

4）阴影区域。

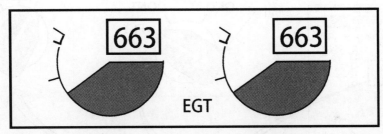

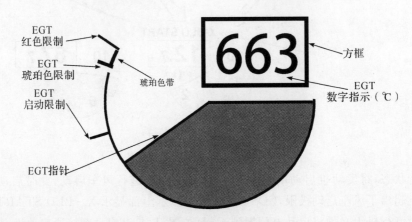

图 10 - 20　发动机排气温度指示

（2）当 EGT 高于 EGT 红标线时，以下指示改变为红色。

1）EGT 数字读数。

2）围绕数字读数的方框。

3）指针。

4）阴影区域。

（3）当 EGT 恢复到正常范围内，指示颜色变为白色。当发动机关闭后 EEC 断电，如果 EGT 在发动机运转期间曾经超过红线，则数字读数框变为红色。

（4）当一台运转的发动机 $N_2$ 转速低于 $10\% N_2$ 时，EEC 断电，此时数字读数，指针，和阴影区域变为空白。

如果发动机在地面启动期间，EEC 检测到可能的热起动，则 EGT 读数和读数框闪烁。飞行中此功能不起作用。

1）EGT 最大连续极限和琥珀色标带。EGT 最大连续极限是 EGT 警戒范围的开始。一台发动机在 EGT 高于此值下连续工作会对发动机造成损坏。EEC 提供 EGT 的最大连续极限值，此极限值用琥珀色显示，如图 10 - 20 所示。

琥珀色标带是 EGT 的警戒范围。发动机 EGT 在此范围内连续工作会对发动机造成损坏。在最大连续极限和红标线之间的琥珀色范围用一个弧段显示。

2）EGT 启动红标线。在发动机地面启动期间，EGT 启动红标线是 EGT 的最高极限。

红标线只有在地面启动期间显示。当发动机到达慢车时,EGT 启动红标线消失。在飞行中此红标线不显示。

在地面启动期间,当 EGT 高于启动红标线时,以下这些指示改变为红色。

a. EGT 数字读数;

b. 数字读数方框;

c. 指针;

d. 阴影区域。

在地面发动机启动期间,如果 EGT 高于启动红标线,EEC 切断发动机燃油和点火系统。

### 10.4.9　发动机故障警示信息

发动机故障警示是在 EGT 模拟指示区域显示 ENG FAIL(发动机故障)信息。ENG FAIL 信息提供一个发动机故障的早期预警。如果两台发动机转速都为慢车或高于慢车,两个发动机启动手柄都在慢车位,然后 $N_2$ 转速降低到慢车以下,则出现 ENG FAIL 警示信息。ENG FAIL 以琥珀色显示,如图 10 - 21 所示。

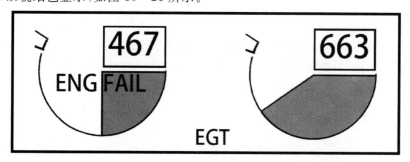

图 10 - 21　发动机故障指示

### 10.4.10　燃油流量和消耗量指示

燃油流量指示包含数字指示和模拟指示。燃油消耗量指示仅有数字指示。数字读数和数字读数框是白色的。在一个圆表盘上的指针也指示燃油流量,一个阴影区域跟随着指针变化。指针是白色的,而阴影区域是灰色的,如图 10 - 22 所示。

1. 燃油流量指示控制电门

燃油流量指示控制电门在驾驶舱内的发动机显示控制面板上。此电门控制发动机显示器所显示的燃油质量流量和燃油消耗量指示。发动机显示控制面板在 P2 - 2 中央主控面板上。燃油流量指示电门有 3 个位置:RESET(复位)、RATE(流量)和 USED(消耗量)。

2. 燃油流量指示

电门通常在"RATE"位置,此时发动机指示显示燃油质量流量。如果需要将电门扳到其他两个位置,需要保持电门作动力,一旦松开电门,内部的弹簧会使电门回到 RATE 位置。

3. 燃油消耗量指示

如果将燃油流量指示控制电门扳到"USED"位置,燃油流量指示转换到燃油消耗量指示模式,此时指针和阴影消失,燃油消耗量是从计数器设置为零之后所消耗的燃油质量。注意:燃油消耗量只显示在数字显示部分,模拟显示不显示燃油消耗量。燃油流量指示控制电门返回 RATE 位 10 s 后,燃油流量指示恢复到正常指示模式,数字和模拟指示都显示燃油质量流量。

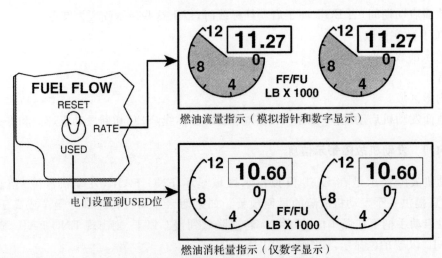

图 10-22　燃油流量和消耗量指示

燃油流量指示控制电门 RESET 位置将燃油消耗量计数器归零。将电门扳到 RESET 位,指针和阴影消失,燃油消耗量归零,数字读数瞬时显示燃油消耗量,然后显示燃油流量。

当切断 DEU 电源,然后再接通时,计数器也会归零。

### 10.4.11　滑油系统指示

滑油指示包括滑油压力、滑油温度和滑油量,如图 10-23 所示。

滑油压力显示模拟指示。在正常工作范围,模拟表盘和指针都是白色的。当滑油压力处于琥珀色压力带限制范围内(滑油压力低于 13 psi)时,表盘和指针都变成琥珀色。当滑油压力处于红线范围内时,表盘的指示都变为红色。

低滑油压力导致"LOW OIL PRESSURE"(低滑油压力)信息持续闪动 10 s,然后继续显示。

滑油温度显示模拟摄氏温度。在正常工作范围,模拟表盘和指针都是白色的。当滑油温度在琥珀色温度带极限范围内时,表盘和指针都变成琥珀色。当滑油温度达到红色标线,表盘和指针都变成红色。

滑油量指示用满油的百分比显示滑油量,数字读数和读数框是白色的,满油箱 100% 滑油量为 19.24 quart(18.20 L),最小读数为 9.4%。

### 10.4.12　发动机振动指示

发动机振动指示采用模拟表盘,圆表盘上的指针指示发动机振动等级,阴影区域跟随着指针变化。指针和阴影区域是灰色的,如图 10-24 所示。

## 10.5　上、下发动机显示

上、下发动机显示可提供主要和辅助发动机指示。正常情况下,主发动机指示显示在中央

仪表板(P2)的显示器上,辅助发动机指示显示在 P9 前电子仪表板上的下显示器上,如图
10-25所示。

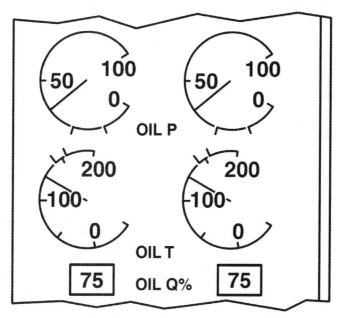

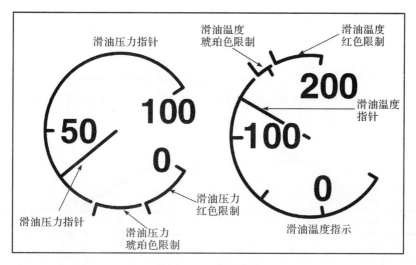

图 10-23 滑油指示

主发动机显示包括 $N_1$ 转速、EGT、燃油流量(部分飞机),以及启动阀打开、滑油滤旁通、
低滑油压力警戒信息。

辅助发动机显示包括 $N_2$ 转速、燃油流量、滑油压力、滑油温度和振动指示。

### 10.5.1 主发动机显示

$N_1$ 转速和 EGT 是主发动机指示。主发动机指示正常显示在中央仪表板上显示器上。
如果上显示器故障,主发动机指示自动转换到下显示器。使用相应的选择面板,发动机指示也
可以人工转换到机长或副驾驶内侧显示器,也可以转换到下显示器。

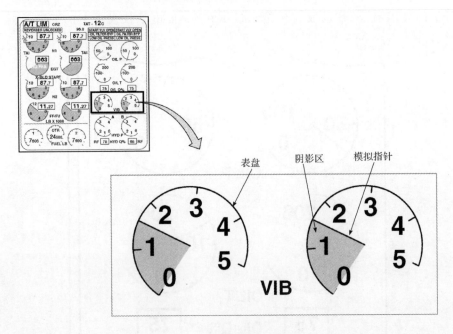

图 10 - 24　发动机振动指示

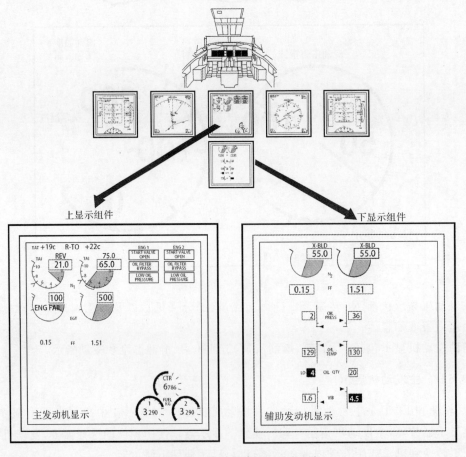

图 10 - 25　发动机中央上、下显示

有些飞机在主发动机显示页面上还可显示燃油流量。

### 10.5.2　辅助发动机显示

$N_2$ 转速、燃油流量、滑油压力、滑油温度、滑油量和发动机振动是辅助发动机指示参数。除了燃油流量外，可以通过显示选择面板和发动机显示控制面板上的 EGN 电门，人工选择辅助发动机指示到机长或副驾驶内侧显示器，或下显示器。

辅助发动机指示自动显示的情况包括以下几种。

(1)显示器初始获得电力。

(2)空中将发动机启动手柄移动到 CUTOFF 位置。

(3)空中一台发动机 $N_2$ 转速低于慢车转速。

(4)辅助发动机参数超限。

在触发状况仍存在时，辅助发动机指示自动显示，不能清除。

1. 滑油压力指示

如图 10-26 所示，滑油压力显示在两个垂直指示器和两个数字显示器上，分别对应于 1 号发动机和 2 号发动机。每个垂直指示器通过指针显示当前滑油压力。每个指示器有两个指示标线。琥珀色标线显示琥珀色滑油压力限制范围。红色标线显示最低滑油压力极限值。如滑油压力显示在琥珀色标线和红色标线之间，数字读数及周围读数框显示琥珀色，表示滑油压力处于警戒范围，已接近低滑油压力极限值。如滑油压力低于红线极限，数字读数及读数框显示红色，这表明滑油压力超出限制范围。

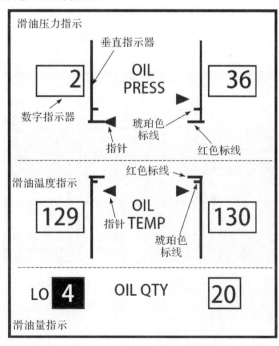

图 10-26　发动机滑油指示

滑油低压琥珀色限制设定压力随发动机转速增加而增加。

当滑油压力低于红线极限时,EEC 将信号发送到 DEU,导致显示器显示琥珀色的 LOW OIL PRESSURE(低滑油压力)信息。每台发动机有一个 LOW OIL PRESSURE 信息,它显示在主发动机显示器上。

当滑油压力低于红线极限值时,琥珀色 LOW OIL PRESSURE 信息闪烁 10 s,然后持续显示。DEU 抑制起飞和着陆时的闪烁模式。

在发动机启动过程中,EEC 防止指示器和指针变成琥珀色或者红色。

2. 滑油温度指示

如图 10-26 所示,滑油温度显示在两个垂直指示器和两个数字指示器上。每个指示器通过指针显示当前滑油温度,单位为摄氏度。每个垂直指示器有两个指示标线。琥珀色标线显示琥珀色滑油温度限制范围。红色标线显示最高滑油温度极限值。

如滑油温度在琥珀色标线和红色标线之间,数字读数以及数字读数框显示琥珀色。这表示滑油温度处于警戒范围。如滑油温度超过红线极限,数字读数以及数字读数框显示红色。这表明滑油温度超出限制范围。

3. 滑油量指示

滑油量仅采用数字读数指示滑油量,数字读数周围带有读数框,都显示白色。如图 10-26 所示,滑油量指示没有模拟指示器。

2 号发动机显示器显示可用滑油量夸脱或者公升数。机翼上反角使 2 号发动机滑油箱存储比 1 号发动机更多的滑油。当滑油量低于 4 quart 并持续 35 s 后,LO 信息显示出来。低滑油量超限发生时,滑油量反白显示,如图 10-27 所示。

4. 振动指示

振动指示采用数字读数指示,数字读数包含在数字读数框内。当振动水平超过振动高限时,发动机振动数字指示反白显示,如图 10-27 所示。

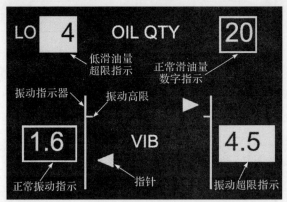

图 10-27　滑油量与发动机振动超限指示

### 10.5.3　紧凑格式显示

紧凑格式显示将发动机主要和辅助参数组合显示在相同的显示器上,如图 10-28 所示。$N_1$ 转速和 EGT 正常显示。所有其他发动机参数($N_2$ 转速、燃油流量、滑油压力、滑油温度、滑油量以及振动水平)都转换成数字显示,而且正常显示时数字读数周围没有方框。如果出现超限,$N_2$ 转速、滑油温度和滑油压力的数字读数会变为红色或琥珀色。如果在空中曾经出现

过 $N_2$ 转速超限，飞机落地发动机停车后，$N_2$ 转速数字读数周围会出现一个红色方框。

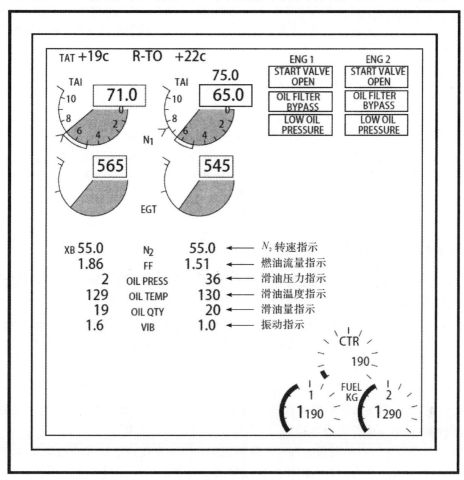

图 10 - 28　发动机指示——紧凑格式

当手动或自动选择辅助发动机指示而且下显示器不可用时，发动机主要和辅助参数指示以紧凑格式显示在上显示器。如果上显示器不可用，发动机主要和辅助参数指示以紧凑格式显示在下显示器，也可以通过按下发动机显示控制面板上的 MFD ENG 按键选择紧凑格式显示，见表 10 - 2。

表 10 - 2　发动机显示转换

| 初始格式显示在中央显示器<br>（上显示器/下显示器） | ENG 键按下以后 | 当一个超限出现时 | 存在超限时按下 ENG 键 |
| --- | --- | --- | --- |
| P - Eng /空白 | P - Eng / S - Eng | P - Eng / S - Eng | Comp - Eng /空白 |
| P - Eng / S - Eng | Comp - Eng /空白 | Comp - Eng /空白 | P - Eng / S - Eng |
| Comp - Eng /空白 | P - Eng /空白 | P - Eng / S - Eng | Comp - Eng /空白 |
| P - Eng /Sys | P - Eng / S - Eng | P - Eng / S - Eng | Comp - Eng /空白 |
| Comp - Eng /Sys | P - Eng /Sys | Comp - Eng /Sys | P - Eng / S - Eng |
| P - Eng /ND | Comp - Eng /ND | Comp - Eng /ND | Comp - Eng /ND |

续表

| 初始格式显示在中央显示器<br>（上显示器/下显示器） | ENG 键按下以后 | 当一个超限出现时 | 存在超限时按下 ENG 键 |
| --- | --- | --- | --- |
| Comp - Eng /ND | P - Eng /ND | Comp - Eng /ND | Comp - Eng /ND |

说明：P - Eng：主发动机显示；S - Eng：辅助发动机显示；Comp - Eng：紧凑格式发动机显示；Sys：系统显示；ND：导航显示

如果是紧凑格式显示，随后的发动机辅助参数超限会导致围绕数字读数出现一个方框。最初 10 s 内，方框的轮廓线较粗，而且方框闪动。10 s 后，方框变成细线，而且停止闪动。方框的颜色将与超限数值匹配：琥珀色超限方框变成琥珀色，红色超限则方框变成红色，白色超限方框采用反白显示实现超限指示。一旦所有超限解除，方框线将消失。如何发生多个超限，方框的颜色与最差状况的超限相匹配。

### 10.5.4　正常显示格式

$N_1$ 转速、EGT 和 $N_2$ 转速都有数字和圆表盘加动态指针指示。数字读数显示数字值而动态指针指示对应的数字值。

滑油压力、滑油温度、发动机振动有数字读数和垂直指示加动态指针。燃油流量和滑油量仅有数字读数指示。所有数字读数都包含在一个方框内。表盘指示和垂直指示可以显示工作范围，警戒范围以及工作极限。

表盘和垂直指示用白色显示正常工作范围。$N_1$ 转速、EGT 和 $N_2$ 转速采用红线指示工作极限。EGT 也用琥珀色显示警戒极限。如果超过任何一个红线或琥珀线，数字读数，方框和指针，模拟表盘都变成红色或琥珀色。

滑油温度和滑油压力垂直指示有一个警戒范围和一个工作极限红线。如果滑油温度或压力达到警戒范围，数字读数、数字读数方框、指针都变成琥珀色。如果其中一个指示达到工作极限，数字读数、数字读数方框和指针都变成红色。

## 10.6　发动机转速计系统

发动机转速计系统将发动机低压转子($N_1$)和发动机高压转子($N_2$)转速信号提供给以下部件。

(1)电子发动机控制器(EEC)，如图 10 - 29 所示。

(2)显示电子组件(DEU)。

(3)发动机机载振动监控(AVM)信号调节器。

EEC 接收来自 $N_1$，$N_2$ 转速传感器的两个模拟信号，EEC 将这些模拟信号改变为数字信号。

EEC 使用这两个信号用于通道 A 和通道 B 的工作。每个通道将数据发送到 ARINC429 数据总线上的各 DEU。

通常，DEU 使用 EEC 的输入将 $N_1$ 和 $N_2$ 显示在公共显示系统(CDS)上。DEU 也会直接接收转速传感器的输入以显示 $N_1$ 和 $N_2$.

AVM 信号处理器从转速传感器接收模拟输入以计算振动等级。

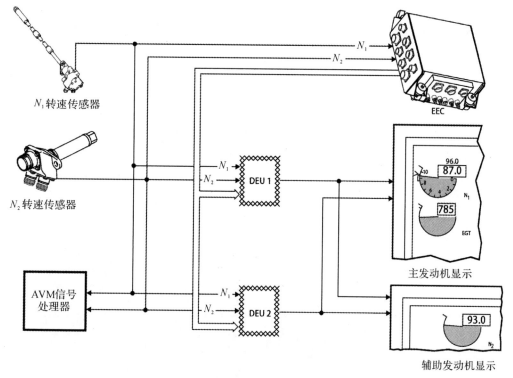

图 10 - 29　发动机转速计系统

### 10.6.1　转速传感器

转速传感器向 EEC 通道 A 和通道 B 提供 $N_1$，$N_2$ 转速信号。每一个传感器上有 3 个电
接头，其中两个供往 EEC 的通道 A
和通道 B，第三个接头将转速信号传
送到 AVM 信号处理器作振动分析，
如图 10 - 29 所示。$N_1$，$N_2$ 转速传感
器的工作原理相同。转速传感器属
于电磁感应型测速计，可以输出交流
电信号，如图 10 - 30 所示。交流电信
号的频率与对应发动机转子的转速
成正比。其传感元件包括一个线圈

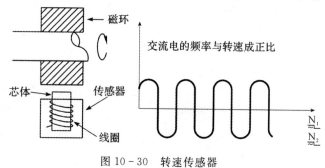

图 10 - 30　转速传感器

和一个永久磁铁的芯体。每个传感器都有三个相互独立的传感元件，因此每一个接头都有一
个输出信号。发动机转子转动时，传感器齿环转动，围绕线圈铁芯的磁场产生变化，导致线圈
磁通变化。齿环上的每一个齿都会在线圈内产生一个电脉冲，产生的脉冲数与传感器齿环的
转速成比例。$N_1$ 转速传感器齿环有 30 个齿，$N_2$ 转速传感器齿环有 71 个齿。

### 10.6.2　$N_1$ 转速传感器

$N_1$ 转速传感器用于探测低压转子转速。$N_1$ 转速传感器在发动机右侧、滑油箱的后部，
如图 10 - 31 所示。$N_1$ 转速传感器用两个螺栓安装于风扇框架 4:00 位置，传感器探头穿过 5

号风扇框架支柱,安装完成后,只能看到传感器壳体和转接头。转接头上有 3 个电插头,两个电插头将 $N_1$ 转速信号传送到 EEC 的两个通道,第三个电插头连接到 DEU/AVM 信号处理器,如图 10 - 31 所示。

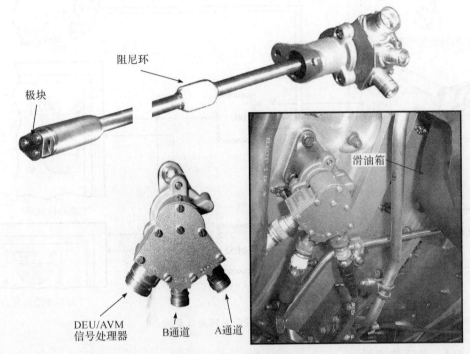

阻尼环

极块

滑油箱

DEU/AVM
信号处理器   B通道   A通道

图 10 - 31   N1 转速传感器

如图 10 - 32 所示,$N_1$ 转速传感器齿环共有 30 个齿,其中一个为厚齿,厚齿在传感器中会产生一个更强的脉冲,发动机振动分析时用于相位参考。在传感器内部有一个弹簧,当由于热效应导致任何尺寸发生变化时,弹簧可确保传感器安装正确。

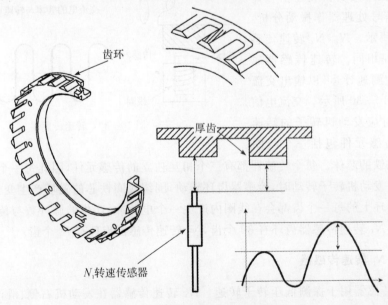

齿环

厚齿

$N_1$ 转速传感器

图 10 - 32   $N_1$ 转速传感器探测原理

$N_1$ 转速传感器是电磁感应型转速传感器。它包括脉冲发生器转子(齿环)和传感器探头。装在风扇轴上的脉冲发生器转子有 30 个齿,其中有一个厚齿。脉冲发生器转子上的厚齿每通过探头一次,都会产生磁通量变化从而发出电脉冲,低压转子转速与脉冲频率成正比。

### 10.6.3　$N_2$ 转速传感器

如图 10 - 33 所示,$N_2$ 转速传感器用两个螺栓固定在 AGB 前安装面 9:00 位置,传感器外壳上有 3 个电接头,可分别向 EEC 通道 A、通道 B 和 DEU/AVM 信号处理器提供 $N_2$ 转速数据,如图 10 - 34 所示。

图 10 - 33　$N_2$ 转速传感器安装

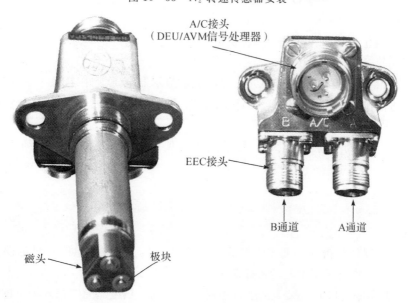

图 10 - 34　$N_2$ 转速传感器

### 10.6.4 排气温度指示系统

排气温度(EGT)指示系统监控在第 2 级低压涡轮进口导向叶片处的排气温度。

如图 10-35 所示,EGT 系统有 8 个热电偶和 4 个 $T_{49.5}$ 热电偶电缆组件。每个热电偶电缆组件包含有两个热电偶,向 EEC 提供输入信号。

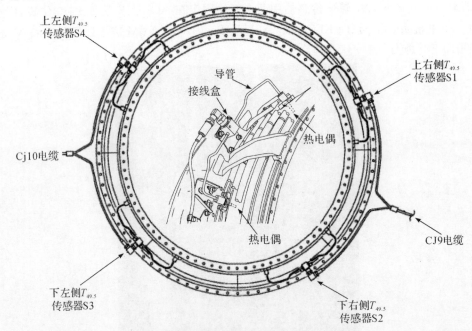

图 10-35　发动机排气温度(EGT)传感器

EEC 使用 EGT 信号用于以下功能。

(1)公共显示系统(CDS)上显示 EGT。

(2)发动机热起动和湿起动(不点火)逻辑。

(3)低压涡轮(LPT)冷却逻辑。

EEC 将 EGT 数据发送到 ARINC429 总线上的显示器电子组件(DEU)。DEU 是 CDS 的部件。DEU 通常在中央显示组件上方显示 EGT。EGT 也会显示在下部中央显示组件和内显示组件上。

每台发动机上有 8 个热电偶和 4 根 $T_{49.5}$ 热电偶电缆。$T_{49.5}$ 热电偶电缆组件包含以下部件。

(1)两个热电偶。

(2)两根导管。

(3)接线盒。

EGT 热电偶提供与排气温度成比例的模拟信号。$T_{49.5}$ 热电偶电缆将热电偶信号发送到 EEC。EEC 使用这些信号用于发动机控制和指示。

热电偶在低压涡轮(LPT)第 2 级进口导向叶片内侧。热电偶导线接入最近的接线盒。导线在导管内部。涡轮机匣每侧有两根 $T_{49.5}$ 热电偶电缆。电缆将 EEC 连接到靠近热电偶的接线盒。

热电偶传感器用于将高温转换成与 EEC 相匹配的信号。热电偶的工作原理如下。

两种异类金属镍铬(＋)和镍铝连接起来组成一个完整的电路,如图 10 - 36 所示。在测温时,冷端(基准端)和热端之间温度差会产生热电势,热电势与冷、热端的温度差成比例。热端连接到传感器(热电偶),而冷端连接到 EEC 内。

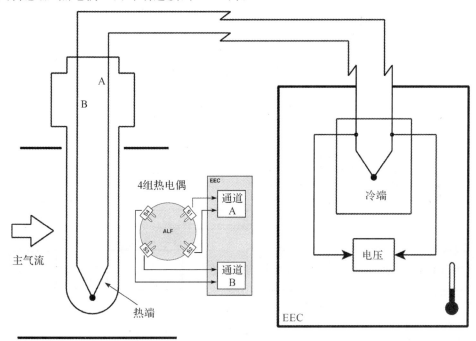

图 10 - 36　热电偶探测原理

热电势的大小还取决于回路中的电阻,该电阻在热电偶出厂时已经调好。在热电偶拆装时不能随意剪断导线,以免影响测量精度。只能将 $T_{49.5}$ 热电偶电缆作为一个组件更换。

## 10.7　机载振动监控系统

机载振动监控系统可连续显示发动机的振动水平。较大的突发或渐进式的发动机振动,意味着发动机或发动机部件有故障,有可能造成发动机过大振动的原因有压气机或涡轮叶片损坏、转子不平衡、非正常作动附件齿轮箱,或发动机安装附件故障。早期的警告可以尽早采取措施,防止发动机造成更严重的损坏。

机载振动监控系统包括以下几项(见图 10 - 37)。

(1)机载振动监控(AVM)信号处理器。

(2)1 号轴承振动传感器。

(3)风扇框架压气机机匣垂直(FFCCV)传感器。

$N_1$ 和 $N_2$ 转速传感器输送数据到 EEC,DEU(显示电子组件)和 AVM 信号处理器。输送到 EEC 的转速数据用于内部逻辑计算,到 DEU 的数据用作发动机指示。$N_1$,$N_2$ 转速传感器,1 号轴承和 FFCCV 振动传感器的数据传送到 AVM 信号处理器,用于振动分析。传感器感受发动机振动,具有很强的方向性。低信号强度需要特殊的屏蔽导线,牢固的支撑以避免和防止外部干扰信号。信号处理器处理振动传感器的输出信号达到可以使用的强度,作为驾驶舱显示信息。它放大和传送模拟信号到 DEU 和 FDAU(飞行数据采集组件)。最高的振动信号显示在中央显示组件上。

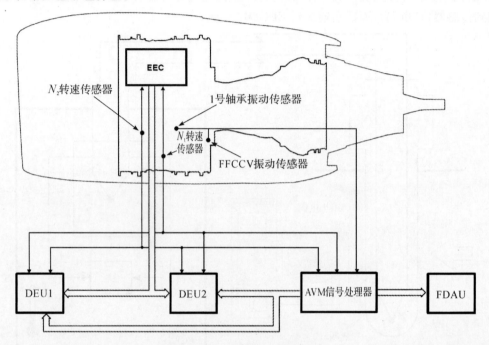

图 10 - 37  机载振动监控系统

AVM 系统采集发动机振动信号和转速信号,经过 AVM 软件处理后给出发动机振动最大值,通过数据总线发送给 DEU,DEU 在 DU(显示组件)上显示振动值。振动值反映了发动机转子径向振动的大小,振动值大,说明转子运转不平衡,低压转子可通过改变风扇进口整流锥上的配平螺钉配置降低振动值,高压转子航线维修级别无法处理。

发动机振动指示属于辅助发动机参数。如果是并列式和紧凑式显示格式,振动指示显示在中央上部显示组件上。如果是上、下显示格式下,振动指示显示在中央下显示组件上。发动机振动指示可以显示在中央上或下显示组件上。但要注意的是,有些显示格式属于选装项目,如图 10 - 38 所示。

### 10.7.1  振动传感器

发动机装备有两个能够感受和测量垂直位移的振动传感器。这两个传感器都是压电型传感器,由放置在惯性物质和基座之间的多层压电晶片组成。当传感器振动时,惯性物质在晶片上施加载荷。载荷产生与过载成正比的一定量的电流。传感器连接到 AVM,振动信号用于指示,振动分析和配平平衡程序。振动信号在 AVM 内经过滤来确定低压或高压转子的振动水平,如图 10 - 39 所示。

1. 发动机 1 号轴承振动传感器(见图 10 - 40)

如图 10 - 40 所示,1 号轴承振动传感器组件由固定于 1 号轴承支架前安装边 9:00 位置的振动传感器组成。它是 $100~pC/g$($pC$:皮库,电荷量单位;$g$:重力加速度)振动传感器。一根半硬式电缆沿发动机风扇框架分布,将振动传感器连接到位于风扇框架外机匣 3:00 位置的电输出接头,在发动机滑油箱后部,发动机铭牌的正上方。电缆上安装有减振器以减弱有害振动。1 号轴承振动传感器永久监控发动机振动。由于它的位置,1 号轴承振动传感器对风扇和低压压气机的振动更为敏感。可是,此传感器也能感受 N2 转子和 LPT(低压涡轮)的振动。传感器的数据可用于风扇配平操作。1 号轴承振动传感器不是航线可更换件(LRU),只有在发动机大修时才能接近此传感器。

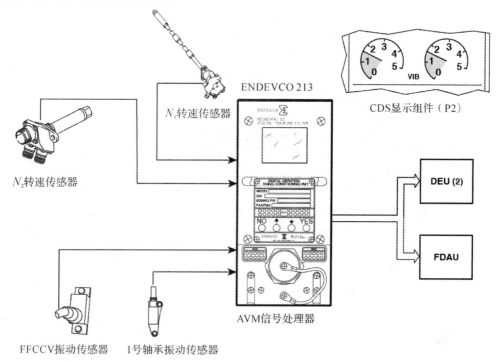

图 10 - 38　机载振动监控和指示

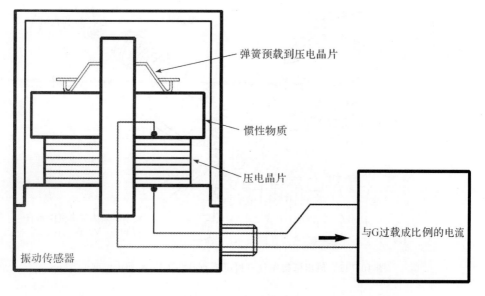

图 10 - 39　振动传感器

### 2.风扇框架压气机机匣垂直(FFCCV)振动传感器

FFCCV 振动传感器是一个固态组件,安装于风扇框架中介盒 3：00 位置,如图10‑41所示。FFCCV 传感器是一个 100 pC/g 压电传感器。传感器导线向后延伸到一个支架,此支架在高压压气机上部静子机匣 11：00 位置,打开右侧风扇整流罩和右反推整流罩以接近此传感器。

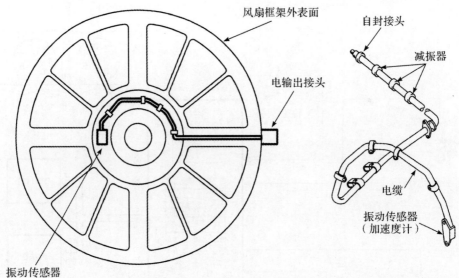

图 10‑40  1号轴承振动传感器

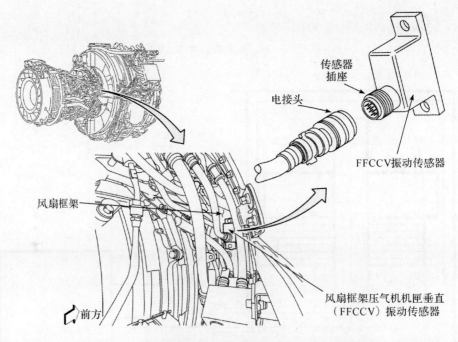

图 10‑41  风扇框架压气机机匣垂直(FFCCV)振动传感器

### 10.7.2　AVM 信号处理器

AVM 信号处理器位于 EE 舱 E3－2 设备架上，如图 10－42 所示。

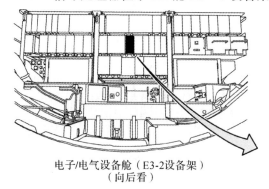

电子/电气设备舱（E3-2设备架）
（向后看）

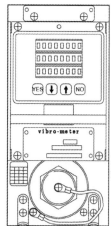

图 10－42　机载振动监控（AVM)信号处理器

有两种类型的 AVM 信号处理器，两个供应商。213 型处理器由 Endevco 提供；113 型处理器由 Vibrometer 提供。

AVM 信号处理器有以下功能。

(1)计算每台发动机振动值并将信号提供到公共显示系统(CDS)。

(2)将每台发动机历史振动数据保存在存储器内。

(3)提供振动平衡方案，帮助进行发动机配平平衡操作。

(4)隔离 AVM 系统故障并将故障数据保存在存储器内。

AVM 信号处理器振动数据输送到显示电子组件(DEU)和飞行数据采集组件(FDAU)。发动机振动等级正常显示在辅助发动机显示器上。辅助发动机显示通常显示在中央下部显示组件上(上、下显示格式)。

### 10.7.3　机载振动监控系统的功能模块

1. 振动计算

AVM 信号调节器连续计算每台发动机若干区域的振动数据，每台发动机的最高振动显示在 CDS 上，AVM 信号处理器使用下列传感器信号来计算发动机振动等级。

(1)1 号轴承振动传感器。

(2)FFCCV 振动传感器。

(3)$N_1$ 转速传感器。

(4)$N_2$ 转速传感器。

AVM 信号处理器计算以下发动机区域的振动。

(1)风扇/低压压气机(LPC)。

(2)高压压气机(HPC)。

(3)高压涡轮(HPT)。

(4)低压涡轮(LPT)。

如图 10-43 所示,不同转速振动频率不同,AVM 通过滤波将 N1,N2 转子各自的振动提取出来。前后传感器都能感受到低压转子(N1)和高压转子(N2)的振动,前传感器(1 号轴承振动传感器)对风扇振动敏感,后传感器(FFCCV 振动传感器)对核心机振动敏感。

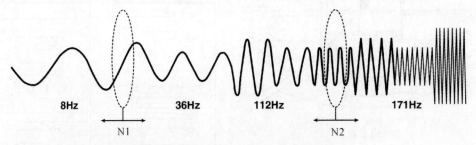

图 10-43　高低压转子的不同振动频率

**2.发动机振动数据历史记录**

AVM 信号调节器保存每台发动机最近 32 个发动机循环的信息。

(1)最大风扇和 HPC(高压压气机)振动。

(2)最大(风扇或 HPC)振动时的 $N_1$ 和 $N_2$ 速度。

(3)当最大(风扇或 HPC)振动发生时从发动机运转开始的时间。

(4)最大 LPT 和 HPT(高压涡轮)振动。

(5)最大(LPT 或 HPT)振动时的 $N_1$ 和 $N_2$ 速度。

(6)当最大涡轮振动发生时从发动机运转开始的时间。

AVM 信号处理器保存每台发动机最近 32 个航段(发动机循环)的发动机振动数据信息。当一台发动机速度超过 $45\%N_2$ 时,作为新航段开始。当两台发动机都小于 $45\%N_2$ 时,飞行停止。可在显示屏上的 FLIGHT HISTORY MENU 内查看该数据,如图 10-44 所示。

**3.平衡功能**

AVM 信号处理器使用永久存储器内的发动机振动数据(历史数据)计算单平面(风扇)和双平面(风扇和 LPT)平衡方案。使用 BITE 显示器和电门以操作平衡功能并查看方案。

**4.AVM 系统 BITE 和故障历史记录**

每当 AVM 信号处理器获得初始电源或在显示器上的 SELF TEST(自测试)菜单开始测试时,测试开始。

AVM 信号调节器进行测试以监控:①内部电路;②1 号和 2 号发动机 N1 信号;③1 号和 2 号发动机的 N2 信号。

AVM 信号处理器持续将 32 个故障(维护)信息保存在其永久性存储器内。可在显示屏上的 FAULT HISTORY MENU 内查看该数据。

AVM 将来自两个振动传感器和两个转速传感器的输入,在 AVM 信号处理器内进行处理,得到发动机 4 个分区的振动值:LPC,HPC,HPT,LPT,其中最大值被实时的显示在DU 上。

通过查看 AVM 前面板上的信息,可以获知 AVM 记录的各个分区振动最大值,AVM 能够计算得出配平方案,如果振动值偏高,利用此功能可以方便地完成配平工作。

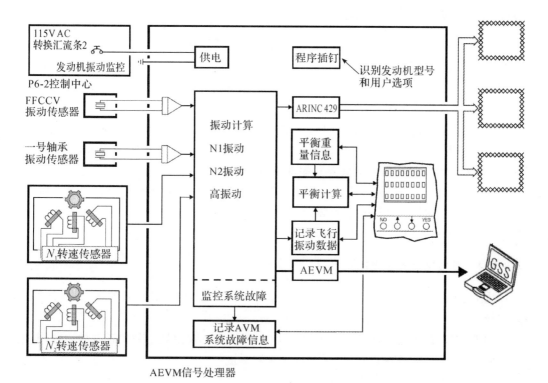

图 10-44　AEVM 信号处理器

AVM 升级为 AEVM 后,通过计算 1 号轴承振动传感器输出的振动信号,可监控 3 号、4 号轴承的状态,发现轴承缺陷。该功能需要定期检查 AVM 前面板,3 号、4 号轴承状态显示为 4 个级别,其中 0 级为正常,1,2,3 级都需要检查 MCD,并将数据下载并发送到相关厂家进行解析,如果确认为轴承状态不佳就需要更换发动机。

# 10.8　发动机指示系统故障案例

### 10.8.1　转速信号异常

(1)故障表现:驾驶舱无发动机转速显示;EEC 自检有相关故障信息。

(2)故障排除:两个转速传感器都提供信号给 EEC 双通道,EEC 监测到转速信号异常,或转速消失时会给出故障指示。通常更换对应转速传感器可排除。

### 10.8.2　EGT 指示异常

(1)故障表现:EEC 自检有相关故障信息。

(2)故障排除:EGT 指示系统有 4 组热电偶,显示的温度是平均值,不会造成 EGT 显示偏离过多,机组或维护人员难以发现。但能从 EEC 自检故障记录中发现某组热电偶数值不正常。清洁热电偶接线盒电接头,或者更换热电偶可排除。

### 10.8.3　振动指示异常

(1)故障表现:振动值大、振动指示消失或指示出现异常波动。

(2)故障排除:

1)发动机转子不平衡状态变差,会导致振动值偏高,对于低压转子不平衡,可使用 AVM 给出的配平方案对风扇做配平。

2)真实振动正常,由于指示系统问题导致振动指示消失或异常波动。通常出现参数大幅度异常波动,多为线路问题所致。如果振动指示消失,可在 AVM 前面板上通过查看故障记录确认故障部件,通常为 N2 信号丢失导致振动指示消失。

应急处置:可通过复位 VIB 跳开关处置。如果仍无指示,可按照最低设备清单保留放行。如果能够确认 1 号轴承振动传感器故障,可以脱开它的电接头,不接收 1 号轴承的信号,此时 AVM 仅接收 FFCCV 的信号,仍然能够提供驾驶舱内振动指示。

### 10.8.4　参数指示失去限制值

(1)故障表现:EGT,$N_1$,$N_2$,滑油温度,滑油压力无红色限制标线,滑油压力、滑油温度垂直标尺变红。

(2)故障排除:此类故障现象通常为滑油压力、滑油度标尺由红色替代正常的白色,其他参数,包括但不局限于 $N_1$,EGT,$N_2$ 会丢失红色限制刻度指示。

出现这种现象的可能原因有以下两种。

1)在地面时,EEC 断电后,DEU(显示电子组件)丢失了从 EEC 传输过来的发动机限制参数;

2)更换了新的 DEU 后,新 DEU 还未从 EEC 中下载发动机参数限制值。

(3)处置方法:可将相应发动机的起动电门放在"CONT"位置最少 10 s,给 EEC 通电,则 EEC 就可将参数限制发送给 DEU,使指示恢复正常。

# 思　考　题

1.驾驶舱中有哪些发动机指示仪表板?

2.公共显示系统(CDS)有几个显示组件?正常情况下分别显示哪些信息?

3.机长和副驾驶显示选择面板的作用是什么?

4.哪些显示组件可以显示发动机参数?

5.发动机指示主要有哪几种显示格式?

6.发动机参数指示器有哪些类型?说明其各指示部分的含义。

7.并列式发动机指示正常情况下显示在哪个显示器上?可以显示哪些发动机数据?

8.描述 $N_1$,$N_2$ 指示器的含义。

9.$N_1$,$N_2$ 指示器的各种颜色的含义是什么?

10.反推力信息显示的含义是什么?

11.说明机组告警信息的内容。

12.什么情况下会出现"交输引气启动"信息?其含义是什么?

13. 说明排气温度指示器的含义。

14. 如何显示燃油消耗量？如何使燃油消耗量计数器归零？

15. 滑油指示器有哪些类型？

16. 上、下显示格式如何显示发动机数据？

17. 说明滑油垂直指示器的含义。

18. 滑油量和振动数字指示"反白显示"的含义是什么？

19. 什么情况下发动机主要和辅助参数会组合显示在相同的显示器上？

20. 说明 $N_1$，$N_2$ 转速探测原理。

21. 说明热电偶的探测原理。

22. 说明机载振动监控系统的组成和功能。

23. 一台发动机共有几个振动传感器？说明其安装位置。

24. 机载振动监控系统(AVM)如何识别 N1，N2 转子的振动？

25. 分析发动机指示系统的故障案例。

# 第11章　发动机排气系统

## 11.1　发动机排气系统

发动机排气系统包括风扇排气与涡轮排气两部分。发动机排气系统分别排出风扇和涡轮的气流,通过分开的、平行的喷管将一定速度的排气流排入大气,并产生相应的推力,如图11-1所示。

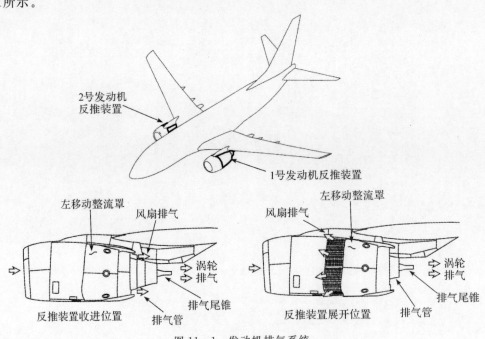

图 11-1　发动机排气系统

### 11.1.1　涡轮排气

涡轮排气系统提供来自发动机燃烧室燃气的排气出口,流过此出口,燃气加速喷出,从而增加了发动机的推力。当反推装置收进时,涡轮排气可提供少部分发动机推力。涡轮排气系统的主要部件包括排气管和排气尾锥。

排气管和排气尾锥都是通过螺栓安装于涡轮框架的后表面,它们都是锥形结构,如图11-2所示。排气管和排气尾锥之间形成气流通道,流出低压涡轮的燃气可以流过通道从尾喷口喷出,有助于产生更大的推力。

排气管

排气尾锥

排气管和排气尾锥之间环
形通道形成涡轮排气通道

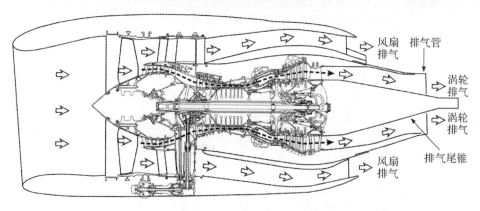

图 11-2　涡轮排气和风扇排气气流流动

风扇
排气

排气管

涡轮
排气

涡轮
排气

排气尾锥

风扇
排气

　　排气尾锥位于排气管内。排气尾锥可将流出风扇框架的环形气流逐渐过渡到圆柱形气流,减小气流流动损失,增加了推力。排气尾锥从前向后有一个收敛的形状。

### 11.1.2　风扇排气

　　流过发动机风扇的空气→风扇出口导向叶片→风扇框架支柱→从风扇排气管道排出。风扇排气管道是由内套筒和移动套筒形成的环形通道。当反推移动套筒收进时,风扇排气提供约 80% 发动机推力。风扇排气也可用作反推力。

### 11.1.3　反推力系统

　　反推力系统通过改变风扇排气的方向实现反向推力。在飞机着陆和中断起飞过程中,使用反推力装置可产生附加的飞机制动力,迅速降低飞机在地面的滑跑速度。当移动套筒向后展开后(见图 11-1),风扇气流与垂直方向成一定角度(大约 45°)斜向前喷出,产生反向推力。

发动机反推力系统由 3 部分组成：反推力组件、反推力控制系统和反推力指示系统。

## 11.2 排气系统部件

涡轮排气系统主要部件包括发动机排气尾锥和排气管。

发动机排气管控制涡轮排气流的外侧，排气管安装在发动机涡轮框架上；发动机排气尾锥控制涡轮排气流的内侧，尾锥也安装在发动机涡轮框架上。发动机排气管和尾锥是由镍合金制造的。

### 11.2.1 排气管组件

发动机排气管控制涡轮排气流的外侧。排气管组件包含内套管、整流罩、篦齿式封严和防火封严。

排气管是由螺栓安装到涡轮框架。排气管使用篦齿封严来隔离火焰，封严件通过螺栓固定到排气管上。

整流罩用于使风扇排气气流的内侧通道保持光滑流动，整流罩通过铆钉连接到排气管上。导流栅能使风扇排气气流沿着排气管组件流过，如图 11 - 3 所示。

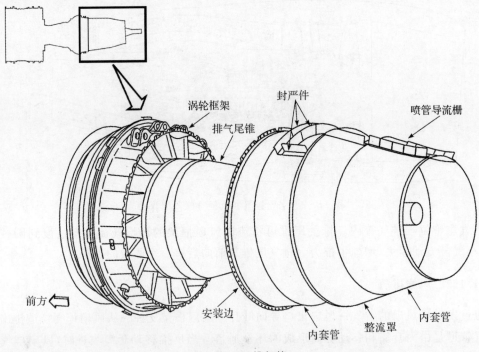

图 11 - 3 排气管

在排气管 12：00 位置附近有一个定位销，安装排气管时用来进行定位。

### 11.2.2 排气尾锥

发动机排气尾锥控制涡轮排气流的内侧。发动机通气系统通过尾锥后部的一个孔口与外界大气相通。

发动机排气尾锥主要包括前尾锥和后尾锥。后尾锥通过螺栓连接在前尾锥上,而前尾锥同样通过螺栓安装在发动机涡轮框架上,如图 11 - 4 所示。

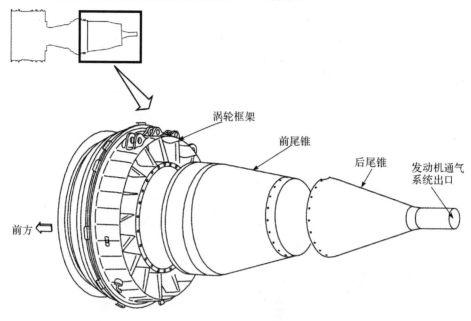

图 11 - 4　排气尾锥

尾锥位于发动机涡轮框架后部,需完成以下工作后才能接近。

(1)将风扇整流罩打开至全开位。

(2)打开反推整流罩(半环)。

(3)拆除发动机排气管。

在拆下前尾锥之前,必须先拆下发动机排气管和后尾锥。

在前尾锥前部 12:00 位置有一个定位销可以帮助维护人员安装前尾锥,在后尾锥前部 12:00 位置有一个定位槽可以帮助维护人员来安装后尾锥。

如图 11 - 5 所示为 CFM56－7BE 短构型排气管。短构型排气管要采用与之匹配的热护罩。

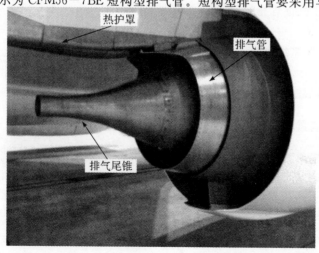

图 11 - 5　CFM56－7BE 短构型排气管

# 11.3 反推力系统

反推力系统主要包括 3 个子系统：反推装置、反推控制系统和反推指示系统。

反推装置控制发动机风扇排气气流的方向，使其斜向前喷气而产生反向推力。反推装置能在飞机着陆或者中断起飞过程中帮助飞机减速。飞机共有两套反推力装置：1 号反推装置用于 1 号发动机（左侧发动机），2 号反推装置用于 2 号发动机（右侧发动机）。每一套反推装置又分为左右两个半环，每一半环有一个可以向后移动产生反推力的移动套筒。两个移动套筒同时工作，但相互独立。每个反推半环有 3 个液压作动筒作动，柔性同步轴确保三个液压作动筒的活塞杆以相同的速率伸出和缩入。

反推控制系统向反推装置提供控制电信号和作动液压动力。当飞机距离地面高度小于 10 ft（3 m）时，反推控制系统允许反推装置展开。可以通过提起反推手柄向反推控制系统传送一个展开反推装置的控制信号。收进反推装置时，可以将反推手柄压下至收进位置，向反推控制系统输送一个收进反推装置的控制信号。反推控制阀组件控制流向反推装置液压作动筒的液压。反推手柄驱动电门向反推控制阀组件提供展开或者收进的信号。反推同步锁能防止在没有展开信号的情况下液压作动筒作动反推装置展开。

发动机附件控制组件（EAU）的主要功能是用来控制反推装置的收进工作。EAU 前面板提供自测试（BITE）功能，可帮助维护人员对反推控制系统故障进行诊断。EAU 用两个反推接近传感器控制每个移动套筒，同时也与反推指示系统交换信息，来控制 REVERSER（反推）灯。反推指示系统提供反推装置和反推控制系统的驾驶舱指示。

反推指示系统在驾驶舱提供以下反推系统的指示。

（1）CDS 上的 REV 信息指示。

（2）P5 后板上的 REVERSER（反推）灯。

（3）CDU 上的 LVDT 数据。

CDS 显示 REV 信息，该信息是指示反推装置的移动套筒的位置。每一个反推装置都有 LVDT，LVDT 提供反推装置移动套筒位置信息给 EEC。

当 REVERSER 反推灯亮时，表明下列区域之一可能出现故障。

（1）反推控制系统。

（2）阻碍反推控制系统正常工作的机械故障。

在反推收进过程中，REVERSER 灯会亮 10 s，如果 10 s 内反推没有收进到位，该灯将保持点亮。EAU 控制 REVERSER 灯的工作。

## 11.3.1 反推装置

反推装置采用移动套筒加格栅的设计，每套反推装置都有两个半环风扇涵道（C 型涵道），其外壁可以前后移动，称为移动套筒。每套反推装置上的两个移动套筒同时工作，但是相互之间保持独立。每个半环由 4 个铰链与发动机吊架相连。反推装置采用 6 个锁扣将两个半环锁在一起，如图 11-6 所示。

每个反推半环包含移动套筒、3 个液压作动筒、两个同步轴、6 块反推格栅、5 个阻流门、5 个阻流门阻力连杆、1 个反推装置打开作动筒、扭力盒、3 个接近门、上下滑块和滑轨。

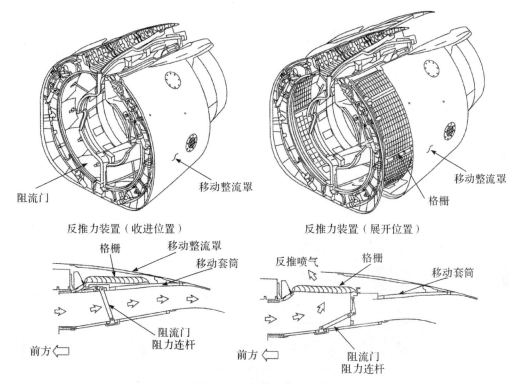

图 11-6　反推力移动套筒

当移动套筒位于最前端位置时,反推装置处于收进位置;位于最后端位置时,反推装置处于展开位置。移动套筒上有滑块,套筒可以沿滑轨向前或者向后移动。

每一个阻流门阻力连杆将一个阻流门连在内通道上。

在反推装置展开过程中,液压作动筒作动移动套筒,移动套筒移动到反推格栅的后面,阻力连杆将阻流门拉起,挡住风扇向后的排气气流,风扇气流通过格栅斜向前喷出,产生反向推力。

### 11.3.2　移动套筒(整流罩)

(1)当反推装置位于收进位置时,移动套筒(整流罩)有以下两个作用。

1)保护反推格栅和其他部件。

2)控制风扇排气气流的外侧。

(2)当反推装置位于展开位置时,移动套筒有以下两个作用。

1)暴露出反推格栅。

2)将阻流门移动到风扇排气流中。

反推移动套筒位于风扇整流罩后侧,导轨和滑块将移动套筒与反推装置结构相连。反推移动套筒是一个带有内、外蒙皮的组合件。外蒙皮构成发动机整流罩的气动外形并保护内部的发动机部件,称为移动整流罩。内蒙皮构成风扇涵道的外壁,称为套筒。阻流门和消音板形成了大部分的内蒙皮。

### 11.3.3　液压作动筒和同步轴

在反推装置收放过程中,液压作动筒作动移动套筒。同步轴可确保液压作动筒以相同的速率缩入或伸出,还可以使维护人员人工操纵反推液压作动筒。

如图 11－7 和图 11－8 所示,每个反推半环有 3 个液压作动筒,作动筒活塞杆伸出时作动反推装置展开,活塞杆缩入时反推装置收进。这 3 个液压作动筒中有一个为机械锁作动筒,另外两个为无锁作动筒。只有在机械锁作动筒开锁的情况下,无锁作动筒才能运动。机械锁作动筒有一个位置反馈机构和一个人工开锁手柄,在人工作动移动套筒时可打开作动筒机械锁。位置反馈机构作动一个 LVDT,LVDT 提供移动套筒位置信息。

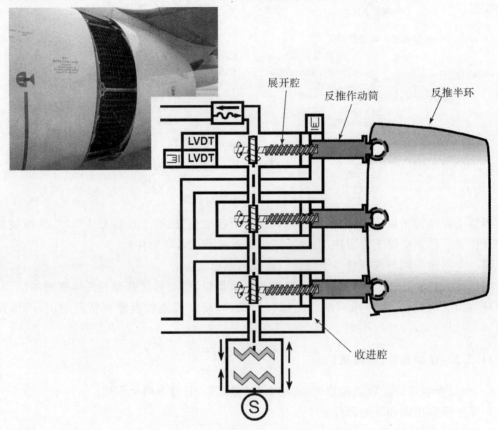

图 11－7　反推半环与反推作动筒

在每台发动机上有两套相同的同步轴。

在每个反推半环上,最上面的是锁作动筒,两个无锁作动筒位于锁作动筒的下部。3 个液压作动筒的前端都与扭矩盒相连,而后端都与移动套筒相连。

可以通过打开风扇整流罩并向后作动移动套筒即可以接近液压作动筒。

上同步轴位于上作动筒和中作动筒之间的展开液压管内,下同步轴位于中作动筒和下作动筒之间的展开液压管内,展开液压管比收进液压管的管径要大。打开风扇整流罩就可以接近这些液压管路。

人工开锁手柄可以让维护人员给机械锁作动筒开锁,实现人工作动移动套筒,同时它还是移动套筒锁传感器的靶标。

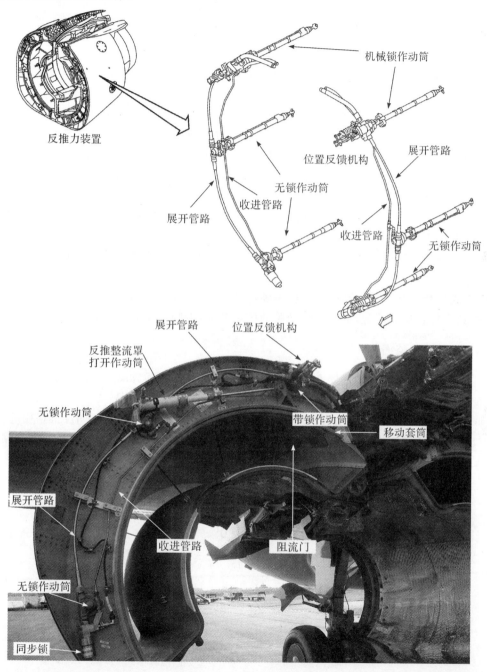

图 11-8　反推作动筒分布

所有的液压作动筒都有以下部件和接口。

（1）伸出（展开）压力口。

（2）缩入（收进）压力口。

（3）万向接头组件。

（4）同步轴和管接头。

锁作动筒还有以下部件。

(1)人工开锁手柄。

(2)位置反馈机构。

(3)内部锁机构。

在正常的反推收放过程中,展开口的液压压力使锁作动筒开锁。需要人工作动移动套筒时,可用人工开锁手柄使机械锁作动筒开锁。

反推控制阀控制通向作动筒的液压。在反推装置展开的过程中,液压油供往每个作动筒的展开和收进口。液压使锁作动筒开锁,因为作动筒展开腔的液压作动力大于收进腔液压作动力,所有作动筒活塞杆伸出,驱动移动套筒向后移动。在反推装置收进的过程中,反推控制阀将液压油供往反推作动筒的收进腔,同时使展开腔通回油,作动筒活塞杆缩入,驱动移动套筒向前移动。

万向接头组件将每个液压作动筒的外筒与扭矩盒连接在一起,必须向后作动移动套筒才能接近万向接头组件。

同步轴将作动筒的驱动机构连接在一起,两个同步轴位于将三个作动筒展开腔连通的展开管路内。

所有无锁作动筒是可以互换的。机械锁作动筒也是可以互换的。

**注意**:当操作作动筒时,不允许作动筒的杆端转动,否则会损伤作动筒内部反馈机构。

### 11.3.4 反推格栅

反推格栅用于在反推装置展开过程中,控制风扇空气的流动方向,引导风扇排气流斜向前喷射,产生反向推力。反推格栅还起到加强反推装置结构强度的作用。

如图 11-9 所示,每台发动机的反推装置有 12 块反推格栅,用数字标明反推格栅的位置。1 号发动机反推装置格栅的编号为从后向前看顺时针方向增加,2 号发动机反推装置格栅的编号为从后向前看逆时针方向增加。

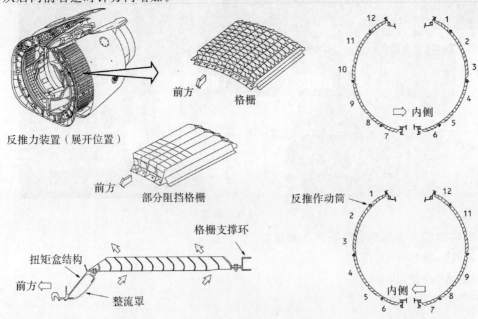

图 11-9 反推格栅组件

反推格栅的前缘通过螺栓与扭矩盒固定,后缘用螺栓与格栅支撑环相连。可以通过展开反推装置来接近反推格栅。

反推格栅是用石墨环氧树脂材料制成的。每一架飞机共有 22 个不同(件号)的反推格栅。每种格栅均使风扇排气气流沿着不同的方向排出。2 号和 3 号格栅是部分阻流型的,这些格栅不允许气流通过叶栅区段。

在检查、拆卸、安装反推格栅时,移动套筒必须处于展开位置。

### 11.3.5　阻流门和阻流门阻力连杆

反推阻流门在反推装置展开时,改变风扇排气气流方向,使其通过反推格栅斜向前喷射以产生反推力。

当反推装置处于收进位置时,阻流门构成风扇涵道外壁的一部分。阻流门阻力连杆将阻流门贴合到风扇涵道内壁。阻流门是移动套筒的一部分,与移动套筒的内部轮廓一起构成光滑通道。

阻流门阻力连杆位于风扇涵道内,如图 11 - 10 所示。

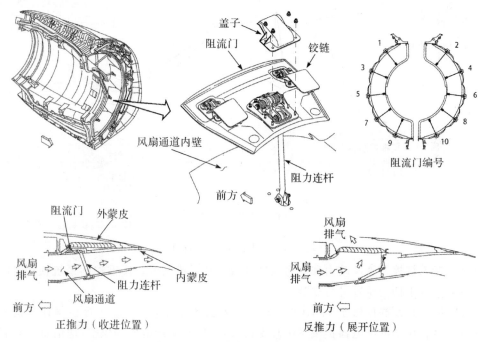

图 11 - 10　阻流门和阻流门阻力连杆

每个移动套筒有 5 块石墨环氧树脂材料制成的阻流门,每侧移动套筒上有 3 种不同尺寸的阻流门。每块阻流门用两个铰链连接到移动套筒内壁前端。阻流门阻力连杆将阻流门贴合到风扇涵道内壁。一个盖板覆盖阻力连杆与阻流门的连接处,阻流门的位置是用数字标明。

在反推装置展开时,移动套筒向后移动,使阻流门拉起挡住风扇涵道,风扇排气气流于是改变方向从格栅通道喷出,进而产生反推力。

在检查、维护阻流门和阻流门阻力连杆时,移动套筒必须向后移动。

在检查风扇涵道内壁阻流门阻力连杆接头时,必须打开反推整流罩。

**警告:**当反推整流罩在打开位置时,不要进入风扇涵道,人的体重会导致反推撑杆损伤,进而使得人员或者设备受损伤。

注意:不要用力拉阻流门阻力连杆或者用阻力连杆做支撑,这将损坏阻力连杆。

## 11.4　反推力控制系统

反推控制系统的作用是根据驾驶舱内反推力手柄的指令控制反推装置的展开和收进。反推控制系统的部件主要分布于驾驶舱中央操纵台的上部和下部,电子电气设备(EE)舱,前轮舱,主轮舱和反推移动套筒,如图 11-11 所示。

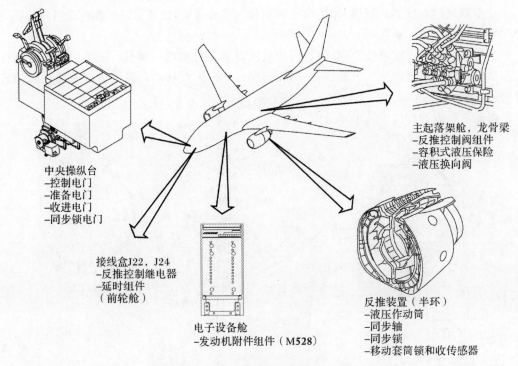

中央操纵台
-控制电门
-准备电门
-收进电门
-同步锁电门

主起落架舱,龙骨梁
-反推控制阀组件
-容积式液压保险
-液压换向阀

接线盒J22,J24
-反推控制继电器
-延时组件
(前轮舱)

电子设备舱
-发动机附件组件(M528)

反推装置(半环)
-液压作动筒
-同步轴
-同步锁
-移动套筒锁和收传感器

图 11-11　反推控制系统部件位置

反推控制系统控制液压动力和电力以展开或收进反推装置。反推控制系统使用 24/28 V 直流电源和反推手柄的位置进行控制。

当飞机距离地面高度低于 10 ft(约 3 m)时,才能展开反推装置。飞行控制计算机和一个由无线电高度表作动的继电器提供飞机高度信号,空中感应继电器提供空/地信息。只有在灭火手柄处于正常位置时,反推控制系统才能获得电力。

反推控制阀组件控制反推装置收放的液压,它包含必要的电气/液压部件控制通向反推作动筒的液压。飞机共有两个反推控制阀组件,每台发动机一个。每一个移动套筒半环上有一套反推同步轴以确保作动移动套筒的三个液压作动筒同步运动。只有当同步轴可以自由转动时,作动筒活塞杆才能移动。每个反推半环的下部液压作动筒都连接有一个同步锁,同步锁开锁后同步轴才能自由转动。

在反推装置正常工作过程中,同步锁通电开锁。同步锁同时也是一个人工作动机构,在维护中,可以通过同步锁机构人工作动反推移动套筒移动。

发动机附件控制组件(EAU)具有反推装置收进操作所必须的电路,同时也使用反推移动套筒接近传感器的输入信号来进行反推自动收进操作。

反推手柄可作动位于自动油门电门组件上的电门,这些电门控制通往 EAU(发动机附件组件)同步锁和反推控制阀组件的控制信号。

### 11.4.1　反推展开操作

当将反推手柄从收进位置提起到展开位时,如图 11-12 所示,会出现以下情况。

(1)自动油门电门组件内的电门作动,同步锁通电开锁,同时给反推控制阀组件一个预位信号。

(2)反推控制电门作动,反推展开信号通到反推控制阀组件。

(3)反推控制阀组件将液压供往反推作动筒,作动移动套筒向后移动。

飞行控制计算机 FCC 或者位于前轮舱内的两个继电器 J22/J24 中的一个提供收放反推装置所必须的空/地信号。当空地信号和高度信号都不满足时,液压不能通往反推作动筒。

### 11.4.2　反推收进操作

当把反推手柄放置压下到收进位时,会出现以下情况(见图 11-12)。

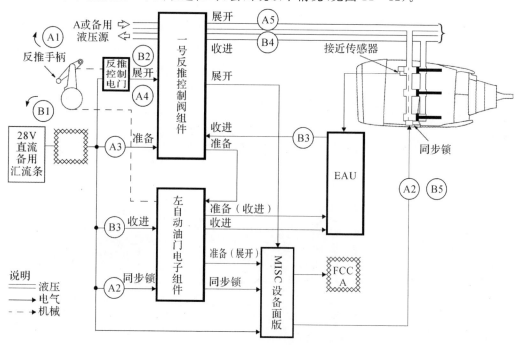

图 11-12　1 号发动机反推控制系统

(1)反推控制电门断开了通往反推控制阀组件的展开信号。

(2)EAU 自动收进电路进行自测试。

(3)自动油门电门组件内的电门被作动,通过 EAU 传送一个预位和收进信号至反推控制阀组件。

(4)反推控制阀组件将液压通往反推作动筒以作动移动套筒至收进位。

(5)18 s 后同步锁入锁。

### 11.4.3　反推自动收进

当反推手柄在收进位而反推移动套筒不在收进位或锁定位时,EAU 根据移动套筒上的接近传感器输入信号,自动收进反推装置。EAU 根据移动套筒接近传感器进行自动收进操作,在正常反推装置收进操作过程中,反推自动收进操作通常只工作 10 s。

### 11.4.4　预位、收进和同步锁电门

预位和收进电门控制通往反推控制阀组件的预位和展开信号。系统通过这些信号来控制通往反推作动筒的液压。同步锁电门控制通往反推同步锁的电力。

所有的电门位于驾驶舱中央操纵台下部的自动油门电门组件内,共有两个电门组件,这些组件位于两个自动油门伺服机构之间。可以通过下前舱接近门接近自动油门电门组件,要接近所有的电门则必须拆下自动油门电门组件,如图 11－13 所示。

预位电门给反推控制阀组件内的预位线圈提供电信号。共有两个预位电门,一台发动机反推装置一个。

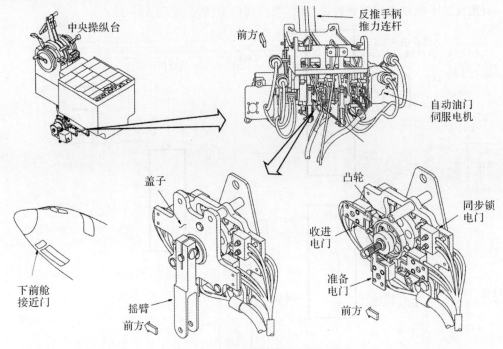

图 11－13　反推控制系统电门位置

收进电门向 EAU 的收进逻辑电路提供电信号,共有两个收进电门,一台发动机反推装置一个。

同步锁电门向同步锁电路提供电信号,共有两个同步锁电门,一台发动机反推装置一个。

当移动反推手柄时,推力连杆运动,经过一系列传动机构使摇臂转动,摇臂的转动使自动油门电门组件内的凸轮转动,从而作动电门。

### 11.4.5　反推控制电门

在反推装置展开过程中,反推控制电门提供电信号到反推控制阀组件内的展开电磁线圈,共有两个反推控制电门,一台发动机反推装置一个。

反推控制电门位于推力手柄内,每个推力手柄各有一个电门。拆下推力手柄侧板就可以接近反推控制电门,如图 11 - 14 和图 11 - 15 所示。

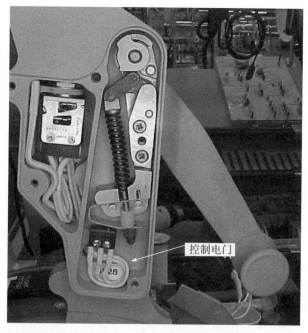

图 11 - 14　反推控制电门

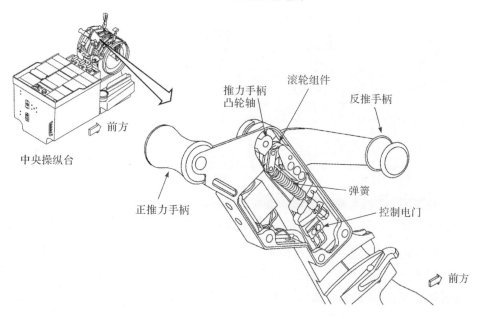

图 11 - 15　反推控制电门安装位置

当提起反推手柄时,反推手柄凸轮轴会转动,凸轮轴转动使得滚轮组件和作动杆向下移动,反推控制电门弹簧被压缩,从而作动反推控制电门。

套在作动杆上的弹簧使作动杆和滚轮组件紧压在凸轮上,当压下反推手柄收进反推装置时,作动杆与滚轮组件在正常位,控制电门弹簧释放,反推控制电门回到收进位置。

### 11.4.6 反推接近传感器

1. 反推移动套筒锁接近传感器

反推移动套筒锁接近传感器向 EAU 提供反推作动筒开锁/入锁信号。

EAU 使用这些信号完成以下功能:①正常收进反推装置控制;②反推自动收进控制;③故障逻辑和故障指示;④故障隔离。

反推移动套筒锁接近传感器位于反推装置机械锁作动筒的头端,打开风扇整流罩可以接近此传感器。每一个锁作动筒有一个接近传感器,因此每一个反推半环都有一个套筒锁接近传感器,如图 11-16 所示。

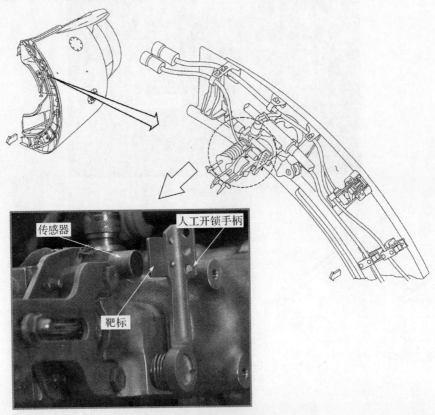

图 11-16 反推接近传感器

每一个锁接近传感器有两个输出电平,一个表示锁定位置,另一个表示开锁位置。

套筒锁传感器是一种接近式传感器,作动筒的人工开锁(机械锁)手柄即是传感器的靶标。当靶标接近传感器时,传感器的输出电平改变,指示锁作动筒开锁。

EAU 向接近传感器提供励磁电流。当靶标接近传感器时,EAU 感受传感器输出信号较大变化。

在反推装置展开过程中,锁作动筒开锁,人工开锁手柄(靶标)靠近传感器。人工开锁手柄保持在该位置直到移动套筒回到收进位置,并且液压作动筒入锁。

2. 反推移动套筒收进接近传感器

反推移动套筒收进接近传感器向 EAU 提供反推装置收进/未收进电信号。

EAU 使用这些电信号完成以下功能。

(1)正常反推装置收进控制。

(2)反推自动收进控制。

(3)故障逻辑或故障指示。

(4)故障隔离。

反推移动套筒收进接近传感器位于反推扭矩盒的前部。靶标摇臂组件位于扭矩盒前部。每一个反推移动套筒有一个传感器和靶标,打开风扇整流罩可以接近该传感器和靶标,如图 11-17 所示。

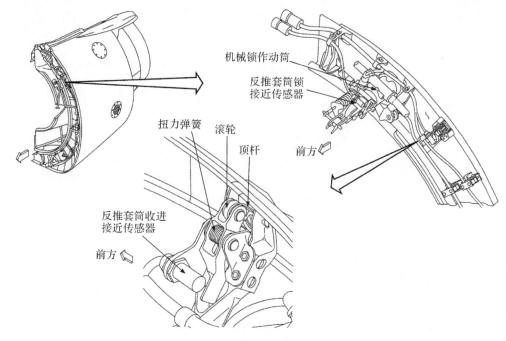

图 11-17　反推移动套筒收进接近传感器

每一个收进接近传感器有两个输出电平,一个表示收进位置,另一个表示未收进位置。当传感器接近靶标时,传感器输出电平改变。靶标是摇臂的一部分,两个小扭力弹簧的弹力作用于摇臂上。在反推移动套筒上有一个顶杆,当反推装置处于收进位置时,该顶杆保持靶标远离传感器。

EAU 向套筒收进接近传感器提供励磁电流。当靶标接近时,EAU 感受传感器输出电平的较大变化。反推装置展开过程中,反推移动套筒离开收进位,靶标靠近传感器。

当反推移动套筒向后移动(展开)时,顶杆脱离摇臂滚轮;小扭力弹簧的弹力作用于摇臂上以抵消顶杆的力;摇臂转动,同时靶标靠近传感器。靶标会保持在接近位置,直到移动套筒回到收进位,而且顶杆转动摇臂。由于靶标远离传感器,所以传感器输出电平不再变化。

### 11.4.7 同步锁

反推同步锁有以下两个功用。

(1)当无反推展开信号时,同步锁入锁,阻止反推作动筒运动。

(2)允许人工操作反推作动筒,如图 11-18 所示。

图 11-18 反推同步锁

同步锁位于每一个反推半环下部的作动筒上。在反推装置正常工作过程中,同步锁是一种电控机械锁。同步锁上面有一个电插头,下部有一个人工超控机构,可以通过人工超控机构来人工开锁。当人工作动时,不一定需要电信号。

没有电信号时,同步锁处于入锁位置,此时同步轴无法转动。反推液压作动筒活塞杆也无法运动。

展开反推装置时,同步锁内的电磁线圈通电,同步锁开锁。此时同步轴可以自由转动,液压作动筒能够作动。

当收进反推装置的指令发出 18 s 后,同步锁电磁线圈断电。18 s 的延时是为了确保反推装置有足够的时间回到收进位置。

同步锁的人工驱动端可以通过内部机构,作动同步轴转动。

当同步锁电磁线圈通电时,同步锁开锁。使用方头工具推入人工驱动接头内,方头驱动工具压入驱动接头内的同步锁释放销可以人工打开同步锁。

当使用扳手人工驱动反推装置时,同步锁必须通电解锁。因为扳手无法压住人工驱动接头的释放销。

### 11.4.8 发动机附件组件 EAU

EAU 有以下主要功能。

（1）控制反推装置的自动收进操作。

（2）辅助对反推控制系统排故。

（3）控制驾驶舱 P5 后板的"REVERSER"（反推）灯。

EAU 内部有反推自动收进逻辑电路，这些电路控制反推装置的收进操作。

EAU 上的自测试设备（BITE）可以辅助对反推系统排故。

EAU 控制后 P5 板的"REVERSER"灯，该灯亮通常表示反推系统存在故障。

EAU 位于电子电气设备（EE）舱的 E3 设备架上，如图 11 - 19 所示。

针对每一侧的反推装置，EAU 面板有一系列指示灯和电门，在 EAU 正面下方有一个标牌提供自测试指示。

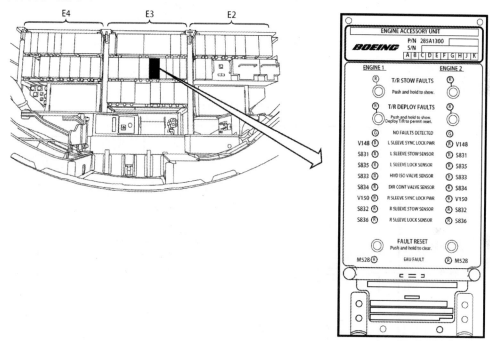

图 11 - 19　发动机附件组件（EAU）

### 11.4.9　反推控制阀组件

反推控制阀组件控制通往反推液压作动筒的液压。每一个组件上有一个手柄，用于维护时断开液压。

每一个反推控制阀组件包含以下零部件（见图 11 - 20 和图 11 - 21）。

（1）隔离阀。

（2）方向控制阀。

（3）隔离阀接近电门。

（4）方向控制阀接近电门。

（5）预位电磁线圈。

（6）收进电磁线圈。

（7）展开电磁线圈。

（8）人工隔离阀。

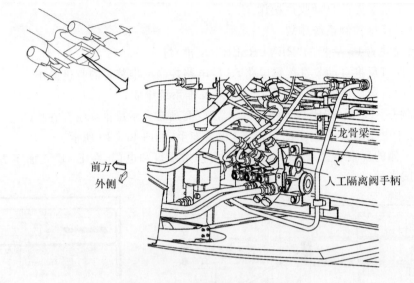

图 11-20 反推控制阀组件的位置

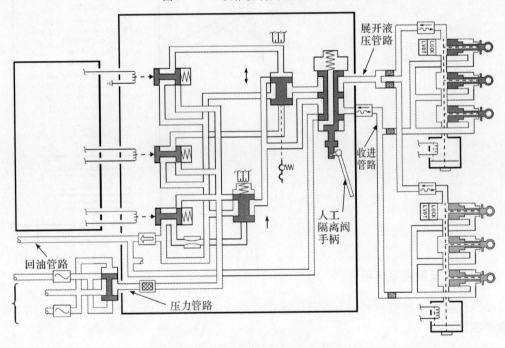

图 11-21 反推控制阀组件原理图

## 1.人工隔离阀

地面维护时可以通过操纵人工隔离阀手柄,隔离通往反推作动筒的液压。将人工隔离阀扳到关断位时,反推作动筒的展开腔和收进腔都通回油。人工隔离阀手柄上有一个销孔,用来在维护时插上解除销,使反推作动筒保持解除液压,如图 11-22 所示。

反推控制阀组件位于主轮舱龙骨梁上,1 号反推控制阀组件位于左侧,2 号反推控制阀组件位于右侧。

当人员和设备靠近反推的范围内工作时,需要使用人工隔离阀手柄来隔离液压,可以用一个锁销插入销孔使人工关断手柄保持在关断位。维护时对反推的隔离和放行飞机时对反推的隔离是不一样的。必须按照 AMM 手册的相关程序进行操作。

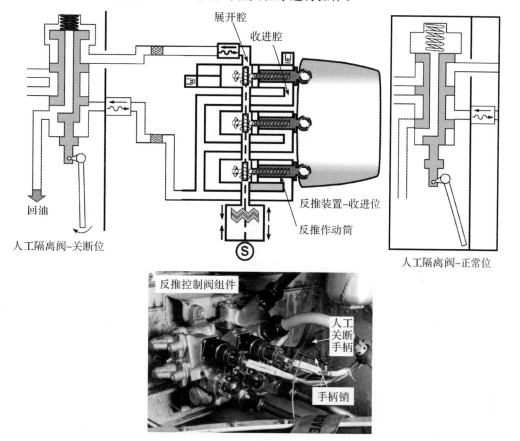

图 11 - 22　反推控制阀组件——人工隔离阀

**警告**：当从反推控制阀组件上拔出锁销之前，应该确认反推装置处于正确的位置。

如果反推移动套筒在收进位置，反推手柄必须在完全压下（收进）位置。如果反推移动套筒在展开位置，反推手柄必须不在收进位置。如果反推手柄的位置与反推移动套筒的位置不一致，当液压接通时，反推移动套筒会移动，如此有可能会伤害人员或设备。

反推控制阀组件是航线可更换件，航线维护时可更换整个组件，但不能更换组件中的部件。

2. 液压保险

反推控制系统共有 3 个液压保险，液压保险的作用是当液压管路发生泄漏时，液压保险切断管路，阻止液压油完全漏失。

备用液压系统的反推供油管路上有两个液压保险，每个反推装置一个。如图 11 - 23 所示，这些液压保险位于主轮舱龙骨梁上，左侧液压保险位于通往 1 号发动机反推装置供压管路，右侧液压保险位于通往 2 号发动机反推装置供压管路。第三个液压保险位于 A 液压系统供往 1 号发动机反推装置的供压管路上，此液压保险位于主轮舱前壁板的左侧，B 液压系统通向 2 号发动机反推装置的供压管路上没有液压保险。

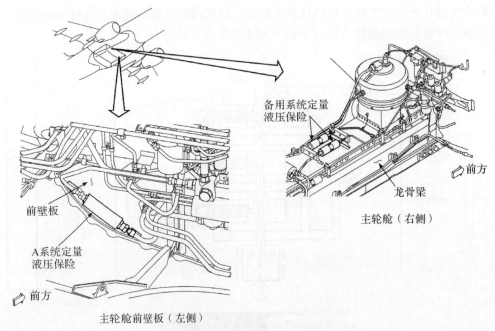

主轮舱前壁板（左侧）

图 11-23  反推控制系统定量液压保险

这些液压保险属于定量保险，液压保险在关闭前，允许 175 $in^3$① 的油液通过。当流过液压保险的液压油超过 175 $in^3$ 后，液压保险切断液压管路，防止液压油的大量漏失。当液压保险上下游两侧的压力基本均衡时，保险打开，液压可以继续流过液压保险。

3. 换向阀

换向阀选择反推系统的工作压力源。如图 11-24 所示，两个换向阀位于主轮舱龙骨梁上。反推控制系统共有两个换向阀。当主液压系统的压力和备用液压系统的压力差达到 125 psi 时，换向阀转换。例如，在正常情况下 A 系统向 1 号发动机反推装置供应液压，当 A 液压系统压力低于备用液压系统的压力超过 125 psi 时，换向阀转换。这样就由备用系统向 1 号发动机反推装置供压。当 A 系统压力高于备用系统动力超过 125 psi 时，换向阀重新转换。右侧换向阀选择通往 2 号反推装置的压力源，B 系统为正常压力源，备用系统为备用压力源。

## 11.5  展开反推装置

只有将正推力手柄收回到慢车位置才能操纵反推力手柄。当提起反推手柄时，反推装置展开信号通往反推控制系统。反推控制阀组件获得控制电信号。

当飞机距离地面超过 10 ft(3 m)时，控制系统内的逻辑电路抑制反推装置的展开。

### 11.5.1  反推展开控制电路

当飞机距离地面低于 10 ft，提起反推手柄至展开位置时，会产生如下情况（见图 11-25）。

(1)反推控制电门移动至展开位置。

---

①  1 $in^3$ =16.39 $cm^3$。

（2）自动油门电门组件架内的电门（预位电门、收进电门、同步锁电门）移动至展开位。

（3）反推同步锁继电器（R477）导通。

（4）反推同步锁通电开锁。

（5）0.1s 后反推顺序继电器（R495）通电。

（6）预位和展开电磁线圈（位于反推控制阀组件内）通电。

（7）反推控制阀组件输送液压到反推作动筒。

1. 打开同步锁

在反推作动筒作动前，同步锁必须开锁。当同步锁开锁继电器导通时，28 V 备用汇流条的电力通过闭合的电门通向同步锁电磁线圈，同步锁通电开锁。

2. 反推控制阀组件

每一个反推控制阀组件各有一个"预位"和"展开"电磁线圈，两个电磁线圈必须都导通时才能将液压通向反推作动筒来展开反推装置。

3. 反推顺序继电器和反推延时继电器

当右侧反推同步锁通电后 0.1 s，反推顺序继电器（R477）通电导通。这使得在预位电磁线圈和展开电磁线圈通电，液压通向反推作动筒作动反推之前，同步锁有足够的时间来开锁。反推顺序继电器通过反推延时继电器接地导通。

4. 飞行控制计算机（FCC）

在飞机高度小于 10 ft（3 m）时，FCC 提供一个控制电路的接地。FCC A 向 1 号发动机反推提供接地点，FCC B 向 2 号发动机反推提供接地点。

5. 多功能电气设备板（J22/J24）

多功能电气设备板内包括发动机反推控制部件：同步锁继电器，顺序继电器，反推延时器组件，空地感应继电器（R584），无线电高度低于 10 ft 继电器（R709）。

多功能电气设备板 J22 在前起落架舱左侧的机身内。用于 1 号发动机反推控制。

多功能电气设备板 J24 在前起落架舱右侧的机身内。用于 2 号发动机反推控制。

### 11.5.2　展开电磁线圈导通电路

如图 11 - 25 所示，28 V 备用直流汇流条电力→灭火手柄电门→展开控制电门（推力手柄内）→展开电磁线圈（反推控制阀组件内）→顺序继电器（R495）电门→接地导通。只有在顺序继电器导通时展开电磁线圈才能通电。提起灭火手柄到反推展开位后，延时 0.1 s，顺序继电器导通。顺序继电器（R495）导通后，展开电磁线圈可通过 FCC A 电门、空地继电器（R584）、B 继电器（R709）（无线电高度低于 10 ft）这三个电门中的任何一个接地。当飞机接地后，顺序继电器电门闭合；无线电高度低于 10 ft 时，R709 电门闭合；飞机高度低于 10 ft 时，FCC A 电门闭合。反推展开电磁线圈只有飞机高度低于 10 ft，或着陆接地后才能导通。

### 11.5.3　预位电磁线圈导通电路

28 V 备用直流汇流条电力→灭火手柄电门→预位电磁线圈（反推控制阀组件内）→预位电门（自动油门电门组件内）→顺序继电器（R495）电门→接地导通。反推预位电磁线圈通过可通过 FCC A 电门、空地继电器（R584）、B 继电器（R709）（无线电高度低于 10 ft）这三个电门中的任何一个接地。反推预位电磁线圈只有飞机高度低于 10 ft，或着陆接地后才能导通。

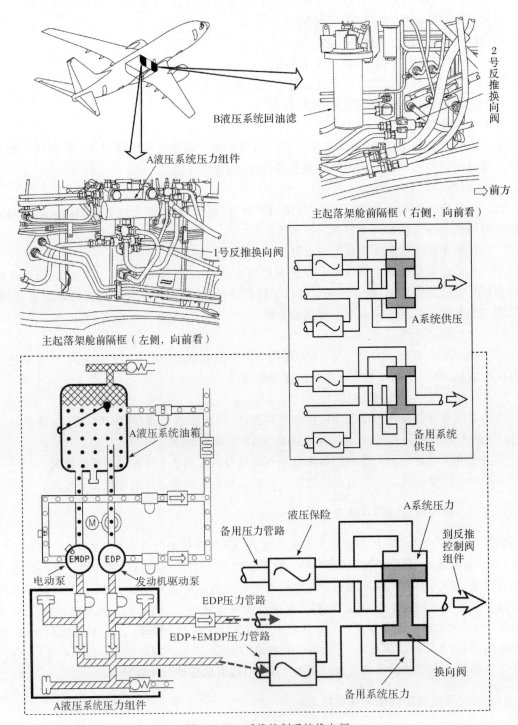

B液压系统回油滤

2号反推换向阀

A液压系统压力组件

前方

1号反推换向阀

主起落架舱前隔框（右侧，向前看）

A系统供压

备用系统供压

主起落架舱前隔框（左侧，向前看）

A液压系统油箱

液压保险

A系统压力

备用压力管路

到反推控制阀组件

EMDP

EDP

电动泵

发动机驱动泵

EDP压力管路

EDP+EMDP压力管路

换向阀

备用系统压力

A液压系统压力组件

图 11-24　反推控制系统换向阀

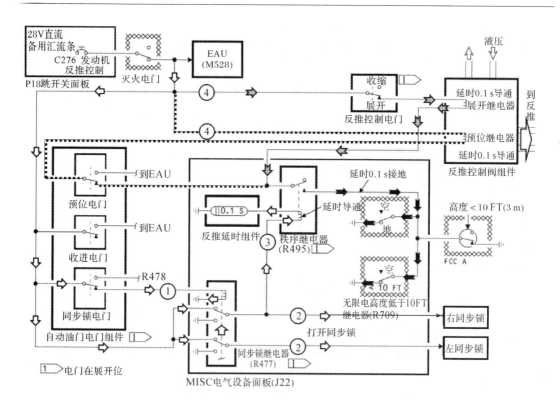

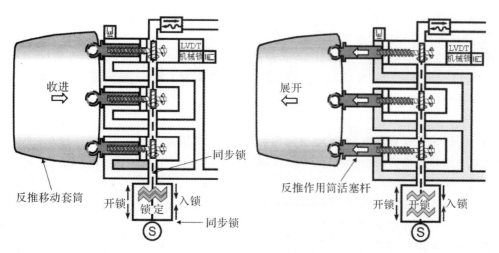

图 11-25  1 号发动机反推力控制电路——展开

### 11.5.4  反推控制阀组件—展开控制

反推控制阀组件控制通往反推液压作动筒的液压来收进或者展开反推装置。

A 液压系统向 1 号发动机反推作动筒供压，B 液压系统向 2 号发动机反推作动筒供压。如果 A 系统或者 B 系统失效时，备用液压系统通过换向阀提供备用压力，如图 11-26 所示。

当飞机距离地面低于 10 ft，提起反推手柄至展开位置时，预位和展开电磁线圈导通。当预位电磁线圈导通,反推控制阀组件可以获取液压时,发生以下几种情况.

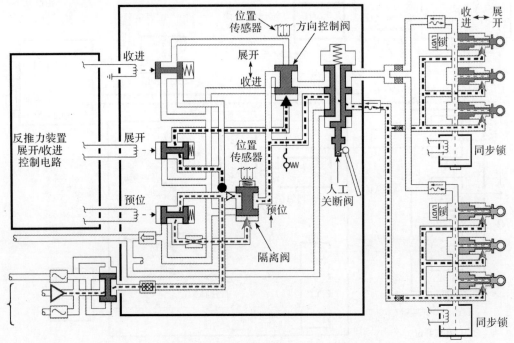

图 11 - 26　1 号发动机反推控制阀组件——展开控制

(1)预位电磁阀克服弹簧力移动(向右),将液压油供往液压隔离阀(HIV)。

(2)液压隔离阀(HIV)移至预备位(向上)。

(3)液压压力到达方向控制阀(DCV),使其向上移动。

如图 11 - 26 所示,当"预位"电磁线圈通电,预位电磁阀右移,A 液压源系统压力→换向阀→油滤→预位电磁阀→液压隔离阀(下腔),液压隔离阀上移到达"预位"位置,即打开液压隔离阀。

当"展开"电磁线圈通电,展开电磁阀向右移动,A 液压源系统压力→换向阀→油滤→展开电磁阀→液压作动方向控制阀向上移动(到"展开"位)。综上所述,液压可从两路供到反推作动筒。

第 1 路→A 液压源系统压力→换向阀→油滤→液压隔离阀→方向控制阀→人工隔离阀(上部通道)→反推作动筒的"展开"腔(头端)。

第 2 路→A 液压源系统压力→换向阀→油滤→液压隔离阀→人工隔离阀(下部通道)→反推作动筒的"收进"腔(杆端)。

液压源压力同时供到 1 号发动机每个反推作动筒的两腔。通到上部机械锁作动筒的液压打开了机械锁。液压通过同步轴管路通到中部和下部反推作动筒的"展开"腔。反推作动筒两腔的压力相等,但"展开"腔作动筒活塞的有效工作面积较大,导致作动筒活塞杆伸出。随着作动筒活塞杆的伸出,"收进"腔的液压油也流到了"展开"腔,反推移动套筒向后展开。同步轴可使同一侧作动筒(左侧三个作动筒或右侧三个作动筒)的动作同步。当移动套筒从"收进"位置向后移动完全展开时,阻流门完全放出,阻挡了外涵道向后的喷气,外涵风扇气流通过打开的格栅通道向斜前方喷出,产生反向推力。

# 11.6　收进反推装置

当压下反推手柄时,收进反推装置的信号传送到反推控制系统。反推控制阀组件得到控制电信号。主要介绍 1 号发动机反推装置的工作情况,2 号发动机反推装置的工作情况与 1 号反推装置相同。

### 11.6.1　反推收进控制电路

反推装置展开后,要想收进反推装置,必须把反推手柄压下至收进位置,此时会发生如下情况。

(1)在自动油门电门组件内的电门移至收进位。

(2)通过收进电门,收进反推装置的电信号通往 EAU。

(3)收进电磁线圈通电。

(4)展开电磁线圈断电。

(5)预位电磁线圈在 EAU 内接地,保持通电。

(6)反推控制阀组件将液压通往反推作动筒,以收进反推移动套筒。

(7)10.5 s 后,预位电磁线圈和收进电磁线圈断电。

(8)18 s 后反推同步锁入锁。

1.同步锁

在反推作动筒工作前,同步锁必须开锁。同步锁通电开锁,当反推手柄拉起时,同步锁已经开锁。

在反推装置收进过程中,同步锁暂时处于开锁状态。当 1 号发动机反推手柄压下到收进位置,1 号发动机同步锁电门移动到收进位 18 s 后,延时继电器导通,为 1 号发动机同步锁继电器提供一个接地导通点。随后同步锁断电锁定。

2.反推控制阀组件

每一个反推控制阀组件各有一个收进电磁线圈和预位电磁线圈,两个电磁线圈必须都通电才能将液压通往反推作动筒来收进反推装置。

### 11.6.2　收进电磁线圈导通电路

28 V 备用直流汇流条电力→1 号发动机灭火电门→1 号发动机收进电门(自动油门电门组件内)→EAU 逻辑电路(电门 1)→收进电磁线圈(反推控制阀组件内)→收进电磁线圈内部接地(只要有电力通到收进电磁线圈就可使其导通),如图 11 - 27 所示。

在以下条件下,EAU 逻辑电路才能完成控制电路的导通。

(1)1 号发动机上的一个或者两个移动套筒不在收进位置。

(2)1 号发动机上的一个或者两个移动套筒脱离锁定位置。

### 11.6.3　预位电磁线圈的导通电路

EAU 的逻辑输出为预位电磁线圈提供接地点。

28 V 备用直流汇流条电力→1 号发动机灭火电门→预位电磁线圈→预位电门(自动油门

电门组件内)→EAU 逻辑电路(电门 2)→接地,预位电磁线圈通电导通。

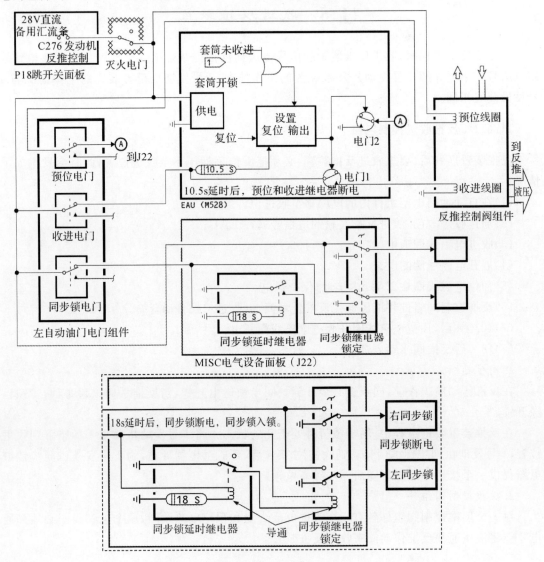

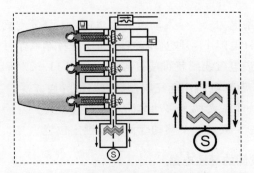

图 11 - 27　1 号发动机反推力控制电路——收进

### 11.6.4　EAU 逻辑电路(自动再收进)

在反推装置收进过程中,EAU 逻辑电路控制预位和收进电磁线圈的工作。

EAU 接收到复位信号时,反推收进逻辑电路复位,此时 EAU 没有输出信号。在正常的工作过程中,当将反推手柄置于收进位置 10.5 s 后,电路才复位。由于 EAU 没有逻辑电路输出信号,收进电磁线圈和预位电磁线圈断电,通往反推作动筒的液压被切断。

在收进反推装置的过程中,如果 10.5 s 后任一反推装置未收进或者未锁定,EAU 逻辑电路仍会保持电信号的输出,即自动再收进功能。收进电磁线圈和预位电磁线圈通电。于是液压继续通到反推作动筒使反推移动套筒收进。

EAU 逻辑电路保持电信号输出直到以下两种情况发生。

(1) EAU 检测到反推装置收进并已经锁定,并且按下 EAU 面板上的复位电门。

(2) 再次操作反推,EAU 检测到反推手柄置于收进位后 10.5 s 之内(少于 10.5 s),反推装置已经收进并锁定。

当反推移动套筒接近传感器显示反推开锁或仍处于未收进状态时,EAU 面板上的复位电门不能消除 EAU 逻辑电路输出信号。

在下列情况下,EAU 逻辑电路将输出信号。

(1)反推手柄处于收进位置超过 10.5 s。

(2)EAU 接受到移动套筒未收进或未锁好的信号。

预位电磁线圈和收进电磁线圈通电,反推控制阀组件将液压通到反推作动筒以收进反推装置。该状态会保持直到下列情况发生。

(1)EAU 探知反推移动套筒收进并且已经锁好,而且按压 EAU 面板上的复位电门。

(2)再次操作反推,EAU 探知反推手柄置于收进位后在 10.5 s 之内(少于 10.5 s)反推已经收进并锁定。

### 11.6.5　反推控制阀组件——收进控制

当反推手柄压下至收进位时,预位电磁线圈和收进电磁线圈短时通电,展开电磁线圈断电,展开电磁阀返回到正常位。

当反推控制阀组件可以获取液压压力,预位电磁线圈继续通电,会发生以下情况(见图 11-28)。

(1)预位电磁阀继续压缩弹簧。

(2)液压继续保持使隔离阀(HIV)处于预位。

(3)液压压力保持通到方向控制阀(DCV)。

A 液压系统压力→换向阀→预位电磁阀(预位电磁线圈导通)→液压隔离阀(HIV)→预位(向上)。

A 液压系统压力→换向阀→收进电磁阀(收进电磁线圈导通)→方向控制阀(上腔)→DCV 到达收进位。

A 液压系统压力→换向阀→液压隔离阀(HIV 预位)→人工隔离阀→反推作动筒的收进腔(杆端);而反推作动筒的展开腔(头端)→人工隔离阀→DCV(收进位)→A 系统回油。

由以上分析得知,当压下反推手柄至收进位时,反推作动筒收进腔(杆端)通压力油,而展开腔(头端)通回油,反推作动筒杆端的液压压力驱动作动筒活塞杆缩入,从而收进反推移动套筒。

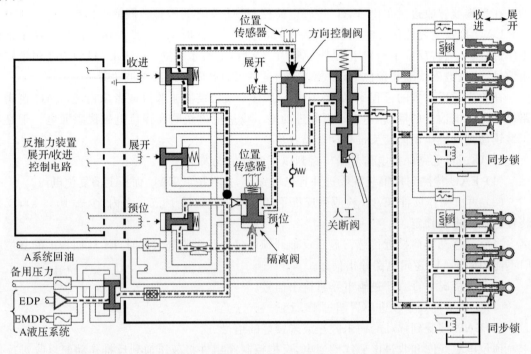

图 11-28　1 号发动机反推控制阀组件——收进控制

人工隔离阀正常情况下是打开的,当维护反推装置或者在反推附近工作时,需要将其关闭。

单向液压限流器限制通往反推作动筒的液压油流动速率。它允许反推作动筒的回油自由流动,即在离开反推作动筒的方向不限流,因此可以防止在反推不工作时,作动筒的头端积聚液压压力。

在控制阀组件内有 HIV(液压隔离阀)和 DCV(方向控制阀)位置传感器,EAU 使用在DCV 和 HIV 上的位置传感器进行故障检测。

1 号发动机反推系统的备用液压没有回油路。当使用备用液压系统展开反推后,在收进反推时,来自备用液压系统的液压油会回到 A 液压系统的油箱,即出现备用液压油向 A 系统的串油现象。2 号发动机反推系统不会出现串油现象。

EAU 面板上有针对于每一个反推装置的一整套指示灯和电门,底部标牌提供 EAU 自测试(BITE)的说明信息。EAU 的自测式(BITE)功能可以对每一个反推系统进行故障隔离,如图 11-29 所示。EAU 监控来自每一个反推系统的以下部件的输入信号。

(1)左右反推移动套筒收进接近传感器。

(2)左右反推移动套筒锁接近传感器。

(3)液压隔离阀(HIV)位置信号传感器(在反推控制阀组件内)。

(4)方向控制阀(DCV)位置信号传感器(在反推控制阀组件内)。

(5)两侧同步锁的电压。

对于每一个反推指令存在的不正确的输入信号,EAU 将认为其故障。比如:当提起反推手柄时，同步锁未能接收到电信号，EAU 就认为发生故障。如果故障发生在反推装置展开过程中，则"T/R DEPLOY FAULTS"（反推展开故障）灯会亮；如果故障发生在反推装置收进过程中或收进以后，则"T/R STOW FAULTS"（反推收进故障）灯会亮。两个故障灯都是红色的。

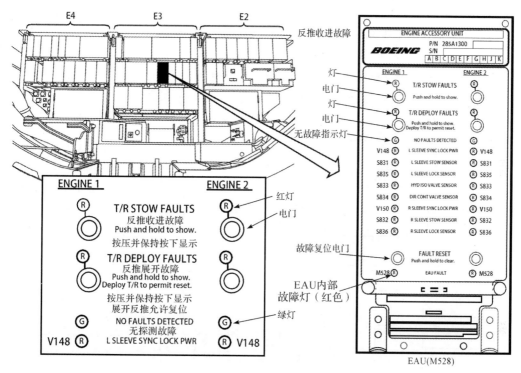

图 11-29　发动机附件组件反推自测试

EAU 针对反推系统的每一个部件的输入都有相应的指示灯。如果某一个部件失效，则完成自测试后，相应的指示灯会继续保持点亮。这些灯都是红色的。

自测试基本程序如下。

(1)按压并保持"T/R DEPLOY FAULTS"按钮（电门）以检查反推展开过程中的故障。

(2)按压并保持"T/R STOW FAULTS"按钮（电门）以检查反推收进过程中的故障。

(3)测试中所有的指示灯会亮。

(4)保持亮的灯表示存在故障。

(5)如果检测无故障，则绿色的"NO FAULTS DETECTED"（检测无故障）灯会亮。

(6)释放测试按钮（电门）。

(7)显示存在故障的保持亮的灯熄灭。

可以使用"FAULTS RESET"（故障复位）按钮来消除 EAU 的故障记录。展开故障只能在反推装置展开的情况下进行消除。当反推无故障存在时，收放反推装置 5 次也能消除 EAU 故障记录信息。"EAU FAULT"灯亮表示 EAU 本身存在内部故障。

## 11.7　反推指示系统

反推指示系统在驾驶舱提供以下指示数据(见图 11-30)。

(1)在 CDS 上显示 REV(反推)信息。

(2)REVERSER(反推)灯(P5 后板)。

(3)LVDT 的实时数据和故障数据到 CDU(控制显示组件)。

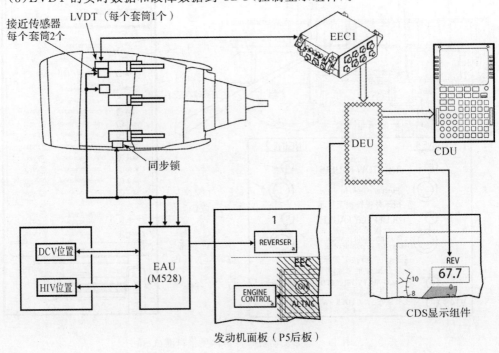

图 11-30　反推指示系统

(4)ENGINE CONTROL(发动机控制)灯(P5 后板)。

反推指示系统向 CDS 提供反推移动套筒位置数据。REV 信息显示作为移动套筒位置的指示。反推指示系统使用"REVERSER"灯来表示反推控制系统部件失效。反推指示系统也可以通过"ENGINE CONTROL"灯来表示反推指示系统部件失效。可以通过 CDU 来查看反推指示系统部件失效数据,如图 11-31 所示。

### 11.7.1　REV 信息

REV 信息位于 CDS 发动机 N1 指示区上方。一个反推一个信息。当反推装置一侧或两侧的移动套筒展开到 10%~90%最大行程时,显示琥珀色 REV 信息。当两侧反推套筒都展开到超过 90%最大行程时,显示绿色 REV 信息。

每侧反推移动套筒各有一个 LVDT 传感器。LVDT 将移动套筒位置数据传送至发动机 EEC。EEC 和 DEU 内部包含了控制 REV 信息的逻辑电路。EEC 通过 ARINC 429 数据总线提供信号到个 DEU,在对应的显示组件上显示信息。

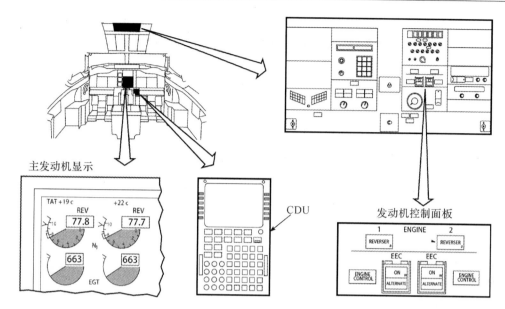

图 11-31 驾驶舱反推指示

### 11.7.2 REVERSER(反推)灯

琥珀色的反推灯位于发动机面板,该面板位于驾驶舱的 P5 后板。每台发动机在发动机面板上各有一个"REVERSER"灯。当"REVERSER"灯点亮以后,经过一定的时间延时,主警戒灯亮。"REVERSER"灯在飞行中可以亮。

在正常的反推收进过程中,"REVERSER"灯保持点亮 10.5 s。如果在收进过程中反推控制系统部件失效,则"REVERSER"灯继续保持点亮。"REVERSER"灯继续保持点亮直到收进故障消失为止。

如果反推控制系统部件失效,在展开反推时"REVERSER"灯立刻点亮。"REVERSER"灯继续保持点亮直到排除展开故障并且在 EAU 上进行复位为止。

在反推收进或展开过程中,当下列任一反推控制系统部件未正常工作,"REVERSER"灯会点亮。

(1)接近传感器(每侧整流罩各两个)。

(2)同步锁。

(3)位于反推控制阀组件内部的方向控制阀(DCV)。

(4)位于反推控制阀组件内部的液压隔离阀(HIV)。

EAU 内部包括识别反推控制系统部件失效的逻辑电路。EAU 控制"REVERSER"灯的工作。

### 11.7.3 ENGINE CONTROL 灯

琥珀色的发动机控制灯位于发动机面板上,该面板位于驾驶舱的 P5 后板,如图 11-31 所示。每台发动机各有一个"ENGINE CONTROL"(发动机控制)灯。当发动机或反推 LVDT 故障时,发动机面板上的琥珀色"ENGINE CONTROL"灯会点亮。此灯点亮时不允许放行飞机。主警戒灯会随之同时点亮。

反推指示系统使用来自 LVDT 的信号控制"ENGINE CONTROL"灯。对每一反推装置，当下列任意两种条件满足时，"ENGINE CONTROL"灯会点亮。

(1)左侧移动套筒位置信号(来自 LVDT)超出范围。

(2)右侧移动套筒位置信号(来自 LVDT)超出范围。

(3)左侧移动套筒位置信号(来自 LVDT)不一致。

(4)右侧移动套筒位置信号(来自 LVDT)不一致。

在 CDU 上可以查看 LVDT 实时数据和故障信息。

### 11.7.4　LVDT

LVDT 提供反推移动套筒的位置数据到发动机 EEC，EEC 利用 LVDT 的信号来达到以下控制功能。

(1)控制 CDS 上的 REV 信息。

(2)控制发动机控制灯(P5 后板)。

(3)通过 CDU 对 LVDT 进行故障隔离。

(4)反推联锁控制。

(5)发动机正推力和反推力控制。

如图 11-32 所示，LVDT 是带有独立电枢的双通道传感器。LVDT 有两个电插头分别用于 EEC 的 A 通道和 B 通道。反推机械锁作动筒的反馈杆连接到 LVDT 的电枢组件。LVDT 位于机械锁作动筒的头端。打开风扇整流罩可以接近 LVDT。

当反推移动套筒展开或收进时，锁作动筒的反馈杆带动 LVDT 的电枢组件。EEC 向 LVDT 供电。LVDT 的输出电压与电枢的位置成比例，使 LVDT 的输出与移动套筒的位置成比例。

### 11.7.5　反推灯控制逻辑

以下任一条件满足反推灯点亮。

(1)反推收上指令发出后 10.5 s 内。

(2)反推收进控制系统部件故障(除反推展开操作之外)。

(3)当反推装置展开时，展开控制系统部件故障。

发动机附件控制组件(EAU)包含了判断反推控制系统部件故障的逻辑电路，反推灯由 EAU 控制。

1.收进过程

通常反推收进指令发出后 10.5 s 内反推灯点亮。这是因为液压隔离阀瞬间位于预位来提供液压动力用于反推收进操作。这个过程通常在反推收进指令发出后 10.5 s 结束。

2.收进故障逻辑

EAU 判断下列任一情况为收进故障(如图 11-33 所示为反推接近传感器)。

(1)任一移动套筒收进传感器接近(收上指令发出后 10 s)。

(2)任一移动套筒锁传感器接近(收上指令发出后 10 s)。

（3）左侧或右侧同步锁有电（收进指令发出后 26 s）。

（4）方向控制阀（DCV）传感器接近（收上指令发出后 15 s）。

（5）液压隔离阀（HIV）传感器接近（收上指令发出后 15 s）。

上述任何一种情况都会使反推灯点亮。当反推收进故障排除后，反推灯熄灭。如果故障存在大于 13 s，主警戒灯和 ENG 警示标牌亮，如图 11-34 所示。

如果 EAU 探测到预位电门失效于展开位，则反推灯亮并且锁定。这是唯一一个使反推灯保持点亮的收进故障。必须更换预位电门，展开反推装置并且复位 EAU 才可以熄灭反推灯。

3.展开故障逻辑

EAU 判断下列任一情况为展开故障。

（1）任一移动套筒收进传感器远离（展开指令发出后 6 s）。

（2）任一移动套筒锁传感器远离（展开指令发出后 6 s）。

（3）左侧或右侧同步锁未通电（展开指令发出后 2 s）。

（4）方向控制阀传感器远离（展开指令发出后 6 s）。

（5）液压隔离阀传感器远离（展开指令发出后 6 s）。

上述任何一种情况都会使反推灯点亮。如果故障存在大于 13 s，主警戒灯和 EGN 警告标牌亮。

反推展开故障使反推灯保持点亮。必须排除故障，展开反推装置，清除（复位）EAU 展开故障内存后反推灯才会熄灭。

### 11.7.6　EEC

EEC 将来自 LVDT 的模拟信号转化成数字信号。

EEC 和 DEU 内部含有 REV 指示信息的逻辑电路。EEC 通过 ARINC 429 传送信号到显示电子组件（DEU）。

DEU 在 CDS 上显示 REV 信息。EEC A 通道和 B 通道分别计算来自 LVDT 移动套筒的位置信号。EEC 通常取这两个值的平均值作为输出信号来显示信息。

EEC 同样内含 LVDT 故障逻辑。当条件满足时，"ENGINE CONCTROL"灯和主警戒灯会亮。

利用控制显示组件（CDU）能对反推 LVDT 进行故障隔离，CDU 可以显示实时数据和故障代码。

1.故障数据

当下述任何一种状况存在超过 5 s 时间，EEC 将记录 LVDT 故障。

（1）LVDT 输入到 EEC 的信号超出范围。

（2）当正推力手柄离开慢车位置，EEC A 通道和 B 通道都探测到反推移动套筒处于全行程 10% 位置。

（3）EEC A 通道和 B 通道探测到的反推移动套筒位置电压信号值相差超过 12%。

2.实时数据

可以利用 CDU 来查看 LVDT 的实时数据。

(1)反推移动套筒位置:以展开全行程的百分比为单位,通常是 A,B 通道的平均值。

(2)选择的 EEC 通道反推移动套筒位置:以展开全行程的百分比为单位。

(3)EEC A 通道和 B 通道 LVDT 电压值数据。

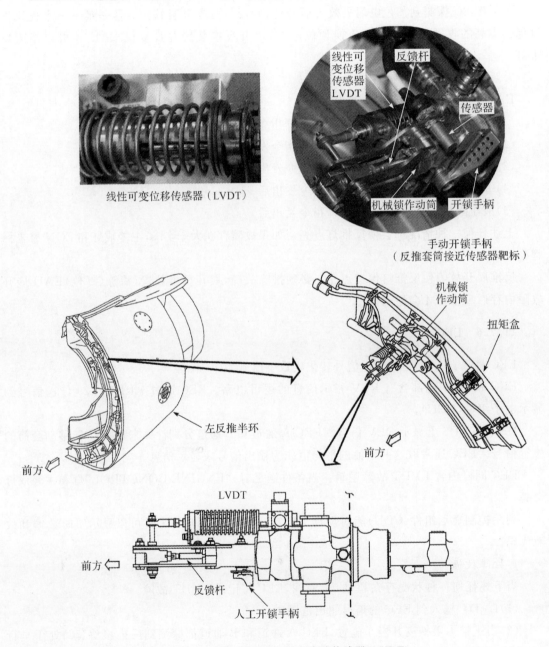

图 11-32  反推作动筒线性可变位移传感器(LVDT)

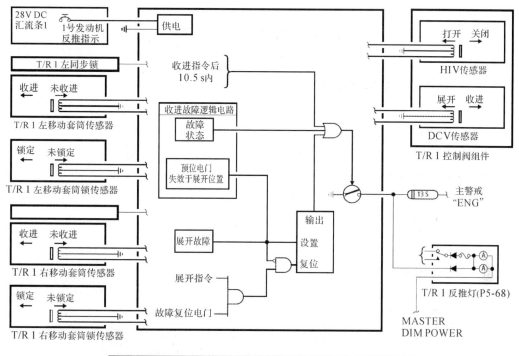

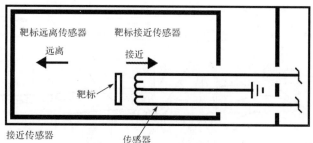

图 11 - 33　反推接近传感器

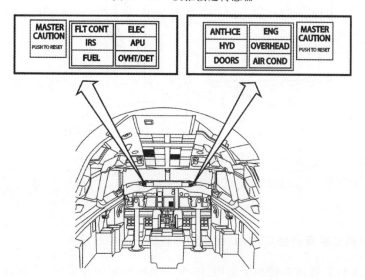

图 11 - 34　主警戒灯和警示标牌(P7 板)

# 11.8 反推装置解除

### 11.8.1 地面维护解除反推装置

解除反推装置的目的如下。

(1)当人员和设备在这个区域时,防止误操作反推装置。

(2)隔离反推液压系统,将反推控制阀组件人工关断阀手柄用锁销锁定。

1)确保正推力手柄在慢车位置,安放"DO－NOT－OPERATE"标牌。

2)确认对应反推手柄在收进位置安放"DO－NOT－OPERATE"标牌。

3)断开跳开关并安放安全标牌。

对于一号发动机:P18－2 ENGINE 1 THRUST REVERSER CONT。

对于二号发动机:P6－2 ENGINE 2 THRUST REVERSER CONT。

4)安装锁销(见图 11－35)。

对于一号发动机,反推控制阀组件在主轮舱龙骨梁的左侧;对于二号发动机,反推控制阀组件在主轮舱龙骨梁的右侧。

顺时针转动人工隔离阀手柄,使手柄上的销孔和控制阀组件上的孔对齐,安装锁销。

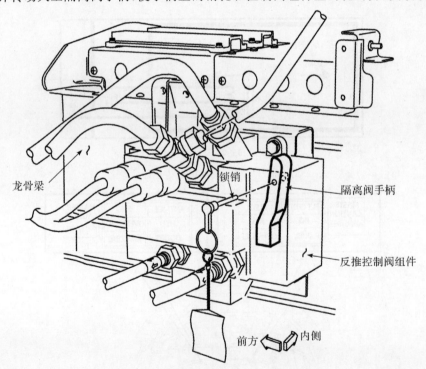

图 11－35 地面维护解除反推装置

### 11.8.2 反推系统及反推灯 MEL 保留操作程序——液压收放

根据 MEL 最低设备清单的相关说明:①当一个反推系统失效时,应将反推锁在收进(前推)位置;②当一个 REVERSER(反推)灯失效时,应将反推锁在收进(正推力)位置;③反推锁在收进（正推力）位置时,应确保反推同步锁处于锁定位置,如图 11-36～图 11-38 所示。

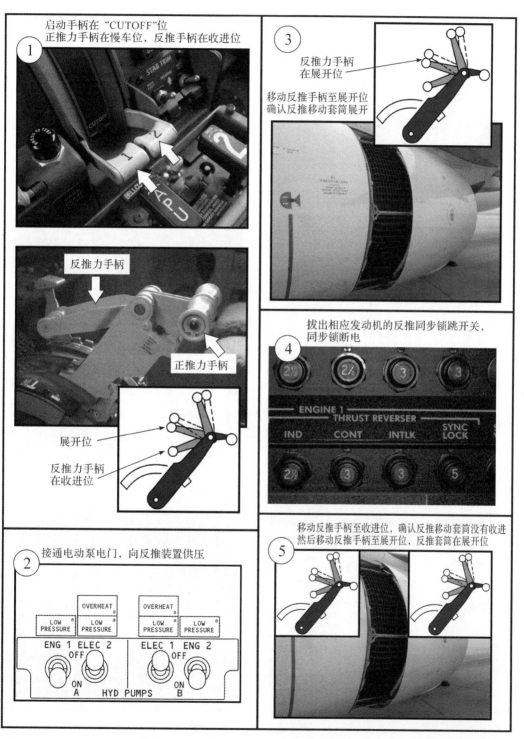

图 11-36　反推系统 MEL 保留操作程序(1)

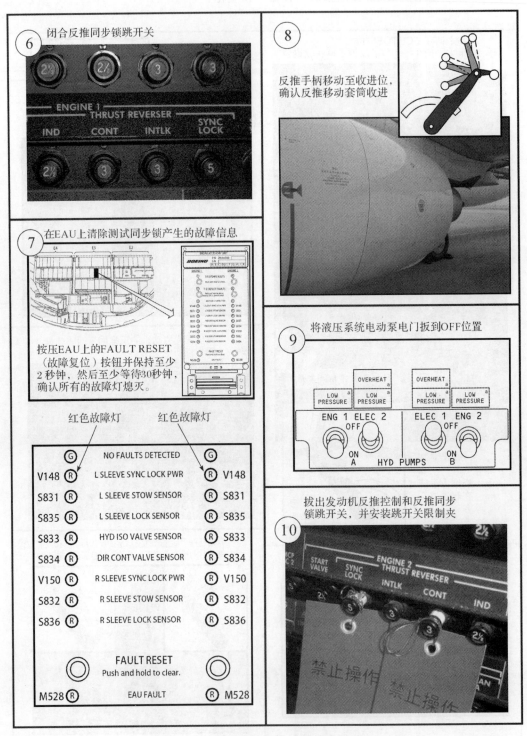

⑥ 闭合反推同步锁跳开关

ENGINE 1
THRUST REVERSER
IND   CONT   INTLK   SYNC LOCK

⑦ 在EAU上清除测试同步锁产生的故障信息

按压EAU上的FAULT RESET（故障复位）按钮并保持至少2秒钟，然后至少等待30秒钟，确认所有的故障灯熄灭。

红色故障灯          红色故障灯

| | | |
|---|---|---|
| G | NO FAULTS DETECTED | G |
| V148 R | L SLEEVE SYNC LOCK PWR | R V148 |
| S831 R | L SLEEVE STOW SENSOR | R S831 |
| S835 R | L SLEEVE LOCK SENSOR | R S835 |
| S833 R | HYD ISO VALVE SENSOR | R S833 |
| S834 R | DIR CONT VALVE SENSOR | R S834 |
| V150 R | R SLEEVE SYNC LOCK PWR | R V150 |
| S832 R | R SLEEVE STOW SENSOR | R S832 |
| S836 R | R SLEEVE LOCK SENSOR | R S836 |
| | **FAULT RESET** Push and hold to clear. | |
| M528 R | EAU FAULT | R M528 |

⑧ 反推手柄移动至收进位，确认反推移动套筒收进

⑨ 将液压系统电动泵电门扳到OFF位置

OVERHEAT          OVERHEAT
LOW PRESSURE   LOW PRESSURE   LOW PRESSURE   LOW PRESSURE
ENG 1   ELEC 2      ELEC 1   ENG 2
OFF          OFF
ON          ON
A        HYD PUMPS       B

⑩ 拔出发动机反推控制和反推同步锁跳开关，并安装跳开关限制夹

START VALVE   SYNC LOCK   ENGINE 2 THRUST REVERSER   INTLK   CONT   IND

禁止操作  禁止操作

图 11-37　反推系统 MEL 保留操作程序(2)

⑪ 安装反推装置解除销

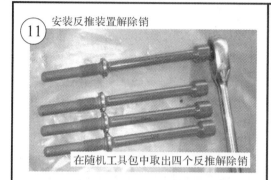

在随机工具包中取出四个反推解除销

安装解除销

拧紧力矩：110~125 lb·in

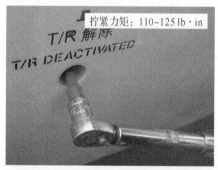

检查伸出尺寸

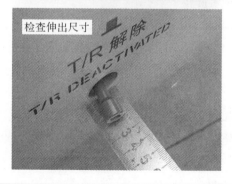

⑫ 用保险丝将相应发动机反推手柄固定在正推力手柄上，并在反推手柄上贴失效标签

保险丝固定反推力手柄

⑬ 发动机的REVERSER（反推）灯上贴失效标签

图 11-38 反推系统 MEL 保留操作程序(3)

(1)确认相应发动机的起动手柄在 CUTOFF 位,正推力手柄在慢车位,反推手柄在收进位,如图 11-36 所示。

(2)对于左侧发发动机,接通液压 A 系统电动泵电门;对于右侧发动机,接通液压 B 系统电动泵电门。

(3)缓慢地将相应发动机的反推手柄移动至展开位,确认反推移动套筒展开。

(4)拔出相应发动机的反推同步锁跳开关。左发动机为 P18-2 B7,右发动机为 P6-2 C5。

(5)测试同步锁工作。

缓慢地将相应发动机的反推手柄移动至收进位,确认反推移动套筒没有收进,这说明反推同步锁处于锁定位置(反推同步锁断电锁定);缓慢地将相应发动机的反推手柄移动至展开位,确认反推移动套筒在展开位。

(6)闭合相应发动机的反推同步锁跳开关。左发动机为 P18-2 B7,右发动机为 P6-2 C5,如图 11-37 所示。

(7)在 EAU(发动机附件组件)上清除测试同步锁产生的故障信息。

1)在电子舱 E3-2 设备架上找到 EAU(发动机附件组件)。

2)按压 EAU 上的 FAULT RESET(故障复位)按钮并保持至少 2 s,然后至少等待 30 s,确认所有的故障灯熄灭。

(8)缓慢地将相应发动机的反推手柄移动至收进位,确认反推移动套筒收进。

(9)对于左发动机,关断液压 A 系统 EMDP 电门;对于右发动机,关断液压 B 系统 EMDP 电门。

(10)拔出相应发动机的反推控制和反推同步锁跳开关,并安装跳开关限制夹。

左发动机为 P18-2 B5 和 B7,右发动机为 P6-2 C5 和 C7。

(11)安装反推移动套筒解除销。

1)从随机工具包中取出 4 个反推解除销,如图 11-38 和图 11-39 所示。

2)在相应发动机的反推移动套筒上,找到反推解除销安装孔。

左侧和右侧反推移动套筒上各有上下两个安装孔。

3)用 1/4 in 摇把将 4 个解除销安装在 4 个安装孔内。

4)将解除销上紧力矩至 110~125 lb·in。

5)确认解除销凸出反推移动套筒表面的长度合适。

上部解除销伸出约为 1.75 in(44.5 mm),下部约为 0.5 in(12.7 mm)。

(12)用保险丝将相应发动机的反推手柄固定在正推力手柄上,并在反推手柄上贴失效标签。

(13)在相应发动机的 REVERSER(反推)灯上贴失效标签。

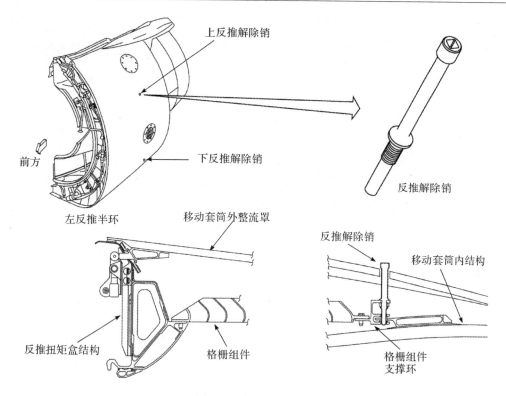

图 11 - 39　反推解除销

### 11.8.3　反推系统及反推灯 MEL 保留操作程序——手动收进

(1)确认相应发动机的起动手柄在切断位,正推力手柄在慢车位,反推手柄在收进位。

(2)检查相应发动机的反推移动套筒是否处于收进位置。

1)如果反推移动套筒处于收进位置,则直接跳至步骤 4。

2)如果反推移动套筒没有处于收进位置,则继续执行以下步骤。

(3)手动收进反推移动套筒。

1)执行地面维护解除反推装置程序(反推装置液压隔离),打开相应发动机的风扇整流罩,找到反推同步锁。

2)用 5/8 in 开口扳手来回小幅度转动同步锁端头的六角螺帽,同时用 3/8 in 长杆方头扳手塞入同步锁端头的方孔内,将锁销顶入打开同步锁,如图 11 - 40 所示。

3)将 3/8 in 方头驱动扳手接上摇把,然后转动。对于左反推移动套筒,顺时针转动摇把;对于右反推移动套筒,逆时针转动摇把,人工收进反推移动套筒。

4)当反推移动套筒收进到位后,可以听到"咔嚓"声,此时将工具从反推同步锁上移开,关闭风扇整流罩。

(4)拔出相应发动机的反推同步锁跳开关,并安装跳开关限制夹。

左发为 P18-2 B7,右发为 P6-2 C5。

(5)检查 EAU 以确认反推同步锁断电。

1) 在电子舱 E3-2 设备架上找到 EAU,按压并保持 EAU 上相应发动机的 T/R STOW FAULTS(反推收进故障)按钮,确认所有的故障灯闪亮大约 1 s。确认下列故障灯熄灭。

图 11－40　手动收进反推移动套筒

V148 L SLEEVE SYNC LOCK PWR，V150 R SLEEVE SYNC LOCK PWR。

2）如果上述故障灯熄灭，则松开 T/R STOW FAULTS 按钮，执行步骤 6，然后直接跳至步骤 8。

3）如果上述故障灯常亮，则松开 T/R STOW FAULTS 按钮，继续执行下列步骤。

（6）拔出相应发动机的反推控制跳开关，并安装跳开关限制夹。左发为 P18－2 B5，右发为 P6－2 C7。

（7）断开同步锁上的电插头。

1）打开相应发动机的风扇整流罩，找到反推同步锁。

2）脱开对应发动机左侧和右侧反推移动套筒同步锁上的电插头。

3）在电插头和插座上加保护盖。

4）将电插头用扎带或胶带捆扎固定好，关闭风扇整流罩。

（8）安装反推移动套筒解除销（见图 11－39）。

1）从随机工具包中取出 4 个反推解除销。

2）在相应发动机的反推移动套筒上，找到反推解除销安装孔。左侧和右侧反推移动套筒上各有上下两个安装孔。

3）用 1/4 in 摇把将 4 个解除销安装在 4 个安装孔内。

4）将解除销上紧力矩至 110～125 lb·in。

5）确认解除销凸出反推移动套筒表面的长度合适。上部解除销伸出约为 1.75 in（44.5 mm），下部约为 0.5 in（12.7 mm）。

（9）用保险丝将相应发动机的反推手柄固定在正推力手柄上，并在反推手柄上贴失效标签。

（10）在相应发动机的 REVERSER（反推）灯上贴失效标签。

# 思　考　题

1．描述风扇排气与涡轮排气。

2．排气管和排气尾锥是如何安装的？

3．说明反推力移动套筒的工作过程。

4.描述反推半环和反推作动筒,机械锁作动筒和无锁作动筒。

5.说明同步轴的作用。

6.说明反推格栅的组成和功用。

7.阻流门和阻流门阻力连杆是如何连接的? 有什么作用?

8.说明反推控制系统的组成部件和位置。

9.反推控制系统有哪些微电门? 有什么功用?

10.反推控制电门是如何作动的?

11.反推移动套筒锁接近传感器是什么类型的传感器? 如何工作?

12.反推移动套筒收进接近传感器的作用是什么? 其信息使 EAU 完成哪些功能?

13.说明同步锁的功用和工作过程。

14.说明 EAU 有哪些主要功能?

15.说明反推展开电磁线圈、预位电磁线圈、收进电磁线圈是如何导通的?

16.说明反推控制阀组件如何控制反推作动筒收进或展开反推装置?

17.在收进反推装置的过程中,如果 10.5 s 后任一反推装置未收进或者未锁定,EAU 逻辑电路如何进行控制?

18.描述 EAU 自测试程序。如何通过 EAU 检查反推系统故障?

19.反推指示系统在驾驶舱提供哪些指示数据?

20.在哪些情况下反推故障灯或发动机控制灯亮?

21.说明反推灯的控制逻辑。

22.描述地面维护解除反推装置的操作程序。

23.说明反推系统及反推灯 MEL 保留操作程序。

24.如何安装反推解除销?

# 第 12 章 辅助动力装置

## 12.1 概　　述

机载辅助动力装置(APU)实际上是一台小型的燃气涡轮发动机,它的作用是在地面和空中向飞机各系统提供气源和电源。飞机在不同的高度飞行,APU 的工作会受到一定的限制。在 10 000 ft(3 048 m)高度以下,APU 能同时供应电源和气源;在 17 000 ft(5 183 m)高度以下时,它可单独供应气源;在 32 000 ft(9 754 m)高度以下,APU 发电机能供应 90 kV·A 的电能,在 41 000 ft(12 500 m)高度以下,能供应 66 kV·A 的电能,如图 12-1 所示。

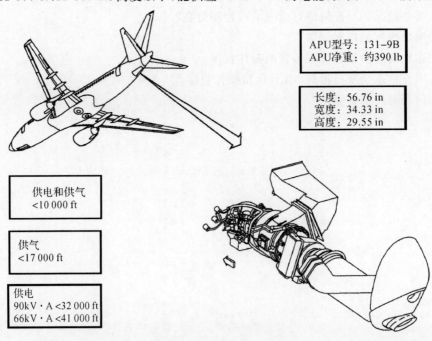

APU 型号: 131-9B
APU 净重: 约390 lb

长度: 56.76 in
宽度: 34.33 in
高度: 29.55 in

供电和供气
<10 000 ft

供气
<17 000 ft

供电
90kV·A <32 000 ft
66kV·A <41 000 ft

图 12-1　APU 总体介绍

如图 12-2 所示,APU 的相关部件位于机身尾部、驾驶舱、电子电气设备舱、主轮舱、后货舱区域。辅助动力装置位于机身尾部;位于驾驶舱内的相关部件:P5 板上有 APU 选择电门、电气和气源选择电门,P7 板上有主警告指示,P8 板上有 APU 灭火电门;电子设备舱有电瓶、外接直流电源接头、APU 控制组件和启动继电器;右主轮舱有 APU 地面控制面板(P28 板);

后货舱有电子控制组件。

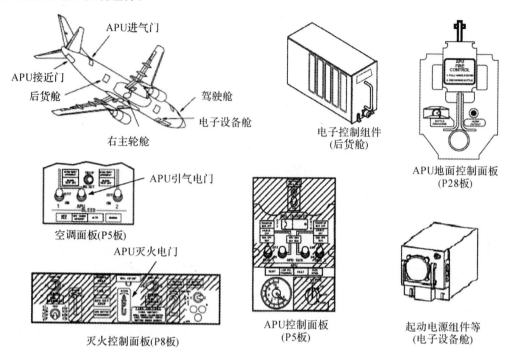

图 12-2　APU 相关部件位置

如图 12-3 所示，APU 系统包括以下子系统：APU 动力装置、APU 发动机、APU 燃油系统、APU 启动点火系统、APU 空气系统、APU 控制、APU 指示系统、APU 排气系统和 APU 润滑系统。

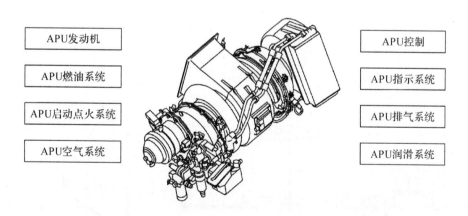

图 12-3　APU 概述

如图 12-4 所示，APU 驱动一台发电机、气动负载压气机和一个减速齿轮箱。
APU 发动机主要部件包括以下几类。
(1)动力部分。

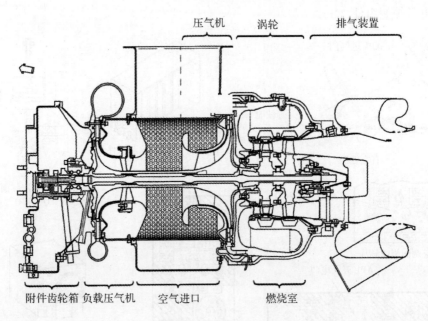

图 12-4　APU 发动机

（2）负载压气机。

（3）附件齿轮箱。

动力部分包括一个单级离心式压气机、一个回流环形燃烧室和一个两级轴流式涡轮。负载压气机和动力部分的压气机在同一根轴上旋转，共用同一个空气进气管道。齿轮箱将动力部分高转速的扭矩减速后驱动齿轮箱内的附件。

如图 12-5 所示，辅助动力装置（APU）在飞机机体后部。

如图 12-6 所示，APU 接近门用于接近 APU，方便进行维护工作。接近门在 APU 的下面，直接连接到机身上。接近门的右侧是铰接（两个铰链）的，左侧用 3 个锁扣锁定。在接近门内部带有两个接近门打开撑杆。

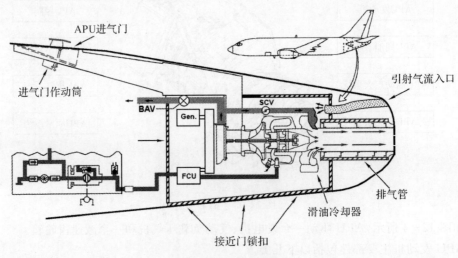

图 12-5　APU 位置

图 12 - 6　APU 接近门

供往 APU 压气机和附件冷却的空气是从进气门通过进气管道供入的。进气管道和进气门位于后机身右侧。进气门组件主要包括一个带有涡流发生器和导流板的进气门、电作动器及推杆、进气门极限位置电门和管道（见图 12 - 7）。APU 电门和 APU 电子控制组件控制空气进口的工作。

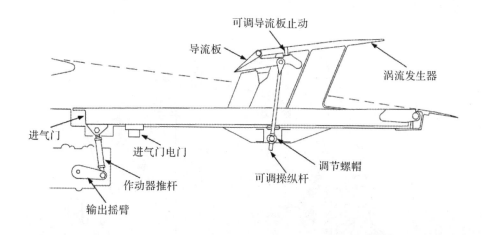

图 12 - 7　APU 进气门

如图 12 - 8 所示，4 个 APU 主安装节把 APU 固定在 APU 舱内，安装节将 APU 振动与飞机结构隔离，主安装节使用锥形螺栓连接。左前方的安装节是一个冗余垂直支柱，没有减振隔离措施。右前方的支柱也是冗余的，如果这两个中有一个失效，另一个仍能支撑 APU。

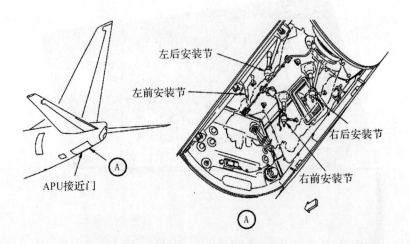

图 12-8　APU 安装节

如图 12-9～图 12-11 所示为 APU 发动机的外部附件,主要包括以下几类。

(1)燃油总管。

(2)燃油喷嘴。

(3)滑油冷却器。

(4)起动-发电机。

(5)引气活门(BAV)。

(6)进气导流叶片作动筒(IGVA)。

(7)压力传感器。

(8)点火组件。

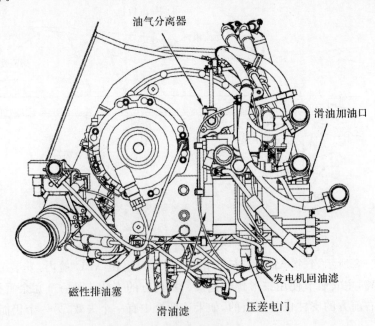

图 12-9　APU 前侧部件

（9）防喘控制活门（SCV）。

（10）数据存储模块（DMM）。

（11）润滑组件。

（12）燃油控制组件（FCU）。

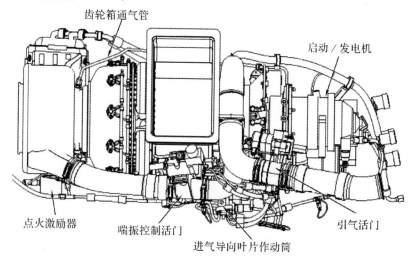

图 12-10　APU 右侧部件

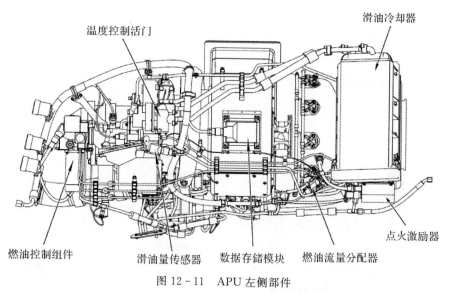

图 12-11　APU 左侧部件

## 12.2　APU 燃油系统

APU 燃油系统为燃烧室供应增压的、计量好的燃油，并且提供燃油操纵进口导流叶片作动筒和防喘控制活门，如图 12-12 所示。

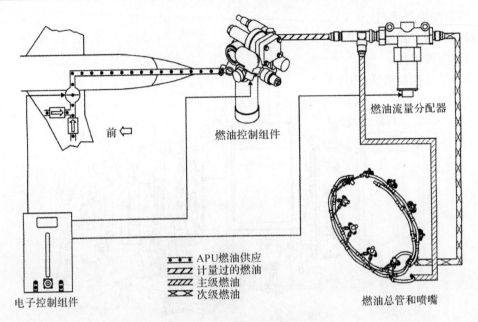

前⇐

燃油控制组件

燃油流量分配器

电子控制组件

✕✕✕ APU燃油供应
▨▨ 计量过的燃油
▨▨ 主级燃油
✕✕✕ 次级燃油

燃油总管和喷嘴

图 12-12　APU 燃油系统

　　APU 燃油系统将飞机燃油系统的燃油供往 APU 燃油控制组件,燃油控制组件自动计量燃油流量,以满足转速和负荷的需求。

　　ECU 为 APU 启动和工作计算正确的燃油流量。ECU 给燃油控制组件(FCU)送燃油流量的命令信号,如图 12-13 所示。FCU 给流量分配器和流量分配器电磁活门供应正确的燃油流量,并且给进气导流叶片作动器(IGVA)和防喘控制活门(SCV)供应伺服燃油。

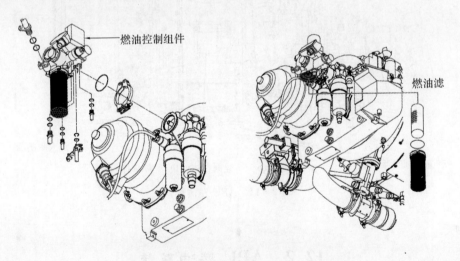

燃油控制组件

燃油滤

图 12-13　APU 燃油控制组件和燃油滤

　　如图 12-14 所示,FCU 包括以下部件。

　　(1)进油油滤。

　　(2)高压燃油泵。

（3）泵释压活门。

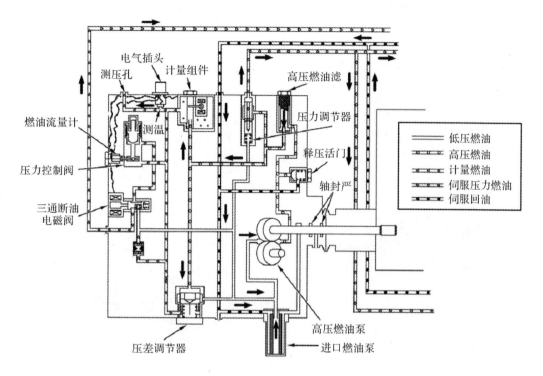

图 12-14　APU 燃油控制组件的部件

（4）高压燃油滤。

（5）压差调节器。

（6）力矩马达计量活门。

（7）增压活门和流量计。

（8）作动器压力调节器。

（9）燃油电磁活门。

（10）燃油温度传感器。

如图 12-15 所示，流量分配器电磁线圈从 ECU 得到信号，流量分配器和流量分配器电磁活门将从 FCU 供来的计量好的燃油供到主、副燃油总管。燃油总管将燃油供给十个双路式燃油喷嘴。燃油喷嘴将计量好的燃油供给 APU 燃烧室。

## 12.3　APU 控制和指示

### 12.3.1　APU 控制

APU 控制系统控制 APU 的所有工作状态。

如图 12-16 所示，驾驶舱的控制开关和面板如下。

（1）APU 电门（P5）。

（2）APU 引气电门（P5）。

（3）APU 发电机电门（P5）。

（4）APU 灭火电门（P8）。

APU 地面控制面板 P28 在右轮舱后壁，电子控制组件（ECU）位于后货舱右侧。

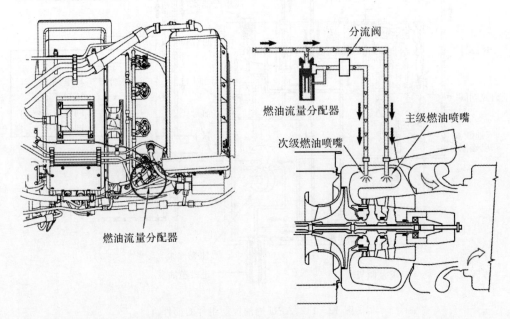

图 12-15　APU 燃油分配

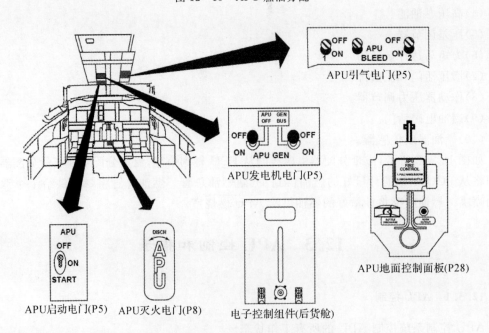

图 12-16　APU 控制系统部件的位置

如图 12－17 所示，ECU 根据驾驶舱的控制信号控制 APU 工作，ECU 从 APU 和飞机系统得到输入数据，ECU 从 28 V 直流转换热电瓶汇流条得到 28 V 直流电。ECU 供给飞机系统 APU 数据并且控制 APU 功能。

如图 12－18 所示，数据存储模块（DMM）在非易失性存储器内保存下列 APU 数据。

（1）APU 正常工作数据。

（2）APU 工作时间。

（3）APU 序列号。

（4）APU 涡轮寿命。

（5）APU 启动次数。

（6）停车数据。

（7）启动数据。

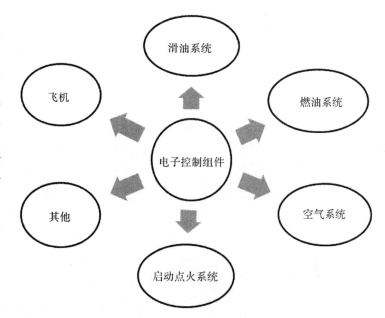

图 12－17　电子控制组件的功能

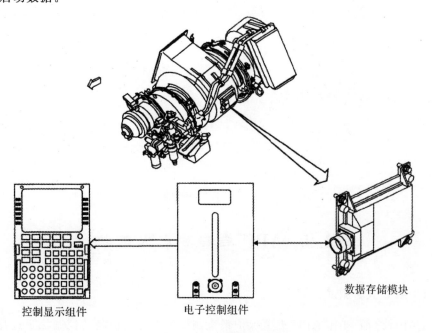

图 12－18　数据存储模块

### 12.3.2 APU 指示

如图 12-19 所示，APU 指示系统监控 APU 发动机的工作状况。APU 指示系统包括排气温度指示器和 4 个指示灯组成。排气温度指示器和 4 个指示灯位于驾驶舱 P5 板。

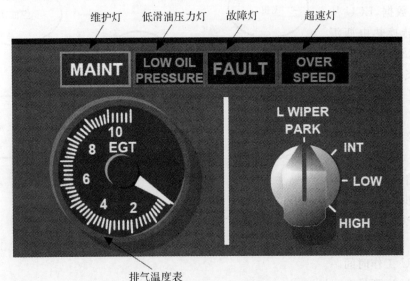

图 12-19 APU 指示系统

如图 12-20 所示，两个镍铬/镍铝热电偶位于排气段的底部。每一个热电偶有两个温度感应头。ECU 接收两个热电偶的温度输入，ECU 用其中较大的温度值进行指示和控制。

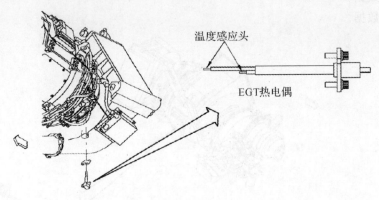

图 12-20 EGT 热电偶

## 12.4 APU 启动和点火系统

### 12.4.1 APU 火警测试

在启动 APU 之前，要作 APU 火警保护系统测试。作此项检测的控制位于过热/火警保护面板上，如图 12-21 所示。

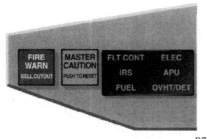
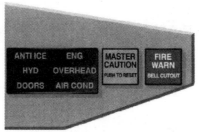

P7板

P8板

图 12 - 21　APU 火警测试

(1)将 TEST 电门扳到 FAULT/INOP 位,下列是故障/不工作测试正常时的指示。

1)主告诫灯和过热/探测指示灯亮。

2)琥珀色故障灯亮。

3)琥珀色 APU 探测器不工作灯亮。

4)发动机和 APU 火警探测组件上所有的故障区域指示灯亮。

5)5 s 后,发动机和 APU 火警探测组件上所有的故障显示灯亮。

(2)将 TEST 电门扳到 OVHT/FIRE 位,下列是进行过热/火警测试正常时的指示。

1)主告诫灯和过热/探测指示灯亮。

2)两个红色火警灯亮。

3)1 号发动机、2 号发动机和 APU 灭火警告手柄灯亮。

4)1 号和 2 号发动机琥珀色过热灯亮。

5)红色轮舱灯亮(需要有 115 V 交流电)。

6)音响警告组件警铃响。

7)APU 地面控制面板喇叭响,红灯亮。

### 12.4.2　APU 的启动

1.预启动

在启动和操纵 APU 前,电瓶电门必须在 ON 位。

2.启动 APU

当将 APU 电门拨到 START(启动)位置,然后释放,开关将返回 ON 位。这将给电子控制组件(ECU)发送一个信号。ECU 打开 APU 燃油关断活门和 APU 进气门,ECU 还使滑油压力低灯点亮;当进气门完全打开,门上的位置电门闭合,发送一个门已完全打开的信号给 ECU。

3. APU 启动顺序

ECU 控制 APU 启动顺序,如图 12-22 所示,下面是启动顺序。

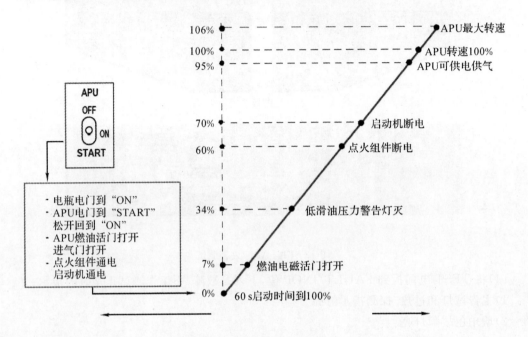

图 12-22　APU 启动顺序

(1)在 0% 转速,给启动系统通电前,先给点火系统通电。

(2)在正常启动 0% 转速或再启动 7% 转速,由 ECU 控制给启动发电机供电。

(3)在 7% 转速,燃油关断电磁活门打开。

(4)在大约 30% 转速,滑油压力低灯(P5)点亮。

(5)在 60% 转速,点火系统断电。

(6)在 70% 转速,启动-发电机断电。

(7)在 95% 转速,APU 可以供应电能,直到高度低于 41 000 ft(12 500 m)。APU 也可以单独供应气能,直到高度低于 17 000 ft(5 183 m)。

(8)APU 加速至 100% 转速。

4. APU 正常停车顺序

ECU 控制 APU 关断。APU 的正常停车顺序,如图 12-23 所示。

### 12.4.3　APU 启动和点火系统

APU 启动和点火系统带转发动机并点火,APU 启动和点火系统包括以下部件。

(1)启动发电机(见图 12-24)。

(2)启动电源组件(SPU)。

(3)启动转换组件(SCU)。

(4)点火组件。

(5)点火导线。

(6)点火电嘴。

APU电门到"OFF"
- 断电子控制组件的28V "ON"信号
- 电子控制组件接收"OFF"信号
- 断掉准备加载的信号

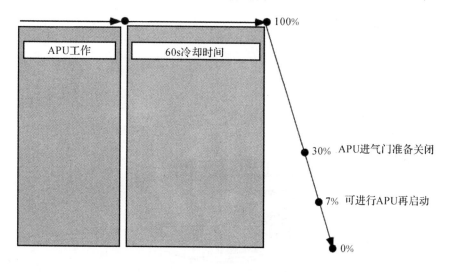

图 12 - 23　APU 正常停车顺序

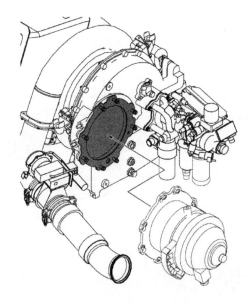

图 12 - 24　APU 启动发电机

1. 启动系统（见图 12—25 和图 12—26）

启动发电机，SPU 和 SCU 一起带转 APU。启动电源为 28 V 直流，来自电瓶或 115 V 转换汇流条 1 号。

2. 点火系统（见图 12—27）

在 APU 启动时，点火系统产生电火花点燃 APU 燃油燃烧。ECU 在 0％转速给点火组件通电，60％转速给点火组件断电。

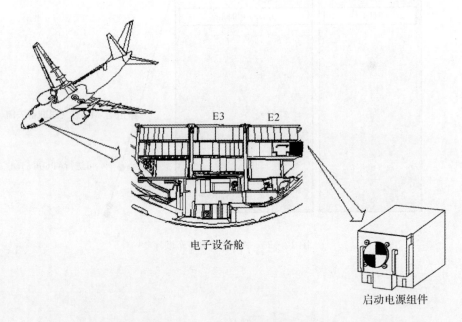

图 12-25　APU 启动电源组件

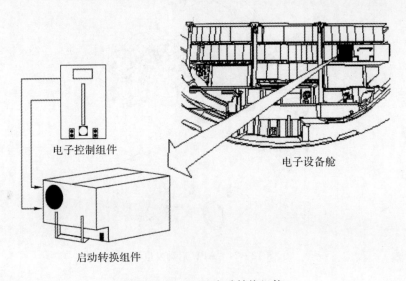

图 12-26　APU 启动转换组件

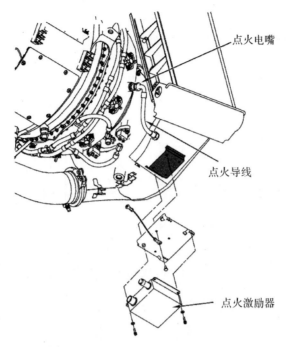

点火电嘴

点火导线

点火激励器

图 12 - 27　APU 点火系统

## 12.5　APU 空气系统

APU 空气系统的主要作用：冷却 APU 附件，提供引气到飞机气源系统，控制 APU 的工作，如图 12 - 28 所示。

### 12.5.1　APU 引气系统

APU 引气系统给飞机的主发动机启动、空调和气动增压操作供应增压空气。APU 引气系统的部件如图 12 - 29 所示，负载压气机如图 12 - 30 所示。

APU 引气活门（BAV）将 APU 引气系统和飞机气源系统隔开，在 APU 的右前侧，在 BAV 壳体底部有一个引气活门位置指示器，如图 12 - 31 所示。

APU 引气开关送一个信号给 ECU。APU 引气开关在空调/引气控制面板，开关位置有 OFF 和 ON。APU ECU 控制 ON 或 OFF 信号到 APU 引气活门电磁活门。当 ECU 给电磁线圈通电，BAV 打开，可以从负载压气机供应压缩空气。

以下情况发生时，APU ECU 给电磁线圈通电。

（1）APU 引气开关位于 ON 位。

（2）APU 不在冷却关断循环。

（3）APU 转速大于 95％。

（4）来自 ADIRU 的高度低于 17 000 ft(5 200 m)。

（5）爬升时，来自进气压力传感器 P2 的高度低于 21 000 ft(6 401 m)。

（6）下降时，来自进气压力传感器 P2 的高度低于 19 000 ft(5 791 m)。

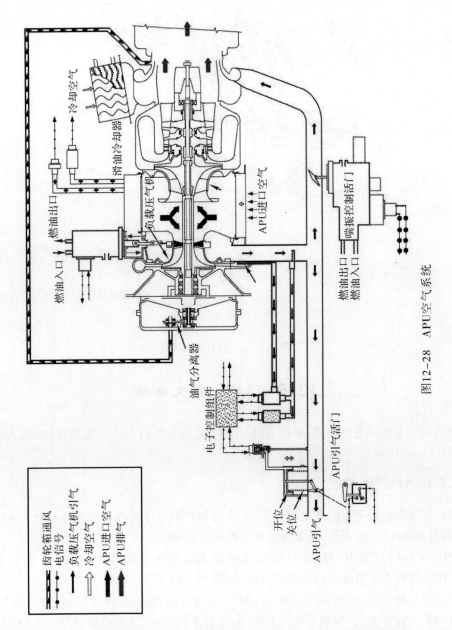

图12-28　APU空气系统

进气导流叶片(IGV)控制流到负载压气机的空气流量,IGV 作动筒控制 IGV 位置。如图 12-32 所示,16 片进口导流叶片环绕在 APU 负载压气机进口,进气导流叶片作动筒位于压气机右侧。

进气导流叶片可从 15°(完全被关闭)转到 115°(完全被打开)。叶片不会完全关闭,叶片被设定停在 15°位置,以冷却负载压气机。

作动筒接收 ECU 的信号,使用从 FCU 来的燃油油压转动进气导流叶片。根据飞机对压缩空气的要求,ECU 控制进气导流叶片位于合适的角度。

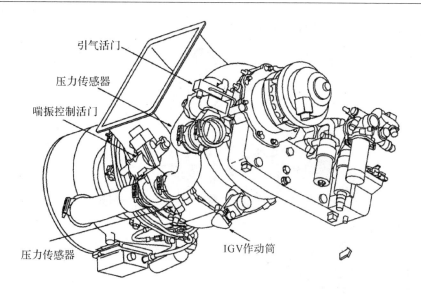

图 12 - 29　APU 引气系统介绍

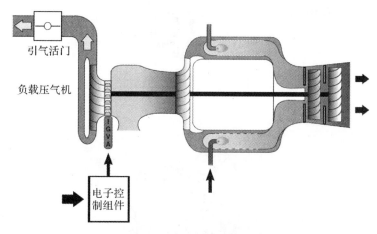

图 12 - 30　负载压气机

### 12.5.2　APU 防喘控制

如图 12 - 33 所示,防喘控制活门(SCV)位于 APU 右侧防喘引气管道内,从负载压气机释放空气。SCV 确保流过负载压气机的空气流量最小,这能防止压气机喘振。如果发生喘振,SCV 打开,帮助负载压气机退出喘振。SCV 是一个蝶形活门,防喘控制活门作动筒在活门上部,活门上的目视指示器指示活门位置。

ECU 控制伺服活门的力矩马达,这个马达利用从 APU 燃油系统来的高压燃油打开或关闭防喘控制活门,活门可从 10°(打开)转到 90°(关闭)。

一个线性可变差动变压器(LVDT)反馈叶片位置给 ECU。从防喘控制活门流出的空气经排气管道排出机外,APU 用放气来防止负载压气机喘振。

启动 APU 时,防喘控制活门处于完全打开位置。当 APU 转速大于 95％且 APU 引气开关处于 ON 位,蝶形活门关闭,这在启动中防止失速。

当 APU 停车时,防喘控制活门打开。

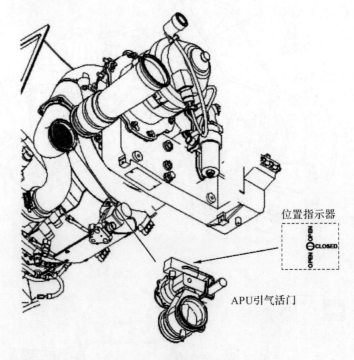

位置指示器

APU引气活门

图 12 - 31　APU 引气活门

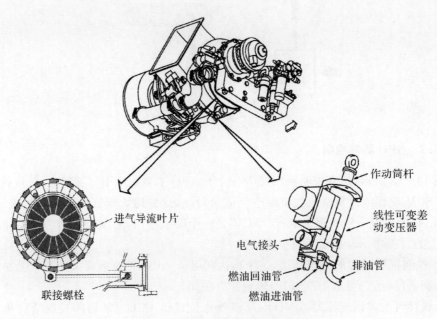

作动筒杆

进气导流叶片

线性可变差动变压器

电气接头

燃油回油管

排油管

燃油进油管

联接螺栓

图 12 - 32　进气导流叶片和作动筒

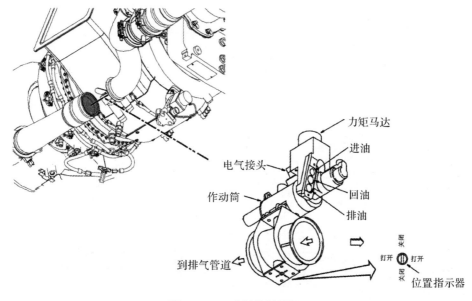

图 12 - 33　喘振控制活门

## 12.6　APU 排气系统

　　APU 排气系统通过排气管道将废气排出机外。排气系统防止高温燃气损坏 APU 舱，并减少排气噪声。

　　如图 12 - 34 所示，APU 排气管道通过一个 V 形夹连接在 APU 涡轮上；后整流罩在机身后端，支撑排气管道后端和引射器进气管道。

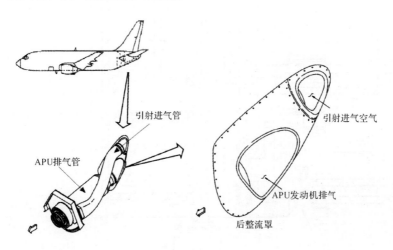

图 12 - 34　APU 排气系统

## 12.7 APU 滑油系统

如图 12-35 所示，APU 滑油系统润滑和冷却 APU 轴承、齿轮箱、启动发电机。

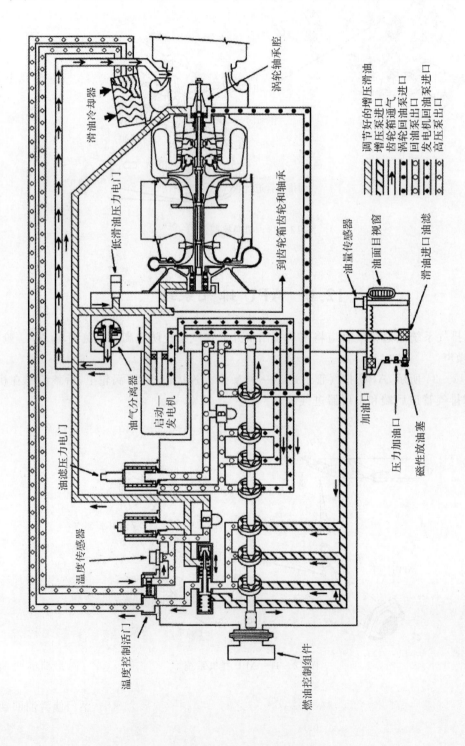

图12-35 APU滑油系统

1.供油

润滑组件内的滑油增压泵给从齿轮箱滑油槽来的滑油增压。增压滑油流过滑油冷却器然后回到润滑模块。

2.回油

润滑组件内的回油泵将滑油从涡轮轴承腔抽出,使其返回到齿轮箱槽。其他回油泵将滑油从 APU 启动发电机抽出,流过回油油滤,使其返回到齿轮箱槽。

3.通风

在回油系统中,油气分离器将混在滑油内的空气分离出去。油气分离器位于齿轮箱上,润滑组件的右侧。

APU 滑油系统润滑和冷却 APU 涡轮轴承,如图 12 - 36 所示。

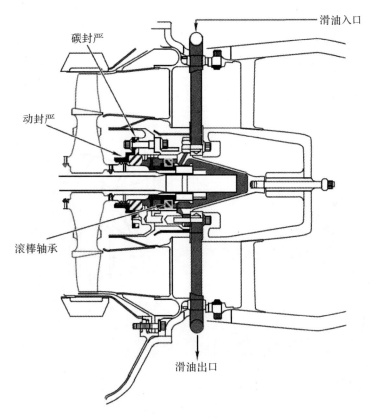

图 12 - 36　APU 涡轮轴承腔

如图 12 - 37 所示,APU 滑油箱在齿轮箱内部,容积为 5.7 quart(5.4 L)。APU 滑油冷却器和管道内大约容纳 3 quart(2.9 L)滑油,加满滑油时 APU 内总的滑油量是 8.7 quart(8.3 L)。滑油油量目视窗显示滑油面,加油口位于滑油油量目视窗旁边。

如图 12 - 38 所示,APU 润滑组件包含许多部件。

增压泵和回油泵在一根轴上,增压泵有 3 个,启动发电机回油泵有 3 个,涡轮轴承回油泵有一个。

调压/释压活门保持滑油压力在 60～74 psi 之间。如果滑油压力超出,活门使滑油回到泵的入口,释压活门设定在 200～280 psi。

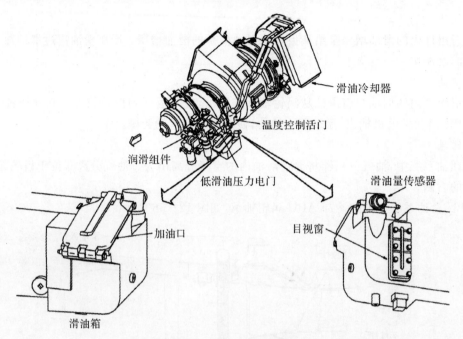

图 12-37  APU 滑油箱

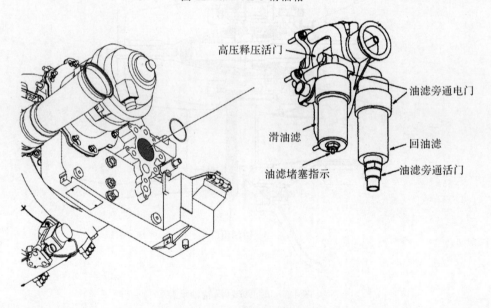

图 12-38  APU 润滑组件

温度控制活门通过控制流到滑油冷却器的滑油流量去控制滑油温度,当滑油温度太低时,滑油旁通滑油冷却器。

有两个可互换的滑油滤。冷却发电机的滑油流过发电机滑油滤。增压滑油流过滑油冷却器后流过滑油滤。滑油滤是报废型元件,都是 $10 \mu m$ 级的。

滑油滤有一个指示器监测油滤堵塞。当油滤进出口压差大于 $26 \sim 44$ psi 且滑油温度高于 $90 ℉(32℃)$ 时,指示器伸出。滑油滤还有一个旁通活门,如果油滤堵塞或滑油温度太低,旁通活门打开允许滑油继续循环,在 $50 \sim 70$ psi 油滤旁通滑油。

如图 12-39 所示，APU 滑油冷却器是一个空气/滑油热交换器，在 APU 涡轮机匣的左上方。APU 舱内和外界的空气冷却从增压泵出来的增压滑油，它是引射器冷却系统的一部分。

温度控制活门位于位于润滑组件后 APU 齿轮箱上。它控制流过滑油冷却器的滑油流量。

APU 排气使引射器通过进气管道吸入外界空气，又使 APU 舱内和外界的空气流过滑油冷却器去冷却 APU 滑油，然后冷却空气通过排气管道排出机外。

当滑油温度低于 140℉（60℃）时，温度控制活门允许滑油旁通滑油冷却器。当滑油温度高于 170℉（78℃）时，温度控制活门使滑油流过滑油冷却器；如果旁通活门前后压差大于 50 psi，滑油旁通冷却器。

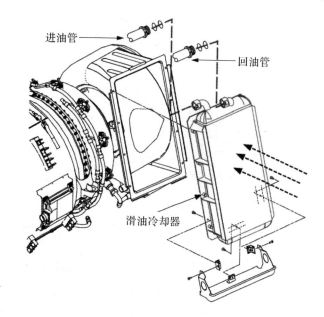

图 12-39　APU 滑油冷却器

如图 12-40 所示，磁性放油塞收集 APU 滑油中的金属粒子，位于齿轮箱的前底部。它由两部分组成，磁屑收集器和放油塞，拆掉放油塞将放掉齿轮箱内的滑油。

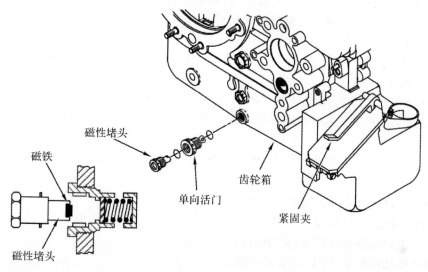

图 12-40　磁性放油塞

APU 滑油指示系统的部件，如图 12-41 所示。

APU 滑油指示系统将下列数据显示在驾驶舱内。

（1）滑油温度（只有 P5 面板琥珀色 FAULT 故障灯）。

滑油温度传感器送滑油温度数据到 ECU。如果 APU 转速大于 95% 和滑油温度在 290℉/143℃ 或更高，ECU 使 APU 停车，CDU 显示滑油温度。

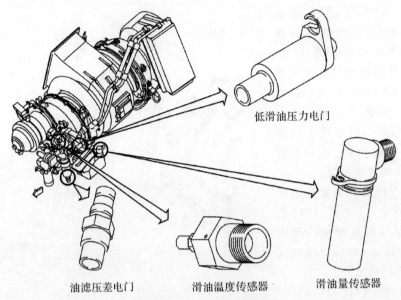

低滑油压力电门

油滤压差电门　　　　滑油温度传感器　　　　滑油量传感器

图 12-41　APU 滑油指示

(2)滑油压力(只有 P5 面板琥珀 LOW OIL PRESSURE 滑油压力低灯)。

当滑油压力低于 30~40 psi 时,滑油压力低电门送信号给 ECU。如果 APU 转速大于 95%,20 s 之后 ECU 停车 APU。

(3)滑油量(P5 面板蓝色 MAINT 维护灯和 CDU 显示)。

滑油量传感器将齿轮箱槽内滑油量数据送到 ECU。ECU 将此数据送到 CDU 显示。

(4)启动一发电机回油滤堵塞(只有 P5 面板琥珀色 FAULT 故障灯)。

油滤压力电门监视启动一发电机回油滤进出口压力差。如果压差大于 30~40 psi,油滤压差电门送信号给 ECU。

当 APU 转速大于 95%,滑油压力低,滑油温度高,启动发电机油滤堵塞将导致 ECU 使 APU 保护性停车。

滑油压力低开关使 P5 面板上的琥珀色 LOW OIL PRESSURE(滑油压力低)灯点亮。

滑油温度高和启动一发电机油滤堵塞导致 P5 面板上的琥珀色 FAULT(故障)灯点亮。

# 思 考 题

1. APU 可以同时提供引气和供电的最高高度是多少?

2. 辅助动力装置 APU 是一台单轴燃气涡轮发动机,它的基本组成是?

3. APU 发动机的动力部分,采用的结构有何特点?

4. APU 燃油系统中,FCU 的主要功用是?

5. APU 指示系统包括哪些?

6. 描述 APU 的火警测试。

7. APU 启动时,燃油电磁活门何时打开?

8. APU 的防喘控制活门(SCV)有何特点?

9. APU 排气尾喷口上部的引射口的主要功用是?

10. APU 润滑组件上的压差指示器,在什么情况下跳出?

# 附录 英文专业名词缩写

CFMI,通用电气/斯奈克玛联合公司,JOINT GE/SNECMA COMPANY（CFM INTERNA-
  TIONAL)

T/R,反推力,Thrust Reverser

AGB,附件齿轮箱,Accessory Gear Box

EEC,电子发动机控制,Electronic Engine Control

GSE,地面支撑设备,Ground Support Equipment

IDG,整体驱动发电机,Integrated Drive Generator

VCD,涡流控制装置,Vortex Control Device

HMU,液压机械装置,Hydro－Mechanical Unit

HPTACC,高压涡轮主动间隙控制,High Pressure Turbine Active Clearance Control

LPTACC,低压涡轮主动间隙控制,Low Pressure Turbine Active Clearance Control

VSV,可调静子叶片,Variable Stator Vanes

VBV,可调放气阀,Variable Bleed Valve

TBV,瞬时放气阀,Transient Bleed Valve

LPT,低压涡轮,Low Pressure Turbine

HPC,高压压气机,High Pressure Compressor

HPT,高压涡轮,High Pressure Turbine

IGB,进口齿轮箱,Inlet Gear Box

LPC,低压压气机,Low Pressure Compressor

OGV,出口导向叶片,Outlet Guide Vane

TGB,转换齿轮箱,Transfer Gear Box

CDP,(高压)压气机排气压力,Compressor Discharge Pressure

SAC,单环燃烧室,Single Annular Combustor

DAC,双环燃烧室,Double Annular Combustor

RDS,径向驱动轴,Radial Drive Shaft

HDS,水平驱动轴,Horizontal Drive Shaft

S. O. A. P.,光谱滑油分析计划,Spectrometric Oil Analysis Program

HPSOV,高压关断阀,High Pressure Shut Off Valve

FDAU,飞行数据采集组件,Flight Data Acquisition Unit

CDS,公共显示系统,Common Display System

DEU,显示电子组件,Display Electronics Unit

GRD,地面,Ground

CONT,连续,Continuous

FLT,飞行,Flight

DU,显示组件,Display Unit

LVDT,线性可变差动变压器,Linear Variable Differential Transformer

RVDT, 旋转可变差动变压器,Rotary Variable Differential Transformer

TRA,推力手柄解算器角度,Thrust Resolver Angle

TLA,推力手柄角度,Thrust Lever Angle

APU,辅助动力装置,Auxiliary Power Unit

EGT,排气温度, Exhaust Gas Temperature

QWR,快速风车再点火, Quick Windmill Relight

FMV,燃油计量阀, Fuel Metering Valve

QAD,快速拆装, Quick Attach Detach

FADEC,全权限数字式发动机控制, Full Authority Digital Engine Control

LRU,航线可更换件, Line Replaceable Unit

FIM,故障隔离手册, Fault Isolation Manual

ADIRU,大气数据惯性基准组件,Air Data Inertial Reference Unit

FMC,飞行管理计算机, Flight Management Computer

BITE,内置测试设备,Built - In Test Equipment

CCDL,跨通道数据链, Cross Channel Data Link

EHSV,电液伺服阀,Electro - Hydraulic Servo Valve

PDL,便携式数据载入器, Portable Data Loader

ECA,电箱组件, Electrical Chassis Assembly

PSS,压力子系统, Pressure Sub - System

FPA,前面板组件, Front Panel Assembly

SIA,侧接口组件, Side Interface Assembly

PMUX,选装,Propulsion MUltipleXer -

TCC,涡轮间隙控制,Turbine Clearance Control

BSV, 燃烧室分级阀,Burner Staging Valve

NVM,非易失存储器, Non Volatile Memory

RTD,热电阻,Resistive Thermal Device

AVM,机载振动监控, Airborne Vibration Monitoring

AEVM,增强型发动机振动监控,Advanced Enging Vibration Monitor

FFCCV,风扇框架压气机机匣垂直(振动传感器), Fan Frame/Compressor Case Vertical(Vibration Sensor)

AMM,飞机维修手册,Aircraft Maintenance Manual

TLR,推力手柄解算器, Throttle Lever Resolver

TAT,大气总温, Total Air Temperature

ECS,环境控制系统，Environmental Control System

OAT,外界空气温度，Outside Air Temperature

CTAI,整流罩热防冰，Cowl Thermal Anti – icing

WTA,机翼热防冰，Wing Thermal Anti – Icing

PRSOV,调压关断阀，Pressure Regulator and Shut Off Valve

RLA,反推力手柄角度,Reverser Lever Angle

MTO,最大起飞,Maximum Take Off

MCT,最大连续，Maximum ConTinuous

MCL,最大爬升，Maximum CLimb

MREV,最大反推力,Maximum REVerse

EOB,应急储备，Emergency Reserve / Bump（Overboost）

DMS,碎屑监控系统，Debris Monitoring System

LCD,液晶显示屏，Liquid Crystal Display

MFD,多功能显示，Multi – Function Display

FMCS,飞行管理计算机系统，Flight Management Computer System

REV,反推力，REVerse

TAI,热防冰，Thermal Anti – Icing

EAU,发动机附件组件，Engine Accessory Unit

EE,电子电气,Electrical and Electronic

HIV,液压隔离阀，Hydraulic Isolation Valve

DCV,方向控制阀,Directional Control Valve

BAV,引气阀，Bleed Air Valve

ECU, 电子控制组件,Electronic Control Unit

FCU,燃油控制组件,Fuel Control Unit

IGVA,进气导流叶片作动器，Inlet Guide Vane Actuator

SCV,防喘控制阀，Surge Control Valve

DMM,数据存储模块，Data Memory Module

SPU,起动电源组件，Start Power Unit

SCU,起动转换组件，Starter Converter Unit

# 参 考 文 献

[1] Anon. B737 - 600/700/800/900 AIRCRAFT MAINTENANCE MANUAL[Z]. Chicago：Boeing Company,2010.

[2]Anon. Training Manual CFM56 - 7B Component Identification Workbook[Z]. Paris：CF-MI customer training services GE Aircraft Engines，2004.

[3]Anon. Training manual Basic Engine CFM56 - 7B[Z]. Paris：CFMI customer training services GE Aircraft Engines，2000.

[4]Anon. Training Manual CFM56 - 7B Engine Systems[Z]. Paris CFMI customer training services GE Aircraft Engines，2012.

[5]Anon. Training Manual CFM56 - 7B FAULT DETECTION & ANNUNCIATION[Z]. Paris CFMI customer training services GE Aircraft Engines，2012.

[6]Anon. B737 - 600/- 700/- 800/- 900 Operations Manual [Z]. Chicago：Boeing Company，1997.

[7]佚名. B737 - 800 飞机使用手册[Z].深圳:深圳航空公司,2001.

[8]阮幼能.B737NG 发动机维修经验[Z].上海:东方航空公司,2012.

[9]蒋陵平.燃气涡轮发动机[M].北京:清华大学出版社,2016.

[10]佚名.喷气发动机[Z].德比:罗尔斯·罗伊斯国际有限公司,1996.